LES BIOCARBURANTS

Répondre aux défis
énergétiques et environnementaux
des transports

Image de couverture : résidus agricoles et forestiers utilisés comme matière première pour la production de biocarburants de deuxième génération.

IFP Energies nouvelles Publications

D. BALLERINI
Expert en biotechnologie et chimie de la biomasse

LES BIOCARBURANTS

Répondre aux défis énergétiques et environnementaux des transports

Préface de
Olivier APPERT
Président d'IFP Energies nouvelles

2011
Editions TECHNIP 25 rue Ginoux, 75015 PARIS, FRANCE

CHEZ LE MÊME ÉDITEUR

- Le captage du CO_2. Des technologies pour réduire les émissions de gaz à effet de serre.
  F. LECOMTE, P. BROUTIN, E. LEBAS
- Corrosion et dégradation des matériaux métalliques.
  Compréhension des phénomènes et applications dans l'industrie pétrolière et des procédés.
  F. ROPITAL
- Énergie et climat. Réussir la transition énergétique.
  A. ROJEY
- Marées noires et sols pollués par des hydrocarbures.
  Enjeux environnementaux et traitement des pollutions.
  C. BOCARD
- Géopolitique de l'énergie. Besoins, ressources, échanges mondiaux
  (Nouvelle édition)
  J.-P. FAVENNEC
- L'énergie, à quel prix ? Les marchés de l'énergie.
  E. AMIC, G. DARMOIS, J.-P. FAVENNEC
- Recherche et production du pétrole et du gaz. Réserves, coûts, contrats
  (Nouvelle édition)
  J.-P. FAVENNEC, N. BRET-ROUZAUT
- La nouvelle donne du charbon.
  F. KALAYDJIAN, S. CORNOT-GANDOLPHE

Imprimé en France

ISBN 978-2-7108-0969-2

Préface

Cinq années se sont déjà écoulées depuis la parution de l'ouvrage *Les Biocarburants. État des lieux, perspectives et enjeux du développement*. Les aspects fondamentaux de l'intérêt des biocarburants demeurent, mais l'évolution récente et la prise de conscience des enjeux énergétiques et environnementaux mondiaux ainsi que le développement des actions de recherche sur les biocarburants de deuxième et troisième générations ont rendu indispensable son actualisation.

D'une part, la croissance de la demande de transport restera soutenue dans les prochaines décennies, portée par le développement des pays émergents, et restera également très fortement dépendante du pétrole.

D'autre part, nous sommes entrés dans une ère de transition énergétique qui va nous imposer d'économiser l'énergie, de mieux l'utiliser en améliorant notre intensité énergétique, mais aussi de diversifier nos sources de production, notamment en développant les énergies non carbonées pour réduire les émissions de CO_2 et lutter contre le changement climatique.

Dans ce contexte, les biocarburants contribuent à la fois à l'abaissement de la tension sur la demande de pétrole et à la réduction des émissions à effet de serre, même si l'ampleur de cette dernière reste toutefois à préciser au vu des nombreuses études publiées sur le sujet.

Leur développement, aussi utile soit-il, doit être également compatible avec celui, harmonieux et durable, de la planète. Alors qu'au début du siècle le développement des biocarburants de première génération a pu s'appuyer sur la disponibilité de surfaces agricoles excédentaires, nous avons vu apparaître des situations locales de concurrence entre les usages énergétiques et alimentaires de certaines terres agricoles. Même si de grandes surfaces agricoles sont encore disponibles de par le monde, il est indispensable dès à présent de lancer et de poursuivre des programmes ambitieux de recherche et développement pour mettre au point les procédés de production de biocarburants à partir de matières lignocellulosiques (matières non alimentaires issues notamment de taillis et de déchets forestiers permettant de produire des biocarburants de 2e génération) ou d'algues (biocarburants de 3e génération).

Ces technologies permettront d'atteindre, en complément des biocarburants de première génération et sans véritable menace pour l'alimentation, l'objectif d'incorporation de 10 % de biocarburants fixé par l'Union européenne à l'horizon 2020.

Les auteurs de ce livre ont travaillé pour certains plus de vingt-cinq ans dans le développement technologique des biocarburants, autant au niveau de la production que de l'utilisation. Comme le précédent ouvrage a permis de diffuser les connaissances sur l'ensemble de la filière, celui-ci établit un nouvel état de l'art que l'évolution récente a rendu indispensable. Il arrive de nouveau à point nommé pour réaffirmer l'intérêt des biocarburants, y compris pour le transport aérien, et éclairer les axes de recherche et développement technologique dont ils font actuellement l'objet.

Olivier Appert
Président d'IFP Energies nouvelles

Avant-propos

« Nos petits-enfants se souviendront
de nous pour ne pas avoir pensé à eux » [1]

En préparant cet ouvrage, j'ai souvent
pensé à mon petit-fils Alexandre et
à ma petite-fille Elisa, auxquels je dédie
ce livre en espérant qu'ils puissent être
heureux, malgré les difficultés annoncées.

Le développement de technologies et de systèmes énergétiques plus durables s'impose, en particulier dans le secteur des transports, avec le double objectif de combiner la diminution de la dépendance au pétrole et la réduction des impacts sur l'environnement, notamment en termes de rejets de gaz à effet de serre.

Parmi les thématiques étudiées, celle des biocarburants offre de réelles perspectives. Ils sont fabriqués à partir de matières premières végétales comme les oléagineux pour le biodiesel, et les céréales ou les plantes sucrières pour l'éthanol. Ils seront produits dans un avenir proche à partir de la biomasse lignocellulosique telle que des résidus agricoles et forestiers ou encore des cultures à usage énergétique. De ce fait, c'est la plante entière qui est utilisée, et les rendements de conversion de l'énergie solaire et de la photosynthèse en bioénergie sont sensiblement améliorés.

Autant pour le monde agricole que pour les industries du raffinage et de l'automobile, les biocarburants représentent une opportunité, dans un contexte où la réduction des émissions de gaz à effet de serre (essentiellement le gaz carbonique) doit être de plus en plus prise en compte, afin de diminuer l'ampleur du réchauffement climatique de notre planète.

Ce livre est une actualisation de l'ouvrage *Les Biocarburants. État des lieux, perspectives et enjeux du développement*, paru en janvier 2006 aux Éditions Technip, Paris. Tous les

1. L'auteur de cette citation met en exergue la consommation boulimique des ressources non renouvelables de la planète par notre mode de civilisation qui sera difficilement durable, sans de profonds changements dans nos comportements.

aspects techniques, économiques et environnementaux ont fait l'objet d'une mise à jour et de compléments.

Il s'organise autour de sept chapitres, chacun pouvant se lire indépendamment des autres.

Il traite de façon exhaustive les enjeux stratégiques, la situation des biocarburants dans le monde, ainsi que la disponibilité en ressources végétales transformables en biocarburants. Un rythme exceptionnellement rapide du développement de la production de biocarburants est observé depuis 2003 avec, cependant, un ralentissement sur les années 2008 et 2009 du fait de la crise économique. Plusieurs raisons expliquent ce développement :

- l'évolution rapide du contexte international avec la hausse des cours du pétrole brut et la plus grande prise en compte des aspects environnementaux par les dirigeants politiques et les responsables des compagnies industrielles,
- l'augmentation conséquente des volumes de biocarburants produits dans les pays déjà gros producteurs comme les États-Unis, le Brésil et plusieurs états européens,
- l'apparition de nouveaux pays producteurs tels que le Canada, la Chine, la Thaïlande, la Malaisie…

Est ensuite présenté un état de l'art détaillé des différentes filières de production éprouvées, avec la description des technologies, des aspects économiques et environnementaux et des caractéristiques des produits élaborés.

Ce livre est encore tourné vers l'avenir en décrivant les nouvelles voies utilisant la biomasse lignocellulosique comme matière première. Ceci va dans le sens de la réduction de la concurrence entre la ressource alimentaire et l'usage de matières agricoles à des fins énergétiques. De nombreux programmes de recherche et développement sont mis en œuvre actuellement et commencent à déboucher sur des réalisations industrielles.

Enfin, depuis plusieurs années, la valorisation énergétique des algues est une thématique abordée par de nombreux groupes de recherche. Un point technique est présenté sur ce sujet ainsi que sur la production du méthane par voie biochimique et d'hydrogène par voie biologique.

En résumé, les biocarburants se caractérisent par de bonnes propriétés en mélange avec les carburants d'origine fossile, et vis-à-vis de l'environnement. Toutefois, leur compétitivité du point de vue économique demeure encore problématique.

Daniel Ballerini

Remerciements

Ce livre est une actualisation de l'ouvrage *Les Biocarburants. État des lieux, perspectives et enjeux du développement*, publié en janvier 2006 par les Éditions Technip à Paris. Une version anglaise est en cours de préparation.

Mes remerciements vont aux auteurs de ce premier ouvrage qui ont bien voulu consacrer une partie de leur temps à cette mise à jour des aspects techniques, économiques et environnementaux, entreprise qui a demandé beaucoup plus d'efforts que je n'avais prévu au lancement de cette initiative. Mes remerciements vont aussi aux nouveaux auteurs qui ont apporté leurs compétences et connaissances dans plusieurs domaines techniques, dont ils sont des spécialistes reconnus.

Je suis reconnaissant à Germain Martino (ex directeur du centre de résultats Raffinage et Pétrochimie d'IFP Energies nouvelles) et à Patrick Boisserpe (IFP Energies nouvelles) d'avoir bien voulu relire le manuscrit, et dont les commentaires, critiques et corrections m'ont été fort utiles.

Mes remerciements vont également à Bernard Chaud (Tereos) et à Georges Vermeersch (Prolea) pour m'avoir transmis une part de leur grande expérience et de leurs connaissances qui m'ont été très utiles lors de la rédaction de cet ouvrage.

Beaucoup d'aspects techniques ont pu être précisés grâce à l'aide fournie par plusieurs experts que je tiens à remercier : Michel Bloch et Jean-Alain Chodorge (Axens) pour la production d'ETBE et de biocarburants issus des huiles végétales, Mélissa Clodic (doctorante Enerbio) sur les enjeux énergétiques, Nicolas Le Bigot (CCFA) pour l'emploi des biocarburants dans les moteurs, Rémy Marchal (IFP Energies nouvelles) sur les points liés à la fabrication de méthane et d'acétone-butanol, Jean-Christophe Pouet (ADEME) pour les bilans environnementaux, et Julien Rousseau (Prolea), Damien Sagot (Diester Industrie) et Pierre Villeneuve (CIRAD) pour la production de biodiesel.

J'ai bénéficié de l'aide de Dominique Allinquant (Graphidoc) pour la réalisation des figures et de Mireille Darthenay (IFP Energies nouvelles) pour la présentation de l'ouvrage.

Je suis reconnaissant à IFP Energies nouvelles de m'avoir sollicité pour coordonner et rédiger ce nouvel ouvrage sur les biocarburants.

J'exprime ma gratitude à Monsieur Olivier Appert, président de IFP Energies nouvelles, qui m'a fait l'honneur de rédiger la préface de ce livre.

Daniel Ballerini

Table des matières

Chapitre 2

LES BIOCARBURANTS DE PREMIÈRE GÉNÉRATION POUR LES MOTEURS À ALLUMAGE COMMANDÉ : L'ÉTHANOL ET L'ETBE

Chapitre 3
LES BIOCARBURANTS DE PREMIÈRE GÉNÉRATION POUR LES MOTEURS DIESEL

Chapitre 4

LES RESSOURCES EN BIOMASSE LIGNOCELLULOSIQUE

Chapitre 5

LA TRANSFORMATION DE LA BIOMASSE LIGNOCELLULOSIQUE PAR VOIE THERMOCHIMIQUE

Chapitre 6

LA TRANSFORMATION DE LA BIOMASSE LIGNOCELLULOSIQUE PAR VOIE BIOCHIMIQUE. LA PRODUCTION D'ÉTHANOL ET D'ABE

Chapitre 7
LES AUTRES VALORISATIONS ÉNERGÉTIQUES DE LA BIOMASSE PAR VOIE BIOCHIMIQUE

ANNEXE 1

ANNEXE 2

Liste des auteurs

Nathalie Alazard-Toux
Directeur des Études Économiques à IFP Energies nouvelles
92852 Rueil-Malmaison Cedex (nathalie.alazard-toux@ifpen.fr)

Daniel Ballerini
Expert en Biotechnologie et Chimie de la Biomasse
Anciennement Chef de Département à IFP Energies nouvelles
(daniel.ballerini@wanadoo.fr)

Laurent Bournay
Ingénieur à IFP Energies nouvelles, 69390 Vernaison
(laurent.bournay@ifpen.fr)

François Broust
Ingénieur du Département Forêt au CIRAD, 73 avenue J.-F. Breton,
34398 Montpellier (francois.broust@cirad.fr)

Dominique Casanave
Ingénieur de Recherche à la Direction Procédés d'IFP Energies nouvelles
69390 Vernaison (dominique.casanave@ifpen.fr)

Thierry Chapus
Ingénieur à IFP Energies nouvelles, 69390 Vernaison
(thierry.chapus@ifpen.fr)

Maurice Dohy
Anciennement Directeur d'AGRICE à l'ADEME (maurice@dohy.fr)

Alain Forestière
Anciennement Ingénieur Chimiste et Directeur Expert à IFP Energies nouvelles
(alain.forestiere@neuf.fr)

Benoît Gabrielle
Professeur en physique de l'environnement, AgroParisTech,
78850 Thiverval-Grignon (benoit.gabrielle@agroparistech.fr)

Gérard Hillion
Anciennement Ingénieur de Recherche Senior à la Direction Chimie et Physico-chimie appliquées d'IFP Energies nouvelles (ghillion@wanadoo.fr)

Stéphane His
Ingénieur à Technip, 92973 Paris La Défense (shis@technip.com)

Sylvie Lacombe
Ingénieur de Recherche à la Direction Procédés d'IFP Energies nouvelles
69390 Vernaison (sylvie.lacombe@ifpen.fr)

Daphné Lorne
Ingénieur du Département Economie, Direction Economie et Veille,
IFP Energies nouvelles, 92852 Rueil-Malmaison (daphne.lorne@ifpen.fr)

Guy Marlair
Référent technique à la Direction des risques accidentels,
INERIS, 60550 Verneuil-en-Halatte (guy.marlair@ineris.fr)

Eric Marty
Directeur d'Emertec Gestion ; Fonds Emertec Énergie Environnement
Emertec Gestion, 4 bis rue Pasquier, 75008 Paris (emarty@emertec.fr)

Frédéric Monot
Chef du Département Biotechnologie et Chimie de la Biomasse à IFP Energies nouvelles
92852 Rueil-Malmaison Cedex (frederic.monot@ifpen.fr)

Xavier Montagne
Directeur scientifique adjoint à IFP Energies nouvelles
92852 Rueil-Malmaison Cedex (xavier.montagne@ifpen.fr)

Anne Prieur
Ingénieur à GDF-Suez, Saint-Denis La Plaine (anne.prieur-vernat@gdfsuez.com)

Patrick Rousset
Ingénieur du Département Forêt au CIRAD, 73 avenue J.-F. Breton,
34398 Montpellier (patrick.rousset@cirad.fr)

Jean-Marie Seiler
Directeur de Recherche au Commissariat à l'Énergie Atomique (CEA)
CEA Grenoble, DTN/SETT, 17 rue des Martyrs, 38054 Grenoble Cedex 9
(jean-marie.seiler@cea.fr)

Jean-Bernard Sigaud
Anciennement Directeur Raffinage-Pétrochimie-Gaz à IFP School
232 avenue Napoléon Bonaparte, 92500 Rueil-Malmaison (jean-bernard.sigaud@neuf.fr)

Karine Surla
Ingénieur à IFP Energies nouvelles, 69390 Vernaison
(karine.surla@ifpen.fr)

Liste des abréviations

ABE	Acétone-Butanol-Ethanol
ACE	Aide aux Cultures Énergétiques
ACEA	Association des Constructeurs Européens d'Automobiles
ACV	Analyse de Cycle de Vie
ADEME	Agence pour le Développement de l'Environnement et la Maîtrise de l'Énergie
ADM	Archer Daniel Midlands
ADN	Acide désoxyribonucléique
AFEX	Ammonia Fiber Explosion
AIE	Agence Internationale de l'Énergie
ALLIANCE	Alliance of Automobile Manufacturers
ASTM	American Society for Testing and Materials
ATP	Adénosine triphosphate
BASF	Badisch Anilin und Soda Fabrik
BCI	BC International Corporation
BDP	Bundesverband Deutscher Planzenzüchter
BLC	Biomasse lignocellulosique
BTG	Biomass Technology Group BV
BTL	Biomass-to-Liquids
BTU	British Thermal Unit
CANMET	Centre Canadien de la Technologie des Minéraux et de l'Énergie
CBH	Cellobiohydrolase
CBM	Carbohydrate Binding Module
CCFA	Comité des Constructeurs Français d'Automobiles
CCR	Carbon Conradson Residue
CE	Commission Européenne
CEA	Commissariat à l'Énergie Atomique
CEE	Communauté Économique Européenne (aujourd'hui Union Européenne UE)
CEH	Chemical Economics Handbook
CEI	Communauté des États Indépendants
CEN	Comité Européen de Normalisation
CEREOPA	Centre d'Études et de Recherche sur l'Économie et l'Organisation des Productions Animales
CETIOM	Centre Technique Interprofessionnel des Oléagineux Métropolitains

CFC Chlorofluorocarbons
CFPP Cold Filter Plugging Point
CIEMAT Centro de Investigaciones Energéticas, Medioambientales y Tecnológicas
CIRAD Centre de Coopération Internationale en Recherche Agronomique pour le Développement
CITEPA Centre Interprofessionnel Technique d'Études de la Pollution Atmosphérique
CM Catalytic Module
CMC Carboxyméthylcellulose
CNRS Centre National de la Recherche Scientifique
CONCAWE The oil companies' european organization for environment, health and safety
COV Composés Organiques Volatils
CPDP Comité Professionnel du Pétrole
CRES Centre for Renewable Energy Sources
CTL Coal-to-Liquids
DBO Demande Biologique en Oxygène
DBV Deutscher Bauernverband
DCO Demande Chimique en Oxygène
DDGS Distiller's Dried Grain Solubles
DGEMP Direction Générale de l'Énergie et des Matières Premières (Ministère de l'Industrie)
DIPE Diisopropyléther
DIREM Direction des Ressources Énergétiques et Minières (Ministère de l'Industrie)
DMC Direct Microbial Conversion
DME Diméthyléther
DOE Department Of Energy (États-Unis)
DOM Département d'Outre-Mer
DP Degré de Polymérisation
DPE Dipentyléther
DTU Danmarks Tekniske Universitet
EEHV Esters éthyliques d'huiles végétales
EG Endoglucanase
EIA Energy Information Administration (États-Unis)
EMA Engine Manufacturers Association
EMC Esters méthyliques de colza
EMHV Esters Méthyliques d'Huiles Végétales
EN European Norm
ENEL Ente Nazionale per l'Energia Elettrica
EPA Environment Protection Agency (États-Unis)
ETAE Ethylteramylméthyléther
ETBE Ethyltertiobutyléther
EUCAR European Council for Automotive Research and Development
FAO Food and Agriculture Organization of the United Nations
FCC Fluidized Catalytic Cracking
FFV Fuel Flexible Vehicule
FICFB Fast Internally Circulating Fluidised Bed
FOD Fioul Oil Domestique
FT Fischer-Tropsch
GES Gaz à Effet de Serre
GIEC Groupe Intergouvernemental d'Experts sur l'Evolution du Climat
GNV Gaz Naturel Véhicule
GPL Gaz de Pétrole Liquéfié
GTBE Glycérol-terbutyl éther
GTL Gas-to-Liquids
HAP Hydrocarbures Aromatiques Polycycliques
HCCI Homogeneous Charge-Compression Ignition
HFC Hydrofluorocarbons

HMF	Hydroxyméthylfurfural
HTU	Hydrothermal Upgrading
ICI	Imperial Chemical Industries PLC
IEA	International Energy Agency
IFN	Inventaire Forestier National
IFPEN	IFP Energies nouvelles
INERIS	Institut National de l'Envi-Ronnement industriel et des rISques
INRA	Institut National de la Recherche Agronomique
IPTBE	Isopropylterbutyléther
ITERG	Institut des corps gras
JAMA	Japan Automobile Manufacturers Association
JRC	Joint Research Centre (Centre Commun de Recherche de la Commission européenne)
LCA	Life Cycle Assessment
MAE	Méthylaryléther
MEDD	Ministère de l'Écologie et du Développement Durable
MGC	Mitsubishi Gas Chemical
MON	Motor Octane Number (indice d'octane moteur)
MS	Matières sèches
MTBE	Méthyltertiobutyléther
MTG	Methanol to Gasoline
NAD	Nicotinamide adénine dinucléotide
NADP	Nicotinamide adénine dinucléotide phosphate
NEDC	New European Driving Cycle
NF	Norme Française
NREL	National Renewable Energy Laboratory
OCDE	Organisation de Coopération et de Développement Économiques
OMC	Organisation Mondiale du Commerce
ONIDOL	Organisation Nationale Interprofessionnelle des Oléagineux
OPEP	Organisation des Pays Exportateurs de Pétrole
PAC	Politique Agricole Commune
PCI	Pouvoir Calorifique Inférieur
PCS	Pouvoir Calorifique Supérieur
PEM	Proton Exchange Membrane
PFC	Perfluorocarbons
PFO	Potentiel de Formation d'Ozone
PIB	Produit Intérieur Brut
PM	Poids moléculaire
PMA	Pays les Moins Avancés
PPP	Pentose Phosphate Pathway
PSA	Pressure Swing Adsorption
PTFE	Polytétrafluoroéthylène
PTT	Polytriméthylène téréphtalate
PWC	Price Waterhouse Coopers
R&D	Recherche et Développement
RFA	Renewable Fuels Association
RON	Research Octane Number (indice d'octane recherche)
SCEES	Service Central des Enquêtes et Etudes Statistiques (Ministère de l'Agriculture)
SCOP	Surfaces en Céréales, Oléagineux et Protéagineux
SDHF	Sucrerie Distillerie des Hauts de France
SF6	Hexafluorure de soufre
SNPAA	Syndicat National des Producteurs d'Alcool Agricole
SOFC	Solid Oxide Fuel Cell
SRI	Stanford Research Institute
SSCF	Simultaneous Saccharification and Co-Fermentation
SSF	Simultaneous Saccharification and Fermentation
TAG	Turbine A Gaz
TAME	TerAmylMéthylEther
TBA	Tertiobutylalcool
TCR	Taillis à Courte Rotation
TEP	Tonne Équivalent Pétrole
TIC	Taxe Intérieure de Consommation

TIPP Taxe Intérieure sur les Produits Pétroliers

TLF Température Limite de Filtrabilité

TNO Centre de recherche hollandais

TOM Territoire d'Outre-Mer

TTCR Taillis à Très Courte Rotation

UE Union Européenne

UE 15 Union Européenne à 15 Pays

UE 25 Union Européenne à 25 Pays

UFOP Union zur Förderung von Öl-und Proteinpflanzen

UNGDA Union Nationale des Groupements de Distillateurs d'Alcool

UOP Universal Oil Products

UPF Unité Papier Filtre

USDA Union des Sucreries et Distilleries Agricoles

US DA US Department of Agriculture

VDÖ Verband Deutscher Öhlmühlen

VEETC Volumetric Ethanol Excise Tax Credit

VLK Verband der Landwirtschaftskammern

VTT Centre de recherche finlandais

WEO Washington Engineering Office

WWFC Worldwide Fuel Charter

XDH Xylose Déshydrogénase

XI Xylose Isomérase

XR Xylose Réductase

Liste des unités

Surface

- 1 hectare (ha) = 10 000 m^2
- 1 acre = 4 047 m^2 (soit approximativement 0,4 ha)
- 1 square inch = $6{,}45 \times 10^{-4}$ m^2
- 1 square foot = $9{,}3 \times 10^{-2}$ m^2

Volume

- 1 US gallon = 3,785 l
- 1 baril (US barrel, bbl) = 158,984 l
- 1 boisseau (US bushel) = 35,24 l
- 1 boisseau correspond à 25,4 kg de maïs
- 1 stère = 1 m^3

Masse

- 1 pound (lb) = 0,4536 kg
- 1 Dalton (d) = $1{,}66 \times 10^{-27}$ kg

Pression

- 1 Pascal (Pa) = 1 Newton (N)/m^2
- 1 bar = 10^5 Pa = 14,5 psi
- 1 atmosphère (atm) = 1,015 bar = 1 015 mbar = $1{,}015 \times 10^5$ Pa
- 1 pound/square inch (psi) = $6{,}89 \times 10^3$ Pa

Énergie

- 1 Joule (J) = 1 Nxm
- 1 Gigajoule (GJ) = 10^9 J
- 1 Mégajoule (MJ) = 10^6 J
- 1 calorie (cal) = 4,185 J
- 1 thermie = 4,185 MJ
- 1 Wh (Wattxheure) = 3 600 J
- 1 tep (tonne équivalent pétrole) = 41,86 GJ = 11,63 MWh
- 1 BTU (British Thermal Unit) = 1 055 J = 252 cal

Conductance électrique

- 1 Siemens (S) = 1 Ohm^{-1}

Viscosité cinématique

- 1 Stoke (St) = 10^{-4} $m^2 \times s^{-1}$

Concentration

- 1 ppm = 1 partie par million (1×10^{-6}), ex. : 1 mg/kg
- 1 ppb = 1 partie par billion (1×10^{-9}), ex. : 1 µg/kg

1

Les biocarburants : une partie de réponse à plusieurs défis

N. Alazard-Toux, D. Ballerini, M. Dohy, B. Gabrielle,
G. Marlair, X. Montagne, J.-B. Sigaud

Les biocarburants sont issus des matières végétales, la biomasse, qui, pour leur croissance et leurs besoins en énergie, utilisent le carbone du gaz carbonique présent dans l'atmosphère, grâce au processus de la photosynthèse. À la différence des énergies fossiles telles que le pétrole, le gaz naturel et le charbon qui sont en cours d'épuisement, la biomasse ainsi fabriquée est renouvelable, et présente un fort potentiel de croissance.

Les filières actuelles de production de biocarburants, dites de première génération (fig. 1.1), conduisent à deux grands types de produits :

- le biodiesel, pour utilisation en mélange dans le gazole dans les moteurs Diesel ; il est constitué d'esters méthyliques d'huiles végétales (EMHV), eux-mêmes fabriqués à partir d'huiles végétales (colza, tournesol, soja, palme),
- l'éthanol, issu de la fermentation des sucres contenus dans les plantes sucrières (betterave, canne à sucre) et dans les céréales telles que le blé, le maïs, l'orge. Il peut être employé directement, pur ou en mélange dans les essences, ou après transformation en ETBE (éthyltertiobutyléther).

Les perspectives de développement à moyen terme des biocarburants de première génération sont réelles, mais elles vont cependant rencontrer des limitations en termes d'approvisionnement en matières premières. En effet, la disponibilité en surfaces cultivées avec ce type de productions agricoles va aller en s'amenuisant. Il est raisonnable de penser qu'avec l'accroissement prévisible de la population mondiale et malgré l'augmentation continue des rendements agricoles, la compétition entre les différents usages des ressources agricoles à des fins alimentaires, industrielles et énergétiques va aller en se durcissant.

Les biocarburants ne pourront donc constituer un complément sérieux à la fourniture d'énergie dans le secteur des transports qu'à la condition de diversifier les sources d'approvisionnement en matières premières d'origine végétale.

D'autres ressources existent, sous la forme de biomasse lignocellulosique : résidus d'origine agricole (pailles, tiges de maïs), résidus forestiers et sous-produits de la transformation

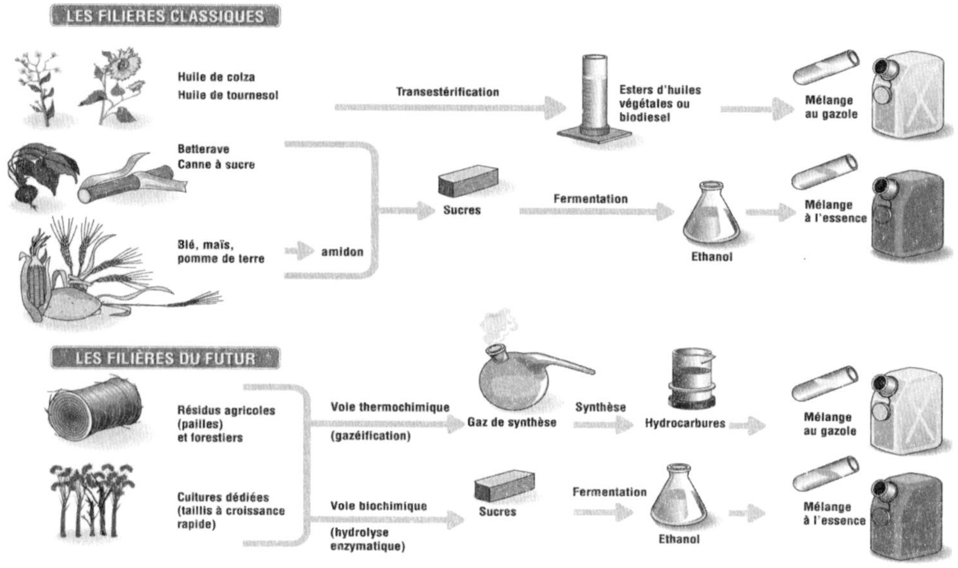

Figure 1.1

Schéma de la fabrication de biocarburants.

du bois. Ce potentiel de biomasse lignocellulosique peut être élargi à terme avec la mise en place de cultures dédiées pérennes récoltées annuellement, comme des espèces d'herbacées à fort rendement, et de cultures pérennes pluriannuelles comme les taillis à courte rotation (TCR) : le peuplier et l'eucalyptus, entre autres. Ce ne sont là que quelques exemples. Les déchets organiques des industries papetières et agro-alimentaires représentent d'importants gisements et offrent aussi un fort potentiel d'élargissement de l'éventail des matières carbonées transformables en biocarburants.

Toutefois, il reste encore plusieurs verrous technologiques dont on doit s'affranchir avant que les procédés de production de biocarburants à partir de biomasse lignocellulosique (ou biocarburants de deuxième génération) soient opérationnels à l'échelle industrielle comme le sont déjà ceux issus des filières actuelles.

Ce chapitre vise à apporter au lecteur plusieurs points d'information sur les biocarburants.

Un bref historique rappelle tout d'abord qu'on a utilisé des biocarburants dès la fin du XIXe siècle, avant de les redécouvrir dans les années 1970.

Un point sur les grands enjeux stratégiques illustre ensuite comment les biocarburants peuvent contribuer à desserrer les contraintes énergétiques et environnementales, en participant à l'approvisionnement en carburants pour le transport et à la limitation des émissions de gaz à effet de serre. Les enjeux liés à la sécurité de la production et de distribution des biocarburants sont également examinés.

Une réflexion sur la disponibilité des terres agricoles introduit la nécessaire production de biocarburants dits de 2e génération.

Trois paragraphes sont consacrés à l'impact des biocarburants sur, respectivement, le monde agricole, l'industrie du raffinage et la construction automobile.

Enfin, une évaluation des productions mondiale et régionales de biocarburants est présentée : Amérique du Nord, Amériques latine et centrale, Europe et autres régions.

1.1 L'HISTORIQUE

1.1.1 Jusqu'aux années 1960

L'utilisation de biocarburants dans les moteurs n'est pas une pratique récente puisque, dès la fin du XIXe siècle, la substitution partielle ou totale des essences par de l'alcool dénaturé était déjà envisagée en France.

À la lecture des journaux de l'époque [1], il est frappant d'y trouver, certes dans un climat de pensée très nationaliste, une actualité aussi présente. À l'exception des aspects touchant au développement durable qui n'étaient pas pris en compte à ce moment, on découvre les mêmes problématiques qu'aujourd'hui concernant la substitution de produits pétroliers par des composés issus de végétaux.

En effet, on peut déjà y lire une volonté marquée d'indépendance énergétique, associée à la recherche d'une meilleure valorisation des excédents agricoles, du sucre de betterave en particulier. Les problèmes d'écoulement des surplus existent également et des solutions telles que l'institution de « primes aux exportations » sont proposées.

Un point technique y est également fait sur les avantages et inconvénients techniques liés à l'utilisation de l'éthanol dans les moteurs (dénaturation de l'alcool, contenu énergétique plus faible que celui des essences, adaptation des carburateurs…). Les problèmes des coûts et de la fiscalité directe ou indirecte imposée par la régie et l'octroi sont aussi analysés.

Enfin, des efforts importants de marketing – même si ce terme n'existait pas à l'époque – sont réalisés dans le cadre d'expositions et de courses automobiles où l'alcool dénaturé, désigné sous le nom commercial d'« électrine », est utilisé comme carburant.

Ainsi, quatre voitures « chauffées à l'alcool », engagées dans le Circuit du Nord en 1902 par Serpollet, recordman du kilomètre avec une vitesse de 121 km/h, arrivent dans les premiers rangs. En dépit de l'état épouvantable des routes, les 900 kilomètres du circuit ont été parcourus à la vitesse moyenne de 71 km/h.

Avant la Première Guerre mondiale, des autobus parisiens étaient alimentés avec un mélange contenant de l'alcool dénaturé. Afin d'augmenter le pouvoir calorifique du mélange, l'alcool était additivé jusqu'à une teneur de 50 % par de la benzine de houille, encore désignée sous le terme de benzol – mélange d'aromatiques riche en benzène – avant d'être ajouté à l'essence à raison d'environ 30 %.

À partir de 1920 et jusque dans les années 1950, l'emploi d'éthanol comme carburant est significatif. À titre d'exemple, 2Mhl sont utilisés. La volonté d'indépendance énergétique et surtout l'engagement politique de réduire le déficit de la balance commerciale de la France ont imposé et maintenu des taux de substitution des produits d'origine fossile par de l'éthanol ex betteraves à des niveaux conséquents pendant toute cette période. L'incorporation d'éthanol dans l'essence était en effet une obligation conditionnant l'importation de pétrole brut.

Dans les années 1950, la société Antar distribue le mélange « Tri-Super-Azur », constitué de 75 % d'essence, de 15 % d'éthanol et de 10 % de benzol [2].

Puis, dans les années 1960, l'éthanol disparaît du marché, et ce pour au moins deux raisons :

- l'offre abondante de produits pétroliers à des cours attractifs entraîne la dégradation de la compétitivité des biocarburants,
- la bonne valorisation des sucres de betteraves dans les domaines de l'agroalimentaire et de la transformation chimique cause la disparition des excédents de la production agricole.

1.1.2 À partir des années 1970

Il faut les chocs pétroliers de 1973 et 1978 pour voir renaître l'intérêt pour les biocarburants. Le Brésil lance le plan « Proalcool » de production d'éthanol à partir de canne à sucre, et les États-Unis cherchent à promouvoir l'utilisation de « gasohol » (contraction de gasoline et alcohol), mélange à 10 % d'éthanol fabriqué à partir du maïs, dans l'essence.

Dans ces deux pays, des structures régionales de production et de distribution d'éthanol carburant avaient été mises en place, dès le début des années 1920, à une échelle réduite, et essentiellement dans les états riches en ressources agricoles.

Au Brésil, premier producteur mondial de sucre, comme aux États-Unis, premier producteur mondial de maïs, le développement de la filière éthanol représente un bon moyen de régulation des cours à l'exportation de ces deux matières premières, tout en permettant de réduire partiellement la dépendance énergétique de ces deux états.

Aux États-Unis, dans les années 1970, le développement de la filière éthanol trouve sa justification du point de vue agricole en offrant de nouveaux débouchés à des matières premières telles que le maïs, dont les marchés arrivaient à saturation. L'« Energy Tax Act » de 1978 officialise la réduction des taxes fédérales sur les carburants contenant au moins 10 % d'éthanol.

Dans les années 1980, ce sont des préoccupations liées à l'amélioration de l'environnement qui soutiennent la production d'alcool. Le MTBE (méthyltertiobutyléther) avait commencé à être introduit dans les essences reformulées sans plomb à partir de 1985.

En 1990, les « Clean Air Act Amendments » imposent l'addition de composés oxygénés aux essences, dans les régions où les teneurs en CO et en ozone dans l'atmosphère sont supérieures aux normes. C'est la raison principale du développement d'essences reformulées avec des éthers-carburants, dont le MTBE majoritairement. L'« Energy Policy Act » de 1992 étend la réduction des taxes aux carburants contenant moins de 10 % d'éthanol.

Le bannissement progressif du MTBE des essences (voir encadré) depuis 2003-2004, dans certains états, a pour conséquence de relancer la production d'éthanol carburant comme substitut oxygéné.

C'est surtout la volonté américaine de limiter leur dépendance énergétique (en 2002, les États-Unis importaient 9 M barils/jour de pétrole brut pour une consommation de 15 M barils/jour, soit 60 % de leurs besoins), et ceci avant d'avoir comme autres objectifs la réduction de l'émission des gaz à effet de serre liée aux transports et l'optimisation de l'utilisation de leurs surfaces agricoles, qui a conforté la tendance à développer l'usage de biocarburants, dont principalement l'éthanol, la production de biodiesel étant encore largement moindre.

Le MTBE, qui possède un indice d'octane élevé (RON = 118), a été introduit aux États-Unis dans les essences sans plomb à partir de 1985. Son incorporation se traduit par la réduction de certains polluants dans les émissions des moteurs (chiffres variables avec la nature de la flotte de véhicules testés). Dans le cadre du Programme Auto-Oil américain, il a été montré que l'addition de 15 % de MTBE conduisait à une réduction de 10 % des émissions de CO, de 5 % des hydrocarbures imbrûlés, de 15 % des rejets de benzène et de 1,3-butadiène mais s'accompagnait d'une augmentation de 25 % des émissions de formaldéhyde. Dans tous les cas, on n'observe pas d'effet sur les oxydes d'azote, et peu d'effet sur le PFO (Potentiel de Formation d'Ozone). Toutes ces caractéristiques ont conduit au développement de l'usage du MTBE en tant que carburant, en particulier aux États-Unis, surtout à la suite de la publication des Clean Air Act Amendments en 1990. Ceux-ci rendaient obligatoire la reformulation des essences en imposant une teneur en oxygène comprise entre 2 et 2,7 % poids dans les zones géographiques où les taux limites de CO et d'ozone dans l'atmosphère n'étaient pas respectés.

Avec cette utilisation conséquente du MTBE, des problèmes environnementaux sont progressivement apparus, jusqu'à créer des situations inacceptables quant à la qualité des ressources en eau potable, polluées par des fuites accidentelles survenues au cours du stockage et du transport du MTBE et des carburants reformulés avec cet éther.

La grande mobilité du produit, sa solubilité dans l'eau (48 g/l) et sa résistance à la biodégradation expliquent la persistance de pollutions de nappes phréatiques par le MTBE, et leur extension possible au cours des prochaines années. En Californie, les pourcentages des captages d'eau potable contaminés, qui étaient estimés entre 0,3 et 1,2 % en 1998, atteindront probablement des valeurs comprises entre 1 et 5 % en 2010. Le MTBE est perceptible au goût et à l'odorat à des teneurs aussi faibles que 2 μg/l. Les concentrations en MTBE dans l'eau, admises par l'US EPA, sont dans la gamme de 20-40 μg/l.

Concernant les risques potentiels de son utilisation vis-à-vis de la santé humaine, le MTBE est considéré comme « probablement cancérigène » (assimilation aux substances du groupe 2A). Une décision du Gouverneur de l'État de Californie, en date du 25 mars 1999, a ordonné que le MTBE soit complètement retiré de la formulation des essences, utilisées à l'intérieur de l'État, à la fin de 2002. Cette décision, qui est entrée en application, a entraîné le bannissement du MTBE dans la majeure partie des états américains. Une première étude évalue les coûts de dépollution des sols et des aquifères contaminés par le MTBE à des valeurs comprises entre 20 et 30 milliards de dollars.

Au Brésil, dès les années 1970, deux types de formulation sont imposés et soutenus par des incitations fiscales tant au niveau de la fabrication d'alcool que de l'achat de voitures :

- un mélange entre 20 % et 25 % d'éthanol anhydre dans l'essence,
- de l'éthanol à 92 % (8 % d'eau) sans produit pétrolier.

Ces programmes ont été ralentis à la fin des années 1980, du fait de la diminution des cours mondiaux du pétrole, pour connaître un certain regain d'intérêt depuis le début des années 2000, dans un contexte marqué par une baisse, voire une tendance à la disparition des aides gouvernementales.

En France, la fin des années 1970 a vu le lancement d'un programme national de recherche et développement sur les biocarburants, le « plan Carburol ». Ce plan visait à développer de nouvelles filières de production de biocarburants à partir de la biomasse lignocellulosique : acétone-butanol-éthanol par la voie biochimique, méthanol par la voie thermochimique. Il a donné lieu à la construction d'unités de démonstration avec la plate-forme ASCAB de Clamecy, dans la Nièvre (voie thermochimique) et la plateforme ASCAF de Soustons, dans les Landes (voie biologique). Ce plan a été arrêté au début des années 1990.

En 1985, alors qu'au niveau européen la directive européenne 85/536/CEE du 5 décembre de cette même année définit les conditions d'incorporation d'éthanol et d'ETBE (Ethyl-Tertio-Butyl-Ether) dans les essences, en France, une Commission consultative pour la production de carburants de substitution est créée. Elle réunit les ministères de l'industrie, de l'environnement, de l'agriculture, ainsi que des organismes de recherche et des représentants des professions concernées.

En 1987, un allégement de la fiscalité sur l'éthanol est accordé par les pouvoirs publics français, simultanément à la mise en place d'un régime facultatif de jachères.

En 1992, dans le cadre de la réforme de la Politique Agricole Commune (PAC), la Communauté européenne décide de l'obligation de gel de 15 % des terres consacrées à la culture des céréales, oléagineux et protéagineux dès la campagne 1992-1993. Cette mesure est prise pour résoudre le problème des excédents agricoles difficilement valorisables à l'exportation. Les agriculteurs conservent la possibilité de cultiver ces terres gelées à des fins non alimentaires – par exemple la production des biocarburants – en bénéficiant de l'aide compensatoire à la jachère non cultivée.

L'allégement de la fiscalité est élargi à la même époque aux biocarburants développés en France :

- l'éthanol, issu de la fermentation des sucres de betteraves ou de l'amidon de céréales, utilisable sous forme d'ETBE après réaction avec l'isobutène, en mélange avec les essences,
- les esters méthyliques d'huiles végétales (EMHV) obtenus par réaction des huiles de colza ou de tournesol avec le méthanol, utilisables en mélange avec le gazole.

L'apparition de ce nouveau biocarburant mérite d'être soulignée. En effet, pendant très longtemps, l'éthanol a été le seul biocarburant utilisé du fait qu'à cette époque les voitures roulaient presque exclusivement à l'essence. Pourtant, dès l'exposition universelle de Paris en 1900, le nouveau moteur, inventé par Rudolf Diesel [1], fonctionnait à l'huile d'arachide, mais il a fallu attendre le début des années 1980 pour que des recherches soient consacrées à la synthèse d'esters méthyliques d'huiles végétales (EMHV) [3] et débouchent en 1992 sur la construction de la première unité industrielle de production de biodiesel, à Compiègne.

Depuis, des programmes de développement et d'industrialisation de ces biocarburants existent tant en Europe (Allemagne, France...) qu'ailleurs dans le Monde (Brésil, Pays du Sud-Est Asiatique, États-Unis...).

1.2 2000-2030 : DES ENJEUX STRATÉGIQUES

1.2.1 L'offre et la demande d'énergie à l'horizon 2030

En matière de prospective énergétique, les scénarios tendanciels élaborés par plusieurs grands organismes (le *Department of Energy* des États-Unis – DOE – [4], l'Agence Internationale de l'Énergie – AIE – [5] ou l'Union européenne – UE – [6]) s'accordent sur le fait que d'ici 2030 la demande mondiale d'énergie primaire restera soutenue. Elle devrait augmenter de 60 à 75 % entre 2000 et 2030. Ceci est confirmé par le nouveau scénario de référence de l'AIE publié en 2009 [7] qui prévoit une évolution de cette demande de 65 à 70 % entre 2000 et 2030 (fig. 1.2).

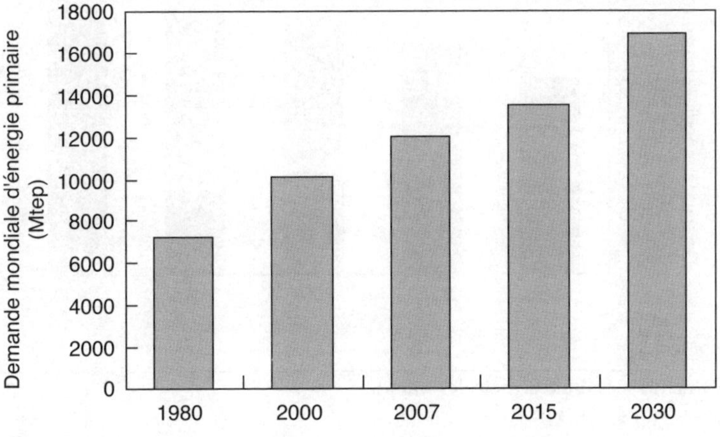

Figure 1.2

Demande mondiale d'énergie primaire (Mtep) selon le scénario AIE de 2009.
Source : d'après AIE

1. Le même Rudolf Diesel écrivait encore en 1912 : « L'utilisation d'huiles végétales dans les moteurs Diesel peut sembler insignifiante actuellement. Mais ces huiles peuvent devenir avec le temps aussi importantes que le sont aujourd'hui les produits pétroliers ou issus du charbon ».

Les énergies fossiles demeureront prépondérantes dans le bilan énergétique mondial (énergies non commerciales exclues) avec une part qui se maintiendra autour de 85 %.

Selon les scénarios tendanciels de l'AIE [5] et de l'UE [6], le nucléaire, qui assure aujourd'hui près de 7 % de la consommation énergétique mondiale, devrait connaître une croissance moyenne inférieure à 1 % par an sur les trente premières années du millénaire. Selon le scénario AIE de 2009, la part du nucléaire dans la consommation mondiale d'énergie primaire ne devrait pas sensiblement évoluer.

Les énergies renouvelables, avec un rythme annuel moyen de croissance élevé (ensemble éolien, solaire, petite hydraulique, biomasse), pourraient représenter en 2030 un peu moins de 15 % dans le bilan énergétique global.

Le pétrole demeurera l'énergie dominante avec une part de 30 %, devant le charbon (28 %) et le gaz (21 %). Sur la période 2000-2030, la demande mondiale de pétrole brut devrait passer de 73 Mb/j (3,7 Gt) à une centaine de millions de barils par jour (5 Gt/an) (fig. 1.3). Cette croissance s'accompagnera cependant d'un repli du pétrole vers ses usages spécifiques, difficilement substituables comme la pétrochimie et surtout le transport. Dans les décennies à venir, les trois-quarts de l'augmentation de la demande en produits pétroliers seront ainsi le fait du secteur des transports.

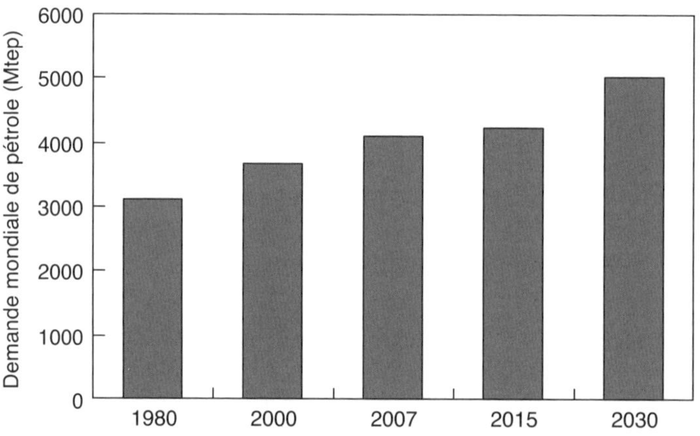

Figure 1.3

Demande mondiale de pétrole (Mtep).
Source : d'après AIE

1.2.2 Le pétrole : l'importance de l'OPEP

Alors que le premier choc pétrolier de 1973 avait marqué le début d'une baisse de la part de l'Organisation des Pays Exportateurs de Pétrole (OPEP) dans l'approvisionnement mondial de pétrole, une tendance qui s'était confirmée avec le second choc de 1979, on assiste depuis la fin des années 80 à une remontée de la part de marché du cartel. Avec 40 % de la production mondiale, l'OPEP n'a pas encore retrouvé la place occupée au début des années 1970 (plus de la moitié des approvisionnements), mais tout incite à penser que ce n'est qu'une question d'une ou deux décennies.

Si la demande pétrolière de la planète continue de s'accroître pour passer de 3,7 Gtep en 2000 à 5,6 Gtep en 2030 selon le scénario tendanciel de l'AIE [7], la plupart des grandes zones de production hors OPEP offrent, dans l'état actuel des connaissances, des perspectives de développement assez limitées.

La mer du Nord représente actuellement près de 6 % de l'offre mondiale, mais elle a aujourd'hui entamé son déclin. Il en va de même des principales zones de production de la région Asie-Pacifique. Les États-Unis ne devraient pas voir leur production s'accroître massivement dans les années à venir. Principale zone hors OPEP présentant dans les années à venir un potentiel de développement important, la Communauté des États Indépendants (CEI) ne semble cependant pas pouvoir sur le long terme assurer seule le déficit de production. Les pays de l'OPEP, qui concentrent la plus grande part des réserves identifiées d'or noir de la planète, et plus particulièrement les pays pétroliers du Moyen-Orient, semblent être les seuls à pouvoir sur le long terme satisfaire l'accroissement de la demande.

1.2.3 Le transport routier dans le monde

La demande de mobilité est étroitement liée au niveau de revenu, à la distance séparant lieu d'habitation et lieu de travail, aux opportunités en matière de loisirs, etc. Au cours des dernières décennies, la croissance des revenus, les progrès en matière de technologies, l'amélioration des infrastructures et l'augmentation du temps de loisirs se sont traduits par une demande de mobilité plus grande : plus de voyages sur des distances moyennes plus importantes.

En conséquence, le transport routier s'est accru très fortement. Au cours des 20 dernières années, alors que le produit intérieur brut (PIB) des pays industrialisés augmentait de plus de 50 %, le parc de véhicules de la zone OCDE (Organisation de Coopération et de Développement Économiques) a cru de 60 % et les distances parcourues de 70 %. La route représente aujourd'hui pour les pays industrialisés plus de 90 % du transport de personnes et les trois quarts du transport de marchandises. Dans le reste du monde, la hausse du transport routier a, sur les deux dernières décennies, été encore plus importante : le parc de véhicules y a plus que doublé. Malgré cela, les pays industrialisés continuent de concentrer aujourd'hui l'essentiel du parc mondial : quatre véhicules sur cinq.

Le transport routier reste très fortement dépendant du pétrole. À l'échelle mondiale, les carburants issus du pétrole constituent 98 % de l'énergie utilisée dans ce secteur. Les solutions faisant appel à des énergies alternatives existent, certaines depuis fort longtemps, mais restent marginales. On peut citer le gaz naturel véhicule (GNV), le gaz de pétrole liquéfié (GPL), les carburants oxygénés, qu'ils soient d'origine chimique ou agricole, le plus souvent en mélange dans les carburants pétroliers. Le transport tend même à prendre une place croissante comme secteur d'utilisation final des produits pétroliers.

Dans les années à venir, les besoins de mobilité à l'échelle de la planète devraient ainsi continuer d'augmenter et le transport routier devrait poursuivre sa croissance, essentiellement portée par la demande en provenance des pays en voie de développement. Au cours des deux prochaines décennies, alors que le parc de véhicule de la zone OCDE ne devrait s'accroître que d'un tiers, il triplera, voire quadruplera dans le reste du monde. Il devrait en être de même des distances parcourues. Par ailleurs, le transport aérien continuera de croître.

D'ici 2030, la consommation de produits pétroliers pour un usage transport va encore augmenter pour passer de 2,3 Gtep en 2007 à 3,5 Gtep en 2030 (fig. 1.4). Parmi les autres consommations d'énergie, l'évolution de celles pour l'industrie est comparable à celle des transports, mais avec une distribution des sources d'énergie très différente : les principales sont l'électricité et le charbon, suivies du gaz. Intervient ensuite une part importante d'énergies renouvelables. Le troisième secteur le plus consommateur est celui consacré à l'habitation, avec une intervention forte de la biomasse.

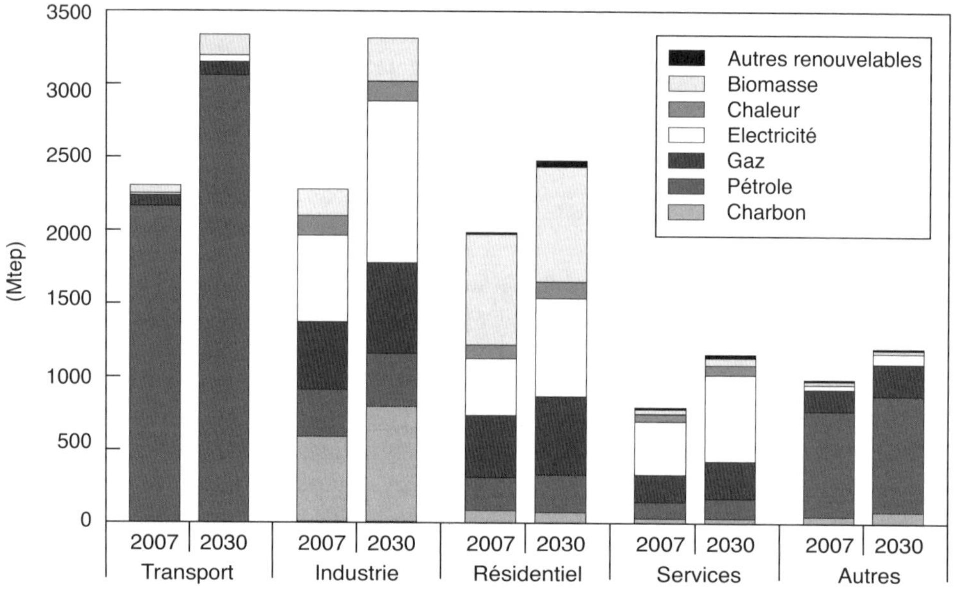

Figure 1.4

Consommation d'énergie dans différents secteurs, dont les transports.

Sur le plan technique autant que réglementaire, d'importantes avancées ont été faites pour réduire les émissions de polluants locaux responsables de problèmes de santé, de pluies acides ou autres liés à l'augmentation du trafic routier. Ces efforts, essentiellement réalisés dans les pays de l'OCDE, devraient d'ailleurs se traduire dans les 15 à 20 ans à venir par des fortes diminutions, selon les polluants, d'un certain nombre d'émissions (oxydes d'azotes, particules, monoxyde de carbone, etc.). Les mêmes efforts n'ont pas été faits dans le reste du monde où une augmentation de l'ensemble de ces émissions est globalement attendue dans le futur.

Dans les pays industrialisés, les rejets de dioxyde de carbone liés au transport ont sensiblement diminué sur les nouveaux véhicules, depuis plusieurs années. Toutefois, depuis le début des années 70, les émissions annuelles mondiales de CO_2 liées à ce secteur ont plus que doublé et devraient encore être pratiquement multipliées par deux au cours des 30 prochaines années.

1.2.4 Les impacts environnementaux (voir Annexe 1)

Si elle a longtemps été divisée sur le sujet, la communauté scientifique internationale s'accorde aujourd'hui sur le fait que l'activité humaine, notamment et surtout par son usage des combustibles fossiles, entraîne une augmentation de la concentration de gaz à effet de serre dans l'atmosphère, qui se traduit par une modification du climat à la surface de la planète (voir encadré). Les travaux du GIEC (Groupe Intergouvernemental d'Experts sur l'Évolution du Climat) [8], instance regroupant près de 2000 chercheurs et experts dans le monde, créée en 1988 pour étudier le phénomène, démontrent que les changements sont rapides. La température atmosphérique moyenne a ainsi augmenté de 1,0 °C depuis 1910. Les résultats des études réalisées sous la houlette du GIEC, se rapportant à un ensemble de 35 scénarios, prévoient que la température de la planète devrait encore s'accroître de 1,4 à 5,8 °C durant la période 1990-2100. Ce phénomène s'accompagnerait d'autres modifications : une élévation du niveau moyen de la mer de 0,1 à 0,8 m, avec déjà une montée de ce niveau estimée à 16 cm en 100 ans, une accélération de la désertification de certaines régions, une réduction de la couverture neigeuse (– 9 % entre 1950 et 2000) et des étendues glaciaires et, enfin, une augmentation de la fréquence et de l'intensité des phénomènes climatiques extrêmes.

L'effet de serre et les gaz à effet de serre (GES)

Environ 50 % du rayonnement solaire sont absorbés par le sol qui réémet de la chaleur sous forme de rayonnements infrarouges. Ceux-ci sont interceptés en partie par des gaz naturellement présents à faible concentration dans l'atmosphère (vapeur d'eau, CO_2, CH_4, N_2O). De ce fait, la couche atmosphérique retient la chaleur en jouant le même rôle que les parois d'une serre.

Sans cet effet de serre « naturel », la température moyenne de la Terre serait de – 18 °C. À titre de comparaison, la température moyenne de Mars, certes plus loin du Soleil que la Terre, mais dont l'atmosphère ne renferme pas de GES, est seulement de – 50 °C. En revanche, sur Venus, dont l'atmosphère est majoritairement constituée de CO_2, la température est supérieure à 400 °C.

Signée à Rio de Janeiro en juin 1992, dans le cadre du Sommet de la Terre, la Convention-cadre des Nations Unies sur les Changements Climatiques s'est, en même temps qu'elle reconnaissait la réalité d'une modification d'origine humaine du climat, fixée comme objectif de stabiliser les « concentrations de gaz à effet de serre dans l'atmosphère à un niveau qui empêche toute perturbation anthropique dangereuse du système climatique ».

Conclu en 1997, le Protocole de Kyoto [9] a pour objectif de renforcer cette réponse internationale en fixant aux pays signataires des objectifs chiffrés de réduction des émissions de gaz à effet de serre. Sur la période 2008-2012, les émissions annuelles moyennes devront être réduites de 5,2 % par rapport à l'année 1990, choisie comme référence.

Autre résultat des scientifiques qui ont étudié la question, les émissions de gaz à effet de serre influent durablement sur la composition de l'atmosphère. À titre d'exemple, la durée de vie du CO_2 dans l'atmosphère est de plus d'un siècle (tableau 1.1). Une relative stabilisation des émissions de dioxyde de carbone au cours du XXIe siècle se traduirait tout de même par une croissance de la concentration de ce gaz dans l'atmosphère.

Tableau 1.1

Nature des GES	Pouvoir de réchauffement par rapport au CO_2	Taux de contribution à l'effet de serre %	Durée de vie dans l'atmosphère (année)
CO_2	1	69,6	125
CH_4	21	12,4	12
N_2O	310	15,8	150
Gaz fluorés [a]	16 000	2,2	120 (moyenne)

[a] *PFC : Perfluorocarbone ; HFC : Hydrofluorocarbones ; SF6 : Hexafluorure de soufre.*
Source : GIEC

Les émissions de GES par source, en 2005, sont reportées sur la figure 1.5.

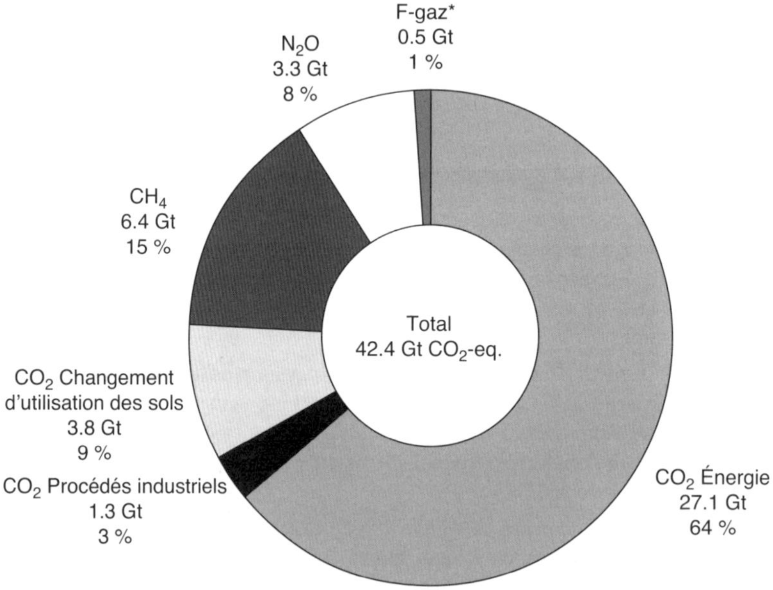

Figure 1.5

Émissions de GES par source, en 2005.
Source : d'après AIE

Au cours du siècle dernier, la teneur dans l'atmosphère du principal gaz à effet de serre en terme de contribution globale, le dioxyde de carbone, s'est fortement accrue du fait de l'exploitation et de l'utilisation des combustibles fossiles. L'augmentation a été continue. Au cours des trente dernières années, les émissions annuelles de CO_2 induites par la consommation d'énergie ont augmenté de 65 % à la surface de la terre. Dans les années à venir, cette tendance est amenée à se poursuivre à un rythme similaire.

Au niveau mondial, deux secteurs contribueront plus particulièrement à cette hausse : la production d'électricité tout d'abord et le transport ensuite. Dans les pays en voie de développement, le principal contributeur à l'accroissement des émissions de CO_2 dans les prochaines décennies devrait être la production d'électricité et dans une moindre mesure le secteur transport. Dans les pays industrialisés, les deux secteurs, transport et production d'électricité, devraient contribuer de manière équivalente à l'accroissement des rejets de dioxyde de carbone.

Les émissions de CO_2 liées aux transports, selon différents scénarios, sont représentées sur la figure 1.6.

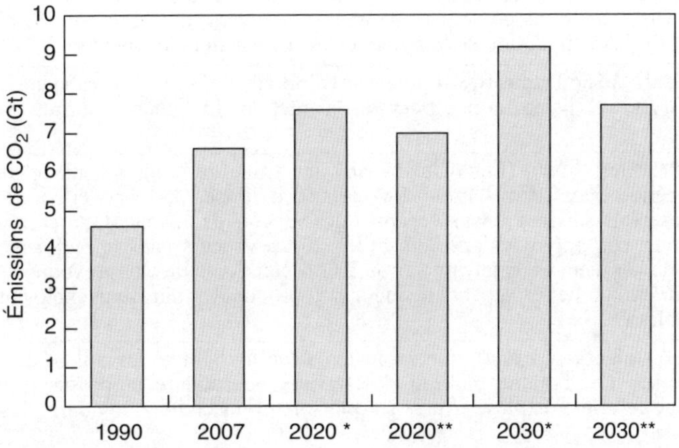

Figure 1.6

Émissions de CO_2 liées aux transports.
Source : d'après AIE (* scénario de référence. ** scénario 450)

1.2.5 Les enjeux de sécurité

Face au développement des biocarburants, il est nécessaire d'actualiser et de compléter les connaissances validées scientifiquement sur les aspects de sécurité potentiellement associés à l'utilisation et à la production des biocarburants. Cette nécessité n'est apparue qu'assez tardivement, avec les incidents qui ont accompagné l'essor industriel des filières de première génération. Les analyses de ces incidents ont récemment permis d'en décrire la typologie [10]. Il s'agit pour l'essentiel de risques relativement conventionnels, variables en nature et en importance selon les procédés et la localisation des productions et des utilisations. Leur traitement mérite une réelle attention et nécessite une analyse détaillée des facteurs accidentogènes. À titre d'exemple, un accident récent a été rapporté au sein d'une usine de production de biodiesel dans l'État de Washington en décembre 2009 : une opération de neutralisation à l'acide sulfurique de la co-production de glycérine a entraîné la destruction d'un réservoir (explosion) et, par la suite, de nombreux dégâts matériels.

Le tableau suivant présente quelques accidents significatifs impliquant des biocarburants :

Tableau 1.2 Accidents significatifs.

En janvier 2004, à Port Kembla (Australie), une explosion suivie d'un incendie a lieu au niveau d'un réservoir contenant 7 000 m^3 d'éthanol. Des travaux de soudure étaient réalisés au niveau du réservoir au moment de l'explosion. Cet accident a provoqué 2 blessés.
En septembre 2005 à West Burlington, Iowa (États-Unis), un sécheur de grains prend feu dans une usine d'éthanol. Les voies de circulation autour de l'usine sont fermées pendant une heure. Un salarié de l'usine et deux pompiers sont blessés légèrement.
En octobre 2006, à New Brighton (États-Unis), le déraillement d'un train transportant de l'éthanol au-dessus de la Beaver River provoqua une explosion, suivie d'un incendie. Il n'y a pas eu de blessé, mais un risque de pollution de la rivière et une évacuation des riverains.
En septembre 2007, à Sao Paulo (Brésil), un réservoir d'éthanol ayant une capacité de 9 millions de litres explose dans une usine fermée pour reconstruction. La foudre pourrait avoir initié cette explosion.
En janvier 2008, dans l'Ohio (États-Unis), dans une usine de biodiesel, un opérateur vérifie le niveau de glycérine dans un réservoir. En partant, il laisse, par inadvertance, ouvert le trou d'homme du réservoir, laissant ainsi s'échapper des vapeurs de méthanol du réservoir, de capacité de 10 000 gallons. Un employé s'aperçoit qu'il y a des vapeurs dans le bâtiment et, pour aérer, ouvre la porte du bâtiment en appuyant sur un interrupteur. L'étincelle provoquée par l'activation de l'interrupteur enflamme les vapeurs de méthanol, provoquant ainsi une explosion. 4 salariés de l'usine ont été blessés.
En avril 2008, à Calgary (Canada), une explosion a tué un homme travaillant dans une nouvelle usine de biodiesel. Cet homme réalisait des travaux de soudure au-dessus d'un réservoir de biodiesel lorsque celui-ci a explosé. Après l'explosion, un incendie, qui a duré plusieurs heures, a suivi.
En mai 2008, à New York (États-Unis), une explosion, suivie d'un incendie, a eu lieu dans un garage. Le propriétaire y fabriquait du biodiesel. L'accident détruisit son garage, provoqua des dégâts au niveau de la maison, ainsi que d'un autre garage.
En juin 2008, dans le Minnesota (États-Unis), le déraillement transportant de l'éthanol causa le déversement du produit. D'après l'enquête, l'accident pourrait être dû à un défaut au niveau des rails. Cet accident ne provoqua aucun blessé.
En juin 2009, dans l'Illinois (États-Unis), le déraillement d'un train transportant de l'éthanol provoque une explosion, suivie d'un incendie. 6 personnes sont blessées et une personne qui attendait dans sa voiture le passage du train est décédée. Environ 600 riverains sont évacués.
En octobre 2009, à Savannah (États-Unis), un réservoir de biodiesel situé sur le site d'une usine ouverte récemment explose. Une personne est blessée.

Afin de ne pas freiner le développement de cette filière, il apparaît essentiel de consolider les connaissances sur les questions de sécurité à partir de l'identification et de la caractérisation des dangers présentés par l'ensemble des produits intervenant dans le cycle de vie des biocarburants : agro-ressources, réactifs, catalyseurs, produits utilisés dans les opérations de prétraitement des agro-ressources ou dans le raffinage des produits finis, additifs divers de formulation, co-produits et autres matières impliquées dans leur valorisation. Un aperçu global des risques liés à l'utilisation des biocarburants, et de leur typologie, plus particulièrement pour le bioéthanol et le biodiesel, est présenté. Ces risques sont liés aux propriétés de combustibilité ou d'inflammabilité des principaux produits impliqués dans l'industrie des biocarburants.

1.2.5.1 Risques liés à la filière bioéthanol

Très tôt, un certain nombre de problèmes techniques liés à la sécurité des carburants additivés d'éthanol ont pu être identifiés comme les problèmes de compatibilité de l'éthanol avec les matériaux polymères (circuits d'alimentation en carburants) ou de corrosivité de l'éthanol avec certains métaux (notamment l'aluminium). Cependant, la revue attentive de la littérature et des échanges avec des chercheurs étrangers (SP, National Swedish Rescue Service) montrent que des études sont encore nécessaires pour faire converger les points de vue des experts, notamment dans le cas de l'E85 (mélange d'essence avec 85 % d'éthanol), avant de maîtriser parfaitement le danger d'incendie et d'explosion associé à l'incorporation d'éthanol dans le pool carburant essence en Europe et en France. En effet, l'évaluation du danger réel d'incendie et d'explosion associé au cycle de vie de l'éthanol carburant (sous ses diverses déclinaisons) est bien plus complexe que le simple constat de limites d'inflammabilité de l'éthanol élargies (comparativement à l'essence) et décalées vers des températures plus élevées (tableau 1.3).

Tableau 1.3 Principales caractéristiques des biocarburants éthanolés.

	ETBE	**Éthanol**	**Essence SP95**	**E10**
Masse molaire (g/mol)	102	46,07	102,5	–
Température d'ébullition (°C)	72,8	78,4	< 35	–
Rapport stœchiométrique	12,1	8,95	14,4	–
Pression de vapeur RVP (kPa)	10	15,9	60/70 [a]	60(+ x)/70(+ x)
Point éclair (°C)	– 20	12	– 40	~ – 40
Température d'auto-inflammation (°C)	470	400	280-350	> 300 [b] (Total) > 250 [c] (Shell)
Limites d'inflammabilité (%vol) (LIE-LES)	1,2-8,8	3,3-19	1,4-8,7	–
Températures limites d'inflammabilité (°C) (TLIE-TLSE)	Non disponibles	9-44	(– 45)/(– 20)	< – 5 [d] (TLSE) [11]

[a] *Valeurs découlant de l'application de l'EN 228 et applicables en France.*
[b] *Fiche de données de sécurité (Total).*
[c] *Fiche de données de sécurité (Shell).*
[d] *Estimation méritant d'être confirmée expérimentalement.*

Parmi les autres paramètres à prendre en compte pour évaluer et maîtriser les scénarios accidentels résultant du danger (direct ou indirect) d'explosion et d'incendie de l'éthanol carburant, il convient notamment d'intégrer :

- les caractéristiques différentes pour chaque mélange essence/éthanol considéré ;
- la propriété de l'éthanol de former divers azéotropes avec les composés légers des essences, à l'origine d'une « survolatilité » des mélanges éthanol/essence, variable selon les proportions du mélange, lorsque l'essence reste le composé majoritaire ;
- *a contrario*, une volatilité plus faible de l'éthanol et de l'E85 (comparativement à l'essence) générant des adaptations au niveau des véhicules ;
- le risque de séparation des phases essence et éthanol selon la teneur en eau et en éthanol ;
- le risque de fuite lié au problème de corrosivité de l'éthanol avec certains métaux et à l'incompatibilité avec de nombreuses matières plastiques ;
- la conductivité électrique très sensiblement plus élevée de l'éthanol et de l'E85 comparativement à l'essence ;
- la vitesse de flamme plus élevée ;
- le caractère polaire de l'éthanol en tant que solvant.

Des questions de sécurité se posent notamment au niveau logistique : mise en place de dépôts de ravitaillement en supercarburants, stockage et distribution de carburants de type essences additivées (SP95-E10) et de superéthanol (E85) dans les stations-service, positionnement des équipements au regard du risque d'atmosphères explosibles et aspects environnementaux associés, pour lequel nous manquons de recul. L'expérience acquise et la mondialisation des marchés des biocarburants ne doivent pas, par ailleurs, occulter le fait que les solutions techniques à mettre en place pour développer les technologies de mise en œuvre des biocarburants dans les transports ne sont pas systématiquement généralisables, sans adaptation au contexte local. Ainsi, la solution développée au Brésil pour résoudre les démarrages à froid rendus difficiles dans les motorisations à allumage commandés du fait de la faible volatilité de l'éthanol – à savoir l'ajout d'un réservoir auxiliaire à essence placé sous le capot moteur dont le remplissage périodique est géré par les pompistes locaux. Cette solution n'est bien évidemment pas envisageable en Europe car ne répondant pas à des principes élémentaires de sécurité compte tenu du contexte européen de distribution de carburants automobiles [12].

Enfin, en prévision de la gestion du risque d'incendie dans les circuits de distribution et utilisation, il est utile de rappeler que les feux d'éthanol (et donc des essences additivées de manière significative en éthanol) se comportent de manière très différente des feux d'hydrocarbures et d'essence en particulier. Aux avantages (communs avec la combustion en moteurs) d'un moindre potentiel de pollution comparé aux essences, le comportement de solvant polaire de l'éthanol nécessite la mise en œuvre de moyens d'extinction spécifiques [13]. Ainsi, les feux impliquant du gasohol (E10 États-Unis) sont susceptibles d'être éteints avec des mousses à bas foisonnement de type AFFF ou AR-AFFF (résistant aux alcools) mais une augmentation des taux d'application peut être rendue nécessaire notamment en cas d'incendie prolongé. Enfin, on notera que le développement des carburants éthanolés a d'ailleurs justifié l'attribution d'un nouveau numéro ONU pour identifier les transports de carburants constitués de mélanges éthanol/essence pour des concentrations en éthanol supérieures à 10 % (rubrique ONU 3475 ajoutée au RID/ADR 2009).

1.2.5.2 Risques propres à la filière biodiesel

Le caractère « non inflammable » souvent évoqué dans les documents grand public du biodiesel (du fait d'un point d'éclair élevé de ce biocarburant – de l'ordre de 180 °C) ne doit pas occulter la réalité des dangers d'explosion et d'incendie qui apparaît à l'analyse du cycle de vie des biocarburants depuis la production des agro-ressources valorisables jusqu'à l'utilisation dans les véhicules à moteurs Diesel.

Pour l'illustrer, il suffit de rappeler que le biogazole reste un carburant, donc un combustible en soi, et surtout de considérer les dangers intrinsèques aux produits intervenant en quantités significatives dans la réaction dite de transestérification, au cœur de la technologie actuelle de production du biodiesel.

Cette réaction qui consiste à transformer les acides gras des triglycérides en esters méthyliques ou éthyliques directement compatibles avec les gazoles d'origine fossile :

- se fait généralement en utilisant du méthanol ou de l'éthanol, produits toxiques et inflammables ;
- est une réaction catalytique. Les catalyseurs, homogènes, de nature alcaline ou acide, engendrent un risque d'incendie et/ou d'explosion variable, notamment avec les alcoolates de sodium ou de potassium, parmi les plus utilisés [14].

D'autres produits inflammables ou présentant des dangers d'incendie ou d'explosion interviennent au cours du cycle de vie des biogazoles, par exemple dans les unités de trituration des graines (extraction finale), ou dans les stockages de co-produits d'origine végétale (risques d'auto-échauffement, également présents dans les filières éthanol).

Des essais de combustion de diverses huiles et de glycérine ont été réalisés au cours d'une première campagne d'orientation à l'INERIS pour différents flux thermiques incidents imposés lors d'essais Tewarson, simulant un niveau donné d'agression thermique. Les vitesses de combustion des huiles sont faibles. Ces résultats ne doivent cependant pas faire oublier le fait essentiel que les vitesses de combustion réelles demeurent extrêmement dépendantes des conditions réelles de déroulement d'un scénario accidentel. Les essais montrent, tout comme le retour d'expérience [15], qu'une fois en régime établi, de tels incendies libèrent des quantités significatives d'énergie et sont très fumigènes.

Un accompagnement à la maîtrise des questions de sécurité sera prévu au vu des progrès technologiques et de l'expansion de l'utilisation de ces biocarburants. La sécurisation du transport par canalisations, confrontée à la résolution de problèmes de corrosion spécifique, constitue un axe de recherche identifié et important, notamment outre-Atlantique [16].

1.2.5.3 Les enjeux de sécurité identifiés en matière de biocarburants de 2e génération

Les biocarburants dits de deuxième génération constituent des solutions « en rupture » par rapport aux technologies des filières de première génération et se traduisent par des procédés nouveaux, nécessitant une approche rigoureuse en matière de gestion de la sécurité notamment du fait de conditions plus sévères de traitement en termes de température et pression, surtout pour les voies thermochimiques. Ces nouvelles voies pourront aussi impliquer des natures différentes de carburants formulés (mélanges essence/butanol, mélanges gazole/éthanol stabilisés).

Ainsi, des enjeux de sécurité sont bien entendu associés à l'introduction de biocarburants en alternative au kérosène pour le transport civil et militaire aérien. Ces enjeux sont notamment considérés et examinés dans des programmes de recherche spécifiques et non terminés à ce jour tels que SWAFEA et ALAFABIRD [17] en Europe et par le programme de l'alliance CAAFI [18] développé outre-Atlantique.

Enfin, la production de biocarburants s'inscrira de plus en plus dans un nouveau modèle de production industrielle dénommé bioraffinerie, laquelle produira par ailleurs d'autres flux matières (synthons, bioproduits, biomatériaux) ou d'énergie dans une optique d'optimisation d'utilisation de la biomasse. Ce modèle de production, multiforme au demeurant, se traduira par un niveau d'intégration des procédés impliqués jamais atteint et des attentes fortes en matière de flexibilité, tant en amont (panel de biomasses à valoriser) qu'en sortie (assortiments de vecteurs énergétiques, biomatériaux, biomolécules). Cette configuration aura des répercussions importantes sur la maîtrise des risques. Celle-ci sera d'autant mieux assurée que l'ensemble des modes de fonctionnement (et de dysfonctionnements prévisibles) d'un tel système complexe aura été correctement anticipé et évalué dès la phase de conception. Au regard des technologies émergentes qui verront le jour dans un tel système, mais aussi de particularités telles que le recours à divers micro-organismes, à des nanotechnologies (techniques séparatives, catalyseurs…) ou de nouvelles familles de solvants (liquides ioniques…), on peut penser que l'expérience accumulée en matière de gestion de sécurité des raffineries classiques (basée sur la chimie du pétrole) devra être adaptée à ce nouveau domaine.

1.2.6 Les biocarburants : une voie d'avenir

La question du développement de technologies ou de systèmes énergétiques plus durables n'est pas nouvelle pour le secteur des transports. Une multitude de solutions ont fait et continuent de faire l'objet de travaux de recherche et de développement, l'objectif étant de combiner la réduction de l'impact sur l'environnement à la diminution de la dépendance au pétrole et à l'optimisation de l'emploi des terres agricoles et forestières.

Ces travaux portent aussi bien sur l'amélioration des solutions traditionnelles, moteurs à combustion interne (allumage commandé ou Diesel) avec l'objectif de réduire fortement la consommation de ces véhicules, que sur la recherche de solutions alternatives tant en termes de motorisation (pile à combustible, véhicule électrique, véhicule hybride) que de carburants (gaz naturel, biocarburants, hydrogène).

Parmi les solutions étudiées, les biocarburants offrent de réelles perspectives. Leur utilisation en mélange dans les carburants traditionnels permet d'envisager un gain sur les niveaux d'émissions de gaz à effet de serre dans le secteur transport sans modification majeure des infrastructures de distribution, ni modification des véhicules.

Sans toutefois représenter la seule solution aux problèmes des émissions de gaz à effet de serre dans le secteur transport et de la réduction de la demande de pétrole, les biocarburants constituent l'option ayant à moyen terme un des meilleurs ratios coût/efficacité [19].

Les avantages d'un développement des filières biocarburants sont nombreux, même si les coûts de ceux-ci restent aujourd'hui, à contenu énergétique équivalent, supérieurs à celui des carburants d'origine fossile.

Les filières biocarburants peuvent avoir un impact positif sur la balance commerciale d'un pays ou d'une zone communautaire, si l'on parle de l'Union européenne, en substituant à des produits importés des produits fabriqués sur le territoire national ou dans la zone communautaire (substituts de carburants d'origine fossile importés et aliments pour animaux).

Il est important de préciser que l'effet positif sur la balance commerciale n'est reliable qu'à une production de biocarburants sur le territoire national ou communautaire, à partir de matière première agricole également d'origine domestique. Le maintien de cet impact positif sur la balance commerciale peut nécessiter la mise en place de mesures protectrices (droits de douane, etc.) de manière à éviter ou limiter l'importation massive de biocarburants ou de matière première agricole produits à moindres coûts dans d'autres pays.

La production de biocarburants offre également de nouveaux débouchés pour l'agriculture sur le marché domestique. Les débouchés de certaines productions deviennent doubles, alimentaire et énergétique, contribuant à accroître les sources de revenus possibles pour le monde rural et leur montant global, et favorisant le maintien ou le développement de l'emploi en milieu rural.

Par ailleurs, en offrant une alternative aux importations de bruts et de produits pétroliers dont la diversité des sources d'approvisionnement devrait dans le futur aller en diminuant, les biocarburants, même importés, contribuent à améliorer la sécurité des approvisionnements. Les importations de biocarburants proviendront en effet très certainement de zones différentes de celles d'où sont importés pétrole et produits pétroliers.

Il reste, malgré tout, très difficile d'évaluer aujourd'hui les volumes de biomasse d'origine végétale utilisables à terme pour produire de l'énergie, ni même d'estimer avec précision les quantités d'énergie qui pourraient ainsi être produites. De nombreux travaux ont été faits sur le sujet, tentant d'approcher le potentiel que pourraient représenter sur le long terme les bioénergies dans leur ensemble (production de chaleur, d'électricité ou transport). Les résultats auxquels conduisent ces travaux sont loin d'être convergents, les écarts restant considérables entre les plus optimistes et les plus pessimistes. À l'échelle de la planète, le potentiel de biomasse produite à partir de cultures dédiées à la production d'énergie (on fait abstraction ici des déchets agricoles, forestiers ou issus de l'industrie alimentaire) pourrait ainsi varier à l'horizon 2050 de 1 à plus de 5,5 Gtep par an [19].

De nombreuses incertitudes existent. L'évaluation des surfaces qui seront dédiées à ces cultures dépend des besoins alimentaires de la planète qui découlent eux-mêmes de l'évolution de la population mondiale, des régimes alimentaires et des rendements à l'hectare : les terres qui seront nécessaires à la production alimentaire pourront difficilement être mobilisées pour la production de cultures énergétiques. Le volume global d'énergie qui pourra être tiré de ces cultures dépendra également du type de cultures, de leur localisation, de l'évolution des rendements. Enfin, l'utilisation des surfaces et des ressources végétales dédiées à la production d'énergie ne sera bien entendu pas uniquement consacrée à la production de biocarburants.

Des travaux détaillés ont été faits, notamment par l'AIE [7], qui évaluent les demandes futures, mondiale et régionales en biocarburants. Celles-ci ne font qu'augmenter jusqu'en 2015 et 2030, pour peut-être atteindre à cette dernière date une valeur légèrement supérieure à 2,5 M barils/jour (fig. 1.7) sur les États-Unis et l'Europe. La substitution de carburants par des biocarburants, dits de première génération, à partir de plantes amylacées (blé, maïs) ou sucrières (betteraves, cannes à sucre) et issus pour les seconds de corps gras d'origine végétale (colza, tournesol, soja, etc.), pose le problème d'allocation des terres cultivables. On se heurte en effet à un problème de disponibilité des surfaces et de la ressource. Leur utilisation pour la production de biocarburants entre alors en concurrence avec une utilisation pour la production alimentaire.

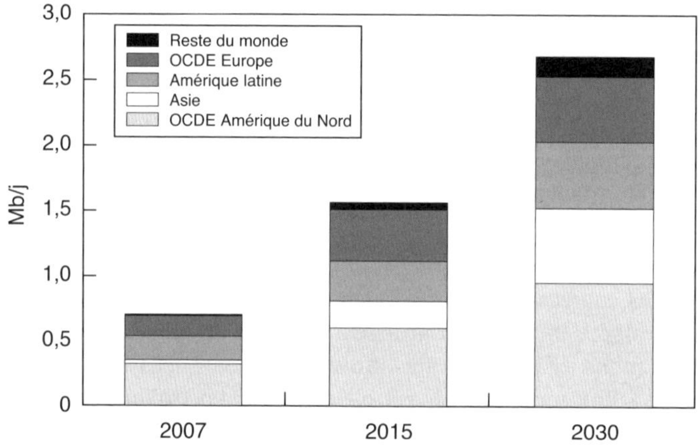

Figure 1.7

Demandes futures en biocarburants.

La tension sur les surfaces cultivées avec ce type de plantes va donc devenir de plus en plus problématique dans les vingt années à venir. On peut, en effet, raisonnablement penser qu'avec l'accroissement de la population mondiale, et malgré l'augmentation prévisible des rendements culturaux, la compétition entre les différents usages des ressources traditionnelles va s'accentuer, l'utilisation à des fins alimentaires restant malgré tout primordiale et prioritaire. Toutefois, des surfaces arables non cultivées existent en grandes quantités, par exemple dans les pays en voie de développement, et particulièrement en Afrique.

Parallèlement, les carburants dits alternatifs (gaz naturel, gaz de pétrole liquéfié, hydrogène) ne vont connaître qu'un développement limité. En effet, les prévisions de substitution, à l'horizon 2020, de 20 % des essences et du gazole par ces carburants alternatifs seront difficiles à réaliser, pour au moins trois raisons :

- le peu d'enthousiasme marqué par les automobilistes à utiliser des carburants gazeux,
- les difficultés techniques (stockage, transport) non résolues, liées à l'utilisation de l'hydrogène, dont une majorité d'experts ne prévoit pas l'émergence avant 30 ans,

– le peu d'influence de ces carburants alternatifs sur la réduction des émissions de gaz à effet de serre (CO_2), à l'exception de l'hydrogène fabriqué par électrolyse de l'eau avec l'électricité d'origine nucléaire, hydraulique, solaire ou éolienne.

Aussi, dans ce contexte de tension sur les surfaces cultivées d'une part et de développement limité des carburants alternatifs d'autre part, va-t-il falloir trouver d'autres modes de production de carburants à partir de la biomasse. Dans ce domaine, des pistes existent, comme la production de carburants à partir de ressources de type lignocellulosique (paille, bois, etc.).

Ces ressources végétales, autres que les céréales, betteraves et oléagineux, existent sous la forme de résidus d'origine agricole tels que les pailles de céréales, de résidus forestiers et de sous-produits des industries de transformation du bois. À terme, elles peuvent être élargies avec la mise en place de cultures dédiées annuelles (ex : triticale), pérennes herbacées (ex : miscanthus) et pérennes ligneuses (ex : TCR, taillis à courte rotation comme le peuplier et l'eucalyptus).

Certains déchets organiques tels que les boues de station d'épuration des eaux urbaines, les effluents des industries papetières et agroalimentaires, dont les gisements existent en grande quantité, présentent un potentiel non négligeable d'élargissement de l'éventail des substrats carbonés transformables en biocarburants.

Deux voies de synthèse de biocarburants, à partir de ces nouvelles ressources, sont en cours de développement :

– la voie thermochimique ou voie sèche qui débouche sur la production de gaz de synthèse ($CO + H_2$) puis de carburants liquides (voir chapitre 5),
– la voie biochimique ou voie humide qui aboutit à la fabrication d'alcools de faible poids moléculaire, dont essentiellement l'éthanol (voir chapitre 6).

Une adéquation réussie nouvelles matières premières – nouveaux procédés de transformation devrait offrir plusieurs avantages :

– pas de compétition directe avec les usages alimentaires. Il ne faut pas toutefois oublier que ces nouvelles ressources ont déjà et continueront d'avoir des valorisations autres que celle de la transformation en biocarburants, par exemple dans les domaines de la production de chaleur et d'électricité, de la papeterie et de la chimie,
– les procédés de transformation peuvent être totalement autonomes du point de vue des consommations énergétiques et n'auront pas à faire appel à des apports d'énergies extérieures, d'origine fossile en particulier, comme c'est le cas actuellement avec la synthèse de biodiesel, d'une part, et de bioéthanol à partir d'amidon de blé ou de sucre ex-betteraves, d'autre part,
– ces nouvelles voies de synthèse apportent les meilleures réponses au problème de la réduction des émissions de CO_2, comme l'a démontré récemment une étude conjointe menée par le CONCAWE (Pétroliers européens), EUCAR (Constructeurs automobiles européens) et l'EU Joint Research Center (Commission européenne) [20],
– au moins en ce qui concerne les pailles de céréales, ces nouvelles technologies sont susceptibles d'apporter un gain de 50 % du rendement de production de biocarburants, ramené à l'hectare cultivé,

- ces nouveaux procédés ne conduisent pas à la synthèse de sous-produits ou co-produits, pour lesquels il faudrait trouver des applications et de nouvelles valorisations,
- enfin, ils présentent un bon potentiel de réduction des coûts des biocarburants.

Mais, si les procédés utilisant les agro-ressources traditionnelles sont au point techniquement, il n'en est pas de même avec ceux utilisant la biomasse lignocellulosique, pour lesquels il reste encore plusieurs verrous technologiques à faire lever avant qu'ils ne soient réellement opérationnels à l'échelle industrielle.

L'ensemble des points récapitulés ci-dessus fait qu'il est important de valider rapidement ces nouvelles filières d'approvisionnement en matières premières, et de développer ces nouvelles technologies.

1.2.6.1 Les carburants de synthèse ex-biomasse lignocellulosique et/ou déchets organiques

La voie thermochimique, encore appelée voie sèche ou gazéification, convertit la biomasse en un mélange gazeux riche en CO et H_2, le gaz de synthèse, qui après purification peut être utilisé pour la production de carburants liquides comme le méthanol, le diméthyléther, ou bien un mélange d'hydrocarbures issus de la synthèse Fischer-Tropsch. L'avantage de ces derniers est qu'ils sont d'excellente qualité, sans soufre ni composés aromatiques, avec un indice de cétane élevé, leur permettant d'être utilisés dans les moteurs Diesel actuels sans apporter de modifications.

Le gaz de synthèse peut également être employé pour la production d'hydrogène, après la réaction dite de « *gas shift* » qui, par réaction du CO en présence de vapeur d'eau, augmente la teneur en hydrogène.

En Europe, ce sont essentiellement les pays nordiques (Finlande, Suède, Danemark) ainsi que l'Autriche et l'Allemagne qui ont cherché à développer les technologies de gazéification de la biomasse lignocellulosique. Depuis plusieurs années, la France est engagée dans le développement de ces nouveaux procédés.

L'essentiel de ces travaux, pour beaucoup soutenus par des financements européens, sont tournés depuis plusieurs années dans ces pays vers la cogénération (production d'électricité et de chaleur). Les unités de démonstration de Varnamö en Suède et de Güssing en Autriche en sont les principaux exemples.

Ce n'est que très récemment que l'intérêt de la gazéification s'est porté vers la production de carburants liquides et à plus long terme d'hydrogène. Les aspects techniques, économiques et environnementaux sont détaillés dans le chapitre 5.

1.2.6.2 L'éthanol ex-biomasse lignocellulosique

Avec cette voie, la biomasse lignocellulosique, essentiellement composée de cellulose, hémicelluloses et lignine, est transformée en éthanol, pour ce qui concerne les deux premiers composants, le troisième servant à fournir l'énergie nécessaire à la mise en œuvre du procédé de transformation.

L'optimisation de cette voie va consister en l'amélioration du rendement de fabrication d'éthanol, en faisant disparaître deux verrous technologiques majeurs :

- le manque d'efficacité de l'hydrolyse enzymatique des matériaux lignocellulosiques. L'objectif des études de recherche et développement menées actuellement de par le monde, visant à améliorer l'activité des enzymes cellulolytiques, est de rapprocher le niveau d'efficacité et de coût de cette étape d'hydrolyse de celui de l'hydrolyse enzymatique des matières amylacées contenues dans le blé ou le maïs,
- la mauvaise valorisation en éthanol des sucres à 5 atomes de carbone issus des fractions hémicellulosiques. En mettant à profit l'éventail des moyens disponibles en génie génétique et biologie moléculaire, les travaux conduits à l'échelle du laboratoire, cherchent à améliorer la capacité des micro-organismes sélectionnés à produire de l'éthanol à partir de cette catégorie de sucres.

Le chapitre 6 précise les points techniques, économiques et environnementaux.

1.2.6.3 Les alternatives : chaleur, électricité, carburants, chimie

Rappelons que la biomasse, notamment celle provenant des productions végétales agricoles et forestières, ainsi que des déchets organiques, peut être valorisée sous forme d'énergie thermique ou électrique, de carburant mais aussi de matière première pour la chimie.

En France, les bioénergies constituent environ 4 % de la consommation d'énergie primaire. Le bois en fournit la plus grosse part sous forme thermique pour environ 9 millions de tep. Le reste provient de l'incinération des déchets organiques, de la méthanisation, des biocarburants.

En dehors de l'incinération des déchets municipaux qui permet déjà des valorisations sous forme thermique et électrique, les équipements de production de bioélectricité tels que moteurs électriques à biogaz ou cogénération avec turbine à vapeur, par exemple dans l'industrie papetière, sont peu développés.

La réduction des gaz à effet de serre et la recherche d'une diminution de la dépendance énergétique vont rendre indispensable un recours massif à la biomasse. Elle présente en effet des atouts majeurs pour cela : elle recycle le CO_2, elle est renouvelable et elle est produite localement. Une étude récente montre que, parmi les sources d'énergie renouvelable, la biomasse présente le plus fort potentiel de croissance [21].

La ressource est toutefois limitée en raison, d'une part, des surfaces disponibles, des contraintes de collecte et d'écoulement de l'énergie thermique dans le cas de la forêt, des rendements, de la ressource en eau, des usages concurrents (alimentaires, industries du bois et de la trituration, etc.), des besoins en matières organiques des sols, etc. et, d'autre part, du prix des énergies fossiles concurrentes qui fixe le niveau de mobilisation en particulier de la biomasse forestière.

Comment se feront alors les affectations de la biomasse aux différents usages ? Il ne faut pas oublier que, pour une grande part des ressources végétales, leur vocation alimentaire reste prioritaire. Plusieurs facteurs influeront, notamment les marchés, les prix, les gains en CO_2 comparés, la logistique et les systèmes d'incitation.

Concernant la réduction des gaz à effet de serre, il existe à court terme deux secteurs critiques : les bâtiments résidentiels et tertiaires d'une part, les transports d'autre part. Toutefois, l'effet de serre ne doit pas devenir un enjeu de conflit, tant au niveau de l'utilisation des matières premières renouvelables que des usages.

A. L'usage thermique

Dans le secteur de l'habitat collectif et tertiaire, près de 80 % de la consommation finale sert à un usage thermique à basse température. La combustion de la biomasse, qui répond à un tel besoin, est certainement la voie d'utilisation énergétique de la biomasse la plus efficace. À titre d'exemple, la combustion de 4 m^3 de bois produit l'équivalent d'une tep. Le marché domestique du bois énergie en maison individuelle est globalement stagnant.

Le secteur habitat collectif/tertiaire est un marché à fort potentiel ; il est lié au développement des réseaux thermiques qui, en reliant plusieurs bâtiments à une seule chaufferie, permettent la mise en place de grosses installations très performantes. Il est toutefois conditionné par des aides à l'investissement.

Car, si le combustible bois est compétitif par rapport aux autres énergies, les chaufferies bois sont plus chères à l'investissement. En conséquence, l'énergie thermique restera un débouché majeur tout d'abord de la biomasse résiduelle (sous-produits de l'industrie du bois, de la forêt et de l'agriculture : paille, etc.) et peut-être à terme de productions lignocellulosiques dédiées telles que taillis à courte rotation ou cultures énergétiques (miscanthus, etc.).

B. La bioélectricité

La bioélectricité a un potentiel limité par la contrainte de valorisation thermique, par les coûts d'approvisionnement en externe, vite croissants pour des unités de taille nécessairement importante, mais aussi par les faibles rendements des techniques actuelles (15 à 20 %). Les techniques de gazéification, qui devraient permettre de doubler le rendement électrique, constituent une voie intéressante de développement potentiel de la production de bioélectricité, en assurant une bonne rémunération de la ressource végétale.

Ces techniques sont au stade préindustriel. Une véritable ouverture de marché déclencherait leur industrialisation. Elle dépend avant tout d'un niveau de prix de rachat de l'électricité suffisamment attractif, ce qui n'est pas toujours le cas actuellement.

Le marché de la bioélectricité porte *a priori* sur les industries disposant de ressources en biomasse fatales (exemple des papeteries et des industries agroalimentaires) ou dans des situations particulières (centrales à bagasse). S'agissant de diminuer les gaz à effet de serre, la production d'électricité à partir de biomasse n'aurait d'intérêt qu'en terme d'appoint lors des périodes de pointe, en remplacement du charbon, du fioul ou du gaz.

C. Les biocarburants

S'il existe, pour l'énergie, d'autres alternatives au pétrole, au gaz et au charbon, la substitution des carburants liquides demeure problématique. Le secteur des transports dépend à plus de 95 % des hydrocarbures fossiles.

Pour atteindre en 2050 l'objectif de division par quatre des émissions des pays développés, il faudrait réduire les émissions de CO_2 du secteur des transports d'un facteur 7.

Outre la réduction des consommations des voitures et le développement de nouvelles motorisations (le véhicule hybride en est un bon exemple), les biocarburants devraient contribuer d'une façon croissante à la diminution des émissions de gaz carbonique dans les transports.

D. La chimie végétale

On aura besoin encore de la biomasse comme seule matière première renouvelable substituable au pétrole pour la pétrochimie. Compte tenu de la montée inéluctable du prix du pétrole, l'industrie de la chimie organique devra se tourner, pour ses matières premières, vers celles d'origine végétale.

Là se trouve un enjeu stratégique à la fois pour l'agriculture et l'industrie chimique qui devrait connaître, d'ici 20 à 30 ans, une mutation technologique profonde.

1.2.6.4 Conclusions

Quelles sont, en conclusion, les perspectives pour ces différentes utilisations de la biomasse ? On voit qu'elles ne sont pas interchangeables. On sait aussi que la contribution de la biomasse au problème de l'énergie ne peut être que partielle car les besoins sont disproportionnés par rapport aux surfaces disponibles. En France, il faudrait quasiment l'équivalent de la surface agricole utile pour couvrir la totalité de la consommation de carburants. Rouler ou manger : il faut choisir !

Bien que la chaleur soit l'utilisation la plus économique de la biomasse, donc au plus faible coût par tonne de CO_2 évité, on aura encore longtemps besoin de celle-ci pour produire des carburants liquides et peut-être au-delà pour alimenter des piles à combustibles. Ce sont à court terme les deux débouchés majeurs de la biomasse. La bioélectricité, subordonnée à la valorisation thermique, apparaît comme une production plus ponctuelle.

Enfin, à terme, la biomasse devrait servir de base à de nombreux « bioproduits » tels que les lubrifiants, solvants, tensioactifs, biopolymères, matériaux fibreux, etc.

Le développement des bioénergies et de la chimie du végétal est largement conditionné par le prix des hydrocarbures. Les biocarburants et les bioproduits sont jusqu'ici globalement plus chers que ceux issus du pétrole.

En attendant, des systèmes d'incitation financière basés sur des subventions ou la rémunération d'externalités (permis d'émission carbone, etc.) sont nécessaires.

Les réflexions qui précèdent conduisent par exemple, en France, aux perspectives chiffrées suivantes :

- avec un potentiel global de valorisation de la biomasse passant de 11 Mtep/an en 2000 à 26 Mtep/an en 2050,
- avec une limite physique aux alentours de 30 Mtep/an difficilement franchissable, compte tenu des gisements de ressources et des surfaces disponibles,
- avec une évolution notable d'ici 2020 dans l'orientation des valorisations de la biomasse au profit de véritables filières industrielles orientées notamment vers les biocarburants, les gaz de synthèse et la chimie à plus haute valeur ajoutée.

Les surfaces consacrées à de telles productions devraient progresser de 0,5 Mha en 2000 à 3,5 Mha en 2020, 6 Mha en 2050.

1.3 LA PREMIÈRE ÉTAPE DE LA FILIÈRE BIOCARBURANTS : LA PRODUCTION DE LA BIOMASSE

1.3.1 La concurrence avec les productions agricoles alimentaires

Faut-il cultiver les terres agricoles pour produire des ressources alimentaires ou pour fabriquer de l'énergie, dont des biocarburants ? Il est sûr que l'approvisionnement du marché alimentaire demeurera toujours prioritaire.

Ces dernières années, des critiques parfois violentes ont été énoncées sur la volonté de nombreux états de poursuivre la fabrication de biocarburants de première génération, tels que l'éthanol et le biodiesel à partir de céréales, plantes sucrières et oléagineuses, essentiellement cultivées pour l'alimentation humaine et animale.

Il s'agit aussi d'assurer l'optimisation de l'emploi des terres arables par le monde agricole. Par exemple, il y a plusieurs années, un système de jachères cultivables pour produire des ressources à des fins industrielles et énergétiques avait été mis en place en Europe, dans le but d'utiliser au mieux l'excédent de surfaces du fait des surplus de production de matières alimentaires. Cette situation avait constitué un point fort de lancement de la fabrication de biocarburants. C'était, par ailleurs, un bon moyen pour les États-Unis et le Brésil de mieux contrôler et réguler leurs grandes productions de maïs d'une part, et de sucre d'autre part.

Il ne faut pas oublier que produire des biocarburants s'accompagne toujours de la mise sur le marché de matières alimentaires, comme des tourteaux ou des drèches, et d'huiles, par exemple dans le cas du traitement du maïs.

La crise économique de 2007-2008 a vu les cours de matières végétales, comme d'autres matières premières, s'envoler. Est-ce que ceci pouvait être relié à la production de biocarburants qui entraînait une diminution des surfaces destinées aux cultures alimentaires ? Certains « experts » se sont empressés de le clamer.

Cependant, plusieurs autres raisons étaient certainement prépondérantes, telles que :

- la croissance de l'alimentation carnée au détriment de l'alimentation végétarienne, dans les pays émergents ou en voie de développement. Ceci se traduit par une forte croissance de l'utilisation des surfaces agricoles. En effet, la production d'une même quantité de protéines nécessite six à sept fois plus de surface pour les protéines animales (viandes blanches) et huit à neuf fois plus pour celles des viandes rouges, comparativement aux protéines d'origine végétale,
- la substitution des huiles végétales aux huiles animales en alimentation humaine est de plus en plus apparente de par le monde,
- de mauvaises récoltes régionales, comme ce fut le cas en Australie, avec une diminution importante des récoltes de blé, dues à une baisse de la pluviométrie,

– une spéculation non négligeable dans le domaine des matières premières, souvent basée sur des informations de peu d'importance.

Pendant la crise économique, les prix des céréales ont beaucoup augmenté. Dans la mesure où les biocarburants de première génération pouvaient avoir une influence sur l'envolée des cours du maïs et du sucre, matières premières de la production d'éthanol, il était difficilement imaginable que cela puisse être aussi le cas pour le blé, très peu employé pour cette application, et encore moins pour le riz.

Après cette crise, les cours des matières premières végétales ont considérablement diminué, alors que la quantité de biocarburants de première génération a fortement progressé en 2008 et 2009.

Par ailleurs, la disponibilité de terres arables existe encore dans plusieurs régions, en particulier en Afrique.

Il est prévu qu'à moyen terme la croissance de la fabrication de biocarburants de première génération cesse, pour s'accompagner de celle des biocarburants de deuxième génération, issus de la transformation des matières lignocellulosiques non alimentaires.

1.3.2 La biodiversité

Les cultures intensives sur terres arables, comme celles des espèces ligneuses, peuvent avoir des impacts sur la biodiversité, qu'il s'agit de préserver et maintenir. Il faut rappeler que 2010 est consacrée par l'ONU comme l'année internationale de la biodiversité. L'évaluation de cette dernière, déjà en cours, doit être ensuite intégrée dans un système de certification des cultures, prenant en compte une évaluation environnementale aussi complète que possible, et ceci dans le contexte de la validation d'une activité de développement durable, comme celle, par exemple, de la bioénergie,

1.3.3 La biomasse, les biocarburants et la matière organique des sols

La production de biomasse à des fins énergétiques va-t-elle appauvrir les sols en matière organique, et ce faisant occasionner des dégagements de CO_2 provenant du stock de carbone des sols ? Un tel scénario pourrait annuler les bénéfices de la substitution des carburants d'origine fossile par les biocarburants en termes d'émissions de gaz à effet de serre, voire conduire à un bilan négatif comme cela a été suggéré récemment [22]. En fait, la question est complexe et loin d'être tranchée, et dépend de nombreux facteurs, dont les niveaux de prélèvement de la biomasse produite sur les sols, et de la nature et de l'histoire des sols. Une chose reste certaine : défricher des terres en forêts ou prairies permanentes pour cultiver des plantes annuelles n'est pas la bonne solution.

1.3.3.1 La biomasse et la comptabilité du CO_2

Le carbone contenu dans la biomasse est dit renouvelable, biogénique ou encore à cycle court. Il repart bien à l'atmosphère sous forme de CO_2, après utilisation de la biomasse, mais comme il vient d'être prélevé de l'atmosphère par la photosynthèse des plantes, il ne participe pas à l'accumulation des gaz à effet de serre dans ce compartiment. Au niveau de la parcelle de terrain sur laquelle poussent les plantes énergétiques, tout le CO_2 fixé par la photosynthèse n'est cependant pas transformé en énergie. Une partie variable de la biomasse produite reste sur cette parcelle (sous formes de racines, pailles, feuilles mortes, etc.). À terme, ces résidus seront en partie stabilisés dans la matière organique du sol, ce qui fait que la parcelle fonctionne comme un « puits » de CO_2 atmosphérique. En termes de lutte contre les émissions de CO_2, il apparaît donc un arbitrage dans la gestion de la biomasse produite entre cette fonction de « puits » et la substitution d'énergies fossiles permises par la valorisation biomasse, qui est réalisée au détriment du puits de carbone de la parcelle puisque la biomasse est exportée en dehors de la parcelle. En particulier, le bilan des biocarburants en termes d'émissions de gaz à effet de serre doit tenir compte de cet arbitrage et de l'évolution du stock de carbone des sols (voire de la biomasse aérienne pour le cas des forêts ou taillis à courte rotation).

Le tableau 1.4 donne des valeurs de fixation de carbone et de stocks dans la biomasse et le sol pour quelques écosystèmes dans le monde, et donne une idée des flux annuels de carbone et des pertes potentielles liées à un passage de la forêt vers des cultures agricoles. Cette conversion correspond à un changement d'usage des sols, c'est-à-dire un changement dans le type de végétation qui se développe dans l'écosystème et surtout son éventuelle gestion par l'homme.

Tableau 1.4 Quantités de CO_2 atmosphérique fixées annuellement au niveau planétaire et par différents types d'écosystèmes, et stocks de carbone dans le sol et dans la biomasse associée [23] (1 Gt = 10^9 tonnes).

Flux/stocks de carbone	**Planète**	**Forêt tropicale humide (Amazonie)**	**Forêt tempérée (Île-de-France)**	**Culture de céréales (Île-de-France)**
FLUX				
Production nette	10 GtC/an	5 t C/ha/an	3 t C/ha/an	2,8 t C/ha/an
STOCKS				
Biomasse	70 Gt C	200 t C/ha	80 t C/ha	6 t C/ha
Sol	2 000 Gt C	150 t C/ha	100 t C/ha	60 t C/ha

1.3.3.2 L'évolution du stock de carbone des sols

Les sols agricoles et forestiers contiennent en masse quelques pourcents de matière organique issue des racines et débris ou résidus produits par les végétaux dont ils supportent la croissance (pailles de céréales, feuilles et petits branchages, etc.). Cette matière organique est constituée à environ 60 % de carbone, et subit un processus de décomposition par les micro-organismes présents naturellement dans le sol. Une partie du carbone ainsi décomposé est émis à l'atmosphère sous forme de CO_2, par un processus de respiration. L'évolution du stock de carbone d'un sol est donc le résultat du bilan entre les entrées de matière organique (résidus apportés par les plantes) et les sorties (liées à la décomposition). Cette évolution dépend des pratiques culturales (travail du sol, gestion des pailles, successions des cultures, etc.), et des changements d'usage que les sols ont éventuellement subis.

La production de biomasse pour l'énergie est susceptible de faire intervenir les 2 types de facteurs. D'une part, elle augmente globalement le niveau de prélèvement du carbone fixé par les écosystèmes (cultures et forêts), en concurrence avec le puits de carbone du sol, que ce soit sous forme de résidus agricoles et forestiers ou de cultures à vocation énergétique. D'autre part, parce qu'elle mobilise des surfaces supplémentaires pour la culture, elle peut résulter en des changements d'usage des sols par différents effets de compensation en cascade. Ces deux effets sont discutés dans les paragraphes suivants.

1.3.3.3 Biomasse-énergie et changements d'usage

Les grands changements d'usage des sols concernent les passages entre prairies permanentes, forêts et cultures agricoles pour les écosystèmes gérés par l'homme, et entre écosystèmes naturels (savanes, forêts primaires, tourbières, etc.) et gérés.

Les cultures agricoles sont le plus souvent annuelles, c'est-à-dire qu'elles sont réimplantées tous les ans, et labourées, bien que les techniques de travail du sol simplifiées sans labour profond tendent à se répandre actuellement en France. De ce fait, les sols associés à ces cultures (dont celles qui servent actuellement à la production de biocarburants) contiennent moins de matière organique que les prairies ou les forêts. En France, les déstockages de carbone moyens liés à la conversion en terres agricoles sont estimés à 25 et 30 tonnes de C par hectare pour la prairie et la forêt, respectivement [23].

Compte tenu de ces pertes sèches, le temps d'amortissement de la dette carbone contractée lors d'un tel changement d'usage est estimé entre 20 et... 110 ans, selon les biocarburants considérés. Un prix fort à payer pour mobiliser de nouvelles terres labourables pour les biocarburants. Il s'agissait néanmoins ici uniquement de cultures annuelles, comme le blé ou le colza. Pour les cultures pérennes, dont celles qui produisent de la lignocellulose comme le miscanthus ou le *switchgrass*, les choses sont différentes dans la mesure où elles seraient plus aptes à stocker du carbone dans les sols. Ceci minimiserait les pertes liées aux changements d'usage [24]. Dans le cas de passage de prairies permanentes faiblement productives à des cultures énergétiques, le stock de carbone du sol pourrait même augmenter assez rapidement après le changement d'usage. Il reste néanmoins à vérifier que la matière organique accumulée pendant le cycle de vie de ces cultures (typiquement une vingtaine d'années) n'est pas dégradée trop rapidement une fois que la parcelle est retournée. En tenant compte de la diversité des changements d'usage, et de la dynamique temporelle des changements de stock de carbone des sols, une étude récente situait le temps de retour sur investissement à 15 ans dans le meilleur des cas, pour un objectif de satisfaction à 100 % des besoins planétaires en carburants liquides par la biomasse en 2100 [25].

Il reste à évoquer le cas de la jachère, puisque jusqu'à une période récente les cultures énergétiques étaient implantées sur ce type de terres. La jachère peut être fixe (i.e. gelée pour plusieurs années successives), ou tournante (la parcelle est gelée une année, étant précédée et suivie de cultures annuelles classiques). Il est difficile d'avoir des statistiques précises sur la répartition des 2 types de jachère, mais on peut considérer qu'environ 30 % des surfaces en jachère ne sont pas cultivables dans de bonnes conditions et sont donc fixes [26].

Sur les jachères tournantes, on implante un couvert végétal à l'automne pour ne pas laisser le sol nu, ce qui laisserait fuir les nitrates vers les eaux. Dans la mesure où la culture énergétique a une productivité en biomasse (aérienne et souterraine) supérieure à celle de ce couvert temporaire, on peut considérer qu'elle constitue un léger puits de carbone (environ 0,15 t C/ha/an). Si l'on retourne une jachère fixe pour faire une culture annuelle, le déstockage de carbone peut être plus important, mais n'a pas encore été étudié.

1.3.3.4 L'effet des pratiques culturales

Pour les cultures énergétiques, les pratiques qui influencent la dynamique de la matière organique dans les sols sont essentiellement celles qui déterminent le niveau de rendement en biomasse (fertilisation ou irrigation par exemple), et la fraction de biomasse qui est laissée sur le sol. La combinaison de ces 2 variables détermine en effet le niveau de restitution au stock de matière organique du sol. D'autres pratiques interviennent comme le labour (qui accélère la dégradation de la matière organique du sol) ou la durée pendant laquelle le sol est couvert. De ce point de vue, les cultures pérennes présentent un certain nombre d'avantages, puisqu'elles occupent le sol plus longtemps que les cultures annuelles et économisent le labour. En revanche, et d'une façon générale, les cultures énergétiques sont récoltées en plante entière, ce qui veut dire que très peu de biomasse est restituée au sol. Au bilan, l'intérêt pour la matière organique du sol semble l'emporter [24], mais cette tendance reste à confirmer par un plus grand nombre d'essais expérimentaux.

En dehors des cultures énergétiques, l'exportation de résidus de récolte de plantes à vocation alimentaire, comme des pailles de blé ou des cannes de maïs, est considérée comme un gisement à fort potentiel au niveau mondial. Néanmoins, ce potentiel doit être ajusté pour éviter une chute de matière organique des sols. Le sujet reste controversé aux États-Unis, où les problèmes d'érosion (et de pertes de matière organique) sont sensibles [27]. En France, une étude récente en Picardie a montré que le niveau de prélèvement acceptable de ce point de vue était de l'ordre de 25 % du gisement total – voire un peu plus en appliquant une gestion très pointue à la parcelle.

Parmi les cultures annuelles utilisées actuellement pour les biocarburants, le colza pourrait être intéressant pour la matière organique des sols car fournisseur de pailles (*a priori* pas forcément mobilisables pour l'énergie, du fait de contraintes de récolte).

En conclusion, la production de biomasse peut avoir un impact assez fort sur les stocks de matière organique des sols et des écosystèmes en général, qui devrait en principe être intégré dans les bilans de gaz à effet de serre du puits à la roue des filières bioénergies. Malheureusement, il reste encore beaucoup d'inconnues à la fois sur les effets liés aux changements d'usage directs (passage de cultures annuelles ou prairies permanentes à cultures énergétiques pérennes, par exemple) et indirects. L'acquisition de nouvelles références expérimentales et la modélisation intégrée des écosystèmes produisant la biomasse et des filières la valorisant devrait permettre de lever ces verrous et d'identifier les scénarios les plus intéressants en termes de réduction d'émissions de gaz à effet de serre et de performances environnementale et économique.

1.4 LA VISION DE L'INDUSTRIE DU RAFFINAGE

D'une manière générale, la vision de l'industrie du raffinage par rapport à toute technologie ou solution nouvelle est très influencée par la perception qu'en ont les entreprises du point de vue de la pertinence technique et de la viabilité économique, et donc de la possibilité de « miser » durablement sur ces nouveautés. À cela s'ajoute, dans le cas des biocarburants, le souci de la sécurité d'approvisionnement.

En Europe, l'apparition des biocarburants a d'abord suscité de fortes réserves de la part de l'industrie pétrolière. Les principales raisons invoquées étaient les suivantes :

- il s'agit d'un problème de politique agricole qui n'a rien à voir avec l'industrie pétrolière, laquelle n'a pas besoin de ces produits pour fabriquer les carburants. De toute manière, les ressources potentielles ne sont pas à l'échelle des besoins du marché,
- du fait des progrès en matière de dépollution des véhicules automobiles, il y a peu à attendre des biocarburants en terme de lutte contre la pollution automobile,
- c'est économiquement non compétitif et il y a peu de chances que cela le devienne compte tenu de l'écart de prix de revient hors taxes entre les carburants d'origine pétrolière et les biocarburants,
- les subventions, qu'elles soient directes ou indirectes, via les exemptions de taxes, sont économiquement malsaines : elles distordent la concurrence et créent des situations économiquement métastables,
- la production de biocarburants représente une activité d'appoint pour l'agriculture, ce qui en fait une ressource précaire dont la disponibilité est incertaine.

Outre que le bilan CO_2 de la filière éthanol-carburant européenne est un peu moins favorable que celui de la filière EMHV, les réticences de la plupart de pétroliers vis-à-vis de l'éthanol-carburant tenaient à un certain nombre d'inconvénients spécifiques, notamment les problèmes liés à une incorporation de l'éthanol en l'état dans les essences : en présence d'humidité dans les circuits, l'ajout d'éthanol provoque la formation d'un mélange eau/éthanol, qui se sépare du reste de l'essence et constitue une source de dysfonctionnement des véhicules. Cela s'accompagne de plus d'un phénomène de décapage des circuits, susceptible d'entraîner des bouchages.

Par ailleurs, l'addition d'éthanol entraîne une augmentation importante de la tension de vapeur de l'essence. En effet, incorporer l'éthanol au dernier moment, à la sortie du dépôt vers les stations, en mode dit « splash blending », entraîne une augmentation de la tension de vapeur du mélange. En mélange, l'éthanol a une tension de vapeur apparente ou tension de vapeur de mélange, intermédiaire entre celles du butane et du pentane. Il n'existe pas actuellement de solution satisfaisante à ce problème.

La solution qui consisterait à diminuer « préventivement » la tension de vapeur des essences produites par les raffineries afin de compenser en l'anticipant, l'effet de l'ajout ultérieur d'éthanol à la sortie des dépôts, est difficilement envisageable. En effet, ceci nécessiterait de savoir à l'avance quelle devrait être l'ampleur de cette « diminution préventive » et impliquerait en pratique que toutes les essences produites en France ainsi que les essences importées soient formulées avec la même marge sur la tension de vapeur, ce qui exigerait un accord au niveau européen.

De plus, diminuer la tension de vapeur de l'essence de base, avant ajout d'éthanol, engendrerait une pénalité économique, ce qui irait à l'encontre d'une bonne valorisation de l'éthanol ajouté.

Quant à l'incorporation d'éthanol dans les essences au stade du raffinage, elle se heurterait aux mêmes obstacles, avec la même nécessité d'un accord au niveau de l'ensemble de la profession pour adopter des pratiques homogènes, sous peine de distorsion de concurrence et de risque de dépassement de la spécification de tension de vapeur en distribution. La loi de mélange entre une essence « éthanolée » et une essence normale est en effet telle que la tension de vapeur du mélange est supérieure à la moyenne de celles des deux essences.

La solution la plus simple et la moins pénalisante du point de vue économique consisterait à accorder une dérogation sur la spécification de tension de vapeur des essences en cas d'ajout d'éthanol, mais cela serait en totale contradiction avec l'objectif poursuivi par ailleurs, qui est de minimiser les émissions de composés organiques volatils.

Parmi les autres réticences, se trouvent le coût et les risques au plan économique, de l'utilisation de l'éthanol sous forme d'ETBE : l'ETBE est un produit de synthèse, fabriqué à partir d'éthanol et d'isobutène issu du raffinage du pétrole (voir chapitre 2). Il est utilisé dans la plupart des pays européens, à l'exception de la Suède.

Contrairement à l'incorporation d'éthanol en l'état dans les essences, l'utilisation sous forme d'ETBE ne pose pas de problème. L'ETBE est un excellent composant des essences et présente par rapport à l'éthanol l'avantage d'une tension de vapeur favorable (inférieure à la spécification) et d'une parfaite compatibilité avec les autres composants.

Cette opération présente par ailleurs l'avantage de convertir l'isobutène en essence, tout en s'affranchissant des propriétés indésirables de celui-ci en tant que carburant : caractère oléfinique et tension de vapeur élevée.

Autrement dit, l'économie de la conversion de l'éthanol en ETBE repose sur un effet de synergie entre l'éthanol et l'isobutène.

Cependant, la fabrication d'ETBE nécessite d'investir dans des unités dédiées. Ceci requiert en premier lieu de disposer d'une ressource suffisante en isobutène, ce qui n'est pas le cas de toutes les raffineries et nécessite de plus un approvisionnement garanti en éthanol, sous peine de grever la rentabilité économique de l'investissement. Les disponibilités françaises en isobutène issu du raffinage du pétrole (craquage catalytique et vapocraquage) sont de l'ordre de 400 000 tonnes/an. Si tout l'isobutène disponible en France était employé pour la fabrication d'ETBE, cela correspondrait à une utilisation limitée en éthanol d'environ 400 000 t/an. Les mêmes limites existent au niveau européen.

Quant aux craintes liées à la fiabilité de l'approvisionnement en biocarburants, elles se sont apaisées au fil du temps.

Enfin, l'autre point à prendre en compte concerne le déséquilibre entre offre et demande en carburants : l'Europe est excédentaire en essence et déficitaire en gazole, et se trouve ainsi dans une situation inverse de celle prévalant aux États-Unis. Il en résulte qu'il est plus pertinent de privilégier la filière EMHV en Europe, alors que la filière éthanol est *a priori* mieux adaptée au cas des États-Unis. Ceci est aussi vrai au Brésil, avec un bilan CO_2 et un bilan économique meilleurs dans le cas de l'éthanol produit à partir de canne à sucre.

1.4.1 Un point clé pour l'avenir : l'impact de la contribution à la réduction des émissions de CO_2

Pour l'industrie pétrolière européenne, dont les principaux défis sont liés au déséquilibre du marché des carburants et à l'obligation de minimiser ses émissions de CO_2, les biocarburants représentent cependant plus une opportunité qu'une menace, mais dont l'importance n'est pas à l'échelle des problèmes à résoudre.

L'intérêt des biocarburants, et sans doute leur avenir, apparaissent de plus en plus liés à leur contribution à la réduction des émissions de CO_2. Cependant, l'intérêt des biocarburants de ce point de vue dépend non seulement de chaque filière, mais également de la situation du marché des carburants dans chaque région, ainsi que de la pression qui sera mise au niveau mondial pour maîtriser les émissions de CO_2.

Incidemment, l'apparition d'un coût économique lié aux émissions de CO_2 avec la mise en œuvre de la directive européenne sur le commerce des droits d'émission va engendrer à l'avenir un bonus pour les technologies permettant de diminuer ces émissions.

Cela contribuera à réduire, toutes choses étant égales par ailleurs, l'écart de prix entre les biocarburants et les carburants d'origine pétrolière, à proportion du prix attribué au CO_2 multiplié par la quantité de CO_2 que la production de biocarburant évitera d'émettre.

La quantité de CO_2 évitée par tonne de biocarburant dépend de la filière considérée et doit être établie sur la base d'un bilan comparatif pertinent. En particulier, les émissions de CO_2 à attribuer à la fabrication des carburants conventionnels peuvent différer notablement selon la situation locale.

Ainsi, aux États-Unis, les émissions attribuables à l'essence, dont le marché est déficitaire, sont-elles plus élevées que celles attribuables au gazole, ce qui est cohérent avec le fait que les raffineurs y transforment du gazole en essence. Mais l'Europe se trouve dans la situation opposée, de sorte que le bonus en terme de bilan CO_2 est moins favorable qu'aux États-Unis pour la filière éthanol et plus favorable pour la filière EMHV.

Quant au prix de la tonne de CO_2 évitée, il sera déterminé par le marché, selon la loi de l'offre et de la demande, dans le cadre des échanges de permis d'émission, et dépendra des quotas d'émission alloués par les États. Plus ces quotas seront faibles, plus le prix de marché du CO_2 sera élevé.

À noter que la tendance probable vers des quotas de plus en plus contraignants devrait bénéficier davantage aux filières EMHV et éthanol ex-canne à sucre, par rapport à la filière éthanol ex-betteraves ou céréales, dont le bilan CO_2 est moins favorable.

1.4.2 Comparaison des biocarburants avec les autres carburants non conventionnels

L'intérêt présenté par les biocarburants doit être apprécié selon leurs mérites, comparativement aux solutions alternatives : autres usages des matières premières agricoles (en alimentation, en chimie…) et autres substituts aux carburants conventionnels d'origine pétrolière, tels que les carburants alternatifs issus d'énergies fossiles.

Seul le second volet de cette comparaison, qui concerne plus directement l'industrie pétrolière, est traité ci-après.

1.4.2.1 Les critères de comparaison

D'une manière générale, la comparaison entre les différentes filières carburants doit porter sur les quatre critères clés suivants :

- l'impact sur les émissions de CO_2,
- l'importance de la ressource et la fiabilité d'approvisionnement,
- la mise en œuvre, en particulier la compatibilité avec les équipements existants et la facilité d'utilisation,
- le coût ou prix de revient, comparé à la valeur d'usage [1].

L'impact sur les émissions de polluants classiques (composés organiques, oxydes de soufre et d'azote, particules), qui a constitué jusqu'à présent un critère important de discrimination entre carburants, verra à l'avenir son importance décroître fortement du fait des progrès accomplis dans la prévention de ce type de pollution, comme en témoignent les performances des véhicules produits actuellement. De plus, les propriétés des carburants susceptibles d'avoir une influence sur ce type de pollution font l'objet de spécifications, de sorte que l'incidence économique de ces propriétés est déjà prise en compte dans l'estimation de la valeur d'usage du produit considéré.

Outre les EMHV et l'éthanol d'origine agricole, utilisé sous forme d'alcool ou d'éther, qui correspondent aux biocarburants utilisés à l'heure actuelle, il existe différents types de solutions alternatives aux carburants conventionnels, essence et gazole fabriqués à partir de pétrole, qui peuvent être classées et évaluées comme suit selon l'origine de l'énergie, les ressources disponibles et l'impact sur les émissions de CO_2.

1.4.2.2 Les carburants alternatifs issus d'énergies fossiles

A. Le gaz naturel véhicule (GNV), comprimé ou liquéfié

Son usage s'accompagne de contraintes sévères en matière de remplissage, de stockage et d'autonomie pour le véhicule. De ce fait, il est surtout utilisé par des flottes captives (bus, véhicules utilitaires, taxis) dans le but de diminuer la pollution urbaine. La contribution à la diminution des émissions de CO_2 est modeste. De plus, pour qu'il y ait un bénéfice en matière d'effet de serre, il est impératif qu'il n'y ait pas de fuites de gaz.

Avec les progrès en matière de dépollution des véhicules, l'intérêt de rouler au gaz devrait aller en décroissant, surtout là où du fioul domestique est utilisé pour le chauffage, alors que ce produit représente une ressource potentielle en gazole moyennant un traitement relativement léger.

En effet, le bilan du puits à la roue pour un véhicule particulier montre qu'il faut équiper ce dernier avec un moteur à gaz parfaitement optimisé pour faire mieux qu'avec le gazole,

1. Valeur d'usage : prix du carburant de référence, corrigé des plus-values ou moins-values du carburant alternatif au titre de ses propriétés ou de son impact sur les émissions de CO_2.

alors que pour le chauffage le bilan est toujours plus favorable lorsque l'on utilise du gaz plutôt que du fioul domestique.

En revanche, la contribution à la diminution des émissions de gaz à effet de serre est bien plus importante lorsque c'est du biogaz (méthane issu de la fermentation anaérobie des matières organiques) qui est synthétisé et utilisé. Le développement de son emploi comme carburant est notable depuis plusieurs années.

B. Les carburants de synthèse dérivés du gaz naturel – La filière GTL (Gas-to-Liquids)

Il s'agit principalement du gazole obtenu par la voie de la synthèse Fischer-Tropsch ou du DME (Diméthyléther), synthétisé à partir du méthanol. Les produits fabriqués peuvent également être obtenus à partir de charbon (CTL, Coal-to-Liquids) et dans les deux cas, la filière passe par la fabrication de gaz de synthèse qui est un mélange d'hydrogène et d'oxyde de carbone.

Les produits obtenus sont d'excellente qualité, sans soufre ni composés aromatiques, avec un indice de cétane très élevé, mais le bilan CO_2 est défavorable par rapport aux carburants conventionnels, même dans le cas de la filière ex-gaz naturel, du fait que le rendement énergétique du processus de fabrication est médiocre, seulement de l'ordre de 60 % contre 90 % environ pour les filières conventionnelles.

De plus, ces produits se caractérisent par des coûts de production élevés dans le cas du GTL ou par des coûts de distribution très élevés pour le DME, dont la tension de vapeur équivaut à celle du gaz de pétrole liquéfié (GPL).

C. Le gaz de pétrole liquéfié (GPL)

L'usage du GPL en tant que carburant a d'abord été développé dans le but de diminuer la pollution urbaine. Puis, son avantage par rapport aux carburants conventionnels s'étant amenuisé, ses partisans ont revendiqué un avantage en matière d'émissions de CO_2. Or il n'en est rien. Il y a bien un avantage quand on ne considère que le CO_2 émis par le véhicule, tout au moins par rapport à l'essence mais, même dans ce cas, le bilan est au mieux équilibré.

En effet, le GPL est un sous-produit du raffinage du pétrole et du traitement du gaz naturel. C'est un mélange d'hydrocarbures en C3 et C4, contenant plus ou moins d'oléfines. Les quantités disponibles sont indépendantes du mode d'utilisation : une consommation accrue en tant que carburant se traduit par une consommation réduite pour d'autres usages. En l'occurrence, c'est la pétrochimie qui assure l'équilibre en consommant dans ce cas davantage d'essence au détriment du GPL. Comme ces substitutions entre essence et GPL n'altèrent pas l'efficacité énergétique du véhicule ni celle de l'installation pétrochimique, il s'ensuit qu'au global, le bilan énergétique et le bilan CO_2 sont inchangés.

Compte tenu des précautions que requiert par ailleurs son utilisation et des surcoûts qui en résultent au niveau de la chaîne logistique et des véhicules, le GPL-carburant apparaît de moins en moins comme une solution compétitive. En effet, ramené à la distance parcourue, son prix de revient réel pour la collectivité, c'est-à-dire hors taxes et hors subvention, est du même ordre, voire supérieur, à celui des biocarburants, et le temps joue plutôt en faveur de ces derniers compte tenu de la marge de progrès de ces filières, de leur impact favorable sur le bilan CO_2 et de la tendance à l'augmentation du prix du pétrole.

En résumé, aucun des carburants alternatifs d'origine fossile ne représente une solution satisfaisante pour remplacer les carburants conventionnels, à l'aune de l'ensemble des critères de comparaison à prendre en compte.

1.4.2.3 La filière BTL *(Biomass-to-Liquids)*

C'est l'homologue de la filière GTL, à la seule différence que l'énergie primaire est constituée de biomasse au lieu de gaz naturel (voir chapitre 5).

Cette filière présente de nombreux atouts et apparaît même potentiellement comme la solution idéale. En effet, elle cumule les avantages de chacune des autres filières alternatives sans en présenter les inconvénients :

- un bilan CO_2 favorable à l'instar des autres filières biocarburants, et au contraire des filières carburants d'origine fossile,
- la production d'un carburant de type gazole « Fischer-Tropsch » répondant bien aux besoins du marché européen à l'instar des filières Fischer-Tropsch ex-gaz ou charbon,
- un potentiel de production important à l'instar des filières ex-gaz ou charbon, à la différence de la filière EMHV,
- enfin, un potentiel de production durable comme dans le cas des autres énergies renouvelables, contrairement aux filières à base d'énergies fossiles.

Les principaux handicaps de la filière BTL tiennent à son faible rendement énergétique global, qui est sensiblement inférieur à celui de la filière GTL, et à un bilan économique grevé par les coûts de collecte et de conditionnement de la matière première. Le développement de cette filière nécessitera donc vraisemblablement une amélioration de ses performances dans ces domaines.

1.5 LA VISION DES CONSTRUCTEURS AUTOMOBILES

Tous les constructeurs se préoccupent du « développement durable » de l'automobile. Leur réflexion sur le concept de « mobilité durable » – la mobilité est indispensable au développement économique et social –, qui ne s'arrête pas à la prise en compte des progrès réalisés dans les domaines techniques, vise à définir de nouveaux enjeux et engagements portant en particulier sur l'amélioration des performances environnementales du transport automobile.

Cette amélioration devra se traduire par la maîtrise des émissions de polluants et par la réduction des émissions de gaz à effet de serre, dont le CO_2.

1.5.1 La maîtrise des émissions polluantes

Les principaux polluants émis par le transport routier, qualifiés de polluants primaires, sont le monoxyde de carbone CO, le monoxyde d'azote NO, les composés organiques volatils COV, qui sont principalement les hydrocarbures imbrûlés présents dans les gaz d'échappement, encore appelés HC, le dioxyde de soufre SO_2 et les particules PM. D'autres sources que les transports contribuent à ces émissions. C'est le cas de l'industrie, des activités résidentielles, de l'agriculture et de la sylviculture.

Certains de ces composés réagissent dans l'environnement pour donner d'autres polluants dits secondaires. C'est le cas avec NO qui va se transformer en NO_2, dioxyde d'azote, et avec les COV et les NO_x qui, en fonction de l'activité photochimique et des conditions météorologiques vont provoquer la formation ou la destruction de l'ozone O_3 troposphérique.

1.5.1.1 Les réglementations européennes

La Commission européenne a défini des règlements (ou normes) de dépollution liés au transport routier, qui sont appliqués en France depuis 1970.

Ces normes définissent des valeurs en grammes de polluant généré par kilomètre parcouru pour les différents véhicules particuliers, et en g/kWh pour les poids lourds. Elles sont désignées sous le terme « Euro » depuis 1992 avec la mise en application de la réglementation Euro 1 suivie de celle de Euro 2 en 1997, Euro 3 en 2000 et Euro 4 en 2005. Euro 5 doit rentrer en application, pour l'ensemble des véhicules neufs, en janvier 2011. Euro 6 devrait être précisée en 2015.

L'évolution de ces règlements est représentée sur la figure 1.8 pour ce qui concerne HC + NO_x et sur la figure 1.9 pour les particules Diesel. Leur application doit se traduire par une réduction de l'ordre de 97 % des émissions HC + NO_x entre 1971 et 2005 et d'au moins

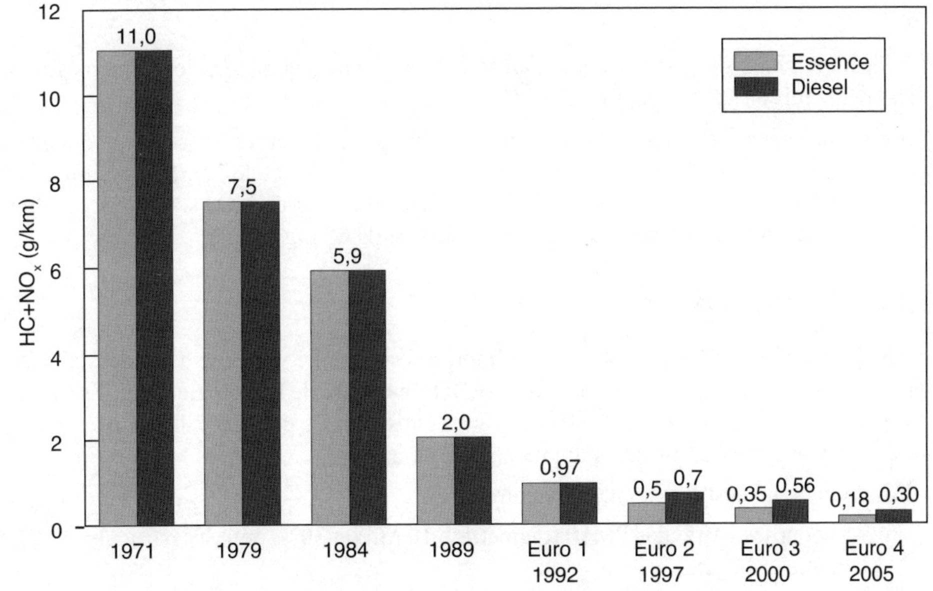

Figure 1.8

Règlements d'émission pour les véhicules particuliers en Europe (HC + NO_x).
Source : CCFA (Comité des Constructeurs Français d'Automobiles)

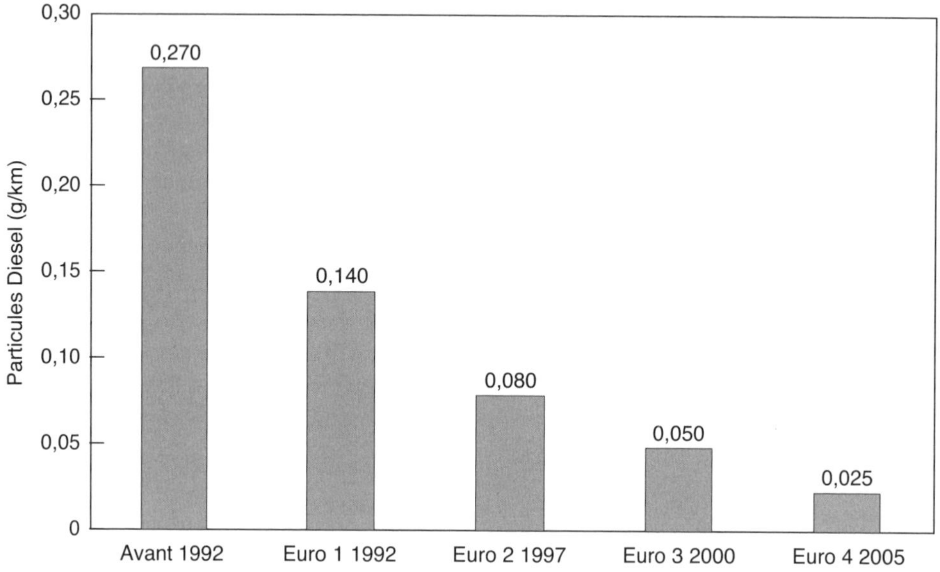

Figure 1.9

Règlements d'émission pour les véhicules Diesel (particules).
Source : CCFA

90 % des émissions de particules pendant la même période, pour tous les véhicules particuliers neufs mis en vente à partir de 2005.

Avec Euro 5, en 2011, les émissions HC+NO_X pour les véhicules à essence seront abaissées à 0,16 g/km, et à 0,23 g/km pour les véhicules Diesel. Quant aux particules émises par les voitures Diesel, elles seront de 0,005 g/km. Les émissions en NO_X seront encore diminuées avec Euro 6 en 2015, puisqu'elles ne seront que de 80 mg/km.

1.5.1.2 Les progrès réalisés

Une étude réalisée par le CITEPA (Centre Interprofessionnel Technique d'Études de la Pollution Atmosphérique), pour le compte du MEDD (ministère de l'Écologie et du Développement Durable), montre qu'entre 1990 et 2008 les émissions de polluants liées aux transports routiers sont en réduction malgré l'augmentation du trafic.

Les réductions mesurées sont, entre autres, de :

- 29 % pour les particules PM10 (diamètre ≥ 10 µm) et 30 % pour les particules PM 2,5 (diamètre ≥ 2,5 µm),
- 86 % pour CO,
- 97 % pour SO_2,
- 86 % pour les COV,
- 41 % pour les NO_X

Ces résultats traduisent l'efficacité des nouvelles technologies mises en œuvre par les constructeurs automobiles afin de respecter les limites imposées. C'est la lenteur du renouvellement du parc automobile qui représente le principal frein à la baisse de ces pollutions.

1.5.1.3 Les progrès attendus

Des progrès sont attendus, particulièrement sur la diminution des NO_x et des particules.

Avec la diminution des teneurs en soufre dans les nouvelles formulations de carburants (50 ppm à partir de 2005 puis 10 ppm en 2009), tous les post-traitements vont voir leur efficacité et leur durée de vie améliorées. Euro 5 impose une efficacité certifiée à 160 000 km.

Les constructeurs européens continuent de développer de nouveaux filtres à particules pour limiter les rejets de particules de toutes tailles, y compris les plus petites dont les tailles sont inférieures à 1 μm.

Toutes ces réductions d'émissions polluantes, en particulier sur les voitures Diesel, vont cependant s'accompagner d'une augmentation des consommations énergétiques et par conséquent des émissions de CO_2 qu'il sera nécessaire de prendre en compte dans les bilans environnementaux.

Avec l'application de la norme Euro 5 en 2011, les émissions, qui se chiffrent en dixième de gramme/km pour les polluants gazeux et en centième de gramme/km pour les particules, auront peu ou pas d'impact négatif sur la qualité de l'air qui s'améliore pour être en conformité avec les exigences de santé publique.

En termes de perspective à long terme, le CITEPA a proposé un scénario décrivant l'évolution des émissions de polluants par les transports routiers en France, jusqu'en 2020, avec l'année 1990 choisie comme référence [28].

La figure 1.10 résume les tendances. Elle montre qu'en appliquant progressivement avec le temps les normes Euro 4 puis Euro 5 à l'ensemble des véhicules la réduction des émissions par les transports routiers se poursuit et se traduit par des baisses de 97 % à 74 % selon les polluants, malgré une augmentation du trafic estimée à environ 2 % par an entre 1990 et 2020.

Des résultats comparables sont obtenus dans une étude réalisée pour l'ensemble des pays de l'OCDE [29].

En prenant l'hypothèse que tous les véhicules particuliers respecteraient Euro 5 au début de l'année 2011, les réductions d'émissions par rapport à la situation en 2007 seraient de 53 % pour les NO_x, 85 % pour les particules, 77 % pour CO et 81 % pour les COV.

1.5.1.4 L'intérêt des biocarburants

A. Moteur à essence

La présence d'oxygène dans la formule de l'éthanol, lorsque cet alcool est ajouté à l'essence, se traduit par un impact positif mais faible sur les émissions HC et CO.

L'éthanol a une volatilité modérée avec un point d'ébullition de 78 °C, plus élevé que le point initial de distillation de la coupe essence. En revanche, la propriété de l'éthanol de

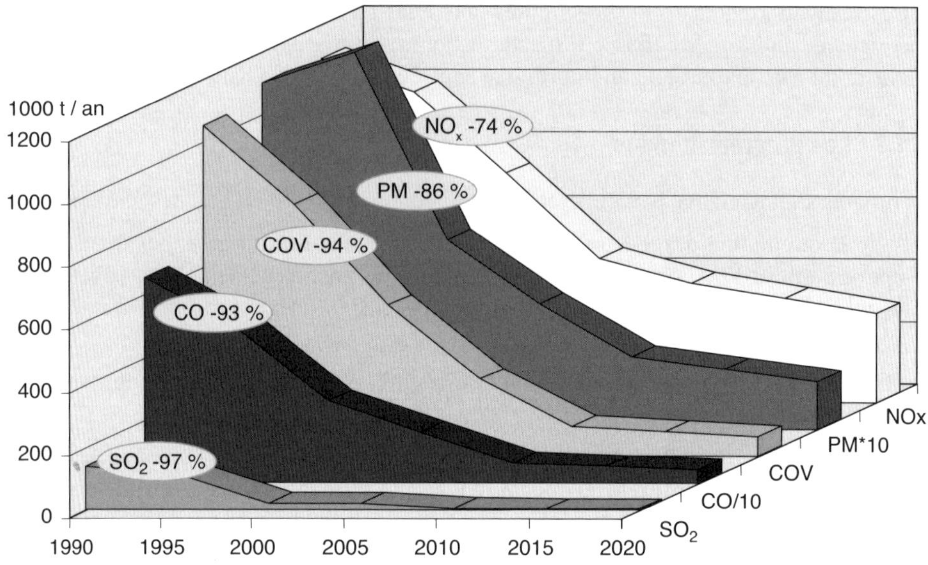

Figure 1.10

Les émissions du transport routier. Historique et projection 2020.
Source : CCFA (réf. CITEPA)

former des azéotropes avec certains hydrocarbures légers (tableau 1.5) a un impact important sur la tension de vapeur. Ceci se matérialise par un accroissement des émissions d'hydrocarbures par évaporation, qui vont entraîner une augmentation de la formation d'ozone. En mélange à 5 % avec l'essence, l'éthanol peut accroître jusqu'à 50 % les quantités de composés évaporés. L'ETBE, dont la volatilité est plus faible, permet d'éliminer ce principal inconvénient de l'éthanol en mélange, mentionné ci-dessus.

Tableau 1.5 Les azéotropes éthanol-hydrocarbures légers.

Hydrocarbure	Point d'ébullition (°C)	Composition de l'azéotrope (% poids d'éthanol)	Point d'ébullition de l'azéotrope (°C)
n-pentane	36	5	34
n-hexane	69	21	59
Benzène	80	32	68
Cyclohexane	81	29,2	65
Toluène	111	68	77
n-octane	126	88	77

Source : CRC Handbook of Chemistry and Physics, 74th Edition

B. Moteur Diesel

L'absence de soufre et de composés aromatiques dans le biodiesel a un effet de substitution positif. L'addition de ce biocarburant dans le gazole a aussi un impact positif sur l'environnement local en diminuant les émissions d'HC et de particules, mais négatif sur les NO_x. Toutefois, la spécification européenne EN 590 : 2009, qui limite à 7 % l'incorporation d'EMHV pour une distribution banalisée, ne conduit qu'à de faibles effets sur ces polluants.

1.5.2 La réduction des émissions de CO_2

L'autre préoccupation majeure des constructeurs d'automobiles engagés dans une démarche « développement durable » concerne la réduction des émissions de gaz à effet de serre. La diminution des émissions de CO_2 constitue la grande priorité pour les années à venir.

Actuellement, les transports (routiers, aériens, maritimes, incluant aussi les tracteurs agricoles et engins de chantier) sont responsables de l'ordre du tiers des émissions de gaz à effet de serre, avec une tendance à la hausse. Ce pourcentage est de 34 % pour l'Europe des 27. En France, du fait de la part importante de la production d'électricité d'origine nucléaire et à moindre échelle, d'origine hydraulique, sans rejet de CO_2, cette valeur s'élève à 39 %.

1.5.2.1 Les progrès réalisés

Les émissions de CO_2 sont dépendantes, d'une part, des technologies utilisées et des progrès réalisés par les constructeurs d'automobiles en terme de motorisation et, d'autre part, de l'utilisation du véhicule par les usagers (conduite, vitesse...).

Un suivi réalisé par l'Association des Constructeurs Européens d'Automobiles (*source* : CCFA) montre la réduction des émissions de CO_2 pour la période allant de 1994 à 2009 (fig. 1.11), calculées en grammes de CO_2 produit par kilomètre parcouru. Cette évolution s'inscrit dans le cadre de la réglementation européenne 443/2009 qui impose une réduction des émissions de CO_2 à 130 g/km, à l'horizon 2015.

En France, si l'émission de CO_2 des moteurs à essence est passée de 188 g/km en 1995 à 157 g/km en 2008, soit un gain de 16,5 %, l'émission moyenne, toutes motorisations confondues, a diminué de 186 g/km à 154 g/km pendant la même période, soit un gain de 17,5 %. Cette petite amplification du gain s'explique par le développement des motorisations Diesel, dont les rejets de CO_2 sont les plus faibles, aux dépens des motorisations essence. Cependant, les différences d'émissions de gaz carbonique entre les voitures à essence et les véhicules Diesel ont très sensiblement diminué depuis 2005.

En 2003, les voitures Diesel ont représenté 67 % des nouvelles immatriculations et la moyenne des émissions de CO_2 des nouveaux véhicules commercialisés en France par PSA et Renault s'établissait à 148,5 g CO_2/km. Le déploiement de l'offre Diesel, avec des véhicules émettant moins de 120 g CO_2/km, doit encore contribuer à de nouvelles réductions des émissions de CO_2. Cependant, cette diésélisation du parc automobile pourrait être freinée par le renchérissement des véhicules, causé par la mise en application de nouvelles réglementations environnementales. Ces nouvelles réglementations pourraient aussi avoir une influence négative sur les consommations en gazole.

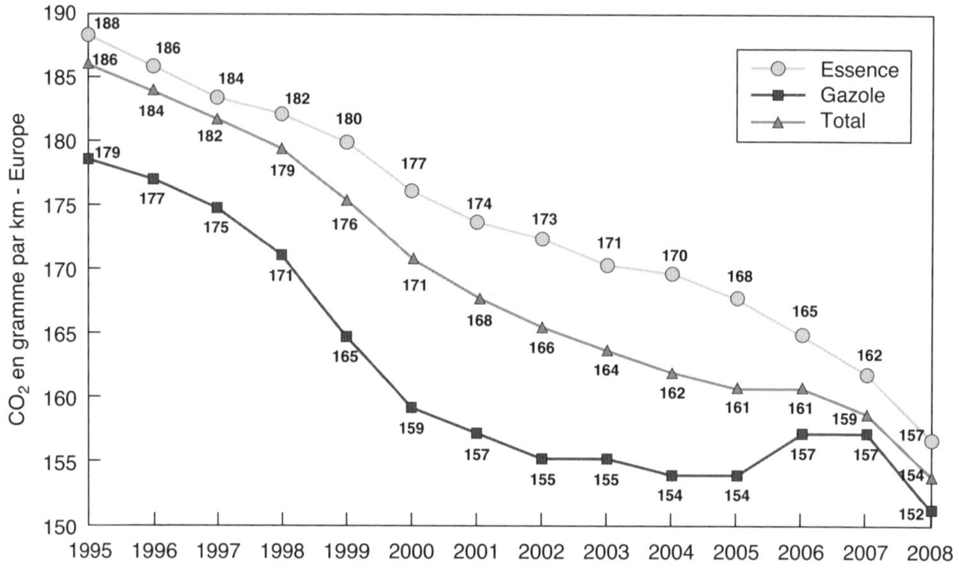

Figure 1.11

Réduction des émissions de CO_2 (g CO_2/km parcouru).

En France, près d'un véhicule sur deux, vendu en 2009 est à moins de 120 g CO_2/km (données CCFA).

1.5.2.2 Les progrès attendus

L'ACEA a annoncé qu'en Europe les émissions moyennes de CO_2 des véhicules neufs mis en circulation en 2008 ne dépassaient pas 140 g/km. Dans la perspective de l'atteinte de l'objectif CO_2 fixé par la réglementation européenne citée ci-avant, les constructeurs automobiles européens développent de nouvelles technologies de motorisations, permettant entre autres une amélioration du rendement énergétique et, par voie de conséquence, une baisse des émissions de CO_2. Ces voies de progrès du bilan des gaz à effet de serre ne doivent pas pénaliser, bien au contraire, les avancées réalisées de façon concomittante sur les émissions de polluants.

Plusieurs options sont envisagées :

– « *downsizing* » : la réduction de la cylindrée des motorisations essence et des pertes par frottement s'accompagnerait d'une diminution des émissions de CO_2 de 20 %. Associée à une suralimentation adaptée, ce gain pourrait atteindre 25 %, ramenant de ce fait, en termes de consommation d'énergie et de rejet de CO_2, les performances des moteurs essence au niveau des moteurs Diesel. Il faut cependant noter que la motorisation Diesel peut aussi bénéficier du « *downsizing* »,

– « véhicules stop and start » : le moteur est coupé automatiquement à l'arrêt (feu rouge, embouteillage…) et redémarre lorsque l'accélérateur est sollicité pour repartir. Des économies de carburant sont estimées à 10 % en cycle urbain et à 5 % en cycle mixte (route/ville),
– hybridation des moteurs à essence et Diesel-électrique : par exemple, dans le cadre d'une hybridation essence-électrique, le moteur électrique est le seul à fonctionner au démarrage et jusqu'à une vitesse de 50 km/h. Au-delà, c'est le moteur thermique qui prend le relais. La consommation peut descendre jusqu'à 3,9 litres d'essence pour 100 km parcourus (cycle européen normalisé), correspondant à des rejets de 89 g CO_2/km. Avec l'hybridation moteur Diesel-électrique, les émissions de CO_2 seraient aussi légèrement inférieures à 90 g/km,
– nouveaux procédés de combustion Diesel HCCI (combustion homogène).

L'estimation des gains de CO_2 apportés par la mise en œuvre de chacune de ces nouvelles technologies est présentée sur la figure 1.12.

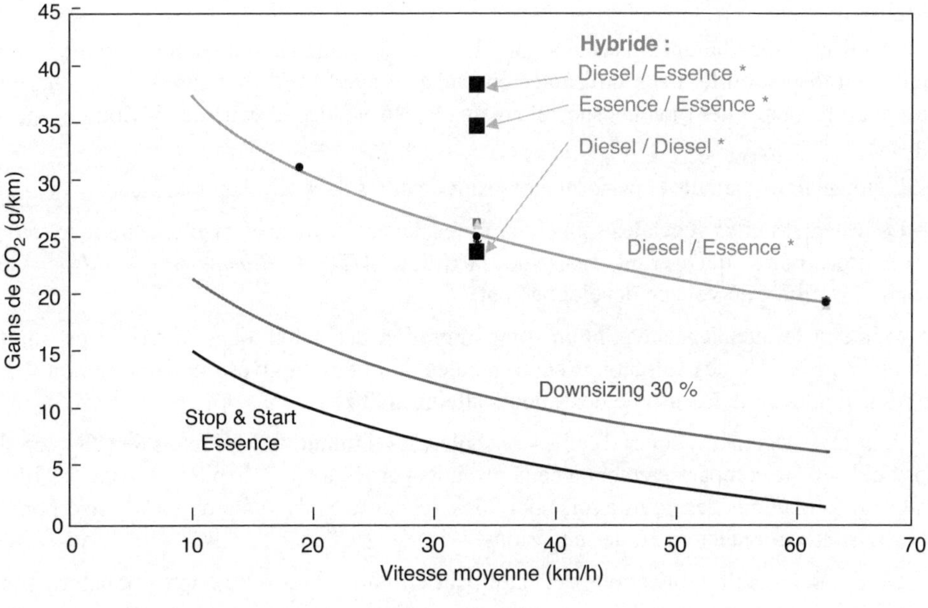

Figure 1.12

Gains de CO_2 : Comparaison des technologies.
* Véhicule de référence, même puissance.
Source : CCFA

1.5.2.3 L'intérêt des biocarburants

L'utilisation d'autres carburants, comme le gaz naturel, l'hydrogène et les carburants issus de la biomasse, constitue une autre voie d'amélioration du bilan des émissions des gaz à effet de serre par les transports.

Même si l'utilisation de gaz naturel se traduit en termes d'émission de CO_2 par des performances intéressantes, sensiblement équivalentes à celles obtenues avec les moteurs Diesel, il apparaît comme très probable que les transports continueront de privilégier les énergies stockées sous forme liquide. La difficulté du stockage de gaz à bord des véhicules va en croissant avec le GPL, le GNV et l'hydrogène.

L'hydrogène pourrait venir en substitution d'une partie des carburants d'origine fossile, mais pas avant 2030, date sur laquelle la majorité des experts s'accordent.

Néanmoins, le mélange à 80 % de gaz naturel et de 20 % d'hydrogène est en cours d'évaluation sur flottes captives, tant aux États-Unis qu'en France et dans les pays du Nord de l'Europe. Son emploi s'accompagne d'une réduction des émissions de polluants et de CO_2.

Quant aux biocarburants, ils constituent d'ores et déjà une alternative intéressante, certes limitée en disponibilité, mais utilisables en mélange avec les carburants d'origine fossile, sans avoir recours à des moteurs spécialement adaptés et à des réseaux de distribution spécifiques.

Leurs qualités, défauts et performances sont détaillés dans les chapitres 2 et 3.

Les esters d'huiles végétales sont en parfaite adéquation avec le gazole, comme le seront les hydrocarbures qui seront issus de la filière BTL (« *Biomass-to-Liquids* », voir chapitre 5), filière en voie de développement.

Même si le taux légal maximum d'incorporation des esters dans le gazole est limité actuellement à 7 %, des validations sur véhicules de flottes captives ont démontré qu'il est possible d'aller au-delà, jusqu'à des valeurs atteignant 30 %.

Pour les esters méthyliques d'huiles végétales, les diminutions des rejets de CO_2 sont de l'ordre de 70 %, comparativement à ceux produits par le gazole (chapitre 3). Avec la filière BTL, les estimations des gains avoisinent 90 % (chapitre 5). Un gain de 90 % correspond à une division par un facteur 10 des émissions.

Du point de vue motorisation, l'éthanol peut être utilisé, avant ou après transformation en ETBE, en mélange en différentes proportions dans l'essence, sans grandes difficultés d'adaptation des systèmes existants. La preuve en est donnée avec les mises en œuvre à grande échelle de ces biocarburants au Brésil et aux États-Unis, et à moindre échelle en Europe. En présence de fortes teneurs en éthanol, il est toutefois nécessaire de s'assurer des bons réglages moteurs et des systèmes d'injection, ainsi que de la compatibilité des éléments plastiques et des joints avec la nouvelle formulation de carburant. La preuve en est encore avec l'explosion du marché des FFV *(Fuel Flexible Vehicles)* au Brésil qui est le seul existant à l'heure actuelle sur le marché de ce pays.

Les gains en émissions de CO_2, calculés par rapport à celles produites par les essences se situent autour de 50 % pour l'éthanol fabriqué à partir de blé ou de betteraves, alors qu'ils plafonnent à environ 25 % pour l'ETBE. Pour l'éthanol issu de la canne à sucre, ces gains avoisinent les 90 % (chapitre 2). Avec la filière en cours de développement, de production d'éthanol à partir de biomasse lignocellulosique, ces gains seraient au moins égaux à 75 % (chapitre 6).

En 2008, l'utilisation de biocarburants en France peut être créditée d'environ 6,4 Mt de CO_2 évité sur un total de 126 Mt dus aux transports. Avec l'application des nouvelles directives européennes fixant des taux d'incorporation de biocarburants de 5,75 %, entre 7 et 8 Mt de CO_2 seront évités annuellement.

1.5.3 Les carburants. Quelle évolution pour demain ?

1.5.3.1 Les caractéristiques des carburants conventionnels

Il est bien connu que la qualité des carburants influence directement les quantités et la nature des polluants émis par les moteurs. Ils doivent aussi satisfaire un ensemble de spécifications qui ont pour objectif de garantir une qualité minimale aux utilisateurs et de contribuer efficacement au bon fonctionnement des moteurs.

Avant les années 1990, les critères carburants spécifiés visaient à établir la garantie d'une distribution sûre, d'une bonne stabilité au stockage et d'un fonctionnement moteur sans problèmes majeurs de combustion et d'encrassement. Ensuite, durant les années 1990, les trains de normes Euro 1 et Euro 2 ont établi des premières spécifications, mais l'étape clé dans l'évolution de ces dernières, qui mérite d'être soulignée, concerne le programme Auto-Oil européen qui a associé constructeurs, raffineurs et législateurs pour mettre en place les normes Euro 3, définissant les spécifications permettant un fonctionnement optimal des technologies de motorisation associées.

1.5.3.2 Le cas des essences

Le règlement anti-pollution Euro 1 a rendu incontournable, pour les véhicules à allumage commandé, la mise en place de la catalyse 3 voies qui était totalement incompatible avec certains composés présents dans les essences. Parmi ceux-ci, le plomb est parmi les plus connus.

Par ailleurs, le soufre conduit à une réduction de l'activité des catalyseurs et à un accroissement des températures d'amorçage (température à laquelle le catalyseur atteint 50 % de son activité). Dans ce contexte, la teneur en plomb fut réduite à une valeur très basse (0,013 g/l) et celle du soufre ramenée à une valeur limite de 500 mg/kg en 1992 afin de permettre le fonctionnement optimum des systèmes de post-traitement mis en place. Il s'agit là d'un premier virage important car les spécifications des carburants introduisent maintenant des limites ayant un impact sur les émissions de polluants via le système de post-traitement. La réduction des teneurs en soufre a aussi un effet direct sur la pollution par diminution des rejets de SO_2. L'étape réglementaire Euro 2, mise en application en 1996, n'a pas eu de conséquences majeures sur les spécifications.

Comme souligné en préambule, le programme Auto-Oil européen a eu pour objectif la détermination des normes anti-pollution Euro 3 et la mise en œuvre des spécifications-carburants permettant le comportement optimum des technologies nécessaires à leur respect. De plus, et c'est aussi là une nouvelle approche, les spécifications ont aussi été édictées pour avoir un impact direct sur les émissions, tant à l'échappement qu'à l'émission de vapeurs, de façon à limiter et mieux contrôler les rejets de composés toxiques et de gaz ayant une influence sur la formation d'ozone troposphérique. Ainsi, en 2005, les spécifications EN228 introduisirent :

- une teneur en soufre limitée à 10 mg/kg,
- une teneur en benzène amenée à 1 % volumique,
- une limitation de la teneur en composés oléfiniques à 18 % volumique,
- une limitation de la teneur en composés aromatiques à 35 % volumique,
- une élimination pratiquement totale du plomb, avec une teneur inférieure à 0,005 g/kg.

De plus, de nouvelles contraintes sur les pressions de vapeur furent introduites de façon à mieux contrôler les rejets par évaporation. Ce point est très important notamment dans le contexte d'une incorporation de certains alcools.

Le tableau 1.6 présente les impacts respectifs des différentes caractéristiques spécifiées.

Tableau 1.6 Impact direct ou indirect des différentes caractéristiques spécifiées sur les émissions polluantes.

Caractéristiques spécifiées	**Impact sur**		
	les émissions à l'échappement	**les émissions par évaporation**	**le fonctionnement du système de post-traitement**
Teneur en soufre			+++
Teneur en benzène	++	++	
Teneur en aromatiques	+++		+
Teneur en oléfines	++	+++	
Teneur en plomb			+++
Pression de vapeur		+++	

Quelles pourraient être ensuite les prochaines réglementations ? Proposer une nouvelle réduction sur les composés oléfiniques peut paraître envisageable, diminuer encore les aromatiques pourrait apparaître comme trop contraignant pour maintenir les indices d'octane spécifiés sur la totalité du pool essence.

1.5.3.3 Le cas des gazoles

Pour les gazoles, les spécifications ont subi une évolution continue depuis la fin des années 1980 avec une modification des caractéristiques à froid, une réévaluation du nombre de cétane de 46 à 49, une première limitation de la teneur en soufre à 2000 mg/kg en 1994. Une nouvelle tendance sera associée à l'étape réglementaire Euro 2, appliquée en 1996. En effet, sa mise en œuvre a conduit les constructeurs à introduire très largement la catalyse d'oxydation sur les véhicules Diesel. Comme il a déjà été signalé, l'activité des catalyseurs est très sensible au soufre. Par ailleurs, phénomène très important, la conversion possible du SO_2 émis lors de la combustion en SO_3 sur le catalyseur d'oxydation à partir d'une température de 300-350 °C conduit à la genèse d'acide sulfurique qui se retrouve sous forme de sulfates sur les particules. Le soufre du gazole contribue alors fortement à l'accroissement des masses de particules émises. En 1996, la teneur en soufre des gazoles a donc été ramenée à 500 mg/kg pour contrôler ce phénomène.

Dans le courant des années 1990, la France s'est singularisée par rapport au reste de l'Europe en optant pour un développement des EMHV via une incorporation banalisée dans le gazole pour des teneurs inférieures à 5 % volumique. En 1997, les pouvoirs publics français ont donc introduit cette possibilité dans la spécification EN590.

Les retombées du programme Auto-Oil européen pour le cas des gazoles, via le règlement anti-pollution Euro 3, a amené de nouvelles limites sur les rejets polluants et notamment sur les émissions de particules. La qualité des carburants doit non seulement permettre le fonctionnement optimal des systèmes de post-traitement mais aussi contribuer directement à la réduction des émissions. Ainsi, en 2009, les spécifications EN590 se sont traduites par :

- une teneur en soufre amenée à 10 mg/kg,
- un indice de cétane minimum de 5 l. Auparavant, il était de 49. L'accroissement de l'indice de cétane conduit à une réduction des émissions de particules,
- une limite supérieure de masse volumique à 845 kg/m^3 à 15 °C,
- une nouvelle définition de la courbe de distillation visant à limiter les fractions lourdes,
- une nouvelle réglementation sur la teneur en composés polyaromatiques en limitant ceux-ci à un niveau inférieur à 11 % masse.

1.5.3.4 L'évolution des caractéristiques des carburants

L'évolution des caractéristiques des carburants accompagne étroitement l'évolution des technologies conduisant au respect des normes anti-pollution. Dans ce contexte, les principales associations de constructeurs : l'ACEA, le JAMA, ALLIANCE et l'EMA ont préparé une charte connue sous l'appellation « World Wide Fuel Charter » consistant à définir les qualités minimales des grandes catégories de carburants pour permettre le fonctionnement optimal des technologies développées en regard des grandes contraintes réglementaires. Ainsi, dans le cadre de cette charte, 4 classes de carburants sont proposées, la quatrième d'entre elles (Cat 4 WWFC) correspondant aux exigences des véhicules les plus avancés. Les tableaux 1.7 et 1.8 présentent l'évolution des spécifications comparées à celles prises en compte par cette quatrième catégorie de carburants. Dans cet espace, on constate rapidement un accroissement de la sévérité autour des caractéristiques ayant un impact direct sur les rejets polluants. Ainsi, dans ces propositions, la teneur en oléfines des essences ne devrait pas excéder 10 % de manière à contrôler la réactivité des rejets vis-à-vis de la formation d'ozone alors que pour les gazoles l'indice de cétane plus élevé, la teneur en aromatiques totaux maintenue à un niveau inférieur à 15 % en masse et la concentration en hydrocarbures polyaromatiques n'excédant plus 2 % en masse sont autant de mesures cherchant à réduire les émissions de particules. Pour satisfaire à cette dernière contrainte, les raffineurs auraient la possibilité de réduire le point final de distillation de la coupe gazole, ce qui en rendrait la désulfuration plus aisée. En revanche, cette opération s'accompagnerait d'une diminution de la production de gazole, avec comme conséquences probables une pénurie de produit dans un contexte où la demande en gazole tend à progresser et une tension sur les prix.

Tableau 1.7 Évolution des principales spécifications des essences et requête des associations de constructeurs.

	Année 2000	Année 2005	Cat 4 WWFC
Teneur en soufre (mg/kg)	150	50 pour atteindre 10 en 2009	5-10
Teneur en aromatiques (% vol.)	< 42	< 35	< 35
Teneur en oléfines (% vol.)	< 18	< 18	< 10
Teneur en benzène (% vol.)	< 1	< 1	< 1
Teneur en plomb (mg/l)	5	Id	ND
Pression de vapeur (kPa)	45-90	45-90	
RON/MON [a b]	95/85	95/85	95/85
Masse volumique (kg/m^3)	720-775		715-770

[a] *RON : Research Octane Number, caractérise la résistance à l'auto-inflammation des essences, est mesuré sur moteurs CFR dans des conditions simulant un faible régime et une faible charge.*
[b] *MON : Motor Octane Number, mesuré à forte charge.*
Ces deux indices d'octane sont évalués par comparaison avec des carburants de référence : indice 100 avec l'iso-octane, indice 0 avec le n-heptane.

Tableau 1.8 Évolution des principales spécifications des gazoles et requête des associations de constructeurs.

	Année 2000	Année 2005	Cat 4 WWFC
Teneur en soufre (mg/kg)	350	50 pour atteindre 10 en 2009	5-10
Indice de cétane mesuré [a]	> 51	> 51	> 55
Masse volumique (kg/m^3)	820-845	820-845	820-840
Indice de cétane calculé [b]	> 46	> 46	> 52
Teneur en hydrocarbures polyaromatiques (% masse)	> 11	< 11	< 2
Teneur en aromatiques totaux (% masse)	–	–	< 15

[a] *Indice de cétane mesuré : sur moteur CFR normalisé, à préchambre ; ne tient pas compte de l'additivation du carburant ; évalué par comparaison avec deux hydrocarbures de référence : indice 100 avec le n-hexadécane, indice 0 avec le α-méthyl naphtalène.*
[b] *Indice de cétane calculé : évalué par corrélation et s'appuie sur une formule intégrant les caractéristiques de distillation et la densité du carburant.*

1.6 LES BIOCARBURANTS DANS LE MONDE

1.6.1 L'Amérique du Nord

Les États-Unis sont, depuis plusieurs années, le premier producteur mondial de biocarburants, essentiellement d'éthanol et, à un degré moindre, de biodiesel.

Les États-Unis sont partagés en 5 zones ou PAD. Les quantités d'éthanol introduites dans les essences américaines le sont à plus de 90 % dans la zone correspondant au « Midwest » ou PAD II.

L'incorporation en « splash blending » (mélange en dépôt) d'éthanol à l'essence a pour conséquence l'accroissement de la volatilité du carburant, ce qui se traduit par une hausse des émissions de composés organiques volatils au niveau du véhicule (voir chapitre 1.5).

Cet effet est sensible de 0 à 5 % d'incorporation, puis se stabilise à des taux supérieurs : pour des mélanges à 3 %, la hausse de la volatilité exprimée en pression de vapeur est de l'ordre de 60 à 80 mbar. Aux États-Unis, cet effet est pris en compte dans la mesure où les essences contenant jusqu'à 10 % d'éthanol bénéficient d'une dérogation leur permettant de présenter une pression de vapeur supérieure de 1 psi (68 mbar).

À défaut d'une telle autorisation, il serait nécessaire de prévoir au stade de la formulation une base essence à volatilité réduite dans le même ordre de grandeur, ce qui impliquerait d'enlever du pool essence les constituants les plus légers, en particulier les coupes C_4 (butanes) et C_5 (pentanes). Une des conséquences serait, toutes choses étant égales par ailleurs, une baisse de la disponibilité en essence. Dans le cadre du bannissement du MTBE en Californie, par exemple, son remplacement par l'éthanol associé à l'élimination des coupes légères C_4 et C_5 serait traduit par un déficit en carburant de 102 000 bbl/jour.

Des pourcentages d'incorporation d'éthanol à 85 % (E85) dans les essences sont fortement envisagés, surtout depuis qu'une loi a été votée par les deux chambres en octobre 2004, étendant les mesures d'aides fiscales VEETC (*Volumetric Ethanol Excise Tax Credit*) au mélange E85.

L'éthanol est presque exclusivement fabriqué à partir de maïs, via deux types de procédés (voir chapitre 2.2) : le « *wet milling* » et le « *dry milling* », ce dernier prenant de plus en plus le pas sur le premier.

Comptabilisée sur le mois de juin 2004, la consommation d'éthanol était de 222 000 barils/jour (35 300 m^3/j), alors que celle d'essence s'élevait à 9,4 M barils/jour (de l'ordre de 1,5 Mm^3/j, 540 Mm^3/an), soit un pourcentage de substitution de 2,4 % en volume.

En 2005, 4 milliards de gallons d'éthanol étaient produits à partir de 13 % de la production américaine de maïs, soit 2,7 % de la consommation d'essence nationale. À cette production d'éthanol à partir de maïs était associée la fabrication d'aliments pour bétail à hauteur de 11 Mt et celle de 250 000 tonnes d'huile. Selon l'USDA, les États-Unis n'envisagent pas de dépasser, pour la production d'éthanol, un taux d'utilisation du maïs national de 30 à 35 %. La production de carburants de première génération (éthanol et biodiesel) est estimée atteindre son maximum à 15 milliards de gallons par an. La loi sur la sécurité et l'indépendance énergétique de décembre 2007 promeut le développement des biocarburants de deuxième génération, qui doivent induire une économie d'au moins 50 % des émissions de gaz à effet de serre.

Les États-Unis souhaitent atteindre une réduction de la consommation d'essence de 20 % en 2020 et de 30 % en 2030, par l'emploi de biocarburants de première et deuxième générations et par la réduction de la consommation des véhicules.

Au Canada, la production d'éthanol-carburant ainsi que son utilisation se développent, avec cependant une part d'importations venant des États-Unis.

1.6.2 L'Amérique latine et centrale

Le Brésil est le deuxième producteur mondial de biocarburants, dont essentiellement l'éthanol.

En plus de ses richesses forestières qui pourraient constituer à l'avenir une source de bioénergie considérable, le Brésil dispose d'importantes superficies cultivables, avec 90 Mha de terres agricoles.

Dans le classement des producteurs de matières premières agricoles, ce pays occupe le premier rang avec 16 % de la production mondiale de sucre, le deuxième rang avec 26 % de celle de soja et le troisième rang avec 7 % de celle de maïs.

La canne à sucre était principalement cultivée dans les régions nord/nord-est jusqu'au début des années 1990. Depuis, les zones de culture se sont déplacées vers la région centre-sud, autour de Sao Paulo, qui fournit actuellement la majeure partie des récoltes de canne à sucre.

Les éléments suivants illustrent le développement de la compétitivité de cette culture qui continue encore de progresser. Si la production annuelle de sucre de canne n'a cessé de croître régulièrement ces 20 dernières années, c'est bien entendu grâce au développement des surfaces cultivées, mais aussi grâce à l'amélioration des rendements moyens qui ont augmenté de 5,5 à 8 tonnes de sucre par hectare. Des objectifs réalistes d'augmentation des quantités de canne à sucre récoltées à l'hectare sont affichés en moyenne à 88 t/ha pour 2010, alors qu'ils étaient de 85 t/ha en 2000, avec des valeurs maximales de 115 t/ha.

Les teneurs en sucre de la canne devraient continuer de se situer autour de 14,5 %, même si des valeurs supérieures allant jusqu'à 15,8 % ont déjà été obtenues. Ces valeurs sont mesurées sur les matières premières rentrant en usine, qui ne représentent que les 2/3 de la production végétale à l'hectare. Le tiers restant étant pour l'essentiel laissé sur champ où il est brûlé.

Les chiffres rassemblés dans l'encadré suivant doivent permettre de mieux visualiser le potentiel énergétique de cette culture.

Les principales raisons du développement de l'éthanol-carburant au Brésil ont déjà été évoquées. Le maintien des emplois en zone rurale en est une autre.

La fabrication d'éthanol a régulièrement augmenté depuis le milieu des années 1970 avec le lancement du programme Proalcool. Si à cette époque le pourcentage du sucre transformé en éthanol n'était que de 15 %, il n'a cessé de croître pour atteindre 70 % dix ans après alors que, pendant la même période, la fabrication globale de sucre progressait constamment.

Potentiel énergétique de la culture de la canne à sucre au Brésil

À partir d'une tonne de canne à sucre, on peut produire :

– 150 kg sucre

ou	85 l (67,3 kg) d'éthanol	soit 0,042 tep
	+ 280 kg bagasse à 50 % de matières sèches	soit 0,056 tep
	+ 280 kg de résidus lignocellulosiques	
à 50 % de matières sèches		soit 0,056 tep

Au total, l'équivalent énergétique d'une tonne de canne à sucre (0,154 tep) est de l'ordre de celui d'un baril de pétrole (159 l).

La culture d'un hectare de canne à sucre est théoriquement équivalente à la production de 85 barils de pétrole, à la condition de valoriser toutes les parties de la plante, ce qui n'est pas le cas aujourd'hui. Si la bagasse est déjà utilisée pour la fourniture de chaleur et d'électricité, tant au niveau des sucreries distilleries que pour des usages externes, il n'en est pas de même des autres résidus lignocellulosiques qui, pour l'essentiel, sont brûlés sur champ. 50 à 60 % de ces résidus lignocellulosiques pourraient être récupérés et valorisés.

Le potentiel énergétique théorique de la culture de la canne pourrait représenter la moitié de la consommation brésilienne en pétrole.

Ce pourcentage est resté stable jusqu'au milieu des années 1990, avant de diminuer pour se situer à l'heure actuelle autour de 50 %.

Durant les années 1980, c'est l'époque où les voitures fonctionnent à l'éthanol hydraté (92 %). C'est en grande partie le résultat des aides gouvernementales qui subventionnent l'achat de véhicules roulant à l'alcool pur.

Dans les années 1990, l'exportation du sucre devenant plus rémunératrice que sa transformation en éthanol, le programme Proalcool doit être revu à la baisse. Néanmoins, le gouvernement brésilien maintient l'obligation d'incorporation de 20 à 25 % d'éthanol anhydre à 99,7 % dans l'essence.

Il n'existe pas de voitures n'utilisant que de l'essence. Grâce à de nouvelles incitations fiscales, s'est développé un nouveau type de véhicules, les FFV *(Fuel Flexible Vehicles)* capables d'utiliser l'éthanol mélangé en toutes proportions à l'essence. Ce nouveau type représente actuellement l'essentiel du marché automobile.

En plus du fait qu'il permet de réguler le cours du sucre, dont le Brésil est le premier producteur et exportateur, le développement de la consommation d'alcool, en substitution à celle des produits pétroliers, a entraîné des économies de devises.

Cette filière a un impact important sur le maintien de l'emploi en zone rurale.

Enfin, l'impact environnemental est loin d'être négligeable lorsque l'on considère le taux de substitution des biocarburants aux essences et au gazole dans un futur proche. Ces biocarburants d'origine entièrement renouvelable permettent d'améliorer le bilan des émissions des gaz à effet de serre. De plus, ce bilan ne pourra que devenir encore plus favorable lorsque, particulièrement dans le cas de la canne à sucre, toutes les parties de la plante seront valorisées à des fins énergétiques.

Les cultures de plantes oléagineuses sont pratiquées dans les cinq grandes régions agricoles du Brésil, au moins en ce qui concerne le soja. Les autres plantes sont le colza, le tournesol, le coton, le ricin et le babassu, ces deux dernières étant essentiellement cultivées dans la région aride du Nord-Est.

Encourager la production de ces deux plantes représente un moyen parmi d'autres de développer économiquement cette région et d'y maintenir la population rurale.

La récolte brésilienne de graines de soja a considérablement augmenté ces dernières années.

La production de biodiesel n'en est qu'à ses débuts. La majeure partie des esters synthétisés sont des esters éthyliques. La raison principale est, comme on vient de le voir, la disponibilité de l'alcool éthylique à des coûts compétitifs alors que le méthanol est majoritairement importé.

Les esters éthyliques présentent, en plus, l'avantage par rapport aux esters méthyliques d'être à 100 % d'origine végétale et renouvelable.

Un programme Probiodiesel a été lancé en 2002. Il regroupe les différents acteurs de la filière, dont les producteurs de la ressource agricole, les organismes de recherche, la compagnie nationale pétrolière Petrobras, les constructeurs automobiles et le ministère de la Science et de la Technologie.

La loi sur l'ajout obligatoire de 2 % de biocarburant au gazole est entrée en vigueur en janvier 2008. Cette teneur a été augmentée à 3 % dans le courant de la même année. Les prévisions en 2013 visent à une addition de 5 % de biodiesel.

Beaucoup d'autres pays de cette région, dont principalement l'Argentine qui met en œuvre un programme important de développement sur la production de soja et sa transformation en biodiesel, sont impliqués dans le domaine des biocarburants, essentiellement de l'éthanol.

1.6.3 L'Europe

L'énergie et les transports sont au cœur des préoccupations européennes, qui visent à proposer des mesures garantissant aux européens une énergie propre, en quantité suffisante et à un coût raisonnable. Le transport routier, dont la croissance reste forte, fait l'objet d'une attention particulière exprimée dans un document global sur le problème de mobilité des personnes et des marchandises [30].

La Commission a proposé dès 2001 un plan d'action pour la promotion des biocarburants et des carburants de substitution dans les transports routiers.

En 2003, le Conseil et le Parlement européen ont validé une proposition de directives faites en 2001 dans le cadre du plan d'action pour la promotion des carburants de substitution [31]. La Directive 2003/30/CE fixe des objectifs croissants de consommation en biocarburants dans le domaine des transports. Les consommations de carburants d'origine végétale devaient représenter au minimum 2 % en 2005 et 5,75 % en 2010 (pourcentages calculés sur une base énergétique) des consommations globales d'essence et de gazole utilisés dans les transports. Ces objectifs sont indicatifs et non obligatoires. Néanmoins, les États membres doivent informer la Commission des mesures prises pour les atteindre.

En 2003, est également validée la directive (2003/96/CE) sur la fiscalité, dans laquelle la possibilité est donnée aux États membres d'exonérer partiellement ou totalement d'accises les biocarburants.

Ces deux textes viennent compléter la directive (98/70/CE), plus ancienne, sur la qualité des carburants, qui autorisait déjà réglementairement l'incorporation d'éthanol jusqu'à 5 %, d'ETBE jusqu'à 15 % dans l'essence et d'EMHV jusqu'à 5 % dans le gazole, pour une vente banalisée à la pompe. Des taux plus élevés sont parfaitement compatibles avec les moteurs actuels, mais une information à la pompe est alors obligatoire.

L'Union européenne s'est fixée des objectifs en matière de réduction des émissions de gaz à effet de serre au travers de la Directive sur les énergies renouvelables, votée en décembre 2008, qui définit trois objectifs à l'horizon 2020 :

- augmentation de 20 % de l'efficacité énergétique,
- réduction de 20 % des émissions de gaz à effet de serre,
- emploi de 20 % d'énergies renouvelables au sein de la consommation totale d'énergie.

Cette Directive prévoit, dans le secteur des transports, une consommation de 10 % d'énergies alternatives renouvelables, dont les biocarburants, en 2020. Pour ces derniers, la Directive a fixé des taux d'incorporation qui sont de 5,75 % en contenu énergétique en 2010 et 10 % d'ici 2020. Ces objectifs ne sont pas obligatoires ; chaque pays peut se fixer ses propres objectifs, avec la nécessité de justifier les progrès réalisés dans ce domaine. En 2007, le taux d'incorporation moyen, dans l'Europe des 27, était de 2,6 %, avec de grandes disparités entre les pays, dont les plus avancés étaient l'Allemagne, la France et la Suède (*source* : *EurObserv'ER Biofuels Barometer* 2008).

L'atteinte de l'objectif en 2020 est dépendante de plusieurs variables, dont la mise sur le marché de biocarburants de deuxième et de troisième générations et l'emploi d'énergie renouvelable dans les véhicules électriques. Il est aussi prévu de tenir compte de critères de durabilité sur les biocarburants. Pour ces derniers, la réduction des émissions de gaz à effet de serre, comparativement aux carburants d'origine fossile, est fixée au minimum à 35 % en 2010, 50 % en 2017 et 60 % pour les nouvelles installations après 2017. Des critères sociaux ainsi que ceux liés aux conséquences des changements d'utilisation des sols devront alors être pris en compte.

La Directive européenne sur la qualité des carburants, publiée en 2008, autorise un taux de mélange de 10 % d'éthanol dans l'essence et de 7 % de biodiesel dans le gazole à partir d'avril 2009.

La jachère obligatoire, en vue de son utilisation à des fins de production de cultures énergétiques, a été supprimée en 2009 ainsi que les aides à ces mêmes cultures qui cessent en 2010.

1.6.4 Les autres régions productrices de biocarburants

En Asie, la Chine est le deuxième plus gros consommateur d'énergie au monde et le premier producteur d'automobiles, avec un parc de voitures qui a été multiplié par 6 en 10 ans. Les biocarburants constituent une opportunité intéressante pour réduire la dépendance énergétique du pays, qui est prévue atteindre 80 % en 2020, ainsi que pour réduire les émissions de gaz à effet de serre et assurer un débouché économique aux populations rurales. Le plan de développement des énergies renouvelables de 2007 annonce des objectifs de production d'éthanol d'au moins 10 Mt (à partir essentiellement de substrats lignocellulosiques) et de 2 Mt de biodiesel, en 2020.

L'Inde annonce des taux importants d'incorporation de biocarburants proches de 20 % en 2017. Un plan de soutien de l'économie rurale, avec le développement de cultures énergétiques dans des zones relativement arides, en particulier d'oléagineux ne rentrant pas directement en compétition avec les usages alimentaires.

Le Japon cherche toujours à augmenter le taux d'incorporation d'éthanol ou d'ETBE dans les essences, comme le fait la Thaïlande en remplaçant le MTBE par de l'éthanol fabriqué à partir de manioc, maïs et mélasses.

La Malaisie et l'Indonésie ont fortement développé la plantation de palmiers, avec l'objectif de produire de l'huile pour usages alimentaires, chimiques et énergétiques (biocarburants).

En Australie et en Nouvelle-Zélande, le taux d'incorporation d'éthanol dans les essences est estimé à plusieurs pourcents en 2015.

En Afrique, la production de biocarburants permettrait certainement un développement économique local, en créant des emplois et en apportant des ressources énergétiques, généralement peu disponibles, permettant aussi de développer l'activité agricole. Ceci doit être réalisé en gardant toujours en priorité tout ce qui touche aux cultures alimentaires.

Le développement de la production d'éthanol est faible mais régulier et beaucoup d'espoirs portent sur l'exploitation de cultures d'espèces les plus résistantes à la sécheresse et aux maladies, telles que Jatropha curcas.

RÉFÉRENCES

[1] Baudry de Saunier L (1902) L'illustration, n° 3093, pp 103, n° 3094, pp 430-431, n° 3095, pp 151.

[2] JC Guibet (1997) Carburants et moteurs – Technologies – Énergies – Environnement – Editions Technip, Paris – Tome 2, pp 624-627.

[3] R Stern, JC Guibet, J Graille (1983) Les huiles végétales et leurs dérivés. Carburants de substitution (analyse critique). Revue de l'Institut Français du Pétrole, **38**, 1, pp 121-136.

[4] Energy Information Administration/US Department of Energy (2003) International Energy Outlook 2003, DOE/EIA, Washington.

[5] Agence Internationale de l'Énergie (2004) World Energy Outlook (2004) OECD/IEA, Paris.

[6] European Commission, Directorate-General for Research Energy (2003) World Energy, Technology and Climate Policy Outlook 2030 – WETO. European Commission, Luxembourg.

[7] World Energy Outlook 2009. www.iea-org/country/

[8] Groupe d'Experts Intergouvernemental sur l'Évolution du Climat – GIEC – (2001) Changement climatique 2001 : les bases scientifiques, OMM/PNUE, Shanghai.

[9] Protocole à la convention-cadre sur les changements climatiques adopté le 11 décembre 1997. UNFCCC, Kyoto.

[10] Rivière C, Marlair G (2010) The Use of Multiple Correspondence Analysis and Hierarchical Clustering to Identify Incident Typologies Pertaining to the Biofuel Industry. Biofuels, Bioproducts and Biorefining, **4**, 1, pp 53-65.

[11] Brandes E, Frobese DH (2009) Ethanol-containing Automotive Fuels-a Safety Concept for Petrol Stations in Germany, **73**, 1, pp 25-32.

[12] Marlair G et al. (2007) Biofuels for Transport in the 21st Century : Why Fire Safety is a Real Issue. Proceedings of the 10th International Conference on Fire and Materials, San-Francisco, CA, États-Unis, 29-31 January 2007.

[13] Rapport intitulé : Response to Ethanol-based Incidents – From Performance Test Results. www.ethanolresponse.com

[14] Acheson B et al. (2010) On the Fire and Explosion Risks Triggered by Use of Sodium and Potassium Methoxides as Catalysts for the Production of Biodiesel. International Seminar on Fire and Explosion, Leeds, 11-16 April 2010.

[15] Koseki et al. (2001) Evaluation of the Burning Characteristics of Vegetable Oils in Comparison with Fuels and Lubricating Oils. Journal of Fire Sciences, **19**, 1, pp 31-44.

[16] Anonyme (2009) Ethanol : Shipping it Through Pipelines. FYI, Energy API.

[17] Marlair G et al. (2010) On the Fire and Explosion Risk Profile of Alternative Fuels to Kerosene in Civil Transportation Aircrafts. Congrès Interflam, 5-7 July, Birmingham, UK.

[18] www.caafi.org

[19] Concawe, Eucar, European Commission Joint Research Center (2004) Well-to-Wheels Report. European Commission, Bruxelles.

[20] JRC, Eucar, Concawe (2007). Well-to-Wheel Analysis of Future Automotive Fuels and Powertrains in the European Context.

[21] Prévot H (2003) Energie et changement climatique : diviser par trois en trente ans nos émissions de gaz carbonique. Annales des Mines, Août 2003, pp 21-31.

[22] Searchinger T, Heimlich R, Houghton RA, Dong F, Elobeid A, Fabiosa J, Tokgoz S, Hayes D & Yu T-H (2008) Use of U.S. Cropland for Biofuels Increases Greenhouse Gases Through Emissions from Land-Use Change. Science, 319, pp 1238-1240.

[23] Arrouays D, Balesdent J, Germon J, Joyet P, Soussana J & Stengel P (Ed.) (2002) Stocker du carbone dans les sols agricoles de France ? INRA Expertise Scientifique Collective.

[24] Anderson-Texeira KJ, Davis S.C, Masters MD, Delucia EH (2009) Changes in Soil Organic Carbon under Biofuel Crops. GCB Bioenergy, 1, pp 75-96.

[25] Melillo et al. (2009) Indirect Emissions from Biofuels : How Important? Science, 326, pp 1397-1399.

[26] Sourie JC, et Tréguer D (2005) Le développement des biocarburants en France : une analyse de la compétition entre colza ester et colza alimentaire à l'horizon 2010. Oléagineux, Corps Gras, Lipides, 12, pp 94-97.

[27] Wilhelm WW, Johnson Jane MF, Karlen DL and Lightle DT (2007) Corn Stover to Sustain Soil Organic Carbon Further Constrains Biomass Supply. Agron J, 99, pp 1665-1667.

[28] CITEPA (2002) Estimation des émissions de polluants du trafic routier en 2010 et 2020. Étude réalisée à la demande du ministère de l'Équipement, des Transports et du Logement. Mai 2002.

[29] World Business Council for Sustainable Development-Sustainable Mobility (2004) www.wbscd.org

[30] Commission européenne (2001) Livre blanc, La politique européenne des transports à l'horizon 2010 : L'heure des choix. Office des Publications Officielles des Communautés Européennes, Luxembourg.

[31] Commission européenne/Direction Générale de l'Énergie et des Transports (2001) Promotion des biocarburants et autres carburants de substitutions dans les transports routiers : plan d'actions, présentation succincte des nouvelles propositions.

2

Les biocarburants de première génération pour les moteurs à allumage commandé : l'éthanol et l'ETBE

D. Ballerini, D. Casanave, A. Forestière,
S. Lacombe, X. Montagne, K. Surla

Ce chapitre présente l'ensemble de la filière biocarburants de première génération pour les moteurs à allumage commandé, c'est-à-dire substituables ou additionnables à de l'essence. Il décrit les matières premières agricoles nécessaires à la fabrication des biocarburants, les processus de transformation, les caractéristiques des produits et leur utilisation dans les moteurs. Les aspects environnementaux et économiques sont ensuite développés.

2.1 LES MATIÈRES PREMIÈRES D'ORIGINE VÉGÉTALE

S'il existe encore une production industrielle d'éthanol à partir d'éthylène d'origine pétrolière, pour l'essentiel en Arabie Saoudite, la majeure partie d'éthanol est fabriquée par fermentation de matières premières d'origine végétale.

Les matières premières alcooligènes se répartissent en trois grandes catégories :

- les plantes sucrières, comme la betterave, la canne à sucre et, dans une moindre mesure, le sorgho sucrier (*sweet sorghum*) qui renferment des sucres directement fermentescibles en éthanol,
- les plantes céréalières telles que le maïs, le blé, l'orge et les tubercules comme la pomme de terre et le manioc, dans lesquels les sucres sont présents sous forme d'un polymère, l'amidon, d'où dérive leur autre dénomination de plantes amylacées. L'amidon doit être hydrolysé en monomères sucrés avant d'être transformé en éthanol. L'étape d'hydrolyse, qui a été effectuée pendant longtemps par voie chimique en présence d'acide, est depuis au moins une vingtaine d'années, réalisée par voie enzymatique,

– les plantes lignocellulosiques telles que des résidus agricoles, dont les pailles de céréales, ou des résidus forestiers, des cultures dédiées comme les taillis à courte rotation (TCR), parmi lesquels figurent le peuplier, le saule et l'eucalyptus…, ou comme le miscanthus, entre autres. Le triticale, qui est une espèce de blé, peut rentrer dans cette dernière catégorie, dans la mesure où sa culture sera orientée vers le développement de la partie lignocellulosique au détriment du grain. Deux des trois principaux composants de ces plantes sont des polymères de sucres, la cellulose et les hémicelluloses, qui doivent être hydrolysés en monomères avant d'être fermentés en éthanol. Le troisième, la lignine, peut être utilisé comme source d'énergie. Cette catégorie de matière première sera abordée dans le chapitre 4, pour ce qui concerne les aspects qualificatifs et sa disponibilité, puis dans les chapitres 5 et 6 pour tous les aspects liés à sa conversion en biocarburants liquides.

Une autre plante alcooligène mérite toutefois d'être évoquée. C'est le topinambour, dont les tubercules renferment des fructanes, polymères de fructose et glucose (rapport fructose/glucose = 3). Ces polymères sont encore désignés sous le nom d'inuline. La teneur globale en sucres dans le topinambour est de l'ordre de 14 %. La partie aérienne de la plante pourrait constituer une source abondante de biomasse lignocellulosique.

2.1.1 Le potentiel alcooligène des plantes sucrières

Des trois plantes sucrières prises comme exemples, c'est la canne à sucre qui présente le meilleur potentiel alcooligène, sans oublier qu'elle génère, comme le sorgho sucrier, de la biomasse lignocellulosique, la bagasse, qui peut être une source d'énergie (cogénération) ou de production de gaz de synthèse par voie thermochimique (chapitre 5) ou encore, après transformation biologique, d'éthanol (voir chapitre 6).

Les sucres obtenus par extraction (procédé de diffusion) des cossettes de betteraves ou par broyage et pressage des tiges de canne à sucre sont directement fermentés en éthanol.

Les principaux résultats, qui sont rassemblés dans le tableau 2.1, montrent qu'entre 4 et 8 m^3 d'éthanol peuvent être générés par la culture d'un hectare de ces plantes sucrières, soit entre 2 et 4 tep/ha.

Tableau 2.1 Les rendements des plantes sucrières et leur potentiel alcooligène.

Plante sucrière	Rendement agricole t/ha	Teneur en sucre de la plante (% poids)	Rendement éthanol l/t plante	Rendement éthanol m^3/ha	Rendement énergétique TEP/ha
Betterave	70-75	15	92	6,5-7,0	3,3-3,5
Canne à sucre [a]	80-90	14-15	85	7,0-8,0	3,5-4
Sorgho sucrier [a]	50-60	16	80	4,0-5,0	2-2,5

[a] *La canne à sucre et le sorgho sucrier fournissent aussi des bagasses qui peuvent être valorisées énergétiquement.*

2.1.2 Le potentiel alcooligène des plantes amylacées

Des trois céréales mentionnées dans le tableau 2.2, c'est le maïs qui a le plus fort contenu en amidon, et donc le plus fort potentiel de production d'éthanol. L'orge renferme, outre l'amidon, des pentosanes en assez grande quantité (de l'ordre de 10 %) qui, dans l'état actuel de nos connaissances, ne sont pas fermentescibles en éthanol.

Tableau 2.2 Les rendements des cultures céréalières et leur potentiel alcooligène.

Céréale	Rendement agricole t/ha	Teneur en amidon du grain (% poids)	Rendement éthanol l/t grain	Rendement éthanol m^3/ha	Rendement énergétique TEP/ha
Blé	7,2-8,3	62-65	370	2,7-3,1	1,4-1,6
Maïs	7,2-8,5	72	400	2,9-3,4	1,5-1,7
Orge	5,0-7,0	56-59	320	1,6-2,2	0,8-1,2

Aux céréales mentionnées ci-dessus viennent s'ajouter la pomme de terre dont le rendement est voisin de 4 m^3 d'éthanol/ha et le manioc, dont la teneur en amidon est de 66 %, à partir duquel peuvent être fabriqués 370 l d'éthanol/t de manioc.

Les grains d'amidon sont constitués d'un mélange d'amylose et d'amylopectine. L'amylose, qui représente 20 à 30 % de l'amidon, est un polymère d'unités D-glucose, reliées entre elles par des liaisons α1-4, dont le degré de polymérisation varie entre 1 000 et 5 000, et qui est essentiellement composé de chaînes linéaires présentant quelques ramifications en α1-6.

L'amylopectine, qui est le composé majoritaire de l'amidon, a une structure ramifiée, avec des masses moléculaires élevées et des degrés de polymérisation compris entre 10^4 et 10^6.

Ces polymères doivent être hydrolysés en glucose, substrat carboné de la fermentation éthanolique. En effet, si de nombreuses levures possèdent des activités amylolytiques, malheureusement, elles ne présentent pas de bonnes capacités fermentaires pour transformer le glucose en éthanol.

Pendant très longtemps, la dépolymérisation de l'amidon a été réalisée par hydrolyse acide à pH = 2 en présence d'acide chlorhydrique, à une température comprise entre 140 et 150 °C.

Cette réaction simple et peu coûteuse présentait cependant plusieurs inconvénients, à commencer par un rendement faible en glucose. Il est difficile, en effet, d'éviter l'apparition des réactions de réversion en présence d'acide, débouchant sur la synthèse d'oligosides peu ou pas convertibles en éthanol. L'autre inconvénient est économique avec des coûts d'investissement élevés pour des réacteurs construits en matériaux résistant à la corrosion.

Avec le développement d'enzymes performantes et peu coûteuses, l'hydrolyse enzymatique a depuis au moins une vingtaine d'années supplanté progressivement l'hydrolyse acide, pour être maintenant la seule technique de dépolymérisation de l'amidon.

Elle se fait en deux étapes successives. La première consiste à liquéfier la suspension d'amidon en phase aqueuse portée à 105 °C en présence d'une enzyme thermostable, l'α-amylase, et à un pH compris entre 6 et 7. Environ 5 mg/l d'ions Ca^{++} doivent être présents dans le milieu afin d'augmenter la stabilité des enzymes. Les temps de liquéfaction sont d'environ 1 heure. La suspension d'amidon renferme entre 20 et 40 % de matières sèches. L'α-amylase est produite à l'échelle industrielle par des bactéries de l'espèce *Bacillus* (*B. licheniformis*).

Après refroidissement à 60 °C, une deuxième enzyme, l'amyloglucosidase ou glucoamylase est ajoutée pour hydrolyser l'amidon liquéfié en glucose. Le pH est ajusté autour de 5. Les temps de saccharification sont au moins de 4 heures, dans les conditions optimales. L'amyloglucosidase est produite par fermentation à l'échelle industrielle par des champignons, *Aspergillus niger* entre autres.

Afin d'éviter l'apparition de produits de réversion non fermentescibles, résultat de l'activité transglycosylante de la glucoamylase lorsque cette enzyme est en présence de fortes concentrations de glucose, ce sucre doit être transformé en éthanol le plus rapidement possible. C'est pourquoi la fermentation éthanolique peut être mise en œuvre rapidement pendant le refroidissement de 60 °C à 30-35 °C (température optimale de fermentation) ou au cours de la deuxième étape d'hydrolyse enzymatique, effectuée alors non pas à 60 °C mais à 35 °C, et en laissant le pH évoluer de 5-5,5 à 4-4,5, ceci dans le but de ne pas laisser s'accumuler le glucose (procédé de saccharification et fermentation simultanées).

Les activités de ces enzymes, ainsi que leur production, ont été considérablement améliorées ces dernières années. La consommation moyenne globale d'enzymes, rapportée à 1 m^3 d'éthanol fabriqué à partir de maïs, est comprise entre 250 et 300 g.

2.2 LES PROCÉDÉS DE PRODUCTION D'ÉTHANOL

2.2.1 La fermentation éthanolique

2.2.1.1 Le principe

L'éthanol est produit par voie biologique. Les sucres sont convertis en éthanol par l'action fermentaire de micro-organismes, levures et bactéries. La fabrication par synthèse chimique par hydratation de l'éthylène est de moins en moins utilisée.

Les processus fermentaires de production de boissons alcoolisées, le vin et la bière par exemple, exploités par l'homme depuis le sixième millénaire avant Jésus-Christ, étaient encore considérés comme « spontanés » en 1815, quand l'équation stoechiométrique de transformation du glucose en éthanol est établie par Gay-Lussac :

$$C_6H_{12}O_6 \longrightarrow 2\,C_2H_5OH + 2\,CO_2$$

Le rendement théorique, calculé à partir de cette équation, encore appelé rendement de Gay-Lussac, établit que 51,1 kg d'éthanol peuvent être fabriqués à partir de 100 kg de glucose.

Avant 1850, d'autres chercheurs, dont Cagniard-Latour, relient la production d'éthanol au développement de micro-organismes. En 1857, Pasteur précise et quantifie les processus fermentaires anaérobies. Il démontre que des co-produits sont toujours associés à la synthèse d'éthanol et de gaz carbonique. Environ 3 % des sucres sont transformés en glycérol, 0,5 % en acide succinique, 0,5-0,8 % en huiles de fusel qui sont un mélange d'alcools amylique et propylique et de leurs isomères, et 0,8-1 % sont consommés pour assurer le développement des micro-organismes fermentaires.

En tenant compte de ces pertes en sucres, le rendement maximal, qui est encore appelé rendement de Pasteur, correspond à la production de 48,4 g d'éthanol à partir de 100 g de glucose, soit 94,7 % du rendement théorique.

À l'échelle industrielle, le rendement de production d'éthanol est généralement compris entre 90 et 92 % du rendement théorique.

2.2.1.2 Les micro-organismes

Si de nombreuses espèces de micro-organismes sont connues pour leur capacité à fermenter les sucres en éthanol, il n'en reste pas moins que ce sont encore les levures appartenant aux genres *Saccharomyces* telles que *S. cerevisiae*, *S. carlsbergensis*, *S. bayanus*, *S. uvarum*, *Schizosaccharomyces* dont la plus active est certainement *S. pombe* avec comme spécificité de fermenter directement le lactose à la différence de *S. cerevisiae*, ou encore *Kluyveromyces* comme *K. fragilis*, qui apparaissent comme ayant le meilleur potentiel alcooligène.

Plusieurs avantages sont liés à l'utilisation des souches de *Saccharomyces* :

- elles sont tolérantes à de fortes concentrations en éthanol, jusqu'à 10-12 % en volume,
- elles ne sont pas inhibées par des teneurs élevées en sucres,
- elles sont résistantes à des pressions osmotiques importantes,
- elles ont démontré leur stabilité à l'échelle industrielle,
- elles sont capables de se développer et de fermenter les sucres à des pH acides dans l'intervalle 3-4, conditions dans lesquelles sont réprimés l'apparition et le développement de contaminants bactériens dont les principaux appartiennent au genre *Lactobacillus*,
- de par leur taille, elles sont aisément séparables du milieu de culture, par centrifugation ou filtration, avant d'être recyclées en fermentation.

Il existe certaines souches de levures amylolytiques possédant naturellement les enzymes d'hydrolyse de l'amidon, mais elles sont peu ou pas productrices d'éthanol. Avec le développement des techniques et connaissances en génie génétique et biologie moléculaire, se développent des travaux ayant pour objectif la construction de souches amylolytiques de *S. cerevisiae*.

D'autres recherches sont orientées vers l'obtention de souches de levures thermophiles (intérêt marqué dans le cas des plantes amylacées, pour la conduite simultanée des étapes de saccharification et de fermentation à des températures comprises entre 50 et 60 °C), de souches à plus forte productivité et plus tolérantes vis-à-vis de l'éthanol.

Parmi les espèces bactériennes, la souche de *Zymomonas mobilis* se détache avec de bons rendements de production d'éthanol. Cependant, plusieurs de ses caractéristiques sont susceptibles de la pénaliser au stade industriel, parmi lesquelles :

- sa susceptibilité à la contamination par d'autres bactéries du fait de son inaptitude à se développer à des pH < 5,

- des rendements éthanol ne dépassant pas 88 % du rendement théorique, lorsqu'elle est cultivée sur des substrats industriels comme les mélasses ou les jus de canne, avec la synthèse de co-produits comme les lévanes et le sorbitol,
- sa tolérance à l'éthanol légèrement moindre que celle affichée par les levures,
- les difficultés rencontrées lors de la séparation du milieu de fermentation, dues à sa très petite taille, comparativement aux levures. Il existe cependant des souches floculantes, dont malheureusement les propriétés d'agrégation peuvent varier en fonction des conditions de fermentation.

Tous ces éléments mis bout à bout font que le passage au stade industriel de la fermentation éthanolique avec *Z. mobilis* est encore trop risqué pour être envisagé.

2.2.1.3 Les paramètres de la fermentation éthanolique

Les paramètres ayant une influence importante sur la fermentation éthanolique sont le produit de la réaction, l'éthanol lui-même, la température, l'oxygène, les éléments minéraux et le pH.

A. L'éthanol

C'est certainement, par son action potentielle sur la croissance et la capacité fermentaire du micro-organisme, le premier facteur limitant de la fermentation éthanolique.

En présence de teneurs importantes en éthanol, de l'ordre de 8 à 10 % en volume, les levures dites résistantes à l'éthanol, telles que *S. cerevisiae*, ont la faculté de s'adapter à cet environnement nouveau en modifiant la composition lipidique de leurs membranes. Cette modification de la membrane est orientée vers une augmentation de la perméabilité cellulaire à l'éthanol, qui favorise la diffusion de l'alcool vers l'extérieur de la levure et diminue sa concentration intracellulaire, principale cause de l'inhibition des processus métaboliques du micro-organisme.

B. La température

L'influence de la température, tant sur la viabilité et la croissance de la levure que sur sa productivité en éthanol, est d'autant plus importante que les teneurs en alcool dans le milieu de fermentation sont élevées.

La viabilité des cellules de micro-organismes diminue avec l'augmentation de la température et la température optimale de croissance est d'autant plus faible que les concentrations en éthanol dans le fermenteur sont élevées, alors que la productivité spécifique en éthanol, à concentrations égales en alcool, augmente avec la température.

C. L'oxygène

En présence d'une micro-aération, qui favorise le développement des micro-organismes, la résistance des souches à l'éthanol est augmentée, comme l'est aussi le rendement de conversion des sucres en éthanol.

D. Les éléments minéraux

Les besoins des micro-organismes en éléments minéraux nécessaires à leur croissance, à leur maintenance et leur renouvellement, concernent en premier l'azote apporté sous forme d'azote ammoniacal ou d'acides aminés, suivi par le phosphore, le potassium et le magnésium.

2.2.1.4 L'étape de fermentation

L'étape de fermentation est le cœur du procédé de transformation des matières sucrées en éthanol. Pendant très longtemps, elle a été opérée en discontinu ou semi-continu. Cette mise en œuvre simple se justifiait par les petites tailles des installations industrielles. De plus, celles-ci ne fonctionnaient que de façon intermittente, essentiellement à partir des mélasses, sous-produit fatal de la fabrication du sucre ex-betteraves, puis à partir de sirops de sucre concentrés. Les sucreries n'étaient en activité que 3 à 4 mois par an. C'était aussi une façon de mieux contrôler les problèmes de contamination bactérienne.

En revanche, les temps de fermentation étaient longs, avec de faibles productivités, conséquence des problèmes d'inhibition de la croissance par les concentrations élevées en sucre au départ du processus fermentaire et de l'inhibition par l'éthanol en fin de conversion.

Avec l'augmentation des capacités de production, avec la nécessité de réaliser des économies d'énergie d'autant plus conséquentes en se donnant la possibilité d'intégrer toutes les étapes de la production d'éthanol : préparation du substrat – fermentation – distillation – traitement des effluents et co-produits, avec la contrainte d'un fonctionnement tout au long de l'année avec un ou plusieurs substrats, ce sont les procédés continus qui se sont imposés progressivement, depuis au moins une vingtaine d'années.

Ce type de fonctionnement permet d'éviter les stockages intermédiaires, sources de contamination potentielle, et les arrêts entre deux cycles. Il permet un tableau de marche constant dans le temps et optimisé, comme l'est par voie de conséquence le dimensionnement des unités de fourniture d'utilités (électricité – chaleur – eau de procédé). Il permet aussi une alimentation plus concentrée en sucres.

Les autres améliorations apportées par le passage au continu concernent l'augmentation des productivités spécifique (g. éthanol × g. levure^{-1} × h^{-1}) et volumique (g. éthanol × l^{-1} × h^{-1}) ainsi que celle du rendement de conversion des sucres en éthanol, en minimisant les problèmes d'inhibition du métabolisme fermentaire des levures par l'éthanol.

C'est la technologie de fermentation continue en cascade qui s'est imposée, en particulier pour la construction de grosses unités, ayant des capacités de production pouvant atteindre plusieurs millions d'hectolitres. Un exemple d'un tel type de procédé est représenté sur la figure 2.1, où les fermenteurs sont directement reliés aux réacteurs de liquéfaction et saccharification de l'amidon (cas de la production d'éthanol à partir de céréales). Il est aussi illustré par la photographie d'une unité industrielle.

Une faible part de l'hydrolysat alimente le ou les préfermenteurs pour la production de cellules fraîches de micro-organismes, la majeure partie étant introduite dans les deux premiers réacteurs de la cascade (environ 2/3 de la charge dans le premier et 1/3 dans le deuxième). Dans ces deux réacteurs, la transformation des sucres n'est pas totale. C'est là un moyen d'augmenter la productivité en alcool, puisque la teneur en alcool à l'équilibre n'est pas trop élevée. L'obtention d'une concentration comprise entre 4 et 5 % v/v dans le premier réacteur constitue un bon compromis entre l'accroissement de la productivité et l'inhibition par l'éthanol. La réaction est complétée dans les deux ou trois autres fermenteurs placés en série.

Pour améliorer l'état physiologique des cellules, une faible aération est assurée dans les deux premiers réacteurs. Pour obtenir une meilleure homogénéité et une meilleure vitesse de

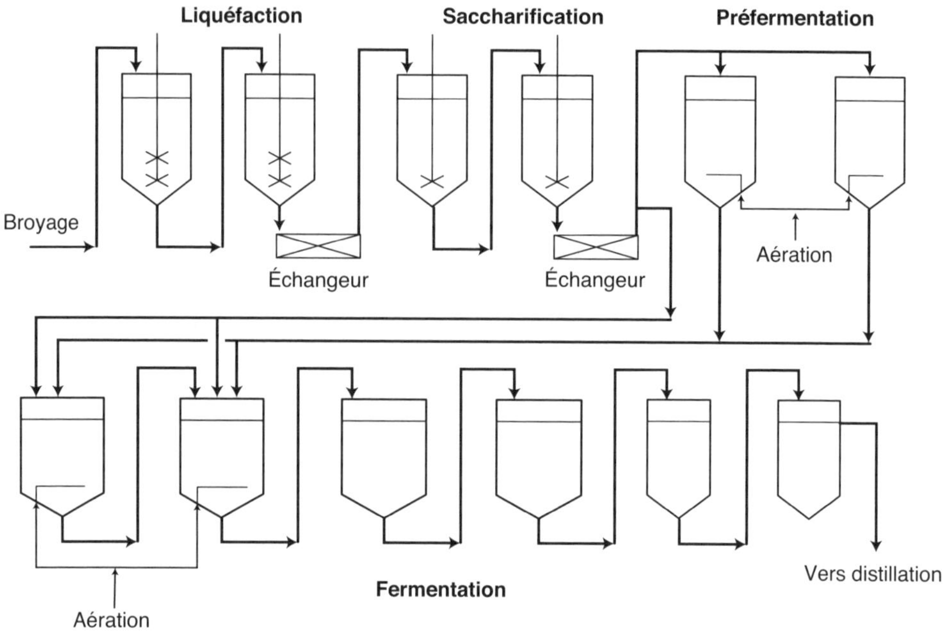

Figure 2.1

Schéma de procédé de fermentation en continu (*dry milling*). Fermentation en cascade.

Photo 2.1

Usine de production d'éthanol à partir de mélasses de canne, installée en Thaïlande. Les fermenteurs.

Source : Maguin Interis

fermentation, un système d'agitation peut être mis en œuvre, uniquement dans les deux premiers fermenteurs.

Le gaz carbonique dégagé par la fermentation éthanolique est recyclé dans les derniers réacteurs de la cascade pour homogénéiser le milieu, et en particulier pour éviter le dépôt des levures.

Lorsque le milieu de fermentation renferme peu d'éléments solides en suspension, à l'exception des levures, celles-ci peuvent être séparées du moût fermenté par centrifugation ou filtration, avant d'être recyclées, au moins pour 50 %, en tête de la cascade. Pour éviter le développement d'une contamination bactérienne, la suspension de levures est lavée en présence d'acide sulfurique. Le recyclage des levures est un moyen séduisant d'augmenter la productivité volumique et le rendement de conversion en éthanol puisque la quantité de sucres nécessaire à la production de levures est diminuée, et celle à la fabrication d'éthanol accrue d'autant.

Si dans le premier réacteur, la teneur en éthanol, comme il a été écrit précédemment, dépasse rarement 4-5 % v/v, celle-ci en sortie de la cascade est au moins de 10 % v/v.

Les rendements de conversion des sucres en éthanol sont de l'ordre de 92 % du rendement théorique.

La fermentation éthanolique est un processus exothermique. La chaleur dégagée est de 1,2 MJ/kg d'éthanol produit. L'évacuation des calories produites, qui n'est pas problématique avec les modes opératoires actuels, pourrait certainement le devenir en doublant ou triplant les productivités, comme pourrait aussi le devenir l'entraînement de l'éthanol dans les effluents gazeux, avec un accroissement concomitant de la production et des vitesses superficielles de dégagement de CO_2.

Avec les céréales comme source de sucre, il est envisagé de réaliser simultanément les étapes de saccharification et fermentation, après liquéfaction de l'amidon. Dans ces conditions, le glucose est transformé en éthanol aussi tôt que produit. Le glucose, ne s'accumulant pas dans le milieu, perd son rôle d'inhibiteur de la saccharification et ne provoque pas l'apparition de produits de réversion non fermentescibles. Par ailleurs, les problèmes de contamination par d'autres micro-organismes sont réduits, par le fait que le temps de séjour du sucre est très faible.

Avec une température de saccharification-fermentation plus basse que l'optimum de la réaction de saccharification, les temps de fermentation sont plus longs. Cela impose un nombre de réacteurs en cascade (de 5 à 7) plus important que celui mis en œuvre dans les procédés où ces deux étapes se font successivement.

2.2.2 L'extraction de l'éthanol

2.2.2.1 La distillation

L'obtention d'éthanol anhydre se fait en deux étapes (figure 2.2) :

- la première est une distillation classique produisant de l'éthanol à une teneur voisine de l'azéotrope. Les huiles de fusel sont soutirées en milieu de colonne,

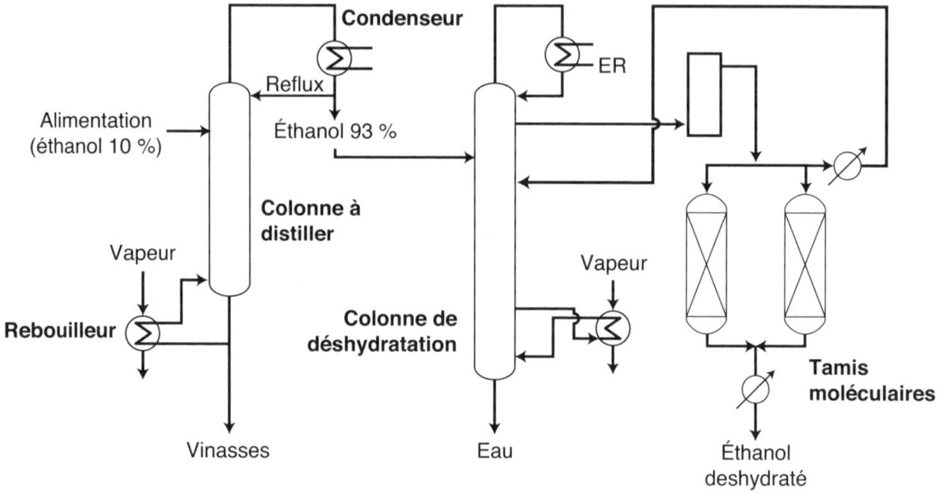

Figure 2.2

Distillation de l'éthanol.

– la seconde est une distillation azéotropique, qui conduit à l'éthanol anhydre (99,8 % v/v) et qui utilise généralement des solvants entraîneurs comme le cyclohexane, le diéthyléther, le n-pentane. C'est généralement le cyclohexane qui est choisi. Ce type de process est progressivement abandonné dans les unités opérées actuellement, au profit de la déshydratation sur tamis moléculaires.

Les installations classiques, avec une charge à 10 % v/v d'éthanol, conduisent à une consommation énergétique de 9 MJ/kg d'éthanol anhydre dont 3,8 pour la distillation azéotropique. Cette consommation est équivalente au tiers du pouvoir calorifique de l'éthanol.

Les dépenses énergétiques ont été considérablement réduites, en adaptant au cas par cas différents systèmes tels que la distillation sous vide à multiples effets, la thermo-compression ou la recompression mécanique des vapeurs. Avec cette dernière technologie et un schéma où la vapeur en tête de colonne est recomprimée puis condensée au niveau du rebouilleur, les dépenses énergétiques ne sont plus que de 6 MJ/kg d'éthanol anhydre.

Des économies d'énergie ont encore été réalisées, au niveau de l'ensemble du procédé, en intégrant les étapes de récupération de l'éthanol et de traitement des effluents (concentration des vinasses et séchage des co-produits).

2.2.2.2 Les autres technologies

Concernant l'étape de déshydratation de l'éthanol, la distillation azéotropique est maintenant supplantée par la déshydratation sur tamis moléculaires, utilisant la technologie PSA (*Pressure Swing Adsorption*), avec un cycle adsorption sous pression/régénération du tamis sous pression réduite. Cette technologie est économe du point de vue énergétique puisqu'elle ne consomme qu'environ 0,1-0,2 MJ/kg éthanol anhydre.

Des procédés de séparation par membranes ont été développés. Ils sont basés sur le principe de pervaporation par dépression. La phase liquide est en contact avec un côté de la membrane, le vide étant appliqué de l'autre côté. L'énergie consommée, y compris la distillation classique préalable, est estimée à 5 MJ/kg d'éthanol.

2.2.3 Les effluents et co-produits

La fabrication d'éthanol à partir de betteraves sucrières s'accompagne de la production de pulpes sèches à 90 % de matières sèches, utilisées en alimentation animale. Les pulpes sont le résidu solide récupéré après extraction des sucres de la betterave au cours de l'étape de diffusion. Une tonne de betteraves conduit à la production de 70 kg d'éthanol et 54,5 kg de pulpes sèches, soit 0,78 t pulpes/t éthanol.

Les effluents liquides riches en sels et contenant encore des matières organiques non fermentescibles en éthanol sont les vinasses qui sont récupérées au pied de la colonne de distillation conventionnelle. Les vinasses peuvent être épandues en tant qu'amendement sur les terres agricoles, à raison de 3 tonnes maximum par hectare, lorsque l'épandage est autorisé. Elles sont encore concentrées pour être utilisées dans les formulations alimentaires animales. Elles peuvent être aussi utilisées en méthanisation dans le but d'améliorer la balance énergétique de la distillerie.

Concernant la canne à sucre, outre les vinasses, le co-produit est la bagasse, résidu solide des étapes de broyage/pressage de la canne à sucre. La bagasse est pour l'instant utilisée à des fins énergétiques pour la fourniture d'électricité et de chaleur au niveau de l'usine, mais aussi à destination d'autres utilisateurs.

Pour la production d'éthanol à partir de plantes céréalières (maïs, blé), il existe deux types de procédés : le « *wet milling* » et le « *dry milling* » (voir chapitre 2.2.4.2).

Pour le premier type de procédé, la partie huileuse du germe de maïs est extraite avant la récupération de la partie protéique, désignée sous le nom de « *corn gluten meal* » dont la teneur en protéines est voisine de 60 %. Cette farine protéique est valorisée en alimentation animale.

La matière première résiduelle est transformée en éthanol. La partie non fermentescible, récupérée après distillation, est séchée pour donner une autre qualité d'aliment pour bétail, le « *corn gluten feed* », moins riche en protéines (20 %).

Avec le « *dry milling* » c'est le grain entier qui est traité. Les effluents recueillis après distillation, qui renferment 10 % de matières solides, sont centrifugés. Une partie de la phase liquide clarifiée (les vinasses) est recyclée au niveau de l'étape de liquéfaction tandis que le restant est concentré. Ce concentrat est ensuite remélangé avec la phase solide récupérée après centrifugation pour être séché.

Le produit obtenu, les drèches (encore désignées sous l'abréviation DDGS, *Distiller's Dried Grain Solubles*), est utilisé en alimentation animale. Les DDGS ex-maïs contiennent 30 à 32 % de protéines et 8 à 9 % de corps gras. Ceux issus de la fermentation éthanolique du blé renferment entre 35 et 40 % de protéines, avec une teneur en lysine plus importante que celle des drèches ex-maïs, et 4 à 5 % de lipides. De par leur composition, les drèches ex-blé peuvent se valoriser à un prix supérieur de 10 % à celui des drèches issues du maïs.

Pour 1 tonne de blé, sont produits 370 l d'éthanol et 370 kg de drèches soit 100 kg de drèches par hl d'éthanol. Avec 1 tonne de maïs, sont fabriqués 400 l d'éthanol et 320 kg de drèches, soit 80 kg de drèches par hl d'éthanol.

Comme mentionné au préalable, les opérations de distillation et de concentration et séchage des effluents et co-produits sont intégrées afin d'optimiser les dépenses énergétiques.

2.2.4 Les schémas de procédé

Les principaux constructeurs européens d'usines de production d'éthanol sont Abengoa, Maguin-Interis, Technip et Vogelbusch.

2.2.4.1 La production d'éthanol ex-plantes sucrières

La figure 2.3 présente les différentes étapes des procédés de production d'éthanol à partir de betteraves ou de canne à sucre.

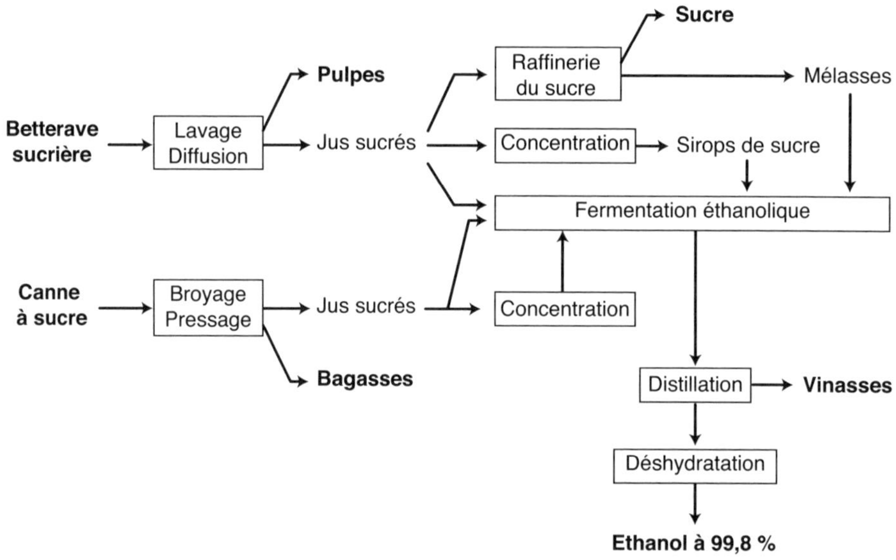

Figure 2.3

Production d'éthanol ex-plantes sucrières.

Après lavage des betteraves pour les débarrasser complètement de la terre qui les enrobe, elles sont découpées en cossettes. Des réductions de la tare en terre, qui pouvait représenter jusqu'à 40 % du poids de la betterave, ont été apportées à deux niveaux : les moyens de récolte et la modification de la morphologie de la betterave, devenue beaucoup plus régulière. Les techniques de lavage en usine ont été améliorées. Les sucres sont ensuite extraits par diffusion à l'eau chaude. La fermentation éthanolique est effectuée à partir de ces jus concentrés ou non sous forme de sirop. En les concentrant, on les protège des contaminations bactériennes et on augmente leur temps de conservation. Elle est encore réalisée à partir des sous-produits fatals de sucrerie que sont les mélasses. Les mélasses renferment, outre des sucres à une teneur moyenne en poids de 50 %, des éléments minéraux et des produits organiques non fermentescibles.

Les vins de fermentation sont ensuite distillés pour aboutir à l'éthanol. Les effluents de distillation, les vinasses, sont recyclés en partie et concentrés ou non avant d'être évacués.

Le broyage et le pressage des cannes à sucre donnent les jus sucrés qui sont fermentés et un résidu solide, la bagasse, source d'énergie, électricité et chaleur.

2.2.4.2 La production d'éthanol ex-plantes amylacées

Deux types de procédés sont toujours mis en œuvre à l'heure actuelle. Cependant, avec le développement de plus en plus important de la production d'éthanol à partir de maïs, principalement aux États-Unis, le procédé « *wet milling* » (figure 2.4) est de plus en plus supplanté par le « *dry milling* » (figure 2.5).

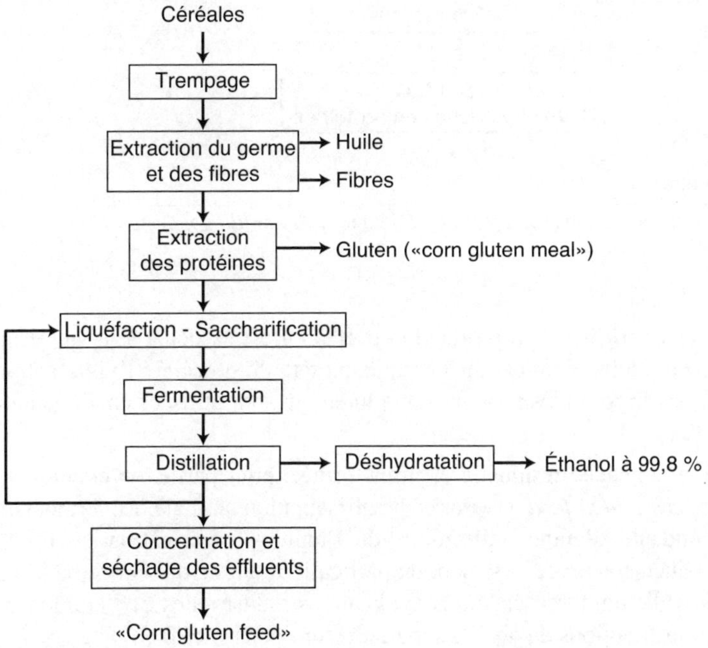

Figure 2.4

Production d'éthanol à partir de céréales (« *wet milling* »).

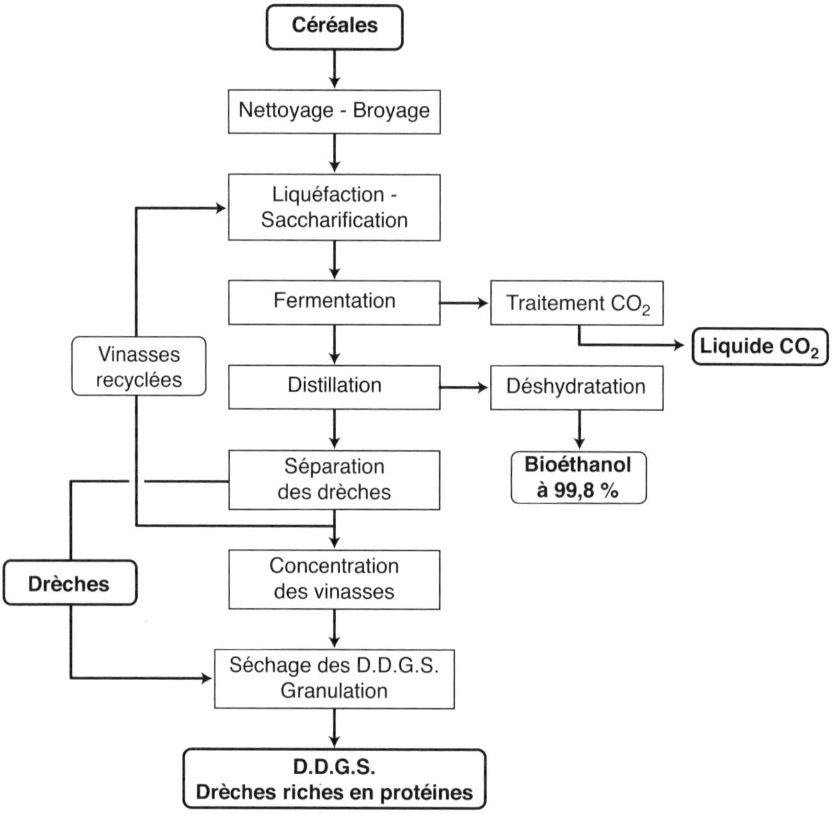

Figure 2.5

Production d'éthanol à partir de céréales (« *dry millling* »).

Avec le « *wet milling* », la production d'éthanol est associée à la valorisation d'autres produits et co-produits, dont certains extraits en tête du procédé : l'huile extraite du germe des céréales, des fibres et les protéines ou gluten qui sont utilisées en alimentation humaine et animale.

La fraction amylacée résiduelle est transformée, pour partie, en éthanol et en un sous-produit, le « *corn gluten feed* », valorisé en alimentation animale. La fermentation éthanolique est dépendante d'autres utilisations de l'amidon : fabrication de fructose, dont la demande est fluctuante avec la saison, en particulier pour ce qui concerne la vente de boissons sucrées, et de nombreuses autres applications industrielles de l'amidon qui emploient généralement les fractions de qualité supérieure, amidons A et B.

En conséquence, la fermentation éthanolique représente le débouché des fractions amylacées de moindre qualité (une partie de l'amidon B et l'amidon C) ou des excédents amylacés lorsque les demandes pour les autres valorisations sont moins importantes.

Il ressort que le fonctionnement d'une unité de production d'éthanol utilisant le procédé « *wet milling* » doit prendre en compte la variabilité de la disponibilité, de la qualité et du coût de la matière première fermentescible.

Avec le procédé « *dry milling* », qui n'est pas dépendant d'autres valorisations de la matière première, les céréales sont uniquement transformées en éthanol et en drèches.

2.2.5 Le bilan énergétique

2.2.5.1 La production d'éthanol à partir de betteraves

Les bilans énergétiques [1] sont calculés pour une usine de production d'éthanol à partir de jus de betteraves et d'égouts de sucreries EP2 (égouts pauvres issus de la deuxième étape de cristallisation du sucre, après centrifugation).

Les données sont présentées dans le tableau 2.3.

Tableau 2.3 Consommations énergétiques par hl d'éthanol produit à partir de betteraves.

	Jus de betteraves		EP2	
	Vapeur (kg)	**Électricité ($kWh \times h^{-1}$)**	**Vapeur (kg)**	**Électricité ($kWh \times h^{-1}$)**
Diffusion	25	11		
Fermentation		6		6
Distillation [a]	80	3	80	3
Déshydratation de l'éthanol [b]	55	1	55	1
Concentration [c]			75	9
Total	160	21	210	19

[a] *Système thermocompression avec double effet.*
[b] *Tamis moléculaire ou distillation azéotropique associée avec un système thermocompression.*
[c] *Concentration avec un système thermocompression avec multiple effet (6 effets).*

À partir de jus de betteraves, la consommation d'énergie primaire liée à la production d'éthanol [2] représente 30 à 33 % du contenu énergétique de l'alcool. Ce ratio augmente jusqu'à 39-40 % lors de l'utilisation d'EP2.

La méthanisation des vinasses constitue une possibilité d'amélioration des consommations énergétiques. À titre d'exemple, 1,1 m^3 de vinasses [3] sont générés par hl d'éthanol

1. Les données présentées dans ce sous-chapitre ont été fournies par l'UNGDA (Union Nationale des Groupements de Distillateurs d'Alcool).

2. La consommation d'énergie primaire est calculée en prenant les équivalences suivantes : 1 kWh = 8 MJ, 1 kg vapeur HP = 3,1 MJ.

3. Les caractéristiques moyennes de ces vinasses sont les suivantes : DCO (Demande Chimique en Oxygène) : 30 $g \times l^{-1}$, teneur en matières sèches : 26,5 $g \times l^{-1}$, teneur en matières en suspension : 6,8 $g \times l^{-1}$.

fabriqué. En prenant comme hypothèses de calcul un taux d'abattement de 85 % de la DCO et une production de 0,3 m^3 de méthane par kg de DCO éliminé, la production potentielle d'énergie par méthanisation est de l'ordre de 12 MJ/kg DCO ou encore de 336 MJ/hl d'éthanol pur. La consommation d'énergie primaire est alors abaissée pour se situer à environ 23 % du contenu énergétique de l'alcool produit.

2.2.5.2 La production d'éthanol à partir de plantes amylacées

Les données [1] correspondent au fonctionnement d'une unité industrielle de production d'éthanol à partir de blé, selon le procédé « *dry milling* ».

Cette usine, qui est opérée en continu, a une capacité journalière de production d'éthanol anhydre de 3 000 hl, soit 1 Mhl/an avec un fonctionnement de 24 heures/jour et 333 jours/an.

Le bilan matière journalier s'établit comme suit :

- consommation de 798 t de blé,
- production de 238 t d'éthanol (+ 7 hl d'huiles de fusel) et 284 t de DDGS à 90 % m.s.

En option, le CO_2, dégagé au cours de la fermentation, peut être récupéré et liquéfié pour être ensuite valorisé dans l'industrie alimentaire.

Les consommations énergétiques, rapportées à la fabrication d'un hectolitre d'éthanol anhydre, sont détaillées pour chaque étape du procédé dans le tableau 2.4.

Tableau 2.4 Consommations énergétiques par hl d'éthanol anhydre produit à partir de blé.

Étapes du procédé	Vapeur (kg) [a]	Électricité (kWh x h^{-1})
Broyage		5,7
Liquéfaction-saccharification	40	3,0
Fermentation		5,6
Distillation	Couplage avec la concentration des vinasses	0,6
Déshydratation	34	1,9
Séparation des drêches		8,3
Concentration des vinasses	210	4,9
Séchage et granulation des drêches		9,8
Total	284	39,8

[a] *Vapeur 2,5-4 bar.*

La consommation en eau de procédé est approximativement de 0,4 m^3/hl d'éthanol anhydre produit.

Environ 13 m^3 de gaz naturel sont consommés lors de l'étape de séchage des drèches pour une quantité correspondant à la production d'1 hl d'éthanol anhydre.

1. Toutes les données présentées dans ce sous-chapitre ont été fournies par la société Maguin Interis.

Les eaux des condensats issus de l'étape de concentration des vinasses sont recyclées dans les circuits de refroidissement pour compenser approximativement 75 % des pertes. La consommation nette en eau est, de ce fait, sensiblement diminuée et représente de l'ordre de 0,1 m^3/hl d'éthanol anhydre produit.

L'extrapolation des données est linéaire jusqu'à des niveaux de capacité de production allant jusqu'à 5 000 hl/j.

2.2.6 Les améliorations potentielles de la production d'éthanol

Plusieurs voies de recherche sont étudiées, tant au niveau de la préparation des matières premières que de la fermentation et de l'étape de séparation de l'alcool de la phase aqueuse.

2.2.6.1 Prétraitement des produits amylacés

- Recherche de nouvelles enzymes (amyloglucosidases) capables de travailler à haute température, supérieure à 60 °C, afin de diminuer les risques de contamination de la solution sucrée,
- augmentation de la teneur en matières sèches de la suspension de céréales broyées ou de farine en cherchant à diminuer la viscosité. En cas de réussite, les dépenses énergétiques associées aux étapes d'hydrolyse enzymatique seront diminuées, de même que les quantités d'eau de refroidissement.

2.2.6.2 Fermentation éthanolique

- Sélection de levures produisant moins ou pas du tout de glycérol, afin d'améliorer le rendement de conversion en éthanol,
- augmentation de la productivité éthanolique des levures, en restant toutefois dans des limites raisonnables pour ne pas compliquer les technologies de refroidissement des fermenteurs (évacuation de calories basse température) et de récupération des vapeurs d'éthanol entraînées dans les effluents gazeux de fermentation. Un juste compromis doit conduire à diminuer la taille des installations et, de ce fait, les investissements,
- recherche de levures éthanol-tolérantes en vue d'augmenter la teneur finale en éthanol du moût de fermentation. À la condition impérative de ne pas engendrer de pertes en rendement et une baisse de productivité, cette voie de recherche doit conduire à des gains en énergie lors des étapes de distillation,
- recherche de levures thermo-tolérantes capables de produire de l'éthanol, sans perte de rendement, à des températures supérieures à 40 °C. Cette étude trouve une justification, particulièrement dans le cas de la fabrication d'éthanol à partir de matières amylacées. L'option saccharification-fermentation simultanée s'en trouverait grandement valorisée puisque les risques de contamination des solutions sucrées seraient atténués et les échanges de chaleur améliorés, avec l'accroissement du différentiel de température entre le milieu de fermentation et l'eau de refroidissement.

2.2.6.3 Amélioration des performances énergétiques

- En optimisant l'intégration des différentes étapes du procédé, incluant celles de conditionnement et de séchage des co-produits,
- en réduisant l'apport d'énergie extérieure d'origine fossile grâce à l'optimisation de la conversion énergétique des résidus issus de la culture des plantes alcooligènes (pailles de céréales, tiges de maïs, bagasses de canne à sucre) et des effluents générés par le procédé (fermentation méthanique des vinasses, par exemple).

2.3 LES ÉTHERS-CARBURANTS

Les éthers qui entrent dans la constitution des carburants restent peu nombreux.

On peut raisonnablement en limiter la liste à cinq, et tous sont utilisés dans la formulation du pool essence. Il s'agit du MTBE, de l'ETBE, du TAME (TertioAmylMéthylEther) et de l'ETAE (EthylTertioAmylEther) auxquels il faut ajouter le DIPE (DiIsoPropylEther).

L'introduction d'éthers lourds comme le DPE (DiPentylEther) dans le pool gazole n'a pas encore été commercialisée, bien qu'il présente un indice de cétane en mélange supérieur à 100.

Dans cette liste, le MTBE reste de loin l'éther le plus utilisé. C'est même le produit issu de la pétrochimie qui a connu la plus forte croissance dans les 25 dernières années. D'une production de laboratoire en 1975, les 20 millions de t/an ont été atteints en 1998 [1] et [2]. La capacité mondiale de TAME reste limitée en dessous de 2 millions de t/an.

MTBE et TAME sont des dérivés obtenus respectivement par l'addition de méthanol sur l'isobutène, ou 2-méthylpropène, et sur les isoamylènes, en fait un mélange de 2-méthylbut-1-ène et de 2-méthylbut-2-ène.

Lorsque l'on remplace le méthanol par l'éthanol, on obtient par réaction sur les mêmes hydrocarbures respectivement l'ETBE et l'ETAE. En 2010, la production mondiale d'ETBE pourrait atteindre 2,5 à 3 Mt/an, contre 0,6 Mt/an en 2005, tandis que l'ETAE ne continuera à être utilisé commercialement que de façon épisodique.

Le DIPE qui est obtenu par déshydratation de l'isopropanol, lui-même issu de l'hydratation du propylène, n'a pas été développé à une échelle significative. Deux unités industrielles seulement sont opérationnelles dans le monde [3]. Son utilisation économique en tant que carburant est grevée par le prix actuel du propylène. Les réactions de synthèse des différents éthers-carburants sont illustrées sur la figure 2.6.

Il faudrait probablement ajouter à cette liste les éthers qui sont produits par l'addition de méthanol aux hydrocarbures insaturés des coupes C_6 et C_7 des essences de FCC (cracking catalytique) [4a]. Il ne s'agit pas de composés purs mais de mélanges complexes et toujours obtenus en mélange dans des coupes d'hydrocarbures. Il n'empêche que certaines unités industrielles qui produisent du TAME le font à partir de coupes élargies d'essence de FCC et coproduisent des méthoxyalkanes ramifiés et donc des éthers-carburants.

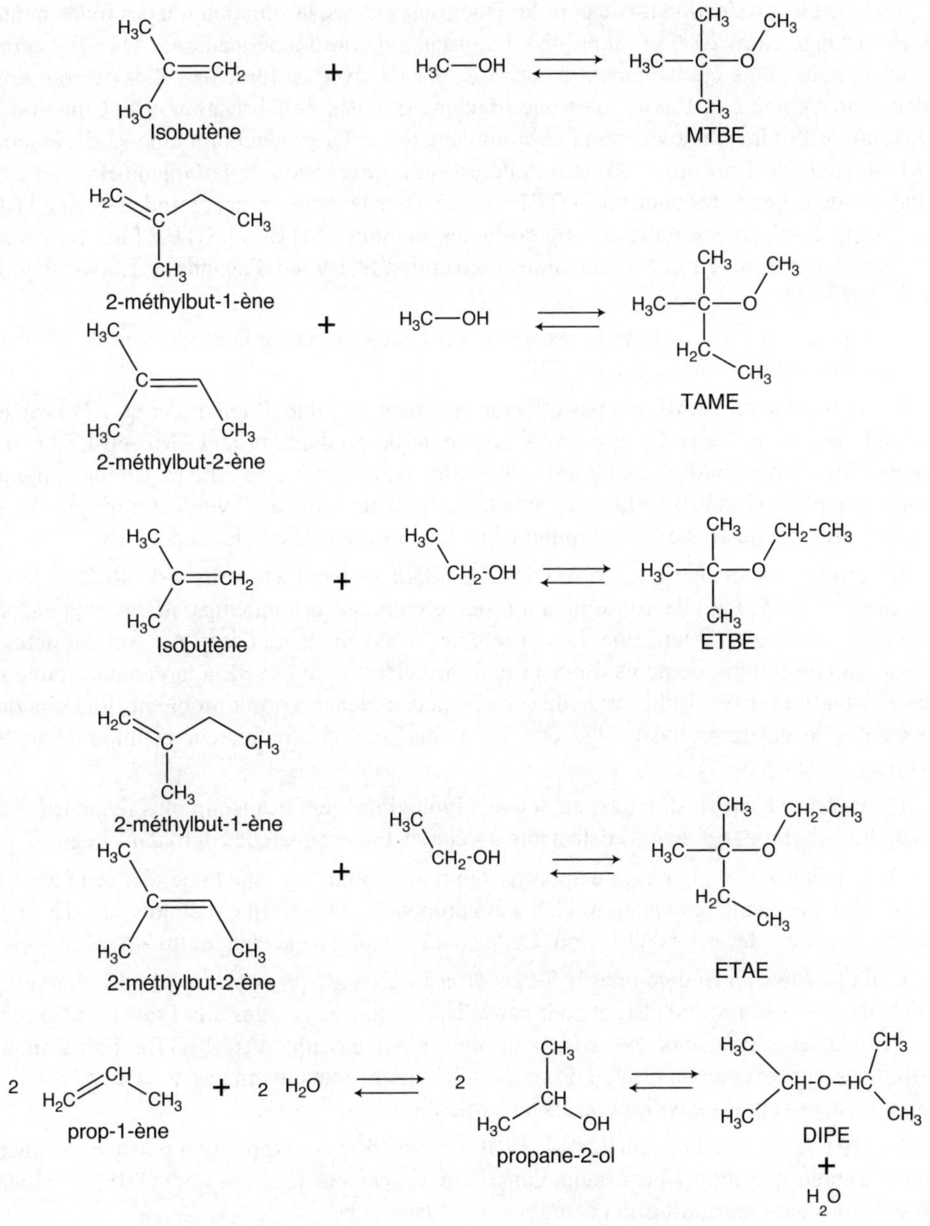

Figure 2.6

Les réactions de synthèse des éthers-carburants.

En terme de production totale pour les éthers carburants, la situation n'a pas fondamentalement changé entre 2005 et 2009 [4b]. La production nord-américaine de MTBE a certes diminué, mais elle a été largement compensée par l'arrivée en force de celles de nouveaux intervenants comme la Russie avec une trentaine d'unités de fabrication et la Chine qui a construit de l'ordre d'une quarantaine d'implantations. La production chinoise dépasserait 3 Mt/an en 2009. En Europe, la nouveauté est qu'à l'exception de la Grande-Bretagne, de l'Italie et de la Grèce les unités de MTBE ont été, dans leur ensemble, remodelées en ETBE. La Société Total, par exemple, a converti toutes ses unités MTBE en ETBE [4c]. Il ne s'est réellement construit qu'une seule unité nouvelle d'ETBE en Espagne à Hulva dans la période récente.

Le Japon, après avoir hésité (deux unités sur quatre ont cessé la production de MTBE), envisage maintenant de passer à l'ETBE.

La fabrication de TAME n'a pas effectué la percée attendue. Il faut noter qu'à Porvoo en Finlande la société Neste Oy a converti son unité de production de TAME en ETAE. La société Total, avec une licence du procédé Neste Oy, a démarré en Allemagne une unité de production d'ETAE de 200 000 t/an. Cette unité traite une coupe d'hydrocarbures plus large que la traditionnelle coupe C5 et produit de ce fait des esters d'éthyles supérieurs.

La production industrielle de MTBE a d'abord démarré en Italie à la Raffinerie de Ravenne en 1975, mais la consommation de ce composé a longtemps été et reste encore majoritairement nord-américaine. Les différentes dispositions du Clean Air Act ont débouché sur la constitution de pools d'essences reformulées où le MTBE a largement trouvé sa place. À partir de 1995, l'utilisation de cet éther a commencé à poser problème, tout d'abord en Californie qui se trouvait alors être le premier état consommateur et importateur de MTBE (voir chapitre 1).

Le MTBE, de par sa structure, se dégrade biologiquement beaucoup plus lentement que les hydrocarbures et est de plus détectable à l'état de traces (quelques ppb) dans l'eau.

Bien qu'aucune étude n'ait pu apporter la preuve formelle d'une toxicité à cette échelle de pollution, le bannissement du MTBE a été prononcé en Californie d'abord, puis dans une partie importante des états de l'Union. Cette condamnation a été étendue au TAME.

Certains États du Sud comme le Texas et la Louisiane, qui sont équipés d'importantes unités de production de MTBE et sont par ailleurs reliés par barges aux États du Midwest, gros producteurs d'éthanol ex-maïs, pourraient aussi basculer vers l'ETBE transformant définitivement cet éther en produit de commodité, qui ne manquerait pas de venir se placer à bon prix, dans certains pays européens en particulier.

En effet, le principal débouché de l'ETBE pourrait être à l'exportation puisque les éthers d'éthyle, bien que moins persistants dans l'environnement [5a] que le MTBE, se voient aussi écartés dans leur utilisation carburant aux États-Unis.

Cette éventualité d'exportation massive ne semble pas se concrétiser. En revanche, le Brésil, qui conserve un avantage décisif en terme de coût de production de l'éthanol, exporterait vers l'Europe, via l'Espagne, le Portugal et les Pays-Bas, des quantités importantes d'ETBE.

En Europe et peut-être partout dans le Monde, à l'exception des États-Unis qui ont exclu l'emploi des éthers, la vraie question concerne l'utilisation concomitante d'ETBE et d'éthanol.

Les unités existantes d'ETBE devraient pouvoir se maintenir, mais il est difficilement envisageable de construire de nouvelles installations.

Ce ne sera pas, en définitive, le manque d'isobutène qui arrêtera le développement de nouvelles capacités d'ETBE. D'ailleurs, la société Lyondell n'a toujours pas converti ses unités géantes, en France et aux Pays-Bas, avec la production principale d'oxyde de propylène, en mode ETBE. En revanche, les nouveaux venus sur le marché du MTBE, tels que la Russie et la Chine, devraient se tourner en totalité ou en partie vers la fabrication d'ETBE.

La société Methanex, le plus gros producteur mondial de méthanol, constate que la part de méthanol destinée à la production de MTBE continue de faiblir, sans toutefois s'effondrer [5b].

2.3.1 Les sources de matières premières pour la production d'éthers-carburants

Le méthanol peut être considéré comme une commodité. Il est fabriqué dans des unités géantes dont les plus grosses sont capables de produire jusqu'à 5 Mt/an en un seul train de réaction. Elles sont peu nombreuses aujourd'hui. Ces unités sont situées de préférence à proximité des champs de production de gaz. En effet, le méthanol est produit à partir de gaz naturel qui est d'abord transformé en gaz de synthèse pour être ensuite converti en méthanol.

Ce méthanol est ensuite distillé, et c'est le grade A qui est presque exclusivement utilisé pour la fabrication d'éthers-carburants.

L'éthanol qui entre dans la fabrication d'éthers-carburants est exclusivement d'origine agricole. L'éthanol qui va vers les carburants provient donc, à la différence du méthanol, d'origines diverses et d'un grand nombre de sites différents. En France par exemple, seul l'éthanol qui est issu de la betterave ou du blé est actuellement autorisé [6] pour être introduit dans le pool carburant.

La production d'éthers-carburants s'effectue en mettant en présence un alcool et un hydrocarbure insaturé. Les hydrocarbures les plus souvent employés sont contenus dans les coupes C_4 et C_5 issues, d'une part, du craquage catalytique ou du vapocraquage d'hydrocarbures plus lourds et d'opérations spécifiques, d'autre part. Parmi ces opérations spécifiques (figure 2.7), on retiendra la voie de production de l'oxyde de propylène, qui passe par la coproduction de tertiobutanol (moins de 5 unités dans le monde), lequel est déshydraté en isobutène, et la déshydrogénation d'isobutane qui conduit elle, directement, à l'isobutène (une dizaine d'unités dans le monde).

À partir de la première de ces voies, les unités industrielles de production de MTBE ont des capacités pouvant atteindre 500 000 t/an. De la même façon, la voie de déshydrogénation de l'isobutane est en fait intégrée dans une chaîne de procédés qui, partant de butane contenu dans le gaz naturel, passe par une isomérisation en isobutane, et se termine en général par une unité de production du MTBE. Tous les maillons de cette chaîne font partie d'unités géantes qui peuvent fournir jusqu'à 700 000 t/an de MTBE.

Les unités de production d'éthers, qui sont opérées à partir de coupes C_4 et C_5 provenant du craquage catalytique, trouvent leur place soit dans la raffinerie, soit encore sur le site

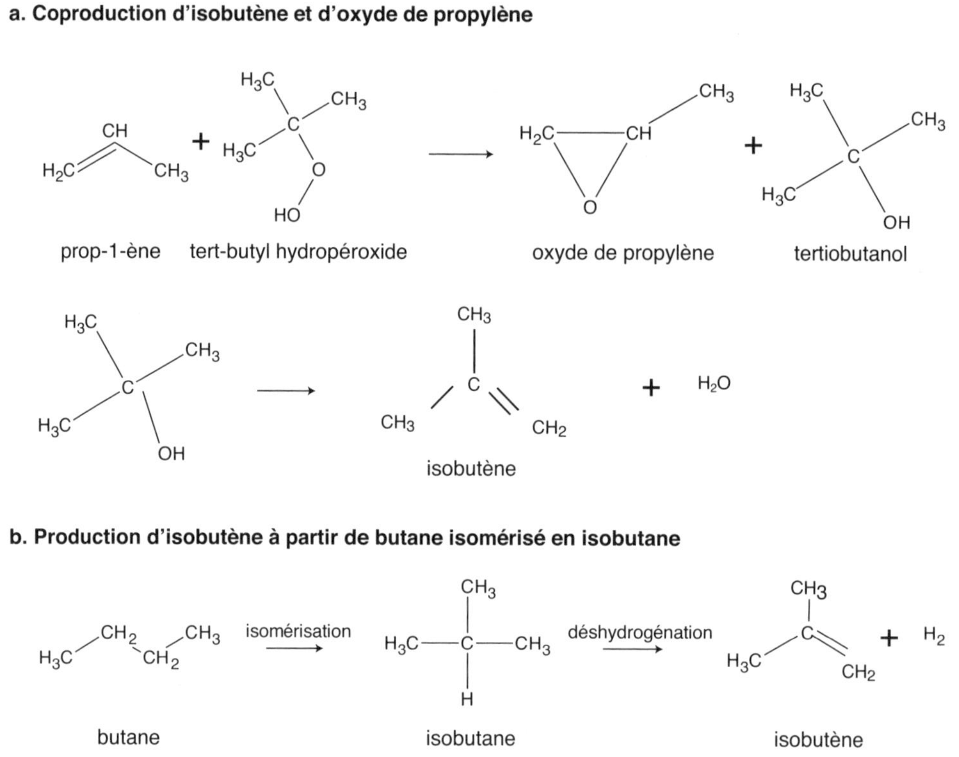

Figure 2.7

Différentes voies de synthèse de l'isobutène.

pétrochimique du vapocraqueur, le plus souvent lorsque ce dernier est adossé à une raffinerie. Ces unités sont de tailles plus modestes et ne dépassent que rarement les 150 000 t/an de production d'éthers, mais elles sont aussi les plus nombreuses puisqu'il en existe environ deux cents dans le monde. Les unités d'éthérification de la raffinerie incorporent directement leur production dans leur pool essence tandis que les unités géantes sont contraintes d'exporter leur production, ce qui fait du MTBE un produit de commodité avec un marché propre, dont la cotation s'effectue à Rotterdam.

2.3.2 La réaction d'éthérification

Les réactions chimiques qui permettent d'atteindre la production d'éthers-carburants par addition d'alcools (principalement méthanol et éthanol, mais accessoirement d'autres composés oxygénés comme le propanol, l'isopropanol, les n-butanols, le 2-méthylpropanol ou même le glycérol) sur la double liaison des oléfines ramifiées sont équilibrées et catalysées par les acides.

La loi de Le Châtelier indique que pour favoriser la formation des éthers il faut opérer avec un excès d'alcool, et ce d'autant plus que l'oléfine est en général diluée dans une matrice non réactive et que l'oléfine et/ou l'alcool ont des masses moléculaires croissantes.

Industriellement, la réaction est conduite avec des excès molaires d'alcools pouvant être de 10 %, si bien qu'est récupéré en sortie de la section réactionnelle d'éthérification un mélange d'éthers et d'hydrocarbures qui n'ont pas réagi avec l'excès d'alcool, qu'il va falloir séparer et bien entendu recycler.

L'addition d'alcool sur une oléfine ramifiée est un processus exothermique. Méthanol et éthanol s'additionnent réversiblement sur l'isobutène avec la production d'environ 40 kJ par mole d'éther formé.

Bien que l'éthanol soit plus nucléophile que le méthanol, les vitesses de formation des éthers correspondants sont sensiblement les mêmes. Ces vitesses sont probablement contrôlées par la vitesse de diffusion de l'isobutène vers les sites acides catalytiques partiellement solvatés par les molécules d'alcool. C'est donc la vitesse de formation du carbocation qui contrôle toute la cinétique de la réaction d'éthérification, illustrée par l'équation chimique suivante :

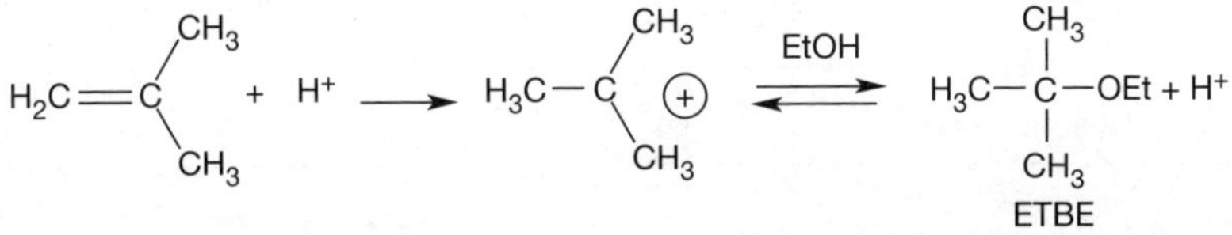

À l'équilibre, la formation de l'ETBE est défavorisée par rapport à celle du MTBE, comme le montre le tableau 2.5 qui donne les valeurs des constantes d'équilibre en fonction de la température [7]. Dans une même unité de production, toutes choses égales par ailleurs, l'équilibre chimique étant plus favorable pour la formation du MTBE que pour celle de l'ETBE, cela signifie que la conversion attendue de l'isobutène dans ce dernier cas est significativement moindre. En effet, les réacteurs de synthèse sont opérés de façon à ce que leurs effluents aient une composition aussi proche que possible de celle correspondant à l'équilibre thermodynamique.

Tableau 2.5 Constantes d'équilibre (K)de la formation des éthers MTBE, ETBE.

Température en °C	40	50	60	70	80	90	100
KMTBE en l/mole	117,5	71,6	45	29	19,2	13	9
KETBE en l/mole	98,6	58,7	36	22,7	14,7	9,8	6,6

Pour améliorer le taux de conversion, il est toujours possible de travailler avec un plus grand excès d'éthanol par rapport à l'isobutène. Cela impose de recycler plus d'alcool avec l'inconvénient, si cet alcool est extrait du raffinat par de l'eau (voir 2.3.2.4), d'avoir à recycler aussi cette eau. Le méthanol peut être obtenu pur en tête de la colonne de recyclage d'alcool alors que l'éthanol est toujours accompagné d'au moins 4 à 5 % poids d'eau. L'eau ainsi recyclée vers les résines est un modérateur de la réaction de formation des éthers au même titre que les alcools d'ailleurs. L'expression de la constante de vitesse directe de la réaction d'éthérification fait apparaître clairement les effets négatifs de l'eau et de l'excès d'alcool [7].

$$k = \frac{k_0}{1 + \alpha[Alcool]^a + \beta[H_2O]^b}$$

α et β sont reliés à l'affinité respective de l'eau et de l'alcool pour les résines, ou encore à la résistance au transfert de l'isobutène au travers du film que forment ces inhibiteurs autour du site actif. De ce fait, les taux de conversion en ETBE seront toujours inférieurs à ceux obtenus avec le MTBE (tableau 2.6).

Tableau 2.6 Conversion de l'isobutène en MTBE et ETBE.

	Conversion de l'isobutène (% poids)	
	Réacteur principal	**Réacteur + colonne catalytique**
MTBE	97,5	99
ETBE	89	95

La perte de conversion de l'isobutène n'est pas très préjudiciable si en aval de l'unité d'ETBE, il existe une alkylation sulfurique. S'il s'agit d'une alkylation fluorhydrique, l'alkylat obtenu est pénalisé d'au moins un point d'indice d'octane.

En présence d'un excès d'éthanol trop important, pour tenter d'améliorer la conversion de l'isobutène, la vitesse de la réaction diminue et on aboutit à un objectif inverse de celui escompté puisque c'est l'équilibre thermodynamique qui n'est plus atteint en sortie du réacteur.

2.3.2.1 Les réactions secondaires

Le méthanol est un produit très pur obtenu à partir de gaz de synthèse, lui-même provenant en général du vaporeformage du méthane. La seule impureté notable – mais elle est en principe éliminée par distillation – est le formiate de méthyle. La teneur en eau est de l'ordre de la centaine de ppm. Seule la teneur en oxygène dissous peut poser problème. À noter toutefois quelques rares pollutions par de l'eau de mer, qui peuvent survenir lors du transport maritime, catastrophiques pour l'activité du catalyseur.

L'éthanol agricole est un produit qui arrive à la raffinerie par transport ferroviaire ou par mer et peut donc aussi contenir de l'oxygène dissous. Mais ses origines sont diverses, chacune possédant ses caractéristiques propres. En France, il peut s'agir d'alcool obtenu à partir de betteraves ou de blé. La teneur en impuretés est variable tant pour ce qui concerne la présence d'esters que d'acétaldéhyde et d'acide acétique.

Les esters traversent l'unité de production d'ETBE sans être transformés et se retrouvent dans l'éther formé. Il en est de même pour l'acide acétique. Les premiers peuvent s'hydrolyser lentement au stockage et former de l'acide acétique, composé susceptible de provoquer des phénomènes de corrosion. La teneur de ces deux polluants est strictement contrôlée et il est conseillé de limiter leur concentration à des valeurs respectivement inférieures à 150 ppm poids et 15 ppm poids.

L'acétaldéhyde est une autre source d'impureté préoccupante. Sa teneur est limitée à 150 ppm dans l'éthanol. Cet aldéhyde se transforme en acétal pendant la réaction d'éthérification et se retrouve dans l'ETBE. Au stockage, cet acétal peut libérer l'acétaldéhyde qui sera oxydé en acide acétique (figure 2.8).

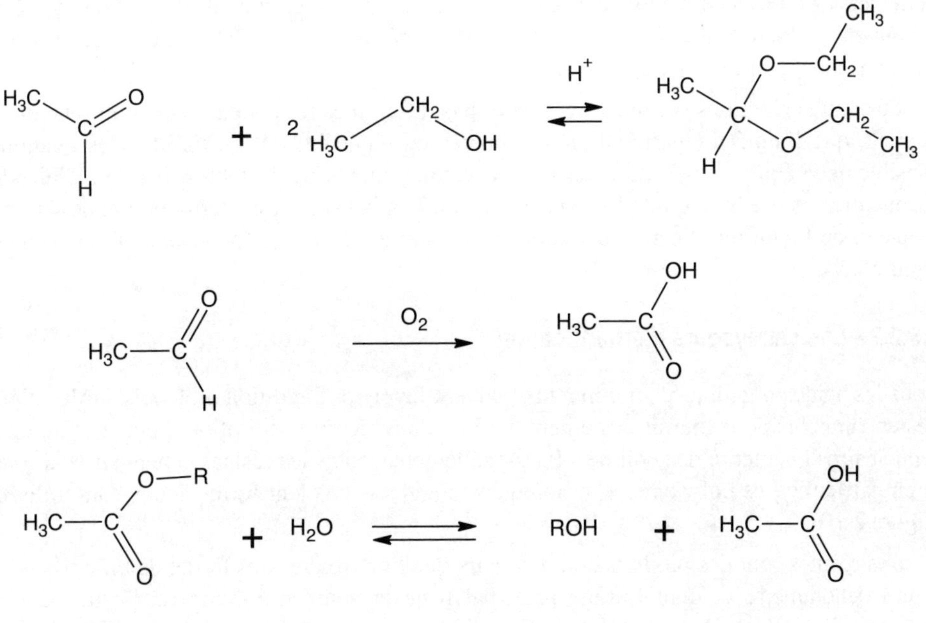

Figure 2.8

Réactions de transformation de l'acétaldéhyde.

La teneur en eau de l'éthanol est aussi primordiale. On a vu l'effet de ce contaminant sur la cinétique de formation de l'ETBE et, par conséquent, sur la conversion de l'isobutène. Mais l'eau réagit aussi de façon équilibrée sur l'isobutène pour fournir, comme décrit dans l'équation suivante, de l'alcool tertiobutylique (TBA), alcool solide à température ambiante :

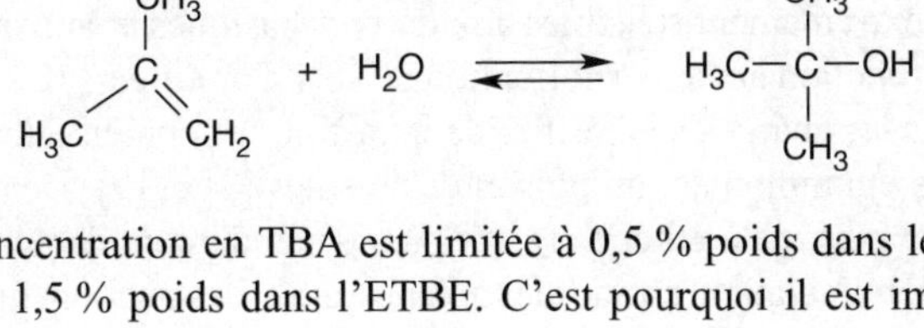

Alors que la concentration en TBA est limitée à 0,5 % poids dans le MTBE, elle est en pratique proche de 1,5 % poids dans l'ETBE. C'est pourquoi il est impératif de limiter à

3 000 ppm la teneur en eau de l'alcool livré à la raffinerie. Dans ces conditions, l'eau qui entre dans l'unité d'ETBE provient encore à 50 % de l'apport d'alcool frais, à 25 % du recyclage de l'excès d'éthanol et à 25 % du fait que la charge d'hydrocarbures est saturée en eau.

La déshydratation des alcools sur les résines est observée dans les conditions de synthèse des éthers-carburants. Le diméthyléther (DME) ainsi produit se retrouve à cause de son point d'ébullition (– 25 °C) dans le raffinat en sortie de l'unité de MTBE. Des teneurs variables entre 250 et 450 ppm poids de DME en fonction de l'âge des résines sont généralement présentes dans le raffinat.

Dans les mêmes conditions opératoires, l'éthanol a bien moins tendance à former le diéthyléther. Les traces de diéthyléther ainsi formées, dont le point d'ébullition est de 35 °C, se retrouvent en fond de débutaniseur (voir 2.3.3) en mélange avec l'ETBE. Ces traces n'affectent en rien la qualité de l'éther-carburant.

Les autres réactions secondaires ne sont pas différentes ni qualitativement ni quantitativement, que l'unité d'éthérification soit opérée en mode MTBE ou ETBE. Des quantités sensiblement équivalentes de di-isobutène et oligomères de la même famille, d'alcools secondaires et d'éthers d'alkyl secondaires sont synthétisées. Ces derniers composés proviennent de l'addition d'eau et d'alcool sur les oléfines linéaires (but-1-ène ou but-2-ènes) (figure 2.9).

2.3.2.2 Les catalyseurs d'éthérification

Tous les acides organiques ou minéraux peuvent favoriser l'addition d'alcools sur les oléfines encombrées pour fournir des éthers. La littérature décrit l'utilisation d'acides hétéropolynucléaires ou encore de zéolithes. Industriellement, seules les résines échangeuses d'ions, et en particulier les polystyrènes sulfoniques réticulées sous leur forme acide, sont utilisées (figure 2.10).

Ces résines sont des produits commerciaux que l'on trouve sous forme de billes de 0,2 à 1 mm de diamètre et dont l'usage principal reste la déminéralisation de l'eau. Dans le domaine de la catalyse pour la fabrication d'éthers-carburants, les principaux fournisseurs sont Bayer, Dow Chemical, Purolyte et Röhm & Haas.

La catalyse de la réaction d'éthérification s'effectue donc au travers de l'emploi d'un catalyseur supporté, dont le taux de gonflement ajusté par réticulation et la résistance mécanique sont des propriétés essentielles.

Ces catalyseurs présentent cependant une stabilité à la température relativement médiocre puisque, déjà en dessous de 100 °C, la réaction de perte de trioxyde de soufre (figure 2.11), même si elle est très lente, ne peut pas être négligée. Une partie de la désactivation des catalyseurs industriels est attribuable à cette réaction dite de perte de soufre.

Ces résines sont extrêmement sensibles aux dérivés basiques et aux métaux, qui globalement neutralisent la fonction acide par formation de sels. Par ailleurs, les nitriles qui existent à l'état de traces dans les charges à éthérifier de la raffinerie sont aussi lentement hydrolysés en acides organiques et ammoniac, un poison des résines [8] et [9]. De plus, l'oxygène que l'on trouve soit dans la coupe à éthérifier, soit plus généralement dans l'alcool, favorise en présence de fer la déréticulation rapide des résines avec destruction finale des structures.

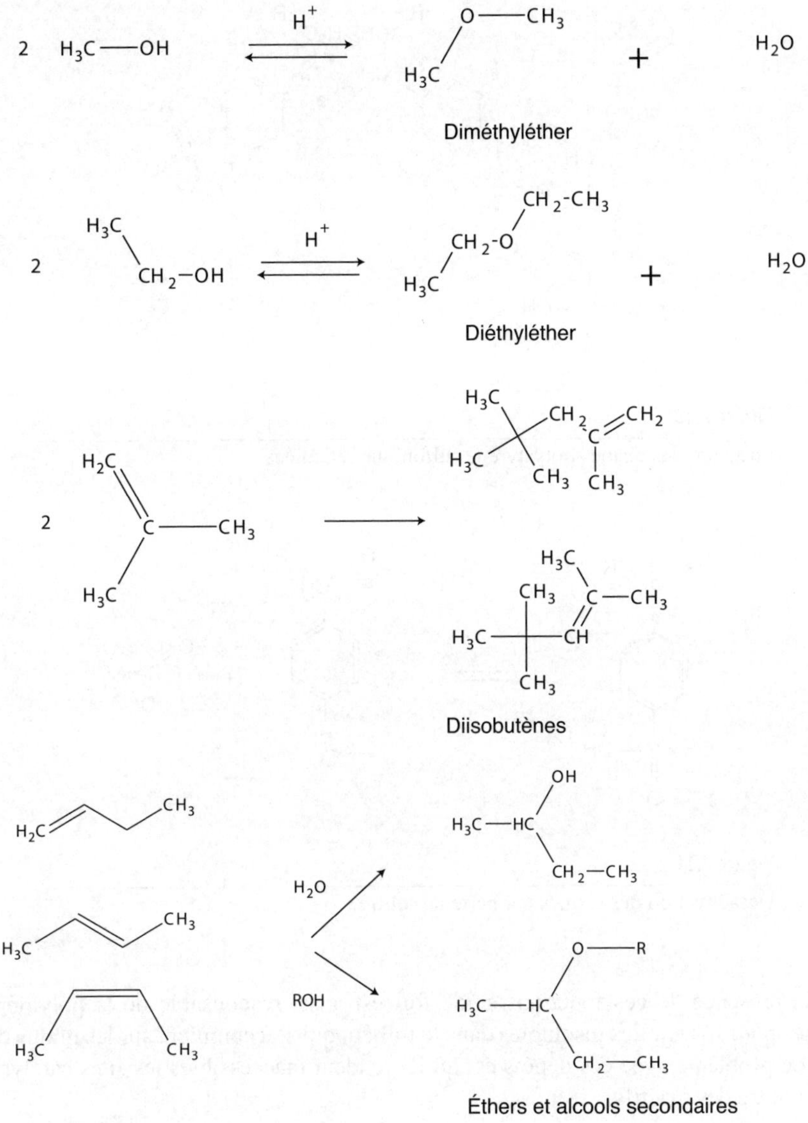

Figure 2.9

Les autres réactions secondaires.

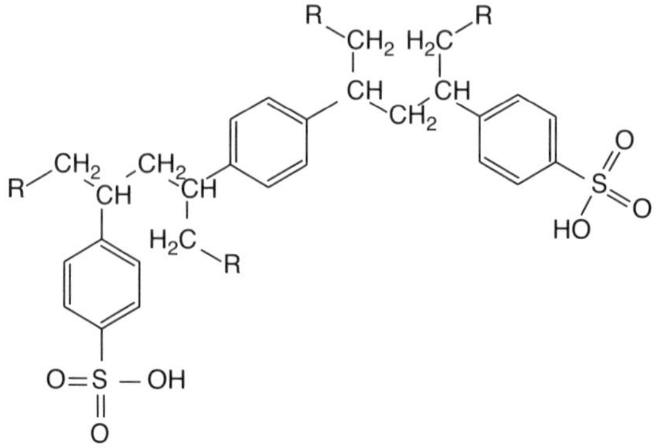

Figure 2.10

Structure des résines polystyrène sulfonique réticulées.

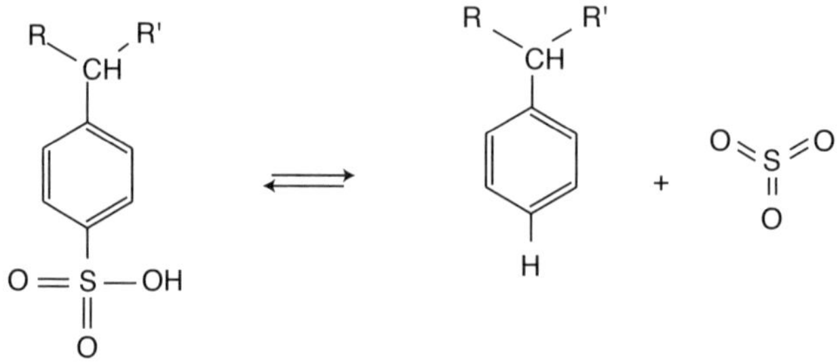

Figure 2.11

Désactivation des résines par perte de soufre.

Enfin, la présence de ces fonctions acide fort est aussi responsable de la polymérisation d'oléfines pour fournir des insolubles dans le milieu, qui s'accumulent sur les grains de catalyseur. Le problème avec ces dépôts est qu'ils rendent inaccessibles les sites catalytiques à l'un ou l'autre des réactifs.

Afin d'éviter ces réactions de désactivation du catalyseur, les températures à l'intérieur du réacteur ne doivent pas être trop élevées et le gradient de température limité.

En marche normale, la température de sortie des réacteurs doit rester inférieure à 80 °C. Ainsi, sont évités la perte en soufre et le dépôt de polymères. L'oxygène est éliminé, en particulier dans l'alcool, par strippage à l'azote dans le ballon de reflux de la colonne de séparation eau-alcool. L'alcool frais transite donc par ce ballon de reflux. Les nitriles et restes basiques ou sels minéraux sont éliminés par lavage de la charge hydrocarbonée, généralement par des condensats.

Si toutes les précautions sont prises, les résines sont maintenues environ 3 ans en place.

2.3.3 Les procédés d'éthérification

La plupart des unités, qui produisent de l'ETBE aujourd'hui, sont des installations qui ont démarré pour la production de MTBE. À titre d'exemple, l'unité de MTBE de Feyzin fonctionne en mode ETBE depuis avril 1994 [10].

Cette transformation se fait d'ailleurs assez aisément, au point que dans les grandes lignes il n'y a pas d'investissements supplémentaires à faire. Il s'agit plutôt d'un ajustement des paramètres de fonctionnement [11] et [12]. Depuis 1997, deux unités spécifiquement dimensionnées pour la production d'ETBE, selon un procédé développé par IFP Energies nouvelles [10], ont été mises en production en France.

Le même chemin a été parcouru en Espagne où quatre unités de MTBE, la totalité du parc, ont été remodelées pour assurer la production d'ETBE et ce n'est que très récemment qu'une unité supplémentaire dédiée spécifiquement à la production d'ETBE a été construite.

Des nouvelles unités de production d'éthers devront avoir la flexibilité pour être aisément reconverties en unité de production de di-isobutènes, pour le cas où le législateur interdirait l'utilisation d'éthers-carburants, sur le mode de ce qui se passe aux États-Unis [13], [14]. La société UOP propose une telle reconversion avec le procédé InAlk [15] et l'a même réalisée dans une raffinerie japonaise [16]. En revanche, il est peu probable d'envisager le remodelage en ETBE des unités géantes de production de MTBE qui sont construites sur des champs de gaz naturel à proximité des unités, géantes elles aussi, de production de méthanol. Le cas échéant, ces unités seront remodelées en unités de production de di-isobutène. C'est ce qui s'est déjà produit au Canada dans l'Alberta et au Venezuela [17]. Dans les deux cas, il s'agissait d'unités licenciées par Snamprogetti qui est aussi détenteur de la licence de production de di-isobutènes.

D'une façon générale, l'unité de production d'éthers-carburants, qu'il s'agisse de produire du MTBE ou de l'ETBE, est constituée de deux sections principales, précédées d'un lavage à l'eau de la charge hydrocarbonée, destiné à éliminer les impuretés basiques éventuelles ainsi que les restes de nitriles, le principal poison des catalyseurs acides. Puis, alcool et charge hydrocarbonée contenant l'isobutène (ou les isoamylènes) sont mélangés et traités dans la section réactionnelle contenant une résine échangeuse d'ions. L'opération s'effectue en dessous de 100 °C. Il est établi que le processus chimique d'éthérification opère en phase liquide, ce qui oblige à travailler à une pression généralement de l'ordre de 1,5 MPa. Les principaux bailleurs de licence proposent diverses technologies de réacteurs. Pour Axens/IFP Energies nouvelles [18], ce sont des réacteurs à chambre opérant soit en lit fixe soit en lit expansé et, pour UOP, ce sont des réacteurs à chambre en lit fixe, avec pour ces deux bailleurs le recyclage d'effluents refroidis. Pour Snamprogetti, il s'agit de réacteurs multitubulaires refroidis à l'eau et, pour CdTech, de lits bouillonnants fonctionnant à pression plus basse, la chaleur de la réaction étant alors éliminée par vaporisation partielle du mélange. Dans tous les cas, la stratégie est la même. Il s'agit de contrôler la température de la réaction pour éviter un emballement conduisant à la polymérisation incontrôlée des oléfines de la charge.

Cette section réactionnelle est suivie par la section distillation (débutaniseur ou dépentaniseur) qui permet de récupérer l'éther en fond de colonne avec la pureté voulue, et en tête les hydrocarbures qui contiennent l'alcool qui n'a pas réagi. En effet, les coupes légères d'hydrocarbures, en particulier d'oléfines, forment des azéotropes avec les alcools, azéotropes qui font que les alcools sont majoritairement récupérés en tête de colonne bien qu'ils aient le point d'ébullition le plus élevé du mélange [7].

Cette propriété a d'ailleurs reçu une application importante. Dès le milieu des années 80, CdTech a mis sur le marché une technologie de colonne catalytique (CdColumn) qui permet d'augmenter la conversion des oléfines réactives en plaçant du catalyseur dans la partie haute du débutaniseur, et de profiter du fait qu'il ne reste plus d'éther dans cette zone pour provoquer la production d'éther supplémentaire par déplacement de l'équilibre chimique. Le catalyseur, le même que dans la section réactionnelle principale, est mis dans des sacs placés dans la colonne dans une zone où s'effectuent à la fois distillation et réaction. D'autres bailleurs de licence [19] proposent aussi des technologies apparentées. UOP avec Katamax [15], place des remplissages structurés contenant des résines. Axens/IFP Energies nouvelles propose sa technologie Catacol [20-23] avec, dans la section haute de la colonne, un enchaînement de lits de catalyseur, qui sont traversés en courant ascendant par du liquide condensé provenant de la partie supérieure de la colonne. Les lits sont séparés par des plateaux de distillation. Cette façon de procéder illustrée, par la figure 2.12, permet l'utilisation de catalyseur en vrac et fournit de loin la solution la plus économique.

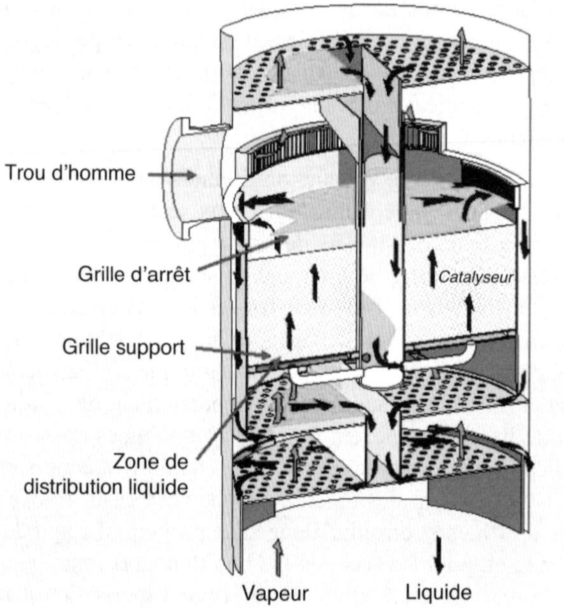

Figure 2.12

Les internes d'une colonne Catacol (technologie Axens/IFP Energies nouvelles de distillation catalytique).

Industriellement, les éthers sont obtenus pratiquement purs par distillation catalytique ou non. Mais, dans le cas d'alcools supérieurs au méthanol, il est parfois impossible par ce moyen d'éviter la présence de quantités plus importantes d'alcools dans le mélange d'éthers produits. Pour respecter les spécifications de tension de vapeur dans le pool carburant, il peut être important de limiter cette quantité d'alcool dans le fond de cette colonne. Dans le cas du MTBE, la teneur en méthanol dans l'éther est limitée à 1 000 ppm poids. Dans le cas de l'ETBE, il est impossible d'avoir moins de 1 % poids d'éthanol dans l'éther.

Notons que plus la masse moléculaire des hydrocarbures est élevée, plus la teneur en alcools en tête de la colonne de distillation permettant la séparation des éthers est élevée, plus il sera facile de purifier les éthers correspondants.

En général, le raffinat de l'unité d'éthérification, qui est le distillat de la colonne de distillation, contient de 1 à 5 % poids d'alcools.

Deux stratégies sont alors possibles pour diminuer la teneur en alcool. Le plus couramment dans les unités industrielles existantes, les alcools sont extraits par un lavage à l'eau qui permet de réduire à moins de 50 ppm la teneur en alcool dans le raffinat purifié. Ceci est très important car, très souvent, le raffinat en question est destiné à servir de charge à une unité d'alkylation qui supporte mal la présence de composés oxygénés.

La fraction aqueuse, qui peut contenir jusqu'à 20 % poids d'alcool, est alors distillée pour donner, en fond de colonne, de l'eau quasiment pure qui est recyclée vers la colonne d'extraction et en tête, la fraction alcool. Dans le cas du méthanol, cette fraction renferme moins de 50 ppm poids d'eau mais, dans le cas de tous les autres alcools, c'est un mélange azéotropique qui est obtenu avec près de 10 % poids d'eau (figure 2.13). Cet excès d'alcool est recyclé avec l'inconvénient de recycler de grandes quantités d'eau sauf à utiliser un système de déshydratation de l'alcool. L'eau est un inhibiteur de la réaction d'éthérification et ralentit donc la vitesse de formation de l'éther. De plus, elle rentre en compétition avec l'alcool dans une réaction d'addition sur les oléfines (mécanisme similaire à celui qui prévaut pour la formation des éthers) pour fournir des alcools tertiaires qu'on retrouve dans les éthers et dont le législateur a limité la teneur dans le pool essence.

L'autre stratégie (figure 2.14) consiste à rajouter un solvant intermédiaire dans la charge hydrocarbonée de l'unité d'éthérification, et à profiter ainsi de la distillation azéotropique de l'effluent de l'unité d'éthérification pour obtenir, en tête de colonne, le mélange de ce solvant avec l'alcool, dans un soutirage latéral le raffinat dirigé vers d'éventuelles unités d'alkylation situées en aval, et en fond les éthers. On conçoit que dans ce cas, il paraît difficile de contrôler à un niveau bas la teneur en alcool dans ce raffinat, sauf à dédoubler la colonne de séparation pour obtenir en fond de la première colonne les éthers, en fond de la seconde le raffinat, et en tête de cette dernière colonne le solvant intermédiaire contenant l'alcool à recycler. Bien entendu, plus l'excès d'alcool sera élevé, plus il faudra utiliser des quantités importantes de ce solvant intermédiaire, et plus la taille de l'unité d'éthérification sera grande, puisque l'addition de solvant revient à diluer la teneur en oléfines réactives dans la charge. La compagnie Neste Oy qui a développé et commercialisé cette dernière variante (technologie NExETHERS) utilise une coupe C_3 comme solvant intermédiaire. Cependant, l'azéotrope alors constitué avec l'alcool est limité à environ 1 % poids d'alcool, ce qui oblige à utiliser et à redistiller des quantités importantes de ce solvant intermédiaire.

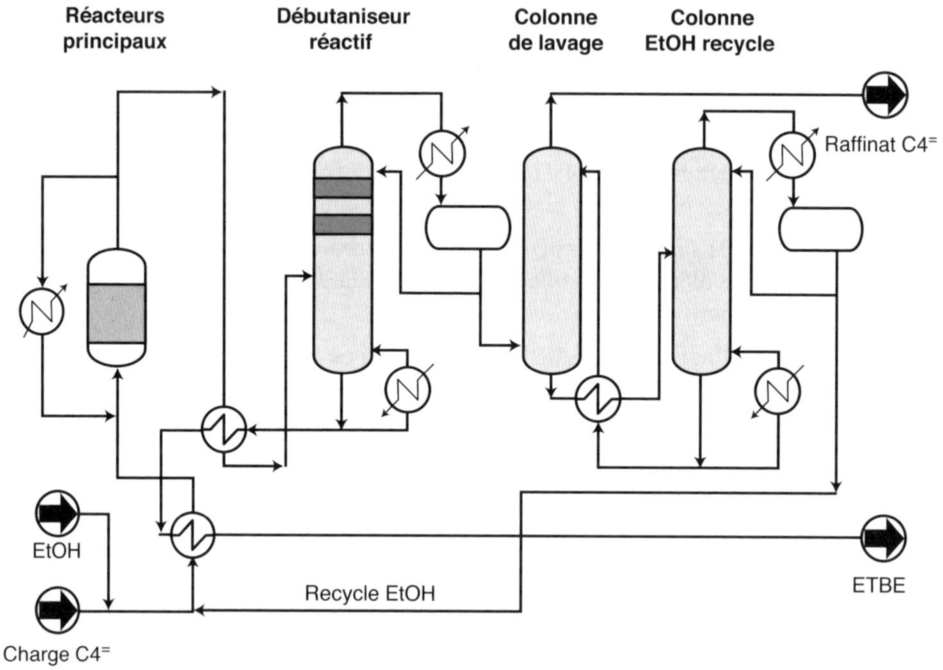

Figure 2.13

Unité de production d'ETBE avec extraction à l'eau de l'alcool contenu dans le raffinat.

Les deux technologies finalement se rejoignent pour amener l'opérateur à limiter l'excès stœchiométrique d'alcools par rapport aux oléfines réactives, donc en définitive à limiter le niveau de conversion des oléfines réactives.

Une élimination des alcools de l'effluent de l'unité d'éthérification, qui permettrait un recyclage sans eau ni solvant intermédiaire, libérerait totalement la situation. UOP propose, dans une variante de son procédé Ethermax, d'effectuer cette opération au travers de l'utilisation de tamis moléculaires. L'alcool est absorbé sur des quantités importantes de tamis qui doivent être régénérés une dizaine de fois par heure, ce qui rend le processus peu attractif à cause des difficultés d'opération inhérentes à ce genre de processus.

Une technologie plus attrayante, mais encore à développer, permettrait par ailleurs de rendre possible économiquement la transformation d'unité de TAME en unité d'ETAE (remplacement du méthanol par de l'éthanol). En effet, la faible réactivité de l'éthanol sur les isoamylènes conduit à l'utilisation, dans ce cas, de forts excès d'éthanol qui s'avèrent catastrophiques en terme de recyclage d'eau et/ou de solvant auxiliaire.

Cela ouvrirait aussi la voie pour une production d'éthers à partir d'isopropanol (l'isopropanol n'est que le résultat de l'hydratation du propylène ou de l'hydrogénation d'acétone,

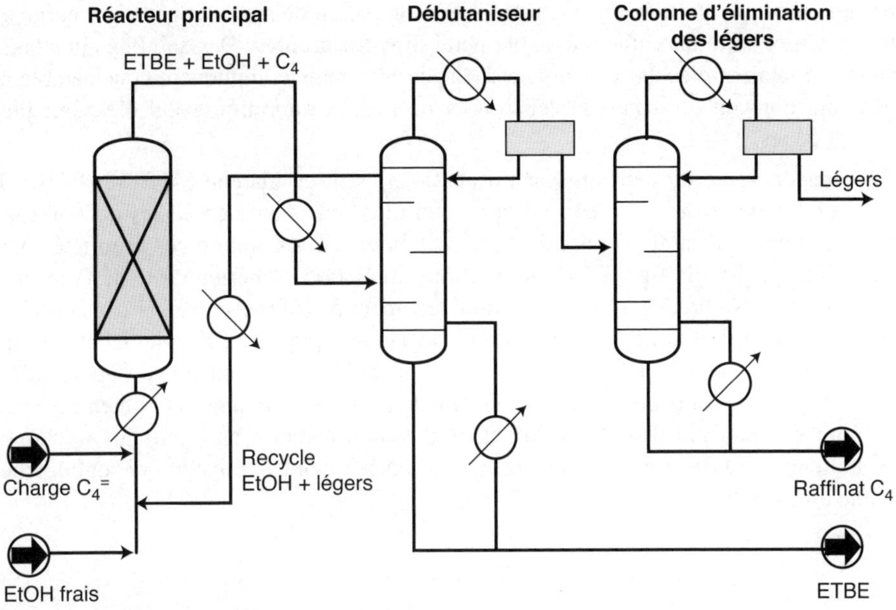

Figure 2.14

Unité de production d'ETBE : voie distillation avec l'élimination de l'alcool contenu dans le raffinat.

produit excédentaire sur le marché à cause de sa coproduction avec le phénol). On sait que l'IPTBE (l'isopropylterbutyléther) est de fort loin le meilleur des éthers-carburants [24].

La voie serait aussi libre pour l'utilisation d'autres alcools plus lourds, seuls ou en mélanges avec en vue par exemple la réaction d'éthérification du glycérol, coproduit avec les EMHV, et dont l'utilisation devient préoccupante.

Les autres distinctions entre production de MTBE et d'ETBE résultent des différentes propriétés physiques simples ou croisées de ces alcools avec leur éther.

L'éthanol s'avère plus difficile que le méthanol à extraire du raffinat en tête du débutaniseur. Après extraction à l'eau et toute chose égale par ailleurs, il ne reste dans le raffinat que moins de 50 ppm poids de méthanol généralement accompagné de 5 ppm de MTBE (et pratiquement tout le DME), alors que la teneur en alcool dans le cas de l'ETBE peut atteindre 200 à 300 ppm poids, accompagnée par moins de 5 ppm poids d'ETBE mais sans diéthyléther. Cette teneur en éthanol est préoccupante pour l'unité d'alkylation en aval de l'unité de production d'éthers. En fait, le problème du reste d'alcool et singulièrement d'éthanol peut être éliminé par l'installation d'une colonne supplémentaire de distillation, opérant à basse pression (5 bar) et à reflux total d'hydrocarbures. L'eau qui sature le raffinat (150 à 400 ppm poids) est récupérée dans une botte du ballon de reflux. Cette eau contient pratiquement tout l'alcool qui a échappé à l'extraction par l'eau en amont. Dans le cas de la présence de DME, ce produit n'est que partiellement condensé dans le ballon de reflux et peut-être purgé sous forme gazeuse, entraînant une inévitable perte d'hydrocarbures. Des solutions préconisant l'emploi de tamis moléculaires sont aussi disponibles mais compliquent considérablement l'opération, d'autant qu'il faut se débarrasser de l'eau à saturation avant d'espérer piéger alcools et éthers.

Le comportement du débutaniseur est aussi différent en marche MTBE et ETBE. Les azéotropes alcools/hydrocarbures sont beaucoup plus riches en alcool [25] dans le cas du méthanol. Comme l'est aussi l'azéotrope alcool/éther. Le résultat de ces propriétés physiques est résumé dans la figure 2.15 qui par une simulation numérique calcule la teneur en alcool dans la phase liquide à l'équilibre liquide/vapeur à différents niveaux dans la colonne de débutanisation de l'unité d'éthérification. De façon typique, en tête de débutaniseur on obtiendra entre 2,5 et 4 % poids de méthanol, tandis qu'au mieux, on aura 2 % poids d'éthanol dans le raffinat équivalent. En fond de débutaniseur, on peut aisément obtenir moins de 1 000 ppm de méthanol dans le MTBE mais il faudra compter au minimum 1,5 % poids d'éthanol dans l'ETBE. En pratique c'est autour de 5 % poids d'éthanol qui sont obtenus à l'échelle industrielle.

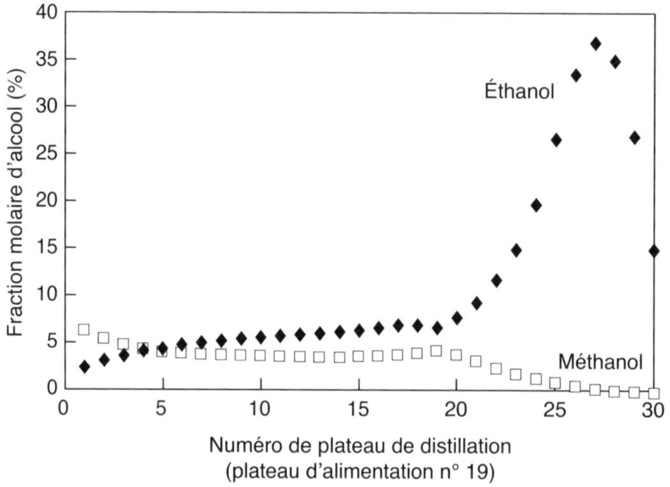

Figure 2.15

Profils de concentration des alcools dans le débutaniseur.

Cette situation n'a pas manqué d'inquiéter les raffineurs. Leur crainte était, qu'une fois l'essence formulée avec de l'ETBE, l'éthanol passe dans l'eau qui est souvent présente en fond de bac de stockage, conduisant à un traitement particulier de cette eau au moment où on doit la soutirer, ou à l'inverse que se produise une accumulation excédentaire d'eau dans le carburant, accumulation susceptible d'engendrer par temps froid des séparations de phases dans les réservoirs. L'expérience réelle a montré que ces craintes n'étaient en aucun cas justifiées puisque l'ETBE joue le rôle de compatibilisant pour l'eau. Dès lors, plus personne n'insiste pour limiter en dessous de 5 % la teneur en éthanol de l'ETBE qui est produit industriellement. Le cas échéant, il existe des processus qui permettraient de séparer éthanol et ETBE par distillation [25], par l'emploi de membrane organique [26], ou par la combinaison pervaporation-distillation [27a].

Enfin, mais c'est vrai pour tous les carburants oxygénés, leur mélange aux essences abaisse la teneur en soufre de ces dernières, à condition toutefois que les coupes hydrocarbonées utilisées pour la production des éthers soient convenablement désulfurées. L'utilisation d'une technologie « Mérox extractif » permet d'obtenir un ETBE ou un MTBE contenant moins de 2 ppm poids de soufre. Les dérivés soufrés résiduels sont des disulfures (diméthyldisulfure ou méthyléthyldisulfure) qui traversent l'unité d'éthérification et se retrouvent dans l'éther et des sulfures (méthyl et éthylterbutylsulfures) qui proviennent de l'addition de méthyl et éthylmercaptans sur l'isobutène, réaction équilibrée dans les conditions de la synthèse des éthers [7]. Ces derniers sont aussi des inhibiteurs pour la réaction de formation des éthers.

2.4 LES PRINCIPAUX ACTEURS INDUSTRIELS

Les principaux constructeurs européens d'usines de production d'éthanol sont Abengoa, Vogelbusch, Technip, Maguin-Interis…

Parmi les sociétés productrices en Europe [27b] les plus importantes sont : Abengoa Bioenergia (Espagne), Tereos (France), CropEnergies AG (Allemagne). Chacune de ces trois sociétés a une capacité de production européenne de 770 000 m^3 d'éthanol/an. De plus, elles ont des implantations aux États-Unis et en Amérique latine, comme Abengoa avec une capacité de 750 000 m^3 aux États-Unis, et de 130 000 m^3 au Brésil. La filiale brésilienne de Tereos, Guarani, a produit 0,5 Mm^3 en 2008 au Brésil.

Viennent ensuite, toujours en Europe, Cristanol (France), Agrano Group (Autriche), Verbio AG (Allemagne), Agroetanol (Suède) et IMA (Italie).

Aux États-Unis, la plus importante compagnie est certainement ADM (Archer Daniels Midland), avec POET et VeraSun Energy. De grosses sociétés existent aussi en Inde et en Chine. À toutes ces compagnies, s'ajoutent de nombreuses autres sociétés, de moindre taille, à travers le monde.

2.5 LA PRODUCTION MONDIALE D'ÉTHANOL

L'évolution de la production mondiale d'éthanol a été très importante, puisque l'augmentation annuelle de celle-ci a atteint une moyenne de 20 % entre 2005 et 2008. En 2009, la progression a été ralentie.

Les États-Unis sont devenus progressivement, à l'échelle mondiale, le premier producteur d'éthanol-carburant devant le Brésil. Ils sont aussi le premier consommateur.

La production mondiale d'éthanol était de 60 Mm^3 en 2007, avec la répartition suivante : 42 % aux États-Unis, 33 % au Brésil, 11 % en Asie et 7 % dans l'Union européenne (*source* : Wood Mackenzie). Cette production était de 77 Mm^3 en 2008, dont 77 % étaient produits par les États-Unis et le Brésil. En 2007, 23 % du maïs récolté en Amérique du Nord ont été transformés en éthanol, soit environ 80 Mt. Le maximum, prévu par l'USDA, serait un taux d'emploi du maïs pour l'éthanol, de 35 % en 2018.

En 2008, la consommation d'éthanol-carburant aux États-Unis était de l'ordre de 9 milliards de gallons, soit approximativement 33 Mm^3. La capacité de production était de 45 Mm^3, avec plus de 100 unités industrielles.

La politique énergétique américaine prévoit, au travers de la norme Renewable Fuels Standard (RFS), des objectifs de production croissante dans les années à venir, allant jusqu'à 15 billions de gallons de carburants de première génération, soit près de 60 Mm^3, dont essentiellement l'éthanol.

En Asie, l'Inde et la Chine ont des objectifs de croissance importants dans ce domaine. En Chine, par exemple, la production d'éthanol, qui devrait être de l'ordre de 2-2,5 Mm^3 en 2010, devrait atteindre 12 Mm^3 en 2020.

Concernant le Brésil, et selon l'UNICA (Organisation brésilienne des planteurs de cannes), les exportations d'éthanol, pendant la période d'avril à octobre 2009, comparativement à la même période en 2008, ont très sensiblement diminué : de l'ordre de 20 % vers l'Europe, soit 665 000 m^3 contre 828 000 m^3. Elles ont baissé de 1,2 Mm^3 à 152 000 m^3, vers les États-Unis, pendant la même période. Les principales explications de cette diminution de ces exportations sont la baisse du coût du pétrole et l'application, demandée par les importateurs, de schémas de certification environnementaux caractérisant cette fabrication au Brésil. Pour rappel, ces exportations d'éthanol du Brésil vers l'Europe étaient de 1,5 Mm^3 en 2008, 1 Mm^3 en 2007 et 580 000 m^3 en 2006.

2.6 L'ÉTHANOL ET L'ETBE, CARBURANTS

2.6.1 L'éthanol-carburant

L'identification de l'éthanol comme biocarburant n'est bien évidemment pas le fruit d'un pur hasard. En effet, l'éthanol dispose de propriétés physiques et chimiques très intéressantes pour les moteurs à allumage commandé, même si quelques difficultés techniques subsistent.

Un Standard européen de l'éthanol est actuellement encore en cours de préparation (prEN 15376 final draft) (tableau 2.7). Cette norme doit s'appliquer à l'éthanol utilisé comme carburant en mélange avec de l'essence ordinaire à hauteur de 5 % v/v.

Tableau 2.7 Norme européenne prEN 15376/Bioéthanol.

Propriétés	Unités	Min.	Max.	Méthode d'essai
Éthanol	% m/m	98,70	–	EC/2870/2000 méthode I
Monoalcools volatils saturés (C3-C5)	% m/m	–	2,0	EC/2870/2000 méthode III
Méthanol	% m/m	–	1,0	EC/2870/2000 méthode III
Eau	% m/m	–	3,0	EN 15489
Chlore inorganique	mg/l	–	20,0	EN 15484
Cuivre	mg/kg	–	0,1	EN 15488
Acidité totale (sous forme d'acide acétique)	% m/m	–	0,007	EN 15491
Aspect	–	Limpide et clair		Inspection visuelle
Phosphore	mg/l	–	0,5	EN 15487
Composés non volatils	mg/100 ml	–	10,0	EC/2870/2000 méthode II
Soufre	mg/kg	–	10,0	EN 15485, EN 15486

Concernant le E85, la situation est la suivante :

- En Suède, pays le plus avancé dans le domaine de l'E85, une norme spécifique a été introduite (SS 15 54 80) en 2006.
- Dans le reste de l'UE, un projet de norme (CEN Workshop Agreement CWA 15293) a été développé et adopté en 2005, et devrait aboutir prochainement à un standard approprié qui reprendrait en bonne partie la norme suédoise.
- Le transport de l'E85 est possible sous le numéro UN 1993 correspondant à l'éthanol.

Aux États-Unis, l'éthanol-carburant doit répondre à la norme ASTM D 4806 (tableau 2.8) qui s'applique aux mélanges avec essence pour une utilisation dans les moteurs à allumage commandé. L'éthanol doit être dénaturé. La teneur maximale consentie est de 10 % en volume, comme spécifié dans la norme ASTM D 4814-88 pour les essences, sans modification technique du véhicule.

Au même temps, la technologie Flexfuel se développe de plus en plus aux États-Unis. En 2004, le nombre de stations-service délivrant du E85 était estimé à 188 dans 28 états.

Une norme spécifique, l'ASTM D 5798 (tableau 2.9), a été mise au point pour les applications dans des véhicules à allumage commandé dédiés aux forts pourcentages d'éthanol (E75-E85).

Au Brésil, plus de 20 % des véhicules sont conçus pour fonctionner avec 100 % d'éthanol. Les autres véhicules sont conçus pour rouler avec 22 % d'éthanol en mélange dans l'essence. L'Agence Nationale du Pétrole (ANP) a défini les spécifications pour l'éthanol hydraté et anhydre (tableau 2.10). Les méthodes d'analyses sont élaborées par l'Association Brésilienne des Normes Techniques (NBR) et par l'ASTM.

Tableau 2.8 Spécifications ASTM D 4806 pour l'éthanol dénaturé carburant.

Propriétés	Spécifications	Méthodes ASTM
Éthanol, % vol.	> 92,1	D 5501
Méthanol, % vol.	< 0,5	
Gommes, mg/100 ml	< 5,0	D 381
Eau, % vol.	< 1,0	E 203
Teneur en dénaturant, % vol.	1,96 – 4,76	
Chlore inorganique, ppm	< 40	D 512
Cuivre, ppm	< 0,1	D 1688
Acidité totale (sous forme d'acide acétique), % masse	< 0,007	D 1613
pH	6,5 – 9,0	D 6423
Aspect	Limpide et clair	

Tableau 2.9 Spécifications ASTM D 5798 pour l'éthanol carburant E75-E85.

Propriétés	Spécifications	Méthodes ASTM
Éthanol, % vol.	70 – 79	D 5501
Hydrocarbures, % vol.	17 – 30	D 4815
Pression de vapeur, kPa	38 – 83	D 4953/5190/5191
Plomb, mg/l	2,6 – 3,9	D 5059
Phosphore, mg/l	0,2 – 0,4	D 3231
Soufre, ppm		D 1266/2622/3120/5453
Méthanol, % vol.	0,5	D 4815
Alcools C_3-C_8, % vol.	2	D 4815
Acidité, % masse	0,005	D 1613
Gommes solubles, mg/100 ml	5	D 381
pH	6,5 – 9,0	D 6423
Gommes insolubles, mg/100 ml	20	D 381
Chlorures, ppm	2	D 4929 B
Chlore inorganique, ppm	1	D 512/2988
Cuivre, mg/l	0,07	D 1688 modifiée
Eau, % masse	1,0	E 203/E 1064
Aspect	Limpide et clair	

Tableau 2.10 Spécifications brésiliennes pour l'éthanol.

Propriétés	Min/ Max	Éthanol anhydre	Éthanol hydraté	Méthode NBR	Méthode ASTM
Aspect		Limpide et clair		Visuel	Visuel
Couleur		Incolore ou jaune		Visuel	Visuel
Acidité totale, mg/l	max	30	30	9866	D 1613
Conductivité électrique, µS/m	max	500	500	10547	D 1125
Masse volumique à 20 °C, kg/m^3	max	791,5	807,6 – 811,0	5992	D 4052
Teneur en alcool °INPM	min	99,3	92,6 – 93,8	5992	–
pH		–	6 – 8	10891	–
Résidu d'évaporation, mg/100 ml	max	–	5	8644	–
Teneur en hydrocarbures, % vol.	max		3,0	13993	
Chlorures, ppm	max	–	1	10894/ 10895	D 512
Éthanol, % vol.	min	99,3	92,6	–	D 5501
Sulphates, ppm	max	–	4	10894/ 12120	–
Fe, ppm	max	–	5	11331	–
Na, ppm	max	–	2	10422	–
Cuivre, ppm	max	0,07	–	10893	–

2.6.1.1 Les propriétés physiques

Les principales propriétés physiques de l'éthanol sont résumées dans le tableau 2.11.

Apparaissent immédiatement un ensemble de propriétés intéressantes pour un usage dans un moteur à allumage commandé :

- un indice d'octane très élevé. Cette caractéristique offre des marges de manœuvre importantes pour optimiser le fonctionnement du moteur, en termes de taux de compression et d'avance à l'allumage, par exemple, permettant d'atteindre des rendements élevés et de réduire la consommation de carburant,
- une densité proche de celle des essences,
- une miscibilité en toutes proportions avec les essences,
- la présence d'oxygène, qui permet d'aboutir à un mélange carburant/air plus homogène et par conséquent de diminuer les émissions d'hydrocarbures imbrûlés et de produits d'oxydation partielle (HC, CO),
- une chaleur latente de vaporisation élevée qui conduit à ce que l'on a coutume d'appeler le « cooling effect » avec pour effet d'améliorer l'efficacité du remplissage de la chambre de combustion.

Tableau 2.11 Les propriétés physiques de l'éthanol.

	Éthanol	**Essence (standard)**
Masse moléculaire (g/mol)	46,07	102,5
C (% poids)	52,2	86,5
H (% poids)	13,1	13,5
O (% poids)	34,7	0
Masse volumique (kg/m^3)	794	735-760
Chaleur latente de vaporisation (kJ/kg)	854	289
Point d'ébullition (°C)	78,4	30-190
Pouvoir calorifique inférieur massique (kJ/kg)	26 805	42 690
Pouvoir calorifique inférieur volumique (kJ/l)	21 285	32 020
Rapport stœchiométrique [a]	8,95	14,4
RON	111	95
MON	92	85

[a] *Rapport massique air/éthanol ou air/hydrocarbures des essences, calculé à partir de l'équation stœchiométrique de combustion de l'éthanol ou des essences.*

A contrario, quelques inconvénients doivent être considérés :

- la présence d'oxygène dans la molécule (30 % poids) induit un contenu énergétique plus faible que celui des essences et donc une augmentation de la consommation de carburant,
- la chaleur latente de vaporisation élevée peut provoquer des difficultés de fonctionnement à froid, particulièrement lors du démarrage,
- l'éthanol forme des azéotropes avec les hydrocarbures légers, pouvant créer des problèmes de volatilité,
- l'éthanol est miscible avec l'eau, pouvant provoquer des problèmes de démixtion dans les mélanges avec des hydrocarbures,
- la teneur en oxygène élevée de l'éthanol et sa capacité à former de l'acide acétique par oxydation est à l'origine d'incompatibilités avec certains matériaux métalliques ou polymères,
- la combustion de l'éthanol dans les moteurs entraîne l'émission d'aldéhydes, molécules pouvant avoir un impact négatif sur la santé.

2.6.1.2 Les indices d'octane

L'éthanol a des indices d'octane qui lui confèrent un intérêt tout particulier. Incorporé à des taux de 5 à 10 % volume dans les essences, les indices de mélange de l'éthanol sont de l'ordre de 120-125 et 95-100 respectivement pour le RON et le MON. À hauteur de 5 %, c'est un gain d'octane de l'ordre de 0,8 à 1,3 point qu'il est possible d'obtenir tant sur le RON que sur le MON. Il s'agit d'un avantage très important apportant une réelle valeur ajoutée à l'éthanol. Enfin, rappelons qu'à forte teneur, les indices d'octane élevés restent un atout majeur. Ceci permet d'augmenter le taux de compression pour gagner en rendement thermique.

2.6.1.3 La volatilité

L'éthanol a une volatilité modérée et un point d'ébullition relativement élevé (78 °C) en comparaison avec le point initial de distillation des essences. De plus, la pression de vapeur, calculée d'après la loi d'Antoine, est basse pour l'éthanol en comparaison avec les fractions légères des carburants (figure 2.16).

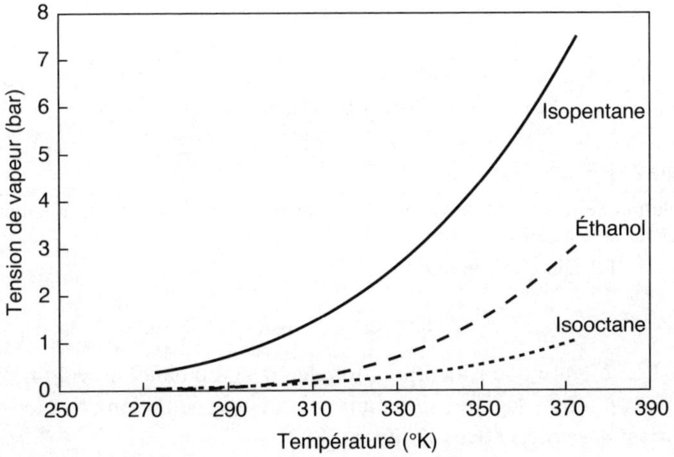

Figure 2.16

Pressions de vapeur de l'éthanol et des constituants d'une essence standard.

Toutefois, une propriété physique de l'éthanol doit être ici considérée : l'éthanol peut fortement interagir avec certains hydrocarbures légers, pour former des azéotropes. La principale caractéristique de ces azéotropes est d'avoir des températures d'ébullition, par conséquent des pressions de vapeur à une température donnée, significativement différentes de celles de chacun de ses constituants. Dans le cas de l'éthanol, les azéotropes ont des points d'ébullition inférieurs aux deux points d'ébullition initiaux.

Par exemple, un azéotrope formé d'éthanol et de n-pentane a un point d'ébullition de 34 °C, inférieur à celui de l'éthanol (78 °C) et à celui du n-pentane (36 °C) (voir tableau 1.5).

La tension de vapeur des bases essences croît régulièrement et de façon proportionnelle avec l'addition d'éthanol jusqu'à un taux d'incorporation d'alcool de 5 % en volume. Par exemple, lorsque l'on incorpore 5 % d'éthanol dans une essence standard, la pression de vapeur du mélange peut croître de 80 à 90 mbar. Cette augmentation se stabilise pour des mélanges à 6 % d'éthanol. Pour les mélanges à plus forte teneur en alcool, la tension de vapeur diminue ensuite (voir figure 2.17).

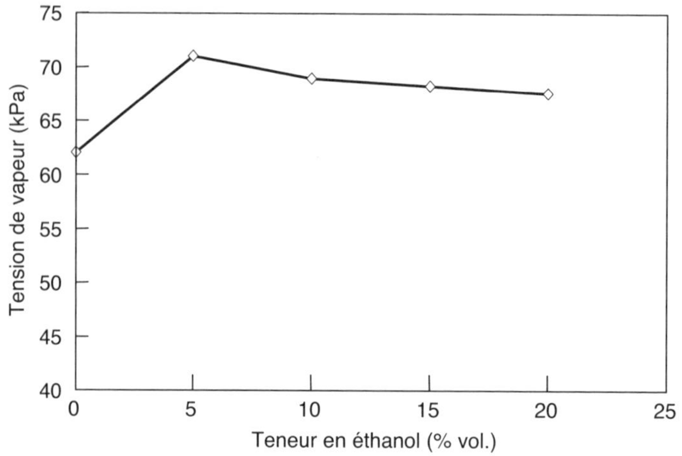

Figure 2.17

Évolution de la tension de vapeur du mélange essence-éthanol en fonction de la teneur en éthanol.

Source : IFP Energies nouvelles

Le tableau 2.12 montre que l'incorporation de 10 % d'éthanol en volume dans différentes essences, plus ou moins légères, se traduit par une augmentation de la tension de vapeur du mélange variant d'environ 80 à 100 mbar [28].

Tableau 2.12 Évolution de la tension de vapeur de mélanges de différentes essences et d'éthanol à 10 % volume.

Tension de vapeur de la base essence (mbar)	Tension de vapeur du mélange à 10 % d'éthanol en volume (mbar)	Augmentation de la tension de vapeur (mbar)
373	469	96
524	607	83
697	780	83

Dans le contexte de maîtrise des rejets polluants, les émissions par évaporation sont maintenant réglementées et les nouvelles spécifications des carburants mises en place en 2000 ont notamment réduit les pressions de vapeur des essences de façon à réduire ces pertes. L'incorporation d'éthanol se place en opposition de cette tendance.

Si l'on veut s'affranchir de ce phénomène, il faudra incorporer l'éthanol dans une essence à volatilité réduite ou dans une essence dont les fractions légères responsables de ces azéotropes auront été éliminées. Cela signifie que le mélange à l'aveugle de type « splash blending » peut difficilement être réalisé avec l'éthanol.

Bien entendu, ce phénomène n'existe pas quand on utilise de l'éthanol pur. Mais, comme déjà signalé, l'éthanol pur a une très faible volatilité, ce qui peut alors provoquer des difficultés lors de démarrage à froid. La solution la plus simple pour éviter ce problème est de remplacer l'éthanol pur par des mélanges contenant 85 % d'éthanol avec 15 % d'hydrocarbures légers, connus sous l'appellation E85.

2.6.1.4 La stabilité en présence d'eau

L'éthanol et l'eau sont miscibles en toutes proportions. Avec des essences standard, la présence d'eau dans le carburant n'est pas un grave problème. En effet, jusqu'à une concentration de 50 ppm à température ambiante, l'eau reste totalement soluble. Au-delà de cette teneur, l'eau se sépare naturellement et la couche aqueuse peut être éliminée si nécessaire.

À l'opposé, en présence d'éthanol, les traces d'eau peuvent engendrer une démixtion totale de l'éthanol engendrant un trouble très visible, notamment à basse température ; il se forme alors un mélange biphasique avec une première phase eau-éthanol et une autre phase contenant les hydrocarbures avec une teneur en éthanol réduite. Ce phénomène est doublement pénalisant. En effet, il conduit d'une part à un risque d'accroissement du volume de la couche aqueuse en fond de bac des stations ou des réservoirs des véhicules et d'autre part à un risque de réduction des indices d'octane des mélanges concernés.

Pour éviter ce phénomène, des moyens peuvent être utilisés comme l'utilisation de cosolvants tels que le TBA par exemple, utilisé aux États-Unis dans les années 1980, ou le contrôle attentif des conditions de stockage qui doivent assurer l'abri de l'humidité.

Enfin, dans le cas d'une utilisation d'éthanol à très forte teneur, ce phénomène disparaît. Dans ce cas, l'eau étant totalement miscible dans l'alcool, aucun phénomène de démixtion n'est susceptible d'apparaître.

2.6.1.5 Le démarrage à froid

Il a déjà été dit que l'éthanol pur avait une très faible volatilité. Sa température d'ébullition élevée (78 °C) associée à une forte chaleur latente de vaporisation est pénalisante lors des démarrages à froid [29, 30].

Pour minimiser ces désagréments, quelques solutions peuvent être appliquées comme l'utilisation d'E85 (85 % d'éthanol) au lieu de l'éthanol pur. L'apport de 15 % d'hydrocarbures légers génère une augmentation sensible de la volatilité et, par conséquent, un démarrage à froid plus facile. Toutefois, cette modification doit être faite avec prudence pour ne pas remettre en cause certains des avantages de l'éthanol (indice d'octane, émissions réduites d'HC et de CO).

D'autres solutions techniques ont été étudiées, en particulier au Brésil. Parmi celles-ci, la plus largement diffusée est le chauffage du système d'injection, et tout spécialement de la rampe d'injection, et l'utilisation d'un second réservoir de carburant contenant une essence très volatile utilisée pour démarrer le moteur durant quelques secondes, avant de passer à un fonctionnement éthanol.

2.6.1.6 La compatibilité des matériaux

L'éthanol induit le gonflement et la réduction des performances mécaniques des composants en caoutchouc, du fait de l'absorption par ce dernier du carburant [30], pouvant conduire à des incidents de fonctionnement et à des fuites. Il est possible d'y remédier par l'utilisation de matériaux compatibles tels que des caoutchoucs à haute teneur en fluor (Viton) [31]. Le nylon peut aussi se montrer résistant, mais uniquement à basse température (< 30 °C) [32]. Ce polymère peut donc être utilisé pour la ligne d'approvisionnement en carburant, du moment que la température du carburant reste faible.

La corrosion galvanique est caractérisée par le contact entre 2 métaux, généralement augmentée par la présence d'un conducteur d'électrolytes. Par exemple, l'inox et l'aluminium peuvent donner lieu à ce type de phénomène s'ils sont mis en contact.

Les essences standard (sans additifs) ont une conductivité électrique voisine de 10^{-8} à 10^{-6} $\mu S \times cm^{-1}$. La conductivité électrique de l'éthanol est de $1{,}35.10^{-3}$ $\mu S \times cm^{-1}$. De plus, la possible transformation de l'éthanol en acide acétique contribue à une augmentation importante de la conductivité électrique (41 $\mu S \times cm^{-1}$ pour une solution 0,1 molaire d'acide acétique). La présence d'acide acétique peut donc considérablement augmenter la corrosion galvanique et l'attaque chimique. Les métaux recommandés dans un moteur fonctionnant à l'éthanol sont l'acier type « *carbon steel* », l'acier inoxydable et le bronze. Des métaux tels que le magnésium, le zinc, le laiton et le cuivre sont à prohiber [33]. Ces phénomènes sont fortement amplifiés en présence d'eau [34]. L'utilisation d'un éthanol anhydre est donc une condition indispensable pour éviter la corrosion de certains organes moteur. Ce paramètre reste le facteur limitant le plus important pour le développement de l'éthanol, tant au niveau de l'approvisionnement que du stockage de ce carburant. Des travaux européens devant conduire à la spécification de l'éthanol sont en cours.

2.6.1.7 Les utilisations de l'éthanol dans les moteurs à allumage commandé

Les caractéristiques de l'éthanol ont conduit à proposer différentes approches pour son utilisation dans les moteurs.

A. *L'éthanol à faible teneur dans les essences*

Lorsque l'éthanol est introduit à faible teneur dans les essences, ce sont des taux de 5 ou 10 % maximum qui sont proposés, ce qui correspond à des teneurs en oxygène respectivement égales à 1,85 % et 3,7 % en masse. L'incorporation à ces teneurs permet une interchangeabilité entre essences avec et sans éthanol. L'ensemble des véhicules européens proposés par les constructeurs permet l'utilisation de ces carburants E5. Il en est de même aux États-Unis avec les mélanges E10. Les adaptations nécessaires effectuées concernent essentiellement l'utilisation de matériaux parfaitement compatibles.

Lors de la combustion, l'addition de 5 à 10 % d'éthanol dans les essences :

- réduit les émissions de CO et d'hydrocarbures imbrûlés jusqu'à 15 %,
- tend à accroître les NO_X jusqu'à 5 %. Toutefois, avec certains types de véhicules, une baisse des NO_X. a pu être montrée. Cela pourrait être imputable à des températures de chambre de combustion plus faibles liées à la forte chaleur latente de vaporisation de l'éthanol,

- accroît significativement les émissions d'aldéhydes, notamment d'acétaldéhyde,
- accroît les risques d'encrassement de soupapes d'admission, ce point étant très facilement réglé par une additivation adaptée du mélange.

Enfin, rappelons que les risques d'accroissement des émissions par évaporation sont très importants du fait des accroissements de pression de vapeur décrits précédemment. Il s'agit d'un point essentiel, car les émissions par évaporation concernent ici des hydrocarbures légers, paraffiniques ou oléfiniques, ces derniers ayant un potentiel de formation d'ozone des plus élevés. Il faut donc parfaitement maîtriser cette problématique pour la filière E5-E10.

B. L'éthanol à forte teneur dans les essences

Les propriétés de l'éthanol précédemment décrites, notamment les indices d'octane, démontrent le potentiel de ce composé comme carburant pour moteur à allumage commandé. Ceci permet un large champ d'utilisation. Ainsi, outre l'utilisation en mélanges à faibles teneurs, l'emploi de produit pur a souvent été recherché. Toutefois, dans ce contexte, il faut prendre en compte les deux points suivants :

- certaines propriétés de l'éthanol conduisent à distribuer des mélanges à très fortes teneurs en éthanol, 85 % d'éthanol ajoutés à 15 % d'essence afin de contourner les difficultés de démarrage à froid et non l'éthanol pur. La fraction hydrocarbonée du mélange permet d'assurer une volatilité suffisante aux mélanges pour permettre un fonctionnement à froid acceptable,
- la distribution de mélanges de type E85 est, d'une façon générale, géographiquement limitée, ce qui conduit à devoir envisager la possibilité de pouvoir s'approvisionner soit avec ce mélange E85, soit avec une essence classique.

Dans ce contexte, il faut alors prendre en compte les caractéristiques qui vont être les plus éloignées pour définir une adaptation du véhicule permettant de fonctionner indifféremment à l'E85, à l'essence pure ou bien encore avec un mélange intermédiaire résultant d'un plein de carburant effectué. Les caractéristiques importantes dont il faut tenir compte sont le PCI volumique et la teneur en oxygène du carburant, les caractéristiques de vaporisation et d'initiation de la combustion, l'interaction carburant-matériaux.

Pour disposer d'un véhicule susceptible d'être alimenté indifféremment à l'E85 ou avec de l'essence, tout en maintenant un agrément d'utilisation et un respect des exigences réglementaires en terme de rejets polluants, il faudra à tout instant être capable d'adapter la quantité injectée, le calage de la combustion pour maintenir les performances et la régulation de la richesse du mélange à la stœchiométrie (le PCI de l'éthanol étant 33 % plus faible que celui de l'essence, il faudra en injecter 35 % de plus pour maintenir les performances, pour un rendement moteur identique).

Dans ce cadre, il faut développer et mettre en œuvre une chaîne spécifique qui sera capable :

- à tout instant de détecter la teneur en éthanol du mélange présent dans le réservoir. La mise en œuvre d'un détecteur fonctionnant généralement par mesure de la conductivité et de la constante diélectrique permet de fournir cette information. C'est encore possible par bouclage via une sonde spécifique,

- de modifier la quantité injectée, le calage de l'avance à l'injection et de l'avance à l'allumage en fonction du mélange présent dans le réservoir, c'est-à-dire en fonction de l'information reçue via la mesure décrite précédemment. Le développement et la mise en place d'un calculateur spécifique sont donc indispensables.

Par ailleurs, quelques modifications auront été effectuées sur le véhicule en terme de matériaux de façon à être parfaitement compatibles avec des carburants à très forte teneur en éthanol (matériaux métalliques, polymères, tant sur moteur que sur le circuit d'alimentation du véhicule).

La solution FFV (*Fuel Flexible Vehicles*) est assez séduisante et rencontre actuellement de par le monde un écho favorable pour accompagner le développement de l'éthanol-carburant. Toutefois, le réservoir du véhicule restant le même, l'autonomie avec une alimentation à l'E85 se trouve considérablement réduite, par rapport à un plein en essence, du fait des différences de contenu énergétique entre ces deux types de carburants.

La commercialisation du carburant E85 est autorisée en France depuis le 1er janvier 2007, comme elle l'était auparavant au Brésil, aux États-Unis et en Suède. En décembre 2007, 4 000 véhicules Flexfuel étaient immatriculés en France, pour 191 stations-service fournissant du carburant E85, à un prix moyen de 0,815 euros/litre (recommandation de prix français par une « charte pour le développement de l'E85 » signée par l'État Français et les différents intervenants de la production, de la distribution et de l'utilisation de ce carburant), alors que l'essence sans plomb SP95 avait un coût de 1,27 euros/litre.

Six millions de ces véhicules existaient de par le Monde en 2006. Ford a été le premier constructeur à proposer ce type de véhicules, en mettant la Taurus FFV sur le marché en 1996. Depuis, pratiquement tous les grands constructeurs automobiles proposent leurs propres modèles.

Les véhicules Flexfuel sont vendus sensiblement au même prix que les modèles essence de catégorie équivalente.

C. Une autre possibilité d'utilisation

À l'instar de ce qui s'était fait il y a une vingtaine d'années avec le méthanol, le développement d'un moteur dédié pourrait offrir des perspectives séduisantes en terme de consommation, donc en terme de rejets de CO_2. Ainsi, en accroissant le taux de compression du moteur grâce aux indices d'octane élevés, aller vers des moteurs dédiés à haut rendement est tout à fait envisageable.

2.6.1.8 L'emploi de l'éthanol dans les moteurs Diesel

L'éthanol diffère significativement du gazole conventionnel par rapport à l'indice de cétane, au pouvoir calorifique, à la température d'auto-inflammation, aux caractéristiques de vaporisation et au point d'ébullition.

L'indice de cétane de l'éthanol pur, peu soluble dans le gazole, est seulement égal à 8, alors que la spécification européenne (EN 590) pour un gazole requiert un indice de cétane supérieur à 51.

Par ailleurs, le pouvoir lubrifiant de l'éthanol est trop faible pour être compatible avec les actuelles pompes d'injection Diesel haute pression. La faible température d'ébullition de l'éthanol par rapport à un gazole augmente les risques de cavitation, et sa forte conductivité les risques de corrosion.

A. Emploi de l'éthanol pur

En Suède, Scania a réalisé des bus fonctionnant avec de l'éthanol auquel on a ajouté un additif procétane et un additif améliorant le pouvoir lubrifiant. Ce carburant est connu sous l'appellation de *Etamax D*. De plus, des modifications techniques suivantes ont dû être apportées, comme l'augmentation du taux de compression, l'emploi d'un système d'injection spécifique et l'utilisation d'un catalyseur spécialement conçu pour le contrôle des émissions d'aldéhydes.

L'*Etamax D* est constitué précisément de 90 % d'éthanol hydraté (à 95 %), 7 % d'additif procétane (Beraid 3540), des dénaturants (2,3 % de MTBE et 0,5 % d'isobutanol) et 125 ppm d'additifs inhibiteurs de corrosion.

Des bus roulant à l'éthanol ont aussi été mis en circulation au Mexique, en Australie et en Danemark.

Dans tous les cas, les poids lourds roulant avec ces mélanges à 95 % d'éthanol (E95) émettent beaucoup moins de particules et moins de NO_x par rapport au gazole. En revanche, les résultats constatés en termes d'émissions de CO et de HC peuvent varier sensiblement d'une application à l'autre.

Les émissions des bus Scania roulant à l'*Etamax D* sont inférieures à celles obtenues avec du gazole pur en ce qui concerne les polluants réglementés, mais sont supérieures à celles des bus roulant au gaz naturel. Par rapport à un fonctionnement au gazole, les tests Scania effectués avec de l'*Etamax D* montrent les résultats suivants :

- 92 % de réduction des émissions de CO ;
- 80 % de réduction des émissions de HC ;
- 80 % de réduction des émissions de particules ;
- 28 % de réduction des émissions de NO_x.

Toutefois, le recours à l'emploi d'additifs fait monter significativement le coût de cette solution, ce qui pousse à trouver des solutions technologiques (bougie d'allumage et/ou de préchauffage, recirculation des gaz d'échappement…) pour pallier à cet inconvénient.

B. Emploi d'un mélange éthanol/gazole ou E-Diesel

Un mélange gazole/éthanol en faible concentration (ou émulsion), avec l'emploi d'additifs spécifiques qui garantissent la solubilité de l'éthanol dans le gazole et la stabilité de l'émulsion, constitue une autre possibilité. Ce carburant, appelé E-Diesel, est un mélange de plus de 15 % d'éthanol, avec plus de 5 % d'additifs dans du gazole. Les problèmes avec ce type de carburant concernent les aspects de sécurité et l'adaptation aux moteurs Diesel (faible indice de cétane, faible pouvoir lubrifiant, stabilité).

Des additifs capables de former des microémulsions d'éthanol avec le gazole ont été recherchés. L'emploi de ces additifs émulsifiants est nécessaire même pour des teneurs en éthanol de l'ordre de 5 % dans du gazole afin d'éviter la séparation de l'éthanol du gazole à très faible température ou dans le cas d'une contamination du mélange par de l'eau. Le mélange éthanol/biodiesel pourrait ainsi constituer un carburant à très fort potentiel, l'éthanol pouvant contribuer à réduire les émissions de NO_x et à améliorer les propriétés à froid qui constituent deux des points faibles du biodiesel. Par ailleurs, le biodiesel constitue un remède au faible pouvoir lubrifiant de l'éthanol, et tous les deux, éthanol et biodiesel, favorisent la réduction des particules.

Outre les problèmes de solubilité et de stabilité de l'émulsion, les additifs apportent d'autres gains en termes de pouvoir lubrifiant, de détergence et de propriétés à froid, ainsi qu'un additif procétane.

Un mélange d'additifs de ce type, le Puranol, a été mis au point et commercialisé aux États-Unis par la société Pure Energy Corporation. Les résultats obtenus avec le carburant E-Diesel contenant du Puranol montrent une réduction significative des émissions de CO (– 27 %), NO_x (– 5 %) et particules (– 41 %). Cette émulsion est constituée de 83 à 94 % de gazole No.2, de 5 à 15 % d'éthanol et 1 à 2 % de Puranol.

Du point de vue de la sécurité, il a été démontré que les risques attribuables à un mélange de gazole avec 10-20 % d'éthanol sont les mêmes que ceux de l'éthanol pur, et pour cela un E-Diesel doit être considéré dans la même classe de risques qu'une essence car leurs températures d'inflammabilité sont comparables.

Par ailleurs, des problèmes de tenue des matériaux ont aussi été rencontrés ainsi que des problèmes d'usure et de corrosion au niveau de la pompe d'injection et des injecteurs du fait du faible pouvoir lubrifiant de l'éthanol et des risques de cavitation.

La présence d'eau pourrait favoriser la séparation de l'éthanol du gazole, mais la plupart des fabricants d'additifs émulsifiants garantissent la tenue de l'émulsion jusqu'à 3 % d'eau.

Un nombre élevé d'études ont été conduites au Brésil, qui est très intéressé par l'utilisation de l'éthanol dans les moteurs Diesel du fait de sa forte production d'alcool.

Aujourd'hui, même en Europe, on assiste à une croissance de l'intérêt porté à ce type de carburant et plusieurs études sont ou ont été réalisées dans différents pays.

2.6.2 L'ETBE-carburant

Comme on vient de le voir, quelques limites subsistent lors de l'emploi de carburants à faibles teneurs en éthanol. Devant le succès du développement, dans les années 1980, de l'utilisation du MTBE en mélange dans les essences, envisager la transformation de l'éthanol en ETBE par réaction avec l'isobutène devenait une alternative digne d'intérêt.

De par cette analogie de filières et de par ses caractéristiques présentées dans le tableau 2.13, l'ETBE se présente comme une alternative tout à fait envisageable.

Tout d'abord, notons que l'ETBE contient 45 % en masse d'éthanol combiné sous forme chimique. Ainsi, l'introduction dans les essences de 5 % volume d'éthanol, comme les spécifications EN228 le stipulent aujourd'hui, correspond à 11 % volume d'ETBE, en dessous de la limite fixée à 15 % volume.

Tableau 2.13 Les propriétés physiques de l'ETBE.

	ETBE	Éthanol	Essence (standard)
Masse moléculaire (g/mol)	102	46,07	102,5
C (% poids)	70,6	52,2	86,5
H (% poids)	13,7	13,1	13,5
O (% poids)	15,7	34,7	0
Masse volumique (kg/m^3)	750	794	735-760
Chaleur latente de vaporisation (kJ/kg)	321	854	289
Point d'ébullition (°C)	72,8	78,4	30-190
Pouvoir calorifique inférieur massique (kJ/kg)	35 880	26 805	42 690
Pouvoir calorifique inférieur volumique (kJ/l)	26 910	21 285	32 020
Rapport stœchiométrique	12,1	8,95	14,4
RON	117	111	95
MON	101	92	85

Pour le formulateur, l'adjonction d'ETBE présente des avantages car les problèmes majeurs générés par l'emploi de l'éthanol, tels que pression de vapeur et tolérance à l'eau, sont éliminés : la pression de vapeur de mélanges à base d'ETBE est maintenue voire légèrement réduite, les phénomènes de démixtion en présence d'eau sont inexistants, la compatibilité avec les matériaux ne posent aucun problème.

Enfin, l'ETBE possède les mêmes avantages que l'éthanol en termes de gain d'indice d'octane.

Concernant les rejets polluants des véhicules, de nombreux travaux ont été publiés tant aux États-Unis qu'en Europe et les études menées à IFP Energies nouvelles confirment toutes les tendances rencontrées. L'incorporation d'ETBE dans les essences, dans le cadre de la réglementation européenne en vigueur aujourd'hui, en termes d'émissions polluantes à l'échappement conduit à :

- une réduction du CO de 5 à 15 %,
- une légère réduction des hydrocarbures imbrûlés de 3 à 5 %,
- un léger accroissement des NO_x de 2 à 5 %
- comme pour l'éthanol, un accroissement significatif des émissions d'aldéhydes, notamment d'acétaldéhyde,

Concernant les émissions par évaporation, celles-ci ne sont pas modifiées par l'introduction d'ETBE. Il s'agit là d'un avantage et d'une valeur ajoutée importante pour ce produit.

2.7 LES TRANSFORMATIONS PAR VOIE CHIMIQUE DE L'ÉTHANOL

2.7.1 La production d'hydrogène

Le bioéthanol est actuellement très étudié comme carburant susceptible d'alimenter une pile à combustible et pouvant être utilisé comme source d'hydrogène.

Actuellement, l'hydrogène est essentiellement produit à partir d'hydrocarbures issus du gaz naturel, du GPL ou du naphta. Il est utilisé quasi exclusivement comme réactif chimique dans les industries de la chimie (production d'ammoniac, d'amines, de méthanol...) et du raffinage (hydrotraitements des produits pétroliers).

Dans le futur, l'hydrogène pourrait trouver de nouvelles applications en tant que vecteur énergétique, dans les domaines du résidentiel et des transports, via sa transformation en électricité et chaleur dans les piles à combustible.

2.7.1.1 Production d'hydrogène par vaporeformage de l'éthanol

Le vaporeformage est le procédé industriel le plus utilisé pour fabriquer l'hydrogène. Il consiste à réaliser un traitement à la vapeur d'eau en présence d'un catalyseur spécifique, qui conduit à la formation de gaz de synthèse.

A. Chimie et mécanismes réactionnels du vaporeformage de l'éthanol

La première étape de décomposition de l'éthanol conduit simultanément à la formation d'acétaldéhyde par déshydrogénation (réaction 1a) et à la formation d'éthylène par déshydratation (réaction 1b).

Réaction 1a : $CH_3\text{-}CH_2OH \Leftrightarrow H_2 + CH_3\text{-}CH = O$

Réaction 1b : $CH_3\text{-}CH_2OH \Leftrightarrow H_2O + CH_2 = CH_2$

La formation d'éthylène est plus ou moins importante en fonction des conditions opératoires choisies et de la nature du catalyseur. Un catalyseur contenant des sites acides conduira à une formation importante d'éthylène. Dans un deuxième temps, l'acétaldéhyde et l'éthylène sont transformés par vaporeformage en gaz de synthèse. Les produits primaires de vaporeformage sont difficiles à identifier car les réactions secondaires de conversion du CO (réaction 4) et de méthanation (réaction 5) sont très rapides. Cependant, il paraît vraisemblable que le méthane et le CO_2 soient les produits primaires obtenus à partir de l'acétaldéhyde (réaction 2a) et que le méthane et le CO soient les produits primaires obtenus à partir de l'éthylène (réaction 2b).

Réaction 2a : $CH_3\text{-}CH = O + H_2O \Leftrightarrow CH_4 + CO_2 + H_2$

Réaction 2b : $CH_2 = CH_2 + H_2O \Leftrightarrow CH_4 + CO + H_2$

L'éthylène peut également conduire à des espèces polymériques qui se déposent sur le catalyseur et qui sont à l'origine du coke formé à basse température ($T < 600$ °C). Afin de minimiser la formation de coke, via la polymérisation de l'éthylène, le vaporeformage de l'éthanol doit donc être conduit à haute température ($T > 600$ °C) sur un catalyseur ne contenant peu ou pas de sites acides. L'élévation de température permet d'améliorer la sélectivité de la transformation de l'éthylène vers la formation d'hydrogène et de CO via la réaction de vaporeformage, tandis que la réduction du nombre de sites acides du catalyseur permet de limiter la formation d'éthylène.

B. Thermodynamique des réactions

Les réactions principales sont équilibrées :

Réaction 3 : $CH_3\text{-}CH_2OH + H_2O \Leftrightarrow 2\ CO + 4\ H_2$ $\Delta H°_{298} = 255$ kJ/mol

Réaction 4 : $CO + H_2O \Leftrightarrow CO_2 + H_2$ $\Delta H°_{298} = -41$ kJ/mol

Réaction 5 : $CO + 3\ H_2 \Leftrightarrow CH_4 + H_2O$ $\Delta H°_{298} = -206$ kJ/mol

La réaction globale de vaporeformage de l'éthanol devient :

Réaction 6 : $CH_3\text{-}CH_2OH + 3\ H_2O \Leftrightarrow 2\ CO_2 + 6\ H_2$

Le vaporeformage d'éthanol conduit à la formation de monoxyde de carbone, qui est ensuite converti en CO_2 et H_2, et à la formation de méthane suivant les réactions équilibrées 4 et 5. La conversion de l'éthanol en H_2 et CO_2 est limitée par la thermodynamique et la composition du gaz reformé est variable, en fonction des conditions opératoires (température, pression) et de la quantité de vapeur utilisée. La formation de carbone, via la réaction équilibrée de Boudouart (réaction 7), peut être évitée en opérant à hautes températures ($T > 500$ °C) et avec une injection de vapeur au moins égale à la stœchiométrie de la réaction 3 (H_2O/Éthanol ≥ 1).

Réaction 7 : $2\ CO \Leftrightarrow CO_2 + C$ $\Delta H°_{298} = -172$ kJ/mol

C. Catalyseurs et condition d'utilisation

Le catalyseur de vaporeformage du méthane le plus fréquemment utilisé est un catalyseur au nickel déposé sur un support alumine. Ce catalyseur n'est pas adapté au vaporeformage de l'éthanol car il conduit a une formation trop importante de coke [35]. Les travaux concernant le vaporeformage de l'éthanol sont assez récents et sont centrés sur le développement du catalyseur. Ces travaux ont montré que la plupart des métaux du groupe VIII permettaient de catalyser le vaporeformage de l'éthanol. Les systèmes catalytiques les plus étudiés sont soit à base de rhodium, qui est le métal du groupe VIII le plus actif en vaporeformage de l'éthanol, soit à base de nickel ou de cobalt. Le choix du support est très important. Il doit posséder des propriétés acido-basiques permettant, d'une part, d'éviter la formation d'éthylène par déshydratation de l'éthanol et, d'autre part, d'activer la molécule d'eau [36]. Des supports basiques de type MgO, ZnO, CeO_2... sont préférés à des supports présentant une certaine acidité de surface tels que les alumines ou les silice-alumines qui favorisent la formation de coke.

Afin d'atteindre de hauts rendements en hydrogène, le catalyseur doit travailler dans des conditions opératoires sévères, qui se rapprochent des conditions opératoires du vaporeformage du méthane. Les compositions à l'équilibre des gaz secs peuvent être obtenues à partir des courbes établies pour des températures comprises entre 500 et 800 °C (figure 2.18), des pressions comprises entre 1 et 10 bar (figure 2.19), des ratios H_2O/Éthanol compris entre 2 et 8 (figure 2.20).

Comme dans le cas du méthane, le vaporeformage de l'éthanol est globalement endothermique et doit intégrer des équipements tels que des brûleurs ou des échangeurs pour compenser cette endothermicité.

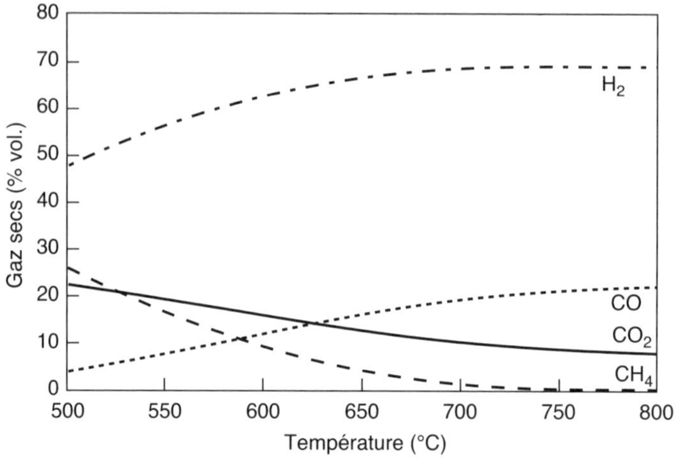

Figure 2.18

Influence de la température sur la composition à l'équilibre thermodynamique des gaz secs.

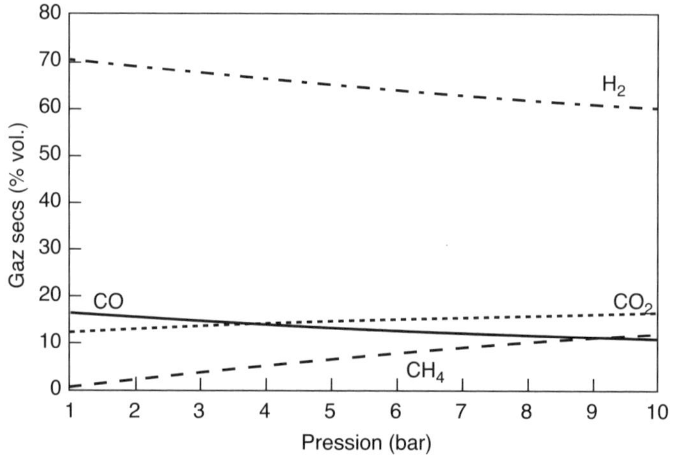

Figure 2.19

Influence de la pression sur la composition à l'équilibre thermodynamique des gaz secs.

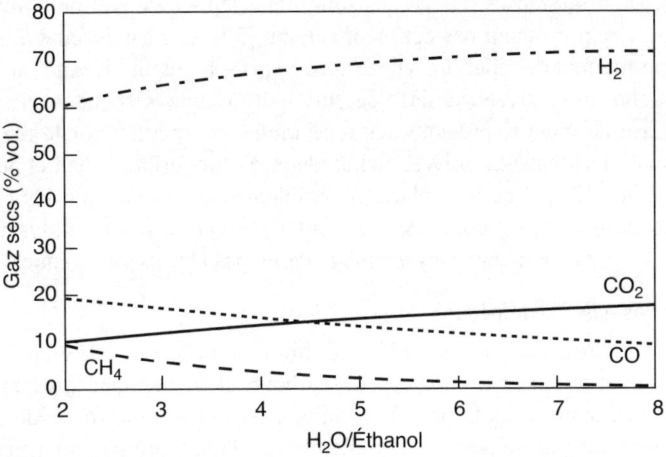

Figure 2.20

Influence du ratio H_2O/éthanol de la charge sur la composition à l'équilibre thermodynamique des gaz secs.

2.7.1.2 Purification de l'hydrogène produit

A. Conversion du CO en hydrogène

En fonction des conditions opératoires choisies pour le vaporeformage d'éthanol, le gaz reformé contient entre 10 et 20 % molaire de CO (fraction des gaz secs). Afin d'améliorer le rendement en hydrogène produit, le monoxyde de carbone doit donc être converti en hydrogène via la réaction de conversion du CO, appelée réaction du gaz à l'eau ou water-gas shift :

$$CO + H_2O \Leftrightarrow CO_2 + H_2 \qquad \Delta H°_{298} = -41 \text{ kJ/mol}$$

Cette réaction équilibrée et exothermique est favorisée à basse température et par la présence de vapeur d'eau. La conversion du CO se fait en deux étapes : une étape de conversion à haute température, suivie d'une étape de conversion à basse température. Pour favoriser la cinétique de la réaction de conversion du CO, la première étape est conduite à haute température. Elle est réalisée sur des catalyseurs à base de fer et de chrome qui travaillent entre 300 et 500 °C. Cette étape conduit à des teneurs résiduelles en CO de 1 à 3 % volume. La seconde étape est conduite à basse température, afin de favoriser la thermodynamique de la réaction et d'atteindre des niveaux de conversions plus élevées : des catalyseurs constitués d'oxydes de cuivre et de zinc, déposés sur alumine, sont utilisés pour cette étape de finition qui est réalisée entre 200 et 250 °C et à l'issue de laquelle les teneurs résiduelles en CO sont comprises entre 0,2 et 0,5 % volume.

Ces catalyseurs sont employés depuis de nombreuses années. Ils doivent subir une étape d'activation avant utilisation et une étape d'inertage avant remise à l'air, afin d'être moins pyrophoriques. De nombreuses recherches sont menées pour trouver de nouvelles formulations catalytiques ne présentant pas cet inconvénient [37]. Les catalyseurs à base de métaux précieux [38] permettent de répondre à ce critère en présentant un niveau d'activité au moins comparable à celui du catalyseur à base de cuivre et de zinc. Cependant, le prix élevé des catalyseurs à base de métaux précieux les rend moins compétitifs sur le marché. D'autres types de formulations à base de cuivre, nickel, déposés sur cérine, cobalt et pérovskites sont également à l'étude [39]. Ces formulations semblent plus actives que les catalyseurs fer/chrome à haute température et comparables à basse température aux catalyseurs cuivre/zinc sur alumine. Elles présentent surtout l'avantage de ne pas être pyrophoriques.

B. Purification finale de l'hydrogène

La production d'hydrogène à usage de réactif chimique nécessite une étape de purification finale, permettant d'éliminer les oxydes de carbone et le méthane présents dans le gaz reformé. Cette purification finale peut être réalisée par adsorption (procédé PSA, *pressure swing adsorption*) ou par séparation sur membrane Palladium/Argent (membrane dense 100 % sélective à l'hydrogène). Ces deux procédés de purification permettent d'obtenir une pureté d'hydrogène supérieure à 99 % vol.

Dans le cas de la production d'hydrogène pour l'alimentation des piles à combustible, la purification finale de l'hydrogène peut se limiter à une étape d'oxydation préférentielle du CO résiduel de façon à réduire sa teneur à la valeur cible de 10 ppm, pour les piles PEM (*Proton Exchange Membrane*), tandis que pour les piles SOFC (*Solid Oxyde Fuel Cell*), l'étape de purification finale n'est pas nécessaire. Le développement d'un catalyseur d'oxydation préférentielle du CO par rapport à l'hydrogène, permettant d'atteindre 10 ppm de CO résiduel, fait l'objet de nombreux travaux. Parmi les systèmes catalytiques étudiés, les catalyseurs à base d'or semblent particulièrement intéressants et actifs à basse température (T < 100 °C).

2.7.1.3 Production d'hydrogène par oxydation partielle

L'oxydation partielle, appelée POX, consiste à traiter un hydrocarbure par de l'air et en présence de vapeur d'eau. Cette technologie s'applique à n'importe quelle charge gazeuse, liquide ou solide. Pour l'éthanol, la réaction globale s'écrit sous forme simplifiée :

$$C_2H_5OH + {}^1/_2\, O_2 \Leftrightarrow 2\, CO + 3\, H_2 \qquad \Delta H°_{298} = +20 \text{ kJ/mol}$$

Peu de travaux concernant la production d'hydrogène par POX de l'éthanol ont été publiés.

À la température classique de vaporeformage (T = 700 °C), la POX purement thermique de l'éthanol ne semble pas intéressante pour la production d'hydrogène car elle conduit à des rendements de seulement 10 % par rapport à la stœchiométrie de la réaction. Cette mauvaise sélectivité est en partie due à l'oxydation de l'hydrogène formé [40]. De meilleurs rendements peuvent être obtenus en opérant à des températures supérieures à 1 200 °C, correspondant aux conditions thermiques classiques des POX industriels traitant des charges hydrocarbonées.

2.7.1.4 Le procédé autotherme

La POX catalytique, appelée également vaporeformage oxydant, conduit à de meilleurs rendements en hydrogène. La présence du catalyseur permet de réaliser les étapes de vaporeformage consécutivement à l'oxydation partielle d l'éthanol, selon la réaction suivante :

$$C_2H_5OH + {}^1/_2\ O_2 + 2\ H_2O \Leftrightarrow 2\ CO_2 + 5\ H_2 \qquad \Delta H°_{298} = -\ 50\ kJ/mol$$

La production d'hydrogène en mode autotherme consiste à ajuster le ratio O_2/éthanol, pour un ratio H_2O/éthanol choisi de façon à compenser, par une combustion à l'air, l'endothermicité du vaporeformage. L'équation globale suivante correspond à un mode autotherme de production d'H_2 :

$$C_2H_5OH + 0{,}608\ O_2 + 1{,}784\ H_2O \Leftrightarrow 2\ CO_2 + 4{,}784\ H_2, \Delta H°_{298} = 0\ kJ/mol$$

Le procédé autotherme de reformage apparaît comme une voie prometteuse de production d'hydrogène à partir d'éthanol. En effet, ce procédé conduit à de meilleurs rendements en hydrogène et présente l'avantage d'être autonome d'un point de vue énergétique puisque l'endothermicité des réactions de reformage est compensée au sein du réacteur par l'exothermicité des réactions d'oxydation.

Par rapport au vaporeformage, la POX catalytique offre l'avantage de s'affranchir de la formation de coke et de permettre un démarrage beaucoup plus rapide du reformeur. En revanche, l'hydrogène produit est dilué par l'azote : des puretés de l'ordre de 45 à 50 % volumique dans la fraction des gaz secs sont obtenues, ce qui pénalise les étapes de purification avales.

2.7.1.5 Systèmes et technologies de production d'hydrogène

De nombreuses sociétés proposent et commercialisent des dispositifs de production d'hydrogène. La plupart de ces dispositifs traitent du gaz naturel, des GPL ou du méthanol par reformage à la vapeur, ou des charges lourdes (coke, charbon) par POX. L'utilisation d'éthanol est souvent signalée dans des brevets ou des publications. [41]. Haldor Topsoe a, par exemple, déposé un brevet sur un enchaînement *steam reforming*/purification par PSA pour la production d'hydrogène à partir d'éthanol. CETH a déposé un brevet sur le *steam reforming* de l'éthanol couplé à une purification par membrane. Helbio SA possède également un brevet de production d'hydrogène par POX catalytique, pour l'alimentation en piles à combustible, et a également publié sur le sujet avec l'Université du Minnesota, avec la mise au point d'un reformeur compact permettant de produire de l'hydrogène à partir d'éthanol par vaporeformage oxydant [42]. Le catalyseur constitué de Rhodium-Oxyde de cérium (Rh/CeO_2) déposé sur monolithe permet d'atteindre des conversions complètes pour des temps de séjour inférieurs à 10 m.s. et des sélectivités en H_2 supérieures à 95 % (par rapport à la stoechiométrie de la réaction de POX thermique). De même, la société H2Gen travaille sur ce sujet de reformage autotherme couplé à une purification par membrane.

Au moins deux prototypes de procédé intégré de production d'hydrogène à partir d'éthanol ont été développés. Dans le cadre d'un contrat pluriannuel, la société HyRadix et IFP Energies nouvelles collaborent afin d'étendre les technologies HyRadix de reformage autotherme aux hydrocarbures liquides et, dans un premier temps, à l'éthanol [43]. Un générateur pilote, produisant 50 Nm^3/h d'hydrogène a été construit et validé. Le marché visé est celui de l'hydrogène industriel pour le traitement des métaux, l'hydrogénation des huiles, la verrerie et l'électronique.

De même, la société N-GHY, en partenariat avec la société espagnole HYNERGREEN a mis au point un générateur d'hydrogène à partir d'éthanol. La technologie mise en œuvre est un enchaînement *steam reforming* suivi d'une purification sur PSA. La capacité visée est de 200 Nm^3/h [44].

Les premières installations commerciales d'hydrogène à partir d'éthanol devraient bientôt voir le jour.

2.7.1.6 Conclusion

L'éthanol apparaît comme étant le carburant alternatif de choix pour l'alimentation des piles à combustible : c'est un biocarburant liquide, propre et non toxique, qui peut être transformé assez facilement en hydrogène, avec une bonne efficacité thermique (> 80 %). Une analyse thermodynamique de la production d'hydrogène par reformage de l'éthanol pour les piles à combustible de type PEM montre qu'à pression atmosphérique, les rendements maximum que l'on peut obtenir avec une POX et un vaporeformeur sont assez proches. Ils sont respectivement de 4,74 et 4,65 mol./mol. d'éthanol, ce qui correspond à une efficacité thermique de 90-92 % [45]. Le choix entre la technologie de vaporeformage et la technologie de POX catalytique dépend fortement de l'application visée. La technologie POX, plus simple et moins coûteuse, sera préférée pour une application embarquée pour laquelle le temps de démarrage du système est très rapide (< 5 s) [42], tandis que la technologie de production d'hydrogène par vaporeformage sera réservée à des applications stationnaires. Depuis quelques années, de nombreuses publications et brevets font état de l'utilisation de l'éthanol pour produire de l'hydrogène.

2.7.2 Les autres voies de transformation de l'éthanol en base pour carburant

Parmi les procédés de conversion chimique de l'éthanol, le plus connu hormis la synthèse de l'ETBE, est la conversion en acétaldéhyde par oxydation catalytique ou déshydrogénation. L'acétaldéhyde est un grand intermédiaire pétrochimique, surtout utilisé pour la fabrication d'acide acétique, d'anhydride acétique et de butanol, mais il ne peut en aucun cas être envisagé comme source de carburant. Les voies décrites ci-dessous sont des exemples d'approches permettant de fabriquer du biocarburant à partir d'éthanol.

2.7.2.1 L'oligomérisation directe de l'éthanol en hydrocarbures

L'oligomérisation directe de l'éthanol en hydrocarbures appartenant à la gamme des essences a fait l'objet de plusieurs études. Les auteurs se sont toujours attachés à valoriser l'éthanol aqueux, dans le but de s'affranchir de toutes les étapes de concentration de l'éthanol, coûteuses en énergie. De ce fait, le système catalytique majoritairement étudié est une zéolithe ZSM-5 sans métal associé [46]. Il est montré que l'éthylène est très rapidement formé par déshydratation de l'éthanol et que cette molécule constitue le véritable réactif.

Les produits obtenus sont décrits en trois groupes :

– les oléfines légères (propène et butène),
– les paraffines légères (majoritaires en propane et butane),
– les composés C_5+ qui entrent dans la gamme des essences.

Ces derniers produits sont obtenus par des mécanismes d'oligomérisation-craquage et d'oligomérisation-cyclisation-aromatisation. La fraction C_5+ est riche en composés aromatiques, comprenant un noyau plus ou moins substitué par des groupements méthyles et éthyles.

La difficulté de la réaction réside dans le fait que la désactivation du catalyseur par cokage entraîne une décroissance rapide du rendement en composés C_5+. Cette désactivation par cokage est freinée par l'introduction d'eau dans la charge. Cependant, l'eau introduite, additionnée à celle générée par la réaction, désactive le catalyseur par désalumination. Dans le cas d'une zéolithe MFI, la désalumination survient pour des teneurs en eau entre 6 et 75 % poids si la température de la réaction excède 400 °C.

Les rendements en composés C_5+ obtenus à pression atmosphérique atteignent environ 55 % poids sur une base anhydre, pour une teneur en eau de 6 % poids dans la charge éthanol et une température de 350 °C. Ces composés entrent dans la fraction essence.

Des données en lit fixe sous pression ont également été publiées [47], pour des charges contenant entre 50 et 100 % poids d'éthanol. A 30 bar et une température entre 400 et 500 °C, sur zéolithe ZSM-5, les rendements en carburant se situent dans les gammes suivantes :

– essence	C_5^+ – 150 °C	17 à 32 % poids
– kérosène	150-250 °C	4,5 à 12 % poids
– gazole	270-370 °C	0,28 à 0,73 % poids

La réaction génère une quantité importante de paraffines légères (entre 34 et 72 % poids) qui ne sont pas recyclables, ainsi que des oléfines légères (entre 7 et 26 % poids). La perte d'activité au cours du temps semble pouvoir se gérer par des traitements réguliers de régénération oxydante du catalyseur.

Dans le cas de ce procédé, on voit donc que la conversion de l'éthanol conduit à une diversité de produits et pas seulement à des bases pour carburant. Il est à noter que la production de base kérosène est au maximum de 12 % poids dans les conditions étudiées tandis que la production de base gazole est négligeable.

2.7.2.2 La conversion de l'éthanol en deux étapes au travers de l'éthylène

La transformation directe de l'éthanol en carburant n'étant envisageable qu'avec de mauvaises sélectivités, une autre possibilité serait de commencer par une première étape de déshydratation en éthylène. Il s'agit du procédé inverse de celui utilisé actuellement pour produire de l'éthanol de synthèse. L'éthylène obtenu est alors plus facilement convertible en hydrocarbures supérieurs.

A. Déshydratation de l'éthanol en éthylène

La déshydratation catalytique de l'éthanol en éthylène est un procédé ancien et bien connu, mais industrialisé uniquement dans des situations très spécifiques, dans la mesure où l'éthylène est fabriqué en plus gros tonnages et à des coûts moindres dans des complexes pétrochimiques par vapocraquage ou pyrolyse de naphta ou d'éthane. Les procédés catalytiques de déshydratation de l'éthanol en éthylène les plus anciens opèrent sur alumine activée ou acide phosphorique supporté, à des températures entre 300 et 400 °C, sur un réacteur en lit fixe [48]. L'acide phosphorique supporté a l'avantage de produire de l'éthylène pur à 99,5 %. Cependant les contraintes associées en termes de corrosion et de manipulation rendent l'alumine activée plus attractive. Celle-ci conduit à une pureté de l'éthylène de 97 %. Les étapes de purification ultérieures de l'éthylène permettent d'atteindre plus de 99 % de pureté.

Ces procédés imposent une charge à base d'au moins 95 % vol. d'éthanol et sont opérés entre 300 et 400 °C. Il est admis que les réactions essentielles mises en jeu dans la déshydratation de l'éthanol en éthylène sont les suivantes :

$$2\ C_2H_5OH \rightarrow (C_2H_5)_2O + H_2O$$

$$(C_2H_5)_2O \rightarrow 2\ C_2H_4 + H_2O$$

Le diéthyléther est formé si la température de la réaction est inférieure à 300 °C. Au-delà de cette température, l'éther ne constitue qu'un intermédiaire de la réaction. L'éthylène est ainsi produit avec un rendement massique d'environ 57 %, soit un rendement molaire de 94 %.

ABB Lummus a développé un procédé performant en lit fluidisé, utilisant un catalyseur de type silice-alumine [49]. Le rendement en éthylène atteint 60,5 % poids, soit 99,5 % molaire.

Citons également un certain nombre de travaux de recherche académique portant sur la déshydratation de l'éthanol issu de la fermentation des sucres, soit à partir de solutions aqueuses contenant entre 2 et 20 % poids d'éthanol. Dans ce cas, les catalyseurs étudiés sont à base de zéolithe MFI le plus souvent modifiée en vue d'améliorer leur stabilité [50].

B. Oligomérisation de l'éthylène par catalyse organométallique

Le procédé Dimersol-E développé par Axens-IFP Energies nouvelles [51] permet de transformer l'éthylène en une coupe essence oléfinique à haut indice d'octane. Une unité industrielle a fonctionné pendant 10 ans en Afrique du Sud à partir de 1986. Le catalyseur Ziegler est un hydrure de nickel formé *in situ* par l'introduction séparée dans le réacteur d'un mélange contenant un sel de nickel et d'un co-catalyseur à base d'alkylaluminium. Cependant, ce type de catalyseur ne supporte pas des teneurs en eau supérieures à quelques ppm. Le procédé n'est envisageable qu'associé en amont à un séchage très efficace de l'éthylène produit par déshydratation de l'éthanol.

D'autres procédés industriels existent pour la synthèse d'α-oléfines à longues chaînes carbonées par oligomérisation de l'éthylène par catalyse organométallique. Ces procédés, qui ont été développés par Ethyl, Chevron, IFP Energies nouvelles et Shell [52], utilisent la catalyse Ziegler avec des catalyseurs à base d'alkylaluminium ou de nickel. Hormis la nature du catalyseur, ces procédés diffèrent entre eux par l'utilisation ou non d'un solvant et par les conditions opératoires. Il s'ensuit une différence au niveau de la nature et de la distribution des produits.

Quel que soit le procédé, les oligomères obtenus présentent une distribution en nombre de carbone très large, autour de C_6-C_{18}, avec une proportion variable mais faible en oléfines ramifiées. Cette distribution très large ne permet pas d'envisager une valorisation directe en carburants. En effet, si les produits légers sont bien adaptés au pool essence, une opération d'hydroisomérisation serait nécessaire sur la coupe C_{10}+ pour obtenir un gazole de bonne qualité.

C. Oligomérisation de l'éthylène par catalyse hétérogène

De nombreuses études portent encore actuellement sur l'oligomérisation de l'éthylène en utilisant des catalyseurs à base de métal échangé sur solide acide. Le nickel est très souvent utilisé et les solides acides associés sont très variés (alumine, silice-alumine, zéolithe ZSM-5 ou USY, solide mésoporeux…). L'ensemble des études tend à montrer que les sites actifs sont la combinaison d'une espèce nickel à faible valence (Ni^+) et d'un site faiblement acide [53], le bon équilibre entre les phases acide et métallique étant très important vis-à-vis de l'activité, de la stabilité et de la sélectivité du catalyseur. Les tests catalytiques sont généralement conduits à des conditions opératoires dans la gamme de température 20-200 °C et de pression 1-50 bar.

Des résultats intéressants ont en particulier été décrits récemment sur catalyseur Ni MCM-41, en utilisant comme solvant le n-heptane [54]. Les oligomères produits contiennent entre 4 et 12 atomes de carbone, avec une majorité de C_4 à 150 °C-35 bar et une majorité de C_8 à 200 °C-35 bar, les C_8 étant *a priori* formés par des réactions d'hétéro-oligomérisation. La réaction est donc relativement sélective. La quantité maximale de C_8+ est obtenue à 150 °C et 50 bar. Elle est limitée à 32 % poids. Le taux de ramification des hydrocarbures est faible pour les composés en C_6– et augmente fortement pour les composés en C_8+.

2.7.2.3 Conversion de l'éthanol par l'intermédiaire du butadiène

Un procédé très ancien permet de transformer en une seule étape l'éthanol en butadiène, en utilisant un catalyseur de type MgO-SiO_2 [55]. La réaction comprend des étapes de déshydrogénation, déshydratation et dimérisation, dont le bilan est :

$$2\ C_2H_5OH \rightarrow H_2C = CH–CH = CH_2 + 2\ H_2O + H_2$$

Ce procédé permet d'atteindre une sélectivité en butadiène de 70 %.

Une deuxième étape de télomérisation du butadiène est nécessaire pour produire des bases carburant. Les sociétés Snamprogetti et Euron ont montré, par exemple, qu'en opérant la réaction de télomérisation du butadiène en présence de méthanol ou d'éthanol, suivie d'une réaction d'hydrogénation, on obtient des n-octyalkyléthers qui pourraient être envisagés en tant qu'additifs à une base Diesel [56]. La télomérisation est opérée en phase homogène en utilisant des complexes de palladium en présence de ligands phosphines. La télomérisation conduit au 1-méthoxy-2,7-octadiène, ou 1-éthoxy-2,7-octadiène, avec un rendement molaire en éther primaire respectivement de 94 % ou 91 %. L'hydrogénation ultérieure est opérée par exemple sur catalyseur à base de métal noble ou nickel. Il s'agit à nouveau d'un enchaînement de réactions, avec formation de produits secondaires à chaque étape.

2.7.2.4 Transformation de l'éthanol en butanol-1

Le butanol-1 figure parmi les composés chimiques les plus importants. Il sert en particulier à la fabrication de l'acétate de butyle, des phtalates (dibutylphtalate, butylbenzylphtalate), et de solvants divers. On pourrait également envisager de le valoriser en acétal, par réaction avec le formol ou l'acétaldéhyde, en éther, de type dibutyléther par exemple, ou en ester butylique. Ces composés possèdent des points d'ébullition compatibles avec la courbe de distillation des gazoles.

La très ancienne réaction de Guerbet, découverte à la fin du XIXe siècle, permet de dimériser des alcools aliphatiques avec libération d'une molécule d'eau pour former des alcools branchés [57]. Le mécanisme de la réaction comprend de multiples étapes :

- déshydrogénation catalytique de l'alcool en aldéhyde,
- condensation d'aldol à partir de deux molécules d'aldéhydes formées précédemment suivie d'une déshydratation, ce qui conduit à la formation d'un aldéhyde α,β-insaturé,
- hydrogénation du produit de condensation formé précédemment, pour donner l'alcool dimère branché.

La réaction nécessite un catalyseur de type alcalin tel que la potasse, dopé le plus souvent par un métal de transition (Ni, Pd, Cu, Rh, Ir...) lors de la première étape d'hydrogénation. La réaction est opérée à température élevée et sous pression.

Cette réaction a permis la synthèse de nombreux alcools gras. Malheureusement, l'éthanol est l'alcool primaire qui réagit selon la réaction de Guerbet avec la sélectivité la plus faible.

D'autres systèmes catalytiques ont été étudiés par la suite pour la synthèse du n-butanol à partir de l'éthanol. Des oxydes mixtes de composition 65 % MgO – 25 % CuO – 10 % MnO déposés sur silice se sont avérés être parmi les plus performants [58]. La sélectivité en n-butanol est au plus de 18 % molaire par rapport à l'éthanol, soit 29 % poids, pour une conversion de l'éthanol inférieure de 70 %. Les produits organiques secondaires de la réaction sont l'acétaldéhyde, l'éthylène et, dans une moindre mesure, le crotonaldéhyde et le butène-1. L'oxyde de magnésium seul a également été cité plus récemment dans la littérature [59]. Il conduit à un rendement molaire de 18 % en n-butanol pour une conversion de l'éthanol de 56 %. Aucune industrialisation du procédé n'est donc envisageable à ce stade des connaissances.

2.7.2.5 Transformation de l'éthanol par réaction avec une autre molécule

Différentes réactions sont citées de manière sporadique dans la littérature sur la valorisation de l'éthanol par réaction avec une autre molécule. Nous mentionnerons, par exemple, la synthèse d'acétal (1,1-diéthoxyéthane) par réaction de deux moles d'éthanol avec une mole d'acétaldéhyde. L'acétal pourrait être intéressant en tant qu'additif d'un carburant Diesel.

La réaction fonctionne bien en catalyse homogène sur acide fort inorganique tel que les acides sulfurique et phosphorique. Parmi les systèmes catalytiques hétérogènes étudiés, les résines semblent les plus performantes [60]. L'acétaldéhyde peut lui-même être obtenu par oxydation de l'éthanol.

2.7.2.6 Conclusion

Dans l'état actuel des connaissances sur les réactions possibles de transformation chimique de l'éthanol, les procédés pouvant permettre de produire des bases pour carburant essence ou Diesel apparaissent comme complexes. Ils ont fait l'objet de publications plus ou moins nombreuses suivant les approches, mais aucune des voies décrites n'a encore été industrialisée. Leur coût et/ou leur manque de performances les rendent largement non compétitifs pour l'instant par rapport aux procédés de synthèse de l'ETBE ou des esters éthyliques d'huiles végétales.

Des études internes à IFP Energies nouvelles ont montré que le procédé d'obtention de l'éthylène par déshydratation de l'éthanol conduit grossièrement à un prix de l'éthylène double de celui de l'éthanol de départ, soit environ 1 000 €/t à partir d'éthanol européen et autour de 550 €/t à partir d'éthanol brésilien. Ceci est à comparer au prix de l'éthylène fabriqué par les procédés pétrochimiques classiques, de l'ordre de 750-800 €/t au cours du deuxième semestre 2008, pour un prix moyen du pétrole brut de type Brent de 35 € le baril. L'intérêt d'un tel procédé d'obtention de l'éthylène à partir d'éthanol européen n'apparaît pas comme immédiat et n'est envisageable que dans le cas d'une conjoncture économique pétrolière très difficile. De plus, la transformation ultérieure de l'éthylène en carburant va engendrer un coût supplémentaire non négligeable.

2.8 LES ASPECTS ENVIRONNEMENTAUX

De nombreuses études visant à mesurer l'impact sur l'environnement de la production et de l'utilisation des biocarburants ont été réalisées. Ces études baptisées « du puits à la roue » (« Well to wheel ») comparent les émissions de gaz à effet de serre et la consommation d'énergie sur l'ensemble du cycle de vie du carburant entre les solutions biocarburants et les solutions traditionnelles utilisant les carburants pétroliers. Ce sont les deux principaux impacts mentionnés ci-dessous. Les résultats de deux études sont présentés ci-après :

- l'étude réalisée en France pour le compte de l'ADEME (Agence de l'Environnement et de la Maîtrise de l'Énergie), le MAP (ministère de l'Alimentation, de l'Agriculture et de la Pêche) et le MEEDAT (ministère de l'Écologie, Énergie, Développement durable et de la mer), avec l'aide de plusieurs instituts de R&D et d'industriels français [61]. Cette étude ne prend pas en compte les changements d'affectation des sols,
- l'étude européenne réalisée en collaboration par le Centre Commun de Recherche de la Commission européenne (JRC), le CONCAWE qui est l'association européenne des compagnies pétrolières traitant des questions liées à l'environnement et EUCAR qui coordonne les actions R&D de l'Association Européenne des Constructeurs d'Automobiles [62].

Les résultats de ces deux études, concernant les réductions des consommations d'énergie fossile et les émissions de gaz à effet de serre, sont présentés respectivement dans les tableaux 2.14 et 2.15.

Tableau 2.14 Réduction de la consommation d'énergies non renouvelables.

	Étude ADEME (février 2010)	Étude JRC/EUCAR/CONCAWE (mars 2007)		
	Réduction des consommations par rapport à la référence pétrolière (%)	**MJ ex/km**	**Référence MJ ex/km**	**Gain par rapport à la référence pétrolière (%)**
Éthanol ex-betterave	52	1,65	2,16	24
Éthanol ex-blé	49	1,68	2,16	22
Éthanol ex-maïs	53			
Éthanol ex-canne à sucre	85	0,2	2,16	91
ETBE ex-betterave	20			
ETBE ex-blé	18			
ETBE ex-maïs	22			
ETBE ex-canne à sucre	54			

Tableau 2.15 Bilan GES des filières biocarburants comparativement au carburant pétrolier de référence.

	Étude ADEME (février 2010)	Étude JRC/EUCAR/CONCAWE (mars 2007)		
	Réduction des émissions par rapport à la référence pétrolière (%)	**gCO_2 eq/km**	**Référence gCO_2 eq/km**	**Gain par rapport au carburant pétrolier de référence**
Éthanol ex-blé	49	114	164	30
Éthanol ex-betterave	6	111	164	32
Éthanol ex-canne à sucre	72	19	164	88
Éthanol ex-maïs	56			
ETBE ex-betterave	42			
ETBE ex-blé	24			
ETBE ex-maïs	31			
ETBE ex-canne à sucre	47			

De l'analyse de ces résultats, plusieurs commentaires peuvent être faits. D'une manière générale, l'usage des biocarburants permet une réduction significative des rejets de gaz à effet de serre par rapport aux solutions conventionnelles. Cette conclusion demande néanmoins à être tempérée par le fait que les biocarburants sont le plus souvent utilisés en mélange à des teneurs relativement faibles (5 à 10 %, avec un maximum de 24 % au Brésil, et parfois 85 %).

Si d'un point de vue qualitatif l'usage des biocarburants permet un gain certain en termes de rejets de gaz à effet de serre, ce gain reste difficile à quantifier avec précision ; il dépend également des rejets de N_2O dont l'influence est particulièrement importante puisque ce gaz est trois cents fois plus nocif en termes d'effet de serre que le CO_2. Or, ces rejets dépendent eux-mêmes des quantités d'engrais utilisés, des conditions climatiques, de la qualité des sols… et sont donc difficiles à évaluer de manière précise. Il est important de souligner qu'entre les deux études existent des différences importantes de méthodologie quant à l'attribution des impacts lorsqu'il y a fabrication de co-produit. L'étude réalisée en France pour le compte de l'ADEME/DIREM utilise le classique prorata massique. En revanche, l'étude JRC/EUCAR/CONCAWE adopte la méthode dite de substitution qui consiste à attribuer l'ensemble des impacts au seul biocarburant et à retrancher ensuite un « crédit », une fois l'ensemble des impacts évalués. Ce crédit est estimé en faisant l'hypothèse que le co-produit permet d'éviter les rejets en gaz à effet de serre liés à la seule fabrication de celui-ci. À titre d'exemple, pour l'éthanol ex-blé, les co-produits valorisés en tant qu'aliment animal sont les drêches. La co-production permet d'éviter les émissions de gaz à effet de serre qui auraient été générées s'il avait fallu produire une quantité équivalente d'aliments pour animaux à partir de blé. Cette dernière méthode de calcul est moins favorable que celle utilisée dans l'étude ADEME/DIREM.

Les études réalisées s'accordent sur le fait que le meilleur résultat est obtenu lorsque l'éthanol est produit à partir de canne à sucre. L'utilisation de la bagasse pour générer la chaleur nécessaire à l'opération de distillation contribue fortement à ce résultat.

Pour l'éthanol ex-betterave et l'éthanol ex-maïs, les résultats se situent à un niveau intermédiaire, entre ceux obtenus pour le blé et la canne à sucre. En ce qui concerne l'emploi de l'ETBE, les réductions des émissions de gaz à effet de serre sont encore plus faibles. Ceci est essentiellement dû au fait que, pour moitié, la fabrication de ce composé utilise des matières d'origine fossile.

À partir des bilans énergétiques, on peut ressortir plusieurs éléments.

Tout d'abord, la production de biocarburants s'accompagne d'une consommation de quantités non négligeables d'énergie fossile. Ceci a pour conséquence que le gain final attendu par rapport à la solution « carburants pétroliers » ne sera jamais de 100 %. Suivant les hypothèses faites et les filières étudiées, cette réduction de la consommation d'énergie non renouvelable peut aller de 22 % à 91 %. C'est encore dans le cas de l'éthanol ex-canne à sucre que ces réductions sont les plus importantes. L'étendue de cette fourchette indique qu'il convient d'être prudent lorsque le sujet du gain en terme de consommation d'énergie lié à l'usage des biocarburants est abordé. De plus, tout comme dans le cas des émissions de gaz à effet de serre, le gain attendu va dépendre de la méthodologie retenue. On notera néanmoins que ces bilans ne sont pas figés et qu'il peut être envisagé d'améliorer les bilans « énergie fossile » des unités de production de biocarburants, soit par des programmes d'économie d'énergie, soit même en utilisant des ressources d'énergies renouvelables.

L'étude ADEME [61] donne des indications sur d'autres impacts. Pour l'indicateur relatif au potentiel d'eutrophisation, exprimé en kg eq. Phosphates/MJ, les éthanols présentent des bilans légèrement défavorables par rapport aux essences. Une fois transformés en ETBE, on observe un gain par rapport à leur incorporation directe. L'étape agricole, par le lessivage des nitrates et par les émissions d'ammoniac, est celle qui contribue le plus à cet impact. Cependant, les émissions sont aussi marquées lors de l'étape industrielle de transformation. Pour le potentiel d'oxydation photochimique, exprimé en kg eq. C_2H_4/MJ, les éthanols, incorporés à 10 % dans les essences, sont moins émetteurs de molécules à pouvoir oxydant que l'essence qu'ils remplacent. Cette réduction provient en grande partie de la diminution des émissions de CO lors de l'utilisation dans les véhicules. Les impacts sur l'indicateur de toxicité humaine, exprimé en kg eq. 1-4 dichlorobenzène (1-4 DB)/MJ, sont plus importants pour les éthanols que pour les essences. La contribution principale vient de l'étape agricole.

2.9 LES ASPECTS ÉCONOMIQUES

L'éthanol est, et de très loin, le principal biocarburant produit au monde. Les principaux producteurs d'éthanol-carburant sont les États-Unis, le Brésil, la Chine et l'Europe. Cette hiérarchie fait qu'aujourd'hui les États-Unis et le Brésil bénéficient des meilleurs effets d'échelles et ont ainsi les coûts les plus bas en matière de production d'éthanol, dans des contextes différents.

La fabrication des carburants d'origine végétale s'accompagne de celle de co-produits dont la valorisation et les changements de prix influent sur l'économie des biocarburants. Dans le cas de la production d'éthanol à partir de blé, de l'ordre de 1,2 tonne de drèches riches en protéines sont obtenues par tonne d'éthanol, et utilisées en alimentation animale. À partir de betteraves, ce sont 0,75 tonne de pulpes, résultant de la fabrication d'une tonne d'éthanol, qui sont valorisées en alimentation animale.

2.9.1 Le coût de production de l'éthanol aux États-Unis

L'éthanol est surtout produit aux États-Unis à partir de maïs. Deux types de procédés peuvent être mis en place suivant la nature et les marchés visés pour les co-produits : un procédé de broyage « humide » et un procédé de broyage à sec. Les co-produits et donc la nature des marchés de ces co-produits ont une importance capitale pour l'économie de la production d'éthanol : le volume généré de co-produit représente environ 55 % en masse de la matière première introduite dans le procédé et sa valorisation peut représenter jusqu'à 50 % du prix de la matière première. Chacune de ces voies possède des avantages et des inconvénients. La voie « sèche » a l'avantage d'offrir un investissement initial plus faible et une mise en œuvre plus aisée ; en contrepartie, les drêches co-produites ont une moindre valeur ajoutée (elles sont essentiellement destinées au marché de l'alimentation animale). À l'inverse, la voie dite « humide », plus complexe à mettre à œuvre, nécessite un investissement plus important ; le principal co-produit est un sirop riche en fructose principalement destiné au marché de l'alimentaire, notamment pour la production de soda ou de produits cuisinés. Ce dernier procédé était principalement utilisé jusqu'à récemment, notamment par Archer Daniels Midlands (acteur dominant de ce secteur d'activité aux États-Unis). Cependant, avec la hausse de la production d'éthanol-carburant observée aux États-Unis depuis le début des années 2000, les procédés dits de voie sèche deviennent prépondérants sur le marché américain. En effet, ces procédés s'imposent car ils sont seulement tributaires de la valorisation de l'éthanol et des drêches dans un marché en expansion, à la différence de la multitude de co-produits générés par les procédés dits de voie humide, dont les marchés fluctuants ne sont pas en mesure d'absorber les excédents produits par les nouvelles grosses unités implantées.

Ces dernières années, toutes les nouvelles installations ont des capacités de production de plus de 100 000 t/an, entraînant un effet d'échelle qui se traduit par une baisse des coûts de production.

La répartition des coûts, représentée sur la figure 2.21, est sensiblement la même pour les deux types de procédé [63]. Elle fait apparaître l'importance du poste de la matière première, malgré tout atténuée par les revenus provenant de la vente des co-produits. Dans l'absolu, le coût de la matière première est plus élevé avec le procédé dit de voie humide ; en revanche, les revenus issus de la vente des co-produits sont plus importants.

En tenant compte de ces revenus, les coûts de production nets de l'éthanol ex-maïs sont sensiblement équivalents pour les deux types de procédé. Ils sont, au début du dernier trimestre 2009, de l'ordre de 550 $\$/m^3$ pour l'éthanol à 92 % et de 580 $\$/m^3$ pour l'éthanol anhydre [64].

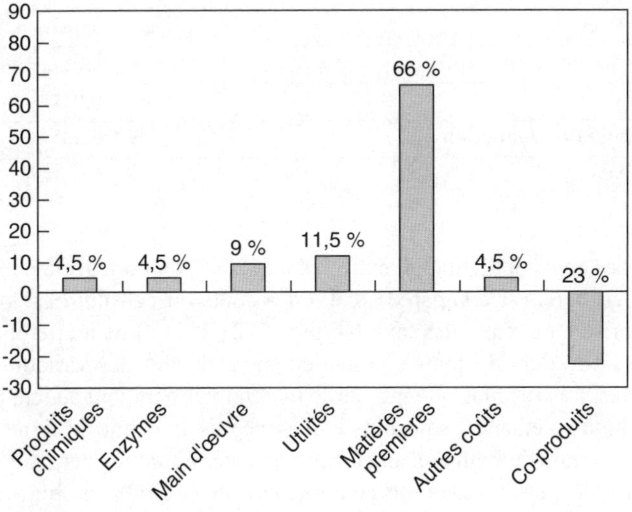

Figure 2.21

Distribution des coûts de production de l'éthanol ex-maïs.

2.9.2 Le coût de production de l'éthanol au Brésil

Le coût de production d'éthanol le plus faible est obtenu au Brésil, dans une moindre mesure en Inde et potentiellement dans toutes les régions tropicales à même de produire de grandes quantités de canne à sucre. Ainsi, au Brésil, le prix de l'éthanol à 92 %, utilisable uniquement sur des véhicules dédiés, par unité de volume, est descendu sous le prix de l'essence en 2002 et 2003 (environ 0,2 $/l). De même, en Inde, le prix de l'éthanol, toujours sur une base volumétrique, s'est rapproché du prix de l'essence en 2002. Les prix aujourd'hui constatés sont fortement dépendants des variations des cours du sucre. Le détail des coûts moyens de production de l'éthanol au Brésil est donné dans le tableau 2.16.

Tableau 2.16 Répartition des coûts de production de l'éthanol au Brésil en 1990 ($/l).

Coût de la matière première	**0,13**
Coût opératoire	**0,04**
Main-d'œuvre/Administratif/Maintenance	0,01
Produit chimique	0,002
Énergie	0,002
Autres	0,024
Coûts fixes	**0,062**
Retour sur investissement	0,05
Autres	0,011
Coût total de production	**0,23**

Source : AIE

L'évolution des coûts de l'éthanol, entre 2000 et 2009, rapportés à une base énergétique, en Euros par GigaJoule, est comparée à celle des coûts du pétrole. Les valeurs sont indiquées, avant la prise en compte des taxes (figure 2.22), [65]. Il peut être observé des variations importantes au cours du temps, essentiellement du fait des variations du cours des matières premières. Les revenus obtenus sur le marché du sucre, qui étaient proches de ceux venant du marché de l'éthanol, sont plus élevés depuis le début de l'année 2009. D'une façon générale, les cours de l'éthanol au Brésil, rapportés à l'unité énergétique, sont toujours supérieurs à ceux du pétrole. Dans le courant de l'année 2008, ils ont toutefois été très proches.

Depuis les années 1990, de nombreux progrès ont été réalisés dans la production d'éthanol. La bagasse est, par exemple, utilisée comme matière première dans des unités de cogénération d'électricité et de chaleur. En 2004-2005, les coûts de production pour l'éthanol à 92 % sont descendus à une valeur de l'ordre de 0,15 $/l, compétitive par rapport à celle de l'essence.

Ce prix de revient devient compétitif par rapport à celui de l'essence, calculé sur une base énergétique, le contenu énergétique de l'éthanol étant environ les 2/3 de celui de l'essence.

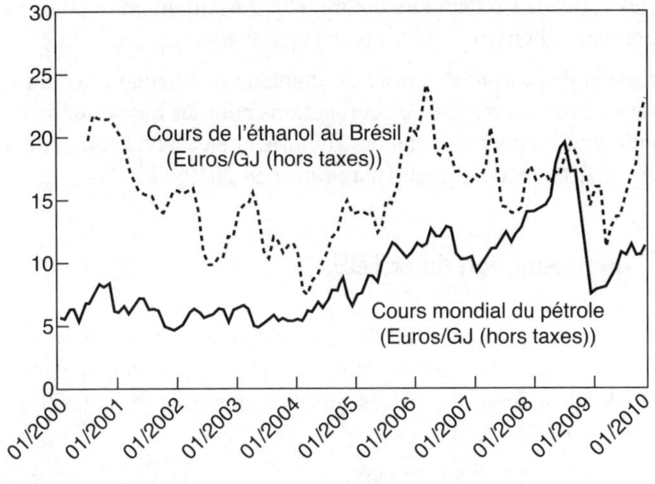

Figure 2.22

Évolution des cours (Euros/GJ).

2.9.3 Le coût de production de l'éthanol en Europe

Du fait d'unités beaucoup plus petites, d'un secteur moins structuré qu'aux États-Unis ou au Brésil et de prix de matières premières plus élevés, les coûts de production de l'éthanol étaient supérieurs en Europe. À titre d'exemple, en France, un des pays leaders pour la production d'éthanol-carburant en Europe, jusqu'en 2006, la taille moyenne des unités est de l'ordre de 20 000 t/an. Il est important de noter également que les matières premières utilisées sont différentes de celles employées au Brésil ou aux États-Unis. Il s'agit de blé et de betteraves. Dans le cas du blé, le procédé s'apparente à celui du maïs déjà décrit dans le cas des États-Unis. Dans le cas de la betterave, cette fois, on se situe dans une configuration proche de celle du Brésil. Une estimation de la répartition des coûts moyens de production de l'éthanol est donnée dans le tableau 2.17 ci-dessous. Ces coûts ne sont donnés qu'à titre indicatif et ne peuvent refléter la diversité des situations rencontrées en Europe.

Tableau 2.17 Estimation du coût moyen de production de l'éthanol en Europe (€/l).

	Blé	**Betterave**
Matière première	0,22-0,34	0,2-0,32
Coût de production	0,28	0,22
Crédit des co-produits	(0,15)	0
Coût total	0,36-0,48	0,42-0,52

En Europe, les coûts de l'éthanol en octobre 2009 oscillent entre 50 et 55 euros/hl, alors qu'ils étaient supérieurs d'environ 10 % un an auparavant.

Le contexte fiscal des carburants reste du domaine de chaque pays. Jusqu'à ce jour, de nombreux états membres ont obtenu des dérogations pour les biocarburants. À titre d'exemple, cette exemption en France, qui était de 21 euros/hl en 2009, est réduite à 18 euros/hl en 2010, 11 euros/hl en 2011 et devrait être supprimée en 2012.

2.9.4 Le coût de production de l'ETBE

Le coût de production d'une tonne d'ETBE, calculé en 2005, avec un prix de matières premières (éthanol et isobutène) de 295 €/t, s'élève à 397 €. Interviennent dans cette évaluation les charges fixes à hauteur de 46 €/t, tandis que les autres frais variables (utilités, catalyseur, main-d'œuvre...) sont de 56 €/t.

Le poste « matières premières » représente 75 % du prix de revient de l'ETBE. De ce fait, les moindres fluctuations de ce poste expliquent les variations observées du prix de revient de l'ETBE.

RÉFÉRENCES

[1] Swain EJ (1999) US MTBE Production at a Record High in 1998. Oil and Gas Journal **97**, 24, pp 99-101.

[2] Lamberth R (2004) 2003 Was a Year of Transition for the MTBE, Fuels Industry. Oil and Gas Journal **102**, 2, pp 52-58.

[3] UOP sells first Licence for DIPE Production, European Chemical News (1996) **6**, p 1710.

[4a] Koskinen M, Jarvelin H, Lundqvist P (1997) NExETHERS – New Way of Producing Ethers. Oil-Gas European Magazine 23, (3), pp 31-34.

[4b] http://www.sriconsulting.com/CEH/Public/Reports, 7 octobre 1998.

[4c] Caillaud V (2007) Les biocarburants en perspective. GP Arts et métiers, 10 septembre 2007.

[5a] Fayolle F, Hernandez-Perez G, Vandecasteele JP (2001) Biodegradation of Ethyl t-butyl ether (ETBE), Methyl t-butyl ether (MTBE) and t-amyl methyl ether (TAME) by *Gordonia Terrae*. Microbiology and Biotechnology **55**, 1, pp 117-121.

[5b] Allard M (2005) Methanol Industry Overview, GTLtec Doha, Novembre 2005.

[6] Journal Officiel de la République Française, 30 décembre 1991.

[7] Forestière A. Rapports internes IFP Energies nouvelles 1991et 1996.

[8] Quiroga M, Capeletti MR, Figoli N, Sedran U (1999) Catalyst Deactivation by Acetonitrile in MTBE Synthesis. Applied Catalysis A-General **177**, 1, pp 37-42.

[9] Capeletti MR, Figoli N, Sedran U (2002) Propionitrile Hydrolysis over sulfonic Resins. Catalysis Letters **83**, 1-2, pp 15-18.

[10] Marion MC, Forestière A, Chodorge JA (1996) ETBE Production, the French Experience. ISAF XI International Symposium on Alcohol Fuels, Sun City : Proceedings 2, pp 520-527.

[11] Nocca JL, Forestière A, Cosyns J (1994) Nouvelles technologies IFP Energies nouvelles pour la reformulation des essences. Revue de l'Institut Français du Pétrole **49**, 5, pp 461-473.

[12] Chodorge JA, Forestière A, Hennico A, Nocca JL (1995) ETBE : The Renewable Oxygenate of the Future. AICHE – Summer National Meeting of the American Institute of Chemical Engineers – Extented Abstract, Paper 44F.

[13] Hunszinger P, Jarvelin H, Nurminen M, Birkhoff R (2003) Case History : Converting an MTBE to Isooctane Operation. Hydrocarbon Processing **82**, 9, p 53.

[14] Process Developped to Convert MTBE Plants (2003) Material Performance **42**, 9, p 53.

[15] Barger P (2004) Communication orale de l'UOP à l'AICHE.

[16] Anonyme (2000) UOP Process Selected for Japan MTBE Revamp. Chemical Week **162**, 14, p 27.

[17] Di Girolamo M, Tagliabue L (1999) MTBE and Alkylate Coproduction : Fundamentals and Operating Experience. Catalysis Today **52**, 2-3, pp 307-319.

[18] Nocca JL (1995) Proceedings : IFP Energies nouvelles Customer Seminar : IFP Energies nouvelles's Etherification Technologies. Newport Beach, Sept. 1994.

[19a] Krishna R, Taylor R (2000) Modelling Reactive Distillation. Chem Eng. Sci. **55**, pp 5183-5229.

[19b] Krishna R, Baur R, Taylor R (2001) Influence of Column Hardware on the Performance of Reactive Distillation Columns. Catal. Today **66**, pp 225-232.

[20] Mikitenko P (1986) La distillation réactive : principe, applications et perspectives. Pétrole et Techniques 329, pp 34-38.

[21] Nocca JL, Leonard J, Gaillard JF, Amigues P (1989) US Patent 4 847 431, Process for Manufacturing a Tertiary Alkyl Ether By Reactive Distillation.

[22] Chodorge JA, Hennico A, Leonard J, Nocca JL (1990) IFP Energies nouvelles Etherification Technology : The MTBE and TAME Processes. Hydrocarbon Technology International 1989-1990, pp 127-129.

[23a] Nocca JL, Leonard J, Gaillard JF, Amigues P (1991) US Patent 5 013 407 : Apparatus for Reactive Distillation.

[23b] Asselineau L, Mikitenko P, Viltard JC, Zuliani M (1994) US Patent 5 368 691 : Reactive Distillation Process and Apparatus for Carrying it Out.

[24] Forestière A, Nocca JL, Torck B, Leprince P (1991) Proceedings of the International Symposium on Alcohol Fuels.

[25] Pucci A, Mikitenko P et Zuliani M (1991) Brevet français Fr 2 683 523 : Procédé de séparation d'éthyl tertiobutyl éther et d'éthanol ; US Patent 5 158 652 : Process for the Separation of Tert.Butyl Ethyl Ether from Mixtures; US Patent 5 250 156 : Method of Separating Ethyl Tertiobutyl Ether from Mixtures with Ethanol ; US Patent 5 348 624 : Process for Separating Ethyl Tert.Butyl Ether and Ethanol.

[26a] Prévost I, Mauci E, Chau C, Ballaguet JP, Forestière A (2000) GFGP-Intégration des membranes dans les procédés. Mise en œuvre des nouvelles membranes dans les procédés. Comptes rendus du Séminaire du Groupe Français de Génie des Procédés 14, pp 155-161.

[26b] Ballaguet JP, Forestière A, Maucci E, Prévost I, Streicher Ch (2000) New Membrane Technology to Produce ETBE. ISAF XIII-International Symposium on Alcohol Fuels-Proceedings, Part I, p 10.

[27a] Asselineau L, Streicher Ch, Forestière A (1995) Separation of Alcohol/hydrocarbon Mixtures in Industrial Etherification Processes for Gasoline Production. Pure and Applied Chemistry **67**, 6, pp 985-992.

[27b] Baromètre Biocarburants. Etude réalisée par EurObserver [2009] Systèmes solaires. Le Journal des Énergies Renouvelables, 192, pp 55-77.

[28] Supply an Cost of Alternatives to MTBE in Gasoline (December 1998). Technical Appendices – Ethanol Blending Properties for Task 3 Modeling Work – Staff Report – California Energy Commission.

[29] Alternative Fuel in the Automotive Market (1995) Concawe report 2/95.

[30] Hammel-Smith C, Fang J, Powders M, Aabakken J (2002) Issues Associated with the Use of Higher Ethanol Blends (E17-E24), NREL Technical Report NREL/TP-510-32206.

[31] Nersasian A (E. I. du Pont de Nemours & Co., Inc.) The Vol. Increase of Fuel Handling Rubbers in Gasoline/Alcohol Blends, SAE Paper n° 800789, June 1980.

[32] Dunn JR, Pfisterer HA (Polystar Limited), Resistance of NBR-Based Fuel Hose Tube to Fuel-Alcohol Blends. SAE Paper n° 800856, June 1980.

[33] Bechtold RL (1997) Alternative Fuels Handbook, SAE Press, ISBN 0-7680-0052-1.

[34] Mueller Associates, Inc., Status of Alcohol Fuels Utilization Technology for Highway Transportation : a 1986 Perspective, in : Volume 1 – Spark-Ignition Engines, Report n°ORNL/Sub/85-22007/4, National Technical Information Service, Springfield, Va.

[35] Fatsikostas AN, Verykios XE (2004) Reaction Network of Steam Reforming of Ethanol over Ni-based Catalysts. Journal of Catalysis **225**, pp 439-452.

[36] Auprêtre F, Descorme C, Duprez D, Casanave D, Uzio D (2004) New Multifunctional Catalysts for the Steam Reforming of Bioethanol. 13th International Congress on Catalysis, 11-16 July 2004, pp 4-155.

[37] Haryanto A, Fernando S, Murali N, Adhikari S (2005) Current Status of Hydrogen Production Techniques by Steam Reforming of Ethanol : A Review. Energy & Fuels, **19**, 5, pp 2098-2106.

[38] Panagiotopoulou P, Kondarides DI (2004) Effect of Morphological Characteristics of TiO2-Supported Noble Metal Catalysts on their Activity for the Water-Gas Shift Reaction. J. Catal., 225, pp 327-336.

[39] Ladebek JR, Wagner JP (2003) Catalyst Development for Water-Gas Shift Handbook of Fuel Cells. Fundamentals, Technology and Applications, 3, Part 2, pp190-201.

[40] Christensen D, Silveston P, Croiset E, Hudgins R, (2004) Production of Hydrogen from the Noncatalytic Partial Oxydation of Ethanol. American Chemical Society **43**, 11, pp 2636-2642.

[41] Rapport Alphea (2006) Etat de l'art des systèmes et technologies de production d'hydrogène, 13 juillet 2006.

[42] Deluga G, Salge J, Schmidt L, Verykios X. (2004) Renewable Hydrogen from Ethanol by Autothermal Reforming. Science 303, pp 993-997.

[43] Giroudière F, Sanger R, His S, Boyer C, Doshi K, Xu J (2006) Production of Hydrogen from Bio-ethanol, WHEC 16/13-16 June 2006, Lyon, France.

[44] Brochure N-GHY/HYNERGREEN (2008) H2 Expo, Hambourg, Allemagne.

[45] Ioannides T (2001) Thermodynamic Analysis of Ethanol Processors for Fuel Cell Applications. Journal of Power Sources 92, pp 17-25.

[46] Aguayo AT, Gayubo AG, Tarrío AM, Atutxa A, Bilbao J (2002) Study of Operating Variables in the Transformation of Aqueous Ethanol into Hydrocarbons on an ZSM-5 zeolit. Journal of Chemical Technology and Biotechnology 77, pp 211-216.

[47] Bhattacharyya KG, Talukdar AK, Sivasanker S (1994) Production of Hydrocarbons from Aqueous Ethanol over HZM-5 under High Pressure. Journal of Assam Science Society 36, 3, pp 177-188.

[48] Winter O, Eng M-T (1976) Make Ethylene from Ethanol. Hydrocarbon Processing 1976, 11, pp 125-133.

[49] Tsao U, Reilly JW (1978) Dehydrate Ethanol to Ethylene. Hydrocarbon Processing, 57, 2, pp 133-136.

[50] Hillips CB, Datta R (1997) Production of Ethylene from Hydrous Ethanol on ZSM-5 under Mild Conditions. Industrial Engineering Chemistry Research 36, pp 4466-4475.

[51] Olivier-Bourbigou H, Chodorge JA, Travers P (1999) Olefin Oligomerisation with Homogeneous Catalysis. Petroleum Technology Quarter (PTQ), Autumn 1999, pp 141-149.

[52] Skupińska J (1991) Oligomerization of α-olefins to Higher Oligomers. Chemical Review 91, pp 613-648.

[53] Sohn JR, Park WC (2003) The Roles of Active Sites of Nickel Sulfate Supported on γ-Al_2O_3 for Ethylene Dimerization. Applied Catalysis A : 239, pp 269-278.

[54] Hulea V, Fajula F (2004) Ni-exchanged AlMCM-41-An Efficient Bifunctionnal Catalyst for Ethylene Oligomerization. Journal of Catalysis 225, pp 213-222.

[55] Weissermel K, Arpe HJ (1997) Industrial Organic Chemistry. 3rd Ed. VCH, Weinheim. pp 106-107.

[56] Marchionna M, Patrini R, Giavazzi F, Pecci GC (1996) Symposium on Removal of Aromatics, Sulfur and Olefins from Gasoline and Diesel. Presented before the Division of Petroleum Chemistry, Inc. 212th National Meeting, American Chemical Society. Orlando, FL, August 25-29, 1996. pp 585-589.

[57] Knothe G (2002) Synthesis, Applications, and Characterization of Guerbet Compounds and their Derivatives. Lipid Technology, pp 101-104.

[58] Nagarajan V (1971) Kinetics of a Complex Reaction System – Preparation of n-butanol from Ethanol in one Step. Indian Journal of Technology 9, pp 380-386.

[59] Ndou AS, Plint N, Coville NJ (2003) Dimerisation of Ethanol to Butanol over Solid-base Catalysts. Applied Catalysis A : 251, pp 337-345.

[60] Capeletti MR, Balzano L, de la Puente G, Laborde M, Sedran U (2000) Synthesis of Acetal (1,1-diethoxyethane) from Ethanol and Acetaldehyde over Acidic Catalysts. Applied Catalysis A : 198, L1-L4.

[61] Analyses de cycle de vie appliquées aux biocarburants de première génération consommés en France. ADEME, Synthèse de février 2010.

[62] Well-to-Wheels Analysis of Future Automotive Fuels and Powertrains in the European Context, Concawe, Eucar, JRC, Well-to-Wheels Report, March 2007, http://ies.jrc.ec.europa.eu/WTW

[63] Shapouri H (2003) Ethanol Production Economics. USDA/OCE First World Summit on Ethanol for Transportation. Quebec (Canada) 02-04 Nov.2003.

[64] F.O.Lichts (2009) World Ethanol Price Report, October 26, 2009, **5**, 29, pp 1-5.

[65] Chaud B (2009) IFP Energies nouvelles, Sessions – Which Technologies to Diversify Transportation Fuels? Rueil-Malmaison (France) 9 décembre 2009.

3

Les biocarburants de première génération pour les moteurs Diesel

D. Ballerini, T. Chapus, G. Hillion, X. Montagne

Les biocarburants de première génération pour les moteurs Diesel sont produits à partir d'huiles végétales. Celles-ci, après purification plus ou moins poussée, ont pu être utilisées directement comme carburant dans les moteurs Diesel et le sont encore aujourd'hui dans quelques applications limitées. Mais l'amélioration de la technologie et des performances des moteurs Diesel s'est accompagnée d'exigences plus grandes quant à la qualité des carburants employés, auxquelles ne peuvent répondre les huiles végétales brutes (voir 3.10).

Pour utilisation dans les moteurs récents, les huiles végétales sont transestérifiées avec un alcool, le plus généralement du méthanol, mais aussi éventuellement de l'éthanol pour produire un ester méthylique (EMHV) ou éthylique (EEHV) d'huiles végétales. Le même type de réaction peut être appliqué aux graisses animales ainsi qu'aux huiles de friture usagées. La réaction de transestérification, connue depuis plus d'un siècle, a été adaptée dans le courant des années 1980 pour aboutir à des procédés industriels de fabrication des EMHV, communément désignés sous le nom de biodiesel ou vendus en France sous la marque Diester®.

Un deuxième type de biodiesel, composé d'un mélange d'hydrocarbures, est obtenu par hydrotraitement catalytique des huiles végétales ou des graisses animales. Les huiles végétales peuvent être aussi des matières premières des raffineries pétrolières, en étant mélangées aux différents gazoles avant hydrotraitement ; ceci permet d'augmenter la production de carburants de bonne qualité pour les moteurs Diesel.

Ce chapitre présente l'intégralité de la filière carburant des huiles végétales et, dans une moindre mesure, des graisses animales. Après une description des matières premières et du processus d'élaboration des huiles et du méthanol nécessaires à la réaction de transestérification, les divers procédés de fabrication des esters méthyliques et éthyliques d'huiles végétales et d'hydrocarbures sont exposés. Suivent les caractéristiques des produits fabriqués. La fabrication de biodiesel est décrite dans les principaux pays engagés dans cette voie de développement de la filière biocarburants de première génération venant en remplacement ou en complément du gazole dans les moteurs Diesel.

Le marché de la glycérine, produit fatal de la réaction de transestérification et dont la valorisation est un élément de l'équilibre économique global de la filière, est abordé. L'utilisation des huiles végétales et de l'EMHV dans les moteurs Diesel est ensuite présentée, suivie des aspects environnementaux et économiques.

En termes de protection de l'environnement, l'usage de ces produits permet en premier lieu de réduire, par substitution au gazole, la consommation de combustibles fossiles ; il s'accompagne aussi d'une réduction significative des émissions de polluants et de gaz à effet de serre (voir 3.13).

3.1 LES MATIÈRES PREMIÈRES D'ORIGINE VÉGÉTALE

3.1.1 La production mondiale d'huiles végétales

La production mondiale d'huiles végétales est évaluée à 130 millions de tonnes (Mt) en 2007, alors qu'elle n'atteignait que 86 Mt en 1999 et 101 Mt en 2003. Cette forte progression devrait se poursuivre dans les prochaines années puisque les premières estimations donnent des chiffres de production nettement supérieurs à 130 Mt en 2010. Il faut ajouter à ces sources de corps gras, de l'ordre de 20 à 25 Mt de graisses animales et entre 1 et 2 Mt de tallol, sous-produit du traitement de la pâte Kraft dans l'industrie papetière.

L'huile de palme arrive en tête de la production globale d'huiles végétales (de l'ordre de 30 % des huiles produites) devant l'huile de soja. Les huiles de colza et de tournesol viennent ensuite, avec des volumes voisins de la moitié des deux premières citées (figure 3.1). Les huiles de palme sont celles dont la production a le plus progressé ces dernières années.

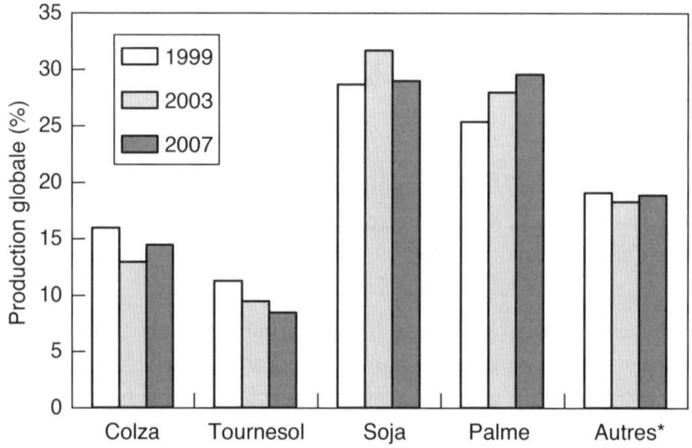

Figure 3.1

La production des différentes huiles végétales (par rapport à la production globale).

D'autres espèces végétales, capables de produire des huiles, sont testées et en cours de développement. La plus importante, parmi celles-ci, est certainement *Jatropha curcas*, connue sous les noms de pourghère ou de noix médicinale. Cette plante, originaire d'Amérique latine, est cultivée sur plusieurs centaines de milliers d'hectares de par le monde, et principalement en Asie, Amérique du Sud et Afrique, dans une aire géographique située entre 30 degrés de latitude nord et 35 degrés de latitude sud. L'Inde et la Chine font de gros efforts pour développer ces plantations.

Cette plante est un arbuste dont les fruits sont riches en huiles, avec une teneur de l'ordre de 30 à 35 %. La distribution des acides gras est la suivante : acide palmitique 15 %, acide stéarique 6 %, acide oléique 42 %, acide linoléique et acide linolènique 35 %, autres acides 2 %. Cette espèce a une longévité pouvant aller jusqu'à 50 ans. La première récolte peut être effectuée 2 à 3 ans après la plantation. Les fruits présentent une toxicité pour l'alimentation animale ou humaine.

Dans la mesure où cette plante démontrerait de bonnes performances culturales et une bonne résistance à des conditions climatiques difficiles (température élevée et périodes de sécheresse), elle pourrait, d'une part, contribuer à la lutte contre l'érosion des sols et la désertification et, d'autre part, représenter une source de matière pour la fourniture d'énergie (production d'électricité et de biocarburants pour les tracteurs), par exemple dans les zones rurales de l'Inde, de la Chine et de certains pays d'Afrique.

Plusieurs modes de plantations de pourghère peuvent être mis en œuvre : en haies, en plein champ ou en culture intercalaire, par exemple avec le coton, culture de rente à ce jour, venant en complément des cultures vivrières, mais en perte de vitesse en raison de sa faible rentabilité actuelle. D'autres cultures annuelles telles que l'arachide peuvent être implantées entre les rangs de pourghère.

Les sélections des meilleures espèces sont en cours, tandis que d'autres points méritent d'être étudiés, comme :

- les besoins réels en azote, phosphore et potassium,
- l'évolution des rendements en fruits et en huile, en fonction des apports d'engrais et d'eau. Les rendements en graines sont très variables, de 2 à 5 t de graines/ha/an, soit de 0,7 à 1,7 t huile/ha/an,
- la résistance de la plante à la sécheresse et aux parasites,
- le raccourcissement de la période de maturité des fruits pour réduire la durée de la récolte,
- la valorisation des tourteaux.

Beaucoup de travaux de R&D doivent être réalisés pour que cette plante soit reconnue pour son potentiel de production d'huile, dans des zones géographiques où les conditions climatiques et la qualité des sols limitent considérablement le développement d'autres espèces végétales.

Par ailleurs, au Brésil, dans la région du Nord-Est, se développent les plantations de palmier babaçu, dont la production moyenne en huile est de 1,6 t/ha/an.

3.1.2 La production d'oléagineux hors Europe

Les principaux producteurs de graines de soja sont en 2007-2008 les États-Unis (70 Mt) suivis du Brésil (58 Mt), de l'Argentine (45 Mt) et de la Chine (16 Mt) [1]. À eux quatre, ils fournissent 90 % de la production mondiale. La production américaine a toutefois baissé d'environ 20 % par rapport à celle de 2006, du fait de la réduction des surfaces consacrées au soja, au profit de celles dédiées au maïs. Le Brésil est devenu en 2008 le premier exportateur de graines de soja, avec 29 Mt, devant les États-Unis et l'Argentine.

Quant à la première source d'huile végétale, celle de palme, l'Indonésie avec 78 Mt de fruits de palmiers, et la Malaisie avec 77 Mt sont les principaux producteurs, suivis de très loin par quelques pays de l'Afrique de l'Ouest, comme le Nigeria, le Ghana et la Côte-d'Ivoire. Six millions d'hectares sont consacrés, dans le Monde, à la culture du palmier à huile, dont 80 % en Asie du Sud-Est.

3.1.3 La production européenne d'huiles végétales

En Europe, la production de graines de colza est prépondérante, devant celle de tournesol, celle du soja étant encore très marginale (tableau 3.1). L'autosuffisance de l'Union européenne est de pratiquement 90 % pour le colza, 35 % pour le tournesol et de 1 % seulement pour le soja (67 % de la consommation européenne de tourteaux protéiques sont constitués de soja importé).

La quantité de graines de colza, récoltée dans l'Europe des 15, a été décroissante sur la période 1999-2003 puisqu'elle est passée de 11,4 Mt en 1999 à 9,1 Mt en 2003. En revanche, cette récolte a progressé ensuite, en 2007 et 2008, dans de nombreux pays, pour atteindre un total de 18,2 Mt dans l'Europe des 27.

Les principaux producteurs sont l'Allemagne et la France, très nettement devant la Grande-Bretagne, la Pologne, la Bulgarie et la Roumanie.

Les rendements agricoles varient d'une année sur l'autre. La moyenne dans l'Europe des 15 oscille entre 3,2 t/ha en 1999 et 2,8 t/ha en 2003, et atteint une valeur de 2,8 t/ha dans l'Europe des 27. Les meilleurs rendements obtenus dans les pays, principaux producteurs, sont supérieurs à 3 t/ha. Ils sont sensiblement plus faibles en Tchéquie et Pologne, Bulgarie et Roumanie.

Les surfaces agricoles consacrées à la culture de colza étaient en diminution, d'une façon générale, dans l'Europe des 15 (3,2 Mha en 2003 contre 3,6 Mha en 1999) et particulièrement en France (1,08 Mha en 2003 contre 1,37 Mha en 1999), mais se sont développées en 2007 et 2008 pour atteindre une valeur totale de 6,5 Mha en 2007 dans les 27 pays de l'Europe.

La quantité de graines de tournesol produites dans l'Europe des 15 était, elle aussi, en sensible diminution puisqu'elle est passée de 3,3 Mt en 1999 à 2,5 Mt en 2003, du fait de la diminution des surfaces cultivées associée à des rendements plus faibles, mais elle s'est ensuite accrue avec l'implication de pays tels que la Bulgarie et la Roumanie. Les rendements sont variables d'un pays à l'autre, puisqu'en 2007 ils étaient respectivement de

Tableau 3.1 Production européenne d'huiles végétales (graines).

	Pays	Surface cultivée (10^3 ha)			Rendement (t/ha)			Production (10^3t)		
		2003	2007	2008	2003	2007	2008	2003	2007	2008
Colza	Allemagne	1 269	1 548	1 373	2,87	3,4	3,76	3 644	5 320	5 160
	France	1 077	1 616	1 442	3,08	2,9	3,32	3 321	4 684	4 783
	Grande-Bretagne	542	603		3,27	3,1		1 771	1 896	
	EU	3 216	6 511		2,82	2,8		9 080	18 231	
	Tchéquie	250	338	357	1,56	3,1	2,96	390	1 032	1 055
	Pologne	426	797	771	1,77	2,7	2,70	754	2 130	2 084
Tournesol	Espagne	787	601	710	0,91	1,2	1,27	716	703	899
	France	686	519	626	2,08	2,5	2,53	1 424	1 308	1 585
	Italie	129	126		1,47	2,2		190	277	
	EU	1 712			1,45			2 482		
	Hongrie	505	512	560	1,92	2,1	2,52	970	1 060	1 409
	Roumanie		836	846		0,65	1,63		547	1 379
	Bulgarie		602	724		0,94	1,64		564	1 184

Les valeurs données pour l'Union européenne sont celles des 15 pays en 2003 et des 27 pays en 2007.
Sources : 2003 : COPA/COGECA, 2007-2008 : http://epp.eurostat.ec.europa.eu

1,2 t/ha en Espagne, 2,5 t/ha en France, les deux plus gros producteurs européens, et 1,47 t/ha en Italie, 0,94 t/ha en Bulgarie et 0,65 t/ha en Roumanie.

Les surfaces cultivées en soja dans l'Europe des 27, essentiellement en Italie, en Roumanie et en France, représentent 5 % de celles cultivées en colza. Les rendements sont très variables d'une année sur l'autre (2,89 t/ha en 2002, à comparer à 1,89 t/ha en 2003 pour les rendements moyens obtenus en France).

3.1.4 Les rendements agricoles (graines, huiles, tourteaux)

Le tableau 3.2 résume les différentes données.

La production d'huile de palme présente le meilleur rendement à l'hectare, largement devant le colza. Aux 6,3 tonnes d'huiles produites par hectare, il faut ajouter de l'ordre de 0,6 t d'huile de palmistes, extraite des amandes. Le taux d'extraction d'huile à partir des régimes de palme se situe aux environs de 20 %, sensiblement du même ordre de grandeur que celui obtenu avec le soja. Ce dernier est avant tout cultivé pour l'obtention de tourteaux riches en protéines, destinés à l'alimentation animale.

Le rendement de production d'huile de colza est compris entre 1,3 et 1,5 t/ha. Les taux d'extraction de l'huile, voisins de 40 %, sont sensiblement les mêmes pour le colza et le tournesol.

Tableau 3.2 Rendements agricoles de différentes plantes oléagineuses (valeurs moyennes de l'année 2002).

Plante oléagineuse	Graines (t/ha)	Huile (t/ha)	Tourteaux (t/ha)
Soja	3,4	0,7	2,7
Palme	30 [a]	6,3	–
Colza	3,1	1,2-1,3	1,8-1,9
Tournesol	1,7	0,7	0,6-0,7 [b]

[a] *Régimes de palmes.*
[b] *Tourteaux décortiqués.*

3.1.5 La composition des huiles végétales

Un corps gras, huile ou graisse, appelé également lipide, est composé principalement de triglycérides à hauteur de 95-98 %. Les constituants mineurs présents dans les huiles sont des acides gras libres, des mono et diglycérides, des phospholipides, des tocophérols, des stérols, des colorants naturels ainsi que des composés odorants plus ou moins volatils.

Les triglycérides sont constitués d'une molécule de glycérol estérifiée avec 3 molécules d'acides gras semblables ou différents.

Il existe de l'ordre de 20 acides gras dans la nature et leurs nombreuses combinaisons possibles avec les 3 fonctions alcool du glycérol conduisent à l'obtention d'une grande variété de triglycérides et donc d'huiles.

Le tableau 3.3 illustre la composition en acides gras des huiles végétales les plus courantes [1].

Tableau 3.3 Composition en acides gras des différentes huiles (% en masse).

Acides gras / Huiles	C6 :0	C8 :0	C10 :0	C12 :0	C14 :0	C16 :0	C18 :0	C18 :1	C18 :2	C18 :3	C20 :0	C20 :1	C22 :0	C22 :1	Indice d'iode
Colza						5	2,5	59	21	9	< 0,5	1	< 0,5	1	111
Tournesol						6	5	18	69	< 0,5	< 0,5	< 0,5	1		135
Tournesol oléique						4	4	80	10	< 0,5	1	< 0,5	1		87
Soja						10	4	23	53	8	< 0,5	< 0,5	< 0,5		133
Palme					1	44	6	38	10	< 0,5	< 0,5				50
Palmiste	< 1	4	3	47	16	8	3	16	3						19
Coprah	1	7	6	46	18	9	3	8	2						10
Lin						6	3	19	17	54		< 0,5	< 0,5		187

3.1.6 La fabrication des huiles végétales

Le traitement des graines de colza est décrit en premier, car ce sont les huiles de colza qui sont majoritairement utilisées en Europe pour la fabrication de biodiesel.

3.1.6.1 L'exemple du colza

L'obtention de l'huile de colza à partir des graines, dont la composition est donnée dans le tableau 3.4, comporte 3 étapes : la trituration, l'extraction et le raffinage.

Tableau 3.4 Composition moyenne des graines de colza, pondérée par les surfaces (collecte 2003).

Caractéristiques	Moyenne pondérée par les surfaces
Impuretés (%)	0,9
Teneur en eau (%)	7,2
Huile (%)	41,6
Protéines (% m.s. délipidée)	39,9
Glucosinolates (µmoles/g. de graines à 9 % d'humidité)	14,1

Source : Info-Prolea, n° 62, avril 2004

1. Pour illustrer la représentation symbolique des acides gras, l'acide oléique, par exemple, est représenté par C18 :1, où C18 est le nombre d'atomes de carbone et :1 le nombre de doubles liaisons de la chaîne grasse, soit une double liaison pour l'acide oléïque.

A. La trituration

Pour libérer l'huile, les graines de colza sont aplaties puis cuites et ensuite pressées dans une presse à vis. À l'issue de ces différentes étapes, on obtient une huile brute et un tourteau qui contient encore de 12 à 15 % en poids d'huile.

B. L'extraction

Cette seconde étape vise à extraire l'huile contenue dans les tourteaux. L'opération est menée à l'aide d'un solvant apolaire à bas point d'ébullition, inférieur à 70 °C. Le n-hexane est le solvant le plus couramment utilisé.

Les tourteaux déshuilés, dont la composition est donnée dans le tableau 3.5, constituent une source d'aliment protéinique destiné à l'alimentation animale. Le tourteau de soja avec une teneur en protéines élevée mais aussi avec une distribution en acides aminés essentiels équilibrée, dont un fort taux de lysine, constitue un bon apport protéique pour l'alimentation des animaux et des poissons.

La suppression des farines animales dans les rations alimentaires des animaux devrait entraîner une augmentation de la demande en protéines d'origine végétale, dans les années à venir. Cette hausse devrait profiter en premier aux tourteaux de soja dont les consommations mondiales s'élevaient à 159 Mt en 2008, dont 35 Mt en Europe, 32 Mt aux États-Unis et 30 Mt en Chine. Cependant, le recours à des tourteaux de colza en Europe, en particulier dans les élevages laitiers, devrait permettre de réduire légèrement ces consommations de tourteaux de soja. Des études récentes avec de nouvelles formulations où le tourteau de colza remplace le tourteau de soja, avec un taux de substitution de 1,3 pour 1, se révèlent très encourageantes [1].

Les pertes en huile à l'issue des étapes de trituration et d'extraction sont en moyenne de 2 % : 100 kg de graines à 42 % d'huile donnent 41 kg d'huile brute et 59 kg de tourteaux.

Tableau 3.5 Composition des tourteaux issus de différentes graines oléagineuses (exprimée en % poids).

Caractéristiques	Colza	Tournesol (décortiqué)	Soja
Humidité	6-10	7,5-13,8	8-12
Matières protéiques	34	30-53	41-47
Matières grasses résiduelles	4-9	0,8-13,8	1-6
Cellulose	10-15	7-15	4-7
Cendres	2,4-8,5	4,3-7,7	4-6
Phosphore	0,9	1,0	0,6
Lysine [a]	–	3,8	6,2

[a] *En pourcentage de la somme des acides aminés, constituants des protéines.*
Source : ITERG

1. *Source* : CEREOPA, Centre d'Études et de Recherches sur l'Économie e l'Organisation des Productions Animales.

C. Le raffinage

Les principales étapes de raffinage, décrites dans la figure 3.2, permettent d'obtenir une huile de grade alimentaire [2].

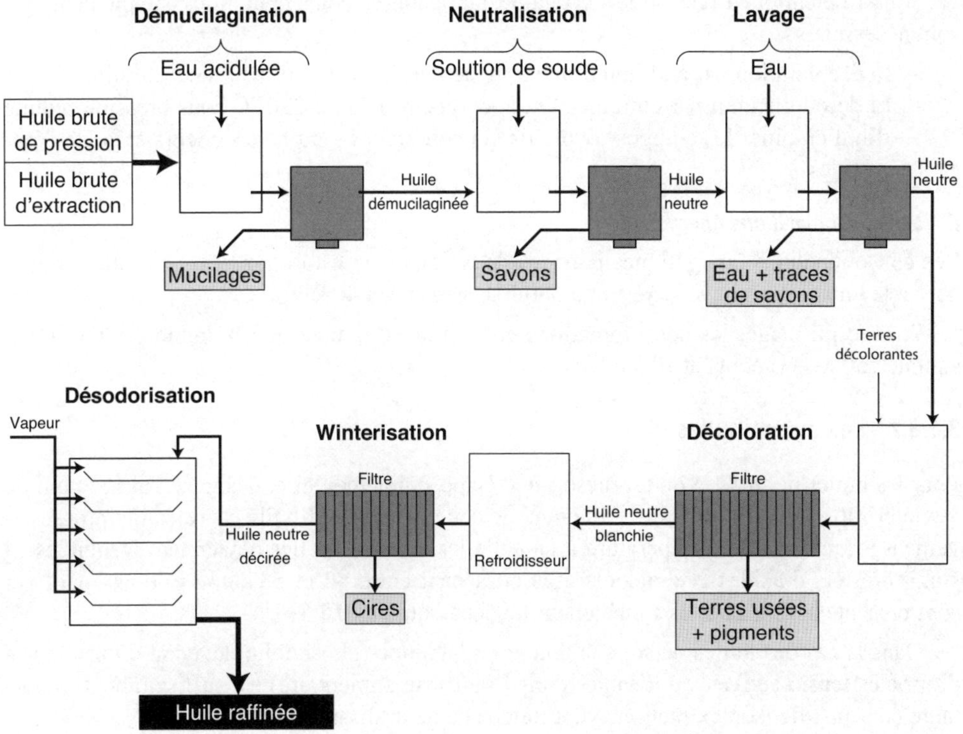

Figure 3.2

Les principales étapes de raffinage d'une huile végétale.

Pour l'application biocarburants, le raffinage s'arrête après l'étape de lavage suivie d'un séchage de l'huile.

La démucilagination consiste en l'élimination des phospholipides ou mucilages qui précipitent en présence d'eau. Leur précipitation est accélérée par l'addition d'acide phosphorique à 70-80 °C. Les mucilages hydratés sont éliminés par centrifugation, avant ou après l'étape de neutralisation avec les savons de sodium formés.

Les acides gras libres, dont la teneur dans l'huile brute dépasse rarement 1,5 % poids, sont source d'instabilité et de mauvais goût. Dans le cas de la synthèse de biocarburants, ils neutraliseraient stoechiométriquement le catalyseur basique ajouté lors de la réaction de transestérification. C'est pourquoi, il est absolument nécessaire de les éliminer. En brassant l'huile brute avec une solution de lessive de soude à 80-90 °C, il se forme des savons de sodium insolubles qui sont ensuite séparés par centrifugation. Ces pâtes de neutralisation entraînent une partie des pigments et des impuretés de l'huile.

Les traces de sels de sodium encore contenues dans l'huile neutre sont éliminées par lavage à l'eau. 41 kg d'huile brute donnent 40,2 kg d'huile neutre.

Pour l'obtention d'une huile de qualité alimentaire, deux opérations supplémentaires sont nécessaires :

- la décoloration par addition d'une terre activée à 90 °C, suivie d'une filtration,
- la désodorisation par entraînement à la vapeur d'eau à 220 °C sous pression réduite afin d'éliminer les composés volatils qui confèrent à l'huile des odeurs et goûts désagréables.

D. Les consommations énergétiques

Les consommations énergétiques pour les deux étapes de trituration et d'extraction, ramenées à la tonne de graines, s'élèvent à 680 MJ (vapeur) et 40 kWh.

Pour le raffinage, les consommations énergétiques, ramenées à la tonne d'huile brute, sont de 150 MJ (vapeur) et 10 kWh.

3.1.6.2 Les autres huiles

Pour les huiles de maïs et de tournesol, une étape supplémentaire, désignée sous le nom de « winterisation », est nécessaire. Au cours de cette opération, l'huile est refroidie progressivement jusqu'à + 5 °C, température à laquelle les cires naturelles deviennent insolubles. Il s'agit d'esters d'acides et d'alcools gras possédant entre 42 et 58 atomes de carbone, qui sont présents dans les huiles à une teneur ne dépassant pas 0,1 %.

Dans le cas des huiles de soja, la teneur en lécithine (phospholipide ayant d'excellentes propriétés tensio-actives valorisables dans l'industrie alimentaire) est suffisamment importante pour justifier son extraction avant l'étape de neutralisation.

L'obtention d'huile de palme doit être effectuée très rapidement après la récolte des fruits du palmier, qui ne se conservent pas et sont rapidement endommagés, à la différence des graines d'oléagineux. Les installations de traitement doivent être construites à des distances très proches des plantations.

Le procédé de production d'huile de palme comporte les étapes suivantes [3] :

- stérilisation en continu à la vapeur, après broyage des régimes,
- égrappage, permettant de détacher les fruits des rafles,
- malaxage et mise sous pression,
- clarification du jus brut par décantation, pour récupérer de l'ordre de 90 % de l'huile,
- déshuilage des boues huileuses par centrifugation ou décantation en plusieurs étapes,
- déshydratation sous vide partiel,
- stockage des huiles de palme.

La palmisterie consiste en la séparation des noix et des fibres sur colonnes de défibrage. Les noix sont ensuite polies afin d'éliminer les fibres encore adhérentes et concassées. Les coques et les amandes de palmiste sont ensuite séchées et stockées avant l'extraction de l'huile de palmiste.

L'huilerie de palme est largement excédentaire sur le plan énergétique. En n'utilisant qu'une partie des déchets solides (fibres contenues dans les fruits, coques des palmistes, rafles) issus de la fabrication d'huile, cela est suffisant pour générer la vapeur et l'électricité nécessaires au fonctionnement du procédé. Pour une huilerie bien conçue, la combustion des seules fibres permet de couvrir tous les besoins énergétiques de l'unité industrielle. Par ailleurs, les autres effluents sous forme de boues ont une forte teneur en matières organiques (DCO de l'ordre de 60 000 mg/l). Par méthanisation, ils permettraient de produire des quantités importantes de biogaz, utilisables en chaudières ou en moteurs thermiques

Pour les huiles présentant une forte acidité naturelle telle que l'huile de palme, les acides gras libres sont éliminés par entraînement à la vapeur d'eau pendant l'étape de désodorisation, à 220 °C et sous pression réduite. Ce type de traitement appelé raffinage physique est parfaitement adapté lorsque l'indice d'acide des huiles brutes est supérieur à 4-5, au contraire du raffinage chimique à la soude qui génère des pertes importantes en huile dans les pâtes de neutralisation.

3.1.7 Les utilisations des huiles végétales

Concurrence des valorisations alimentaires et énergétiques des plantes oléagineuses ? Concernant le colza, il est important de rappeler que, hormis les pailles de cette plante qui peuvent être utilisées en appui d'autres matières premières végétales telles que les pailles de céréales ou le bois pour générer de l'électricité et de la chaleur (cogénération), les tourteaux sont employés pour l'alimentation animale. Ils viennent en remplacement partiel des tourteaux de soja, et sont produits à raison de 1 à 1,5 tonne pour chaque tonne d'EMHV synthétisée. Par ailleurs, la glycérine (0,1 t/t EMHV) peut être utilisée en partie, en alimentaire en dehors des autres valorisations potentielles de ce composé. Seule, la fraction huile qui représente 40 % en masse de la graine, est utilisée pour la fabrication des biocarburants, en rappelant aussi que cette huile est valorisée dans les domaines alimentaires, mais aussi dans d'autres usages industriels.

L'Union européenne est en 2008, derrière la Chine, le deuxième utilisateur d'huiles végétales, avec une quantité de 22,3 Mt (*source* : USDA), avec une consommation dans le secteur alimentaire de 13,1 Mt et de 9,2 Mt pour les usages industriels, essentiellement pour la production de biodiesel. L'USDA prévoit une consommation mondiale de 130 Mt d'huiles végétales, dont 105 Mt pour les usages alimentaires et 25 Mt pour les besoins de l'industrie.

En France, les estimations des besoins en surfaces oléagineuses (colza et tournesol) s'élèveraient à 2,1 Mha en 2010 [4]. Avec un objectif d'introduction de 7 % de biodiesel dans le gazole, les surfaces consacrées à cette fourniture seraient de 1,45 Mha, soit 70 % des surfaces oléagineuses. Ceci traduit bien l'évolution observée des utilisations des huiles de colza et de tournesol en France.

En 2003, en Europe, de l'ordre de 70 à 85 % de l'huile de colza ont été utilisés dans des applications liées à l'alimentation. Ce taux atteint une moyenne de 95 % pour le tournesol et pratiquement 100 % pour le soja (tableau 3.6). Le reste est destiné aux synthèses oléochimiques (alcools gras, amines grasses), à la fabrication de lubrifiants, de tensio-actifs, de solvants, de savons, de produits de soins. Les principales applications industrielles des dérivés lipochimiques des acides gras sont représentées sur la figure 3.3.

Tableau 3.6 Valorisation des huiles végétales (graines) en Europe (année 2003).

Plante	Pays	Valorisation alimentaire				Valorisation non alimentaire			
		S [a]		P [b]		S [a]		P [b]	
		10^3 ha	%	10^3 t	%	10^3 ha	%	10^3 t	%
Colza	Allemagne	944	74,4	2 733	75,0	325	25,6	911	25,0
	France	784	72,8	2 419	72,8	293	27,2	902	27,2
	Grande-Bretagne	460	84,9	1 548	87,4	82	15,1	223	12,6
	EU-15	2 475	77,0	7 009	77,2	740	23,0	2 071	22,8
	Tchéquie	125	50,0	195	50,0	125	50,0	195	50,0
	Pologne	426	100,0	754	100,0	0	0	0	0
Tournesol	Espagne	787	100,0	716	100,0	0	0	0	0
	France	639	93,1	1 326	93,1	47	6,9	98	6,9
	Italie	116	89,9	172	90,5	13	10,1	18	9,5
	EU-15	1 646	96,2	2 355	94,9	66	3,8	127	5,1
	Hongrie	505	100,0	970	100,0	0	0	0	0
Soja	France	81	100,0	153	100,0	0	0	0	0
	Italie	140	100,0	450	100,0	0	0	0	0
	EU-15	236	100,0	635	100,0	0	0	0	0

[a] *Surfaces cultivées en milliers d'hectares et en pourcentages des surfaces totales.*
[b] *Production en milliers de tonnes de graines et pourcentages des différentes valorisations.*

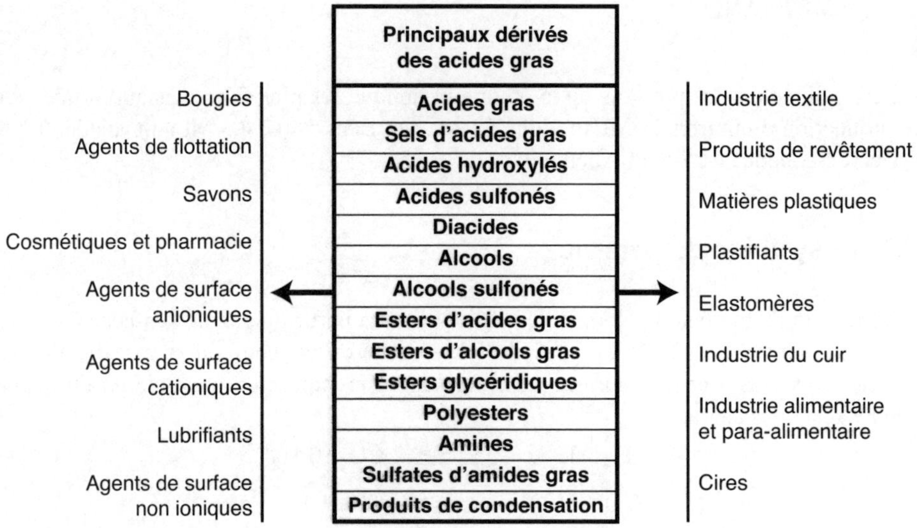

Figure 3.3

Les applications industrielles des principaux dérivés des acides gras.

Les biolubrifiants constituent le secteur que les chimistes considèrent comme le plus prometteur pour les oléagineux, particulièrement dans des domaines d'application tels que celui des huiles à usage perdu ou ceux donnant lieu à des pertes accidentelles répétitives.

Les tensio-actifs représentent le principal débouché non alimentaire des huiles, essentiellement produites en dehors de l'Europe. Le savon a été, avec l'emploi de l'huile comme moyen d'éclairage, une des premières applications techniques non alimentaires, connue des huiles végétales[1].

Enfin, les biosolvants à base d'EMHV représentent une alternative écologique aux solvants visés par les nouvelles directives européennes, en particulier celles cherchant à limiter les émissions de composés organiques volatils, les COV. Les peintures, laques, vernis et encres ont de tout temps incorporé des huiles végétales.

La consommation par l'industrie chimique européenne d'huiles végétales s'établissait en 1998 à 470×10^3 tonnes.

1. Une tablette d'argile, d'origine summérienne, trouvée à Babylone et datant de 2 800 ans avant Jésus-Christ, décrit un savon servant au nettoyage des tissus.

3.2 LE MÉTHANOL

Le méthanol est un des produits de la chimie organique les plus fabriqués au monde, avec une production d'environ 21 Mt/an, dont 5,1 Mt aux États-Unis, 2,3 Mt au Canada, 2,2 Mt en Arabie Saoudite, 1,6 Mt en Allemagne.

3.2.1 La synthèse du méthanol

La fabrication du méthanol [5] se fait essentiellement à partir du gaz de synthèse $CO + H_2$, lui-même obtenu par l'oxydation partielle à l'oxygène du méthane ou la gazéification des hydrocarbures plus lourds et surtout par reformage à la vapeur du méthane ou du naphta, selon les réactions suivantes :

$$CH_4 + H_2O \rightleftharpoons CO + 3\,H_2$$

$$CO + H_2O \rightleftharpoons CO_2 + H_2$$

La synthèse du méthanol repose sur la mise en œuvre de la réaction :

$$CO + 2\,H_2 \rightleftharpoons CH_3OH$$

Et, dans une moindre mesure, sur la transformation du gaz carbonique :

$$CO_2 + 3\,H_2 \rightleftharpoons CH_3OH + H_2O$$

Le mélange gazeux doit présenter un rapport molaire hydrogène/carbone compris entre 2 et 3.

La production de méthanol est favorisée par l'augmentation de la pression et la diminution de la température, ce dernier point imposant de recourir à l'emploi de catalyseurs. Ces derniers sont des systèmes à base de cuivre qui ont maintenant supplanté les systèmes zinc-chrome.

3.2.2 Les procédés de production de méthanol

Les procédés opèrent généralement entre 50 et 100 bar à des températures comprises entre 240 et 270 °C, dans des réacteurs verticaux.

Les principales technologies sont celles des sociétés suivantes : Johnson Matthey (JM) (ex ICI, Imperial Chemical Industries), Lurgi, Haldor Topsoe.

Les réacteurs peuvent être extrapolés jusqu'à des capacités unitaires de production de 3 000 à 5 000 t/j.

Les principaux usages chimiques du méthanol sont la synthèse de formol, de MTBE, de téréphtalate de méthyle et d'acide acétique.

3.3 LES PROCÉDÉS DE PRODUCTION DES EMHV

3.3.1 La réaction de transestérification

Les esters méthyliques sont obtenus par réaction de transestérification des triglycérides avec le méthanol selon le schéma suivant. Cette réaction est équilibrée. Elle s'effectue en présence d'un catalyseur.

Les triglycérides des huiles sont des esters de glycérol, encore désigné sous le nom de glycérine, et d'acides gras R-COOH.

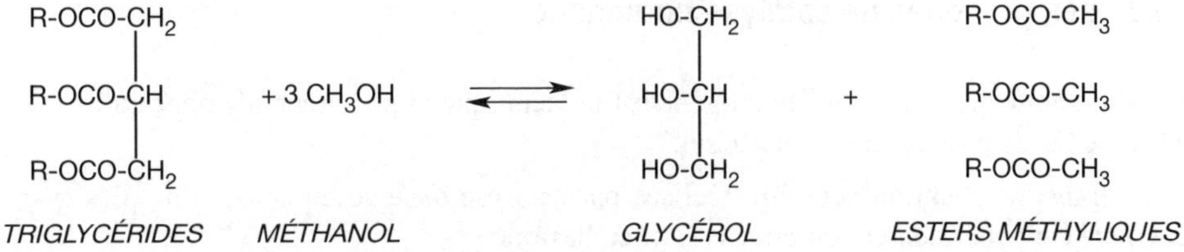

À l'aide du schéma réactionnel présenté dans la figure 3.4, on visualise bien que la libération du glycérol n'est définitive qu'après les réactions consécutives de transestérification des triglycérides en diglycérides, puis en monoglycérides et la formation de la troisième molécule d'ester méthylique d'acides gras.

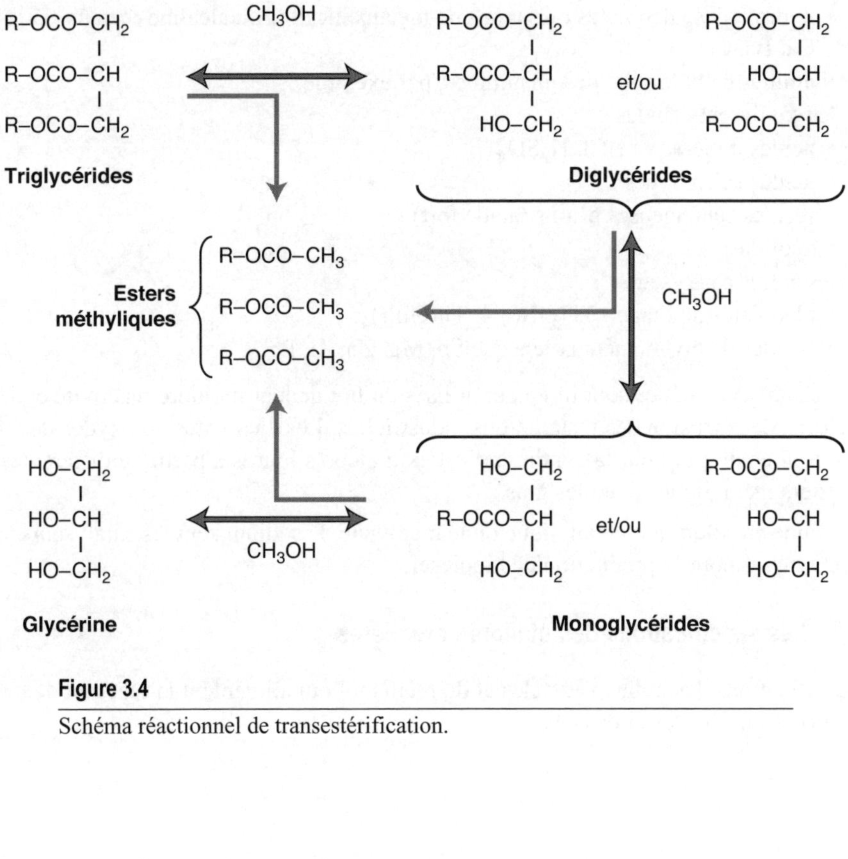

Figure 3.4

Schéma réactionnel de transestérification.

Cette réaction peut être effectuée par catalyse homogène, avec des catalyseurs solubles dans le milieu réactionnel, ou par catalyse hétérogène, avec des catalyseurs totalement insolubles dans les réactifs.

D'autres techniques permettent d'effectuer cette réaction en utilisant des technologies innovantes comme le chauffage par micro-ondes [6] (avec des temps de catalyse fortement réduits) ou par catalyse enzymatique (avec dans ce cas des temps de séjour relativement longs). Il s'agit de technologies pas suffisamment avancées à l'heure actuelle pour être industrialisées dans un avenir proche.

3.3.2 Les procédés de catalyse homogène

À l'heure actuelle, la catalyse homogène est la technique la plus généralement utilisée dans les procédés de production de biodiesel.

La transestérification peut être réalisée par catalyse basique ou acide. Une plus grande réactivité est généralement obtenue en milieu basique.

3.3.2.1 Les catalyseurs

Trois grandes classes de catalyseurs existent :

- les catalyseurs basiques
  - hydroxydes, alcoolates ou savons de métaux alcalins ou alcalino-terreux (Li, Na, K, Ca, Ba, Cs...)
  - amines de la famille des guanidines, par exemple.
- les catalyseurs acides
  - acides minéraux : HCl, H_2SO_4
  - acides sulfoniques
  - résines échangeuses d'ions (acide fort)
  - zéolithes
- les autres catalyseurs
  - alcoolates de titane : Ti (OBu) 4, Ti $(OiPr)_4$...
  - oxydes de divers métaux tels que Sn, Mg, Zn, Ti, Pb...

Les catalyseurs acides sont rarement utilisés du fait de leur moindre réactivité et des risques élevés de corrosion des installations industrielles. Les alcoolates ou oxydes de métaux sont surtout employés pour la synthèse d'esters d'alcools lourds à partir de différentes coupes d'esters méthyliques d'acides gras.

La soude en solution méthanolique ou le méthylate de sodium sont les catalyseurs le plus souvent retenus pour la production de biodiesel.

3.3.2.2 Les spécifications des matières premières

Les spécifications des huiles végétales et du méthanol qui alimentent la réaction de transestérification sont décrites ci-dessous.

A. Les huiles végétales

Indice d'acide IA (exprimé en mg KOH/g huile) < 1

Teneur en phosphore ≤ 10 ppm

Teneur en eau (% poids) ≤ 0,1

B. Le méthanol

Teneur en méthanol (% poids) ≥ 99,85

Teneur en eau (% poids) ≤ 0,1

3.3.2.3 Les procédés fonctionnant en discontinu

Un exemple de schéma de principe est présenté sur la figure 3.5.

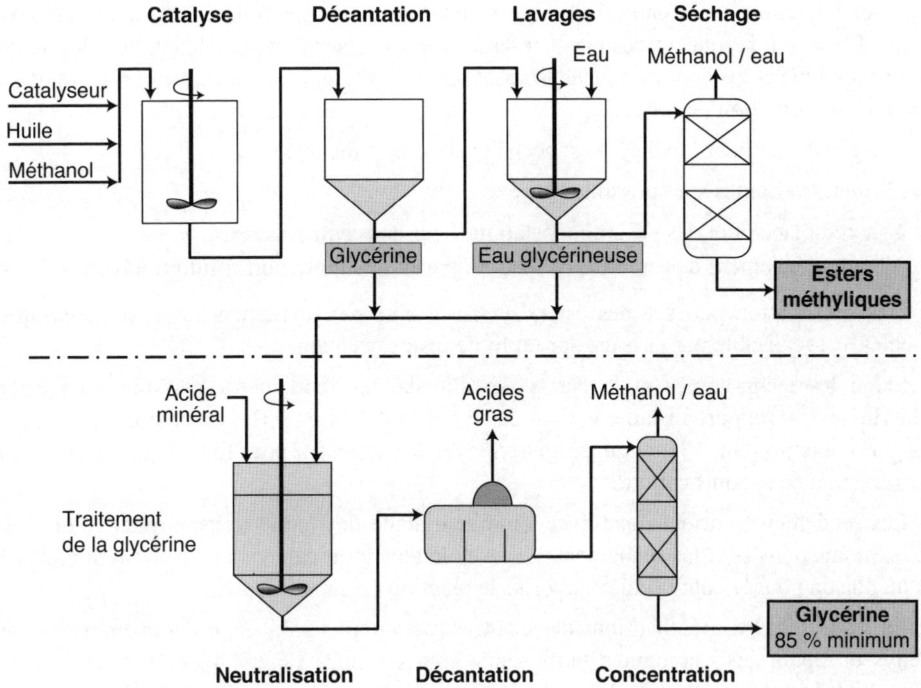

Figure 3.5

Schéma de principe d'un procédé en discontinu (Procédé Esterfip – IFP Energies nouvelles et Axens).

L'huile et le méthanol sont introduits dans un réacteur équipé d'un système d'agitation, dont le contenu est porté à une température de 45 à 85 °C, sous une pression absolue maximum de 2,5 bar, avant d'ajouter la solution catalytique.

Le temps de séjour est d'environ une heure pour atteindre l'équilibre thermodynamique de la réaction. À titre d'exemple et en tenant compte des temps de vidange et de remplissage, un réacteur de 15 m^3 de capacité utile permet d'atteindre une production annuelle de 80 000 tonnes d'EMHV, généralement considérée comme la limite des procédés en discontinu avec une seule chaîne réactionnelle.

Alors que la réaction de transestérification est opérée en discontinu, toutes les opérations aval de purification des esters sont effectuées en continu.

Les esters méthyliques sont séparés de la glycérine dans un décanteur statique avant d'être introduits dans un deuxième réacteur agité où sont effectuées deux étapes de lavage à l'eau qui permettent d'éliminer les sels et la glycérine résiduelle. Pour améliorer la qualité des esters, un troisième réacteur agité peut être utilisé dans lequel est ajoutée de l'eau acidulée. Les traces de méthanol et d'eau encore contenues dans les esters sont éliminées par distillation.

Le catalyseur basique et les savons se retrouvent essentiellement dans la fraction glycérine. Cette fraction et les eaux de lavage sont réunies puis neutralisées à l'acide chlorhydrique. Elles sont reconcentrées par distillation, après séparation par décantation des acides gras libres libérés au cours de la neutralisation. À noter que la neutralisation conduit par ailleurs à la formation de sels.

L'excès de méthanol récupéré est séché avant d'être recyclé.

Plusieurs variantes sont possibles avec :

- le remplacement des décanteurs statiques par des centrifugeuses,
- le remplacement des colonnes à distiller par des évaporateurs à film tombant.

Une purification poussée des esters, visant à éliminer totalement les ions métalliques solubles, est réalisable par passage sur un lit de résines échangeuses d'ions.

Selon les technologies et le catalyseur choisis, les rendements massiques en esters méthyliques par rapport à l'huile varient de 98,5 à 99,4 %. Les pertes correspondent aux acides gras contenus dans l'huile qui réagissent avec le catalyseur pour former des savons alcalins (réaction de saponification).

Les rendements varient donc avec l'indice d'acide de l'huile utilisée (plus celui-ci est élevé, moins bons sont les rendements) et avec la teneur en eau des matières premières, qui est un poison pour le catalyseur et favorise la réaction de saponification.

En respectant les spécifications des charges (paragraphe 3.3.2.2), les consommations en catalyseur rapportées à la tonne d'huile sont comprises entre 3,6 et 4,4 kg de soude ou entre 3,8 et 4,9 kg pour le méthylate de sodium (disponible en solution à 30 % dans le méthanol).

Une amélioration potentielle des rendements pourrait résider dans le recyclage des acides gras issus de la neutralisation de la glycérine basique [7]. La glycérolyse des acides gras avec la glycérine basique débouche sur la formation d'un mélange de mono, di et triglycérides qui peut être réinjecté dans le réacteur de transestérification pour être transformé en esters méthyliques.

Les conditions opératoires de la glycérolyse, permettant d'obtenir un indice d'acide < 3, sont les suivantes :

- stoechiométrie glycérine/acides gras = 1,25,

– la glycérine brute issue du procédé doit contenir encore suffisamment de catalyseur basique pour répondre aux exigences de la réaction de glycérolyse,
– température comprise entre 200 et 210 °C,
– temps réactionnel de 3 à 4 heures.

À l'issue de ce recyclage d'acides gras, le rendement global du procédé de transestérification peut approcher les 100 %.

3.3.2.4 Les procédés fonctionnant en continu

La capacité des unités construites ces dernières années dépassant souvent les 100 000 t/an, les procédés en continu sont maintenant régulièrement choisis. Les principaux avantages résident, d'une part, dans la réduction sensible de la taille des équipements et conséquemment des investissements et, d'autre part, dans la diminution des coûts opératoires, dont ceux de main-d'œuvre. L'illustration présentée ci-dessous n'est qu'un exemple de ce type de procédé. En effet, il en existe plusieurs autres qui reposent néanmoins sur les mêmes bases physico-chimiques et chimiques.

Le schéma de principe (figure 3.6) illustre les grandes étapes d'un procédé continu.

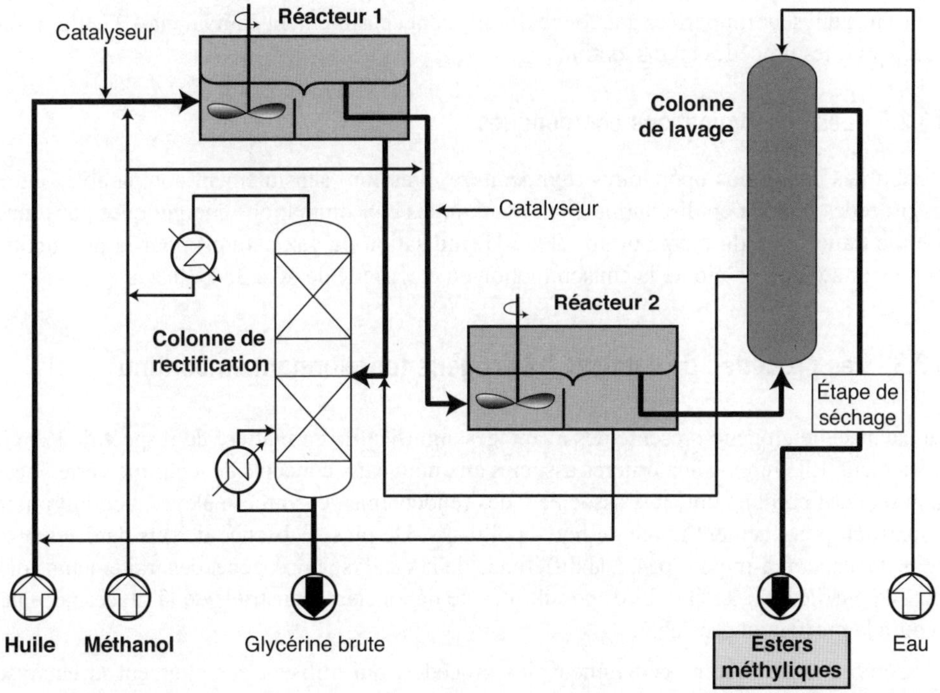

Figure 3.6

Schéma de principe d'un procédé continu de production d'EMHV (procédé proposé par la Société Lurgi).

La réaction de transestérification est généralement effectuée dans deux réacteurs en série, de même capacité, avec des temps de séjour optimisés permettant d'obtenir un taux maximum de conversion et une qualité d'esters répondant le mieux possible aux spécifications imposées aux esters carburants. Cette qualité est encore améliorée par lavage à l'eau à contre-courant qui élimine les traces de catalyseur, de glycérine et de méthanol. Enfin, le séchage de l'ester est effectué sous pression réduite entre 40 et 60 mbar à 140 °C.

Il est à noter qu'avec le procédé développé par Cognis, il n'y a pas d'étapes de lavage à l'eau : la purification de l'ester est assurée par une distillation de type flash sous vide.

Les sels basiques, provenant du catalyseur et contenus dans la glycérine brute et les eaux de lavage, sont neutralisés par un acide minéral (HCl, H_2SO_4, H_3PO_4). L'excès de méthanol est récupéré par distillation, au cours de laquelle la teneur en glycérine est amenée à une valeur comprise entre 80 et 90 % par élimination de l'eau.

Comme pour les procédés opérant en discontinu, les rendements en esters méthyliques sont compris entre 98,5 et 99,4 %. Une étape ultérieure de glycérolyse des acides gras pourrait avantageusement augmenter ces rendements.

Les caractéristiques des produits fabriqués sont sensiblement les mêmes que celles obtenues avec les procédés discontinus.

Toujours en respectant la spécification des charges (paragraphe 3.3.2.2), les consommations en catalyseur rapportées à la tonne d'huile sont sensiblement équivalentes à celles indiquées pour les procédés en discontinu.

3.3.2.5 Les consommations énergétiques

Du fait des conditions opératoires (température, pression) sensiblement comparables entre les procédés opérant en discontinu et en continu, les consommations énergétiques par tonne d'huile traitée sont du même ordre : 900 MJ (utilisation du gaz naturel) pour la production de vapeur auxquels s'ajoute la consommation en électricité de 30 à 35 kWh.

3.3.3 Les procédés de catalyse hétérogène fonctionnant en continu

La catalyse hétérogène présente des avantages significatifs en matière de respect de l'environnement. Elle répond aux critères associés aux nouveaux concepts de « chimie verte », car la pureté des produits obtenus, associée à des rendements de synthèse élevés, conduit à une disparition pratiquement totale de rejets polluants. De plus, l'absence de sels dans les produits de réaction n'impose pas, à la différence de la catalyse homogène, des traitements coûteux de purification, et élargit les possibilités de débouchés industriels de la glycérine, sans avoir à la purifier au préalable.

Comme mentionné précédemment, les procédés, qui utilisent actuellement la catalyse homogène en milieu basique, fonctionnent à catalyseur perdu. Ces choix s'accompagnent d'une complication des processus de purification des deux produits, les EMHV et la glycérine et d'une dépense en consommables, comme par exemple l'acide chlorhydrique employé lors de la neutralisation de la glycérine.

3.3.3.1 Le catalyseur

Le catalyseur développé par IFP Energies nouvelles [8], qui se présente sous forme d'extrudés (photo 3.1) est un aluminate de zinc de type spinelle de formule brute $Zn\ Al_2\ O_4$.

Ce catalyseur présente, d'une part, une grande stabilité dans le temps puisque aucune perte d'activité n'est observée après 1 an de fonctionnement et, d'autre part, une bonne résistance à l'attrition.

3.3.3.2 La spécification des matières premières

Les spécifications des matières premières sont peu différentes de celles requises en catalyse homogène.

A. *Les huiles végétales*

Indice d'acide IA (exprimé en mg KOH/g. huile) ≤ 10

Teneur en eau (% poids) ≤ 0,1

Teneur en phosphore ≤ 10 ppm

Avec ce type de procédé, même les huiles acides comme celles de palme ou de palmiste peuvent être transformées en esters, sans traitement préalable. De plus, les huiles partiellement raffinées (démucilagination sans neutralisation) sont acceptées comme charges.

B. *Le méthanol*

Teneur en méthanol (% poids) ≥ 99,85

Teneur en eau (% poids) ≤ 0,1

3.3.3.3 Le procédé en continu

Le schéma de principe du procédé sur la figure 3.7, ainsi que la photo de l'unité Diester de Sète (photo 3.2) illustrent ce procédé en continu. Les deux réacteurs de transestérification, installés en série afin que les rendements approchent les 100 % théoriques, sont des réacteurs à lit fixe de catalyseur qui fonctionnent en continu. L'énergie d'activation du catalyseur étant relativement élevée, les températures de réaction sont beaucoup plus importantes que celles imposées en catalyse homogène. Elles se situent entre 180 et 220 °C, avec des pressions comprises entre 40 et 60 bar.

Le ratio méthanol/huile est compris entre 35 et 50 % poids. Le mélange est introduit dans le premier réacteur en respectant un temps de séjour de l'ordre d'une heure. L'effluent, dont la teneur en esters méthyliques avoisine les 95 %, est soumis à une évaporation partielle pour éliminer l'excès d'alcool. Cette façon de procéder a pour effet de favoriser la séparation de la glycérine fournie et de déplacer favorablement l'équilibre réactionnel afin d'approcher 100 % de rendement de transestérification dans le deuxième réacteur.

La détente en pression de l'effluent en sortie du premier réacteur, ainsi que son contenu calorifique, sont valorisés dans le processus d'évaporation de l'excès d'alcool entre les deux étapes de transestérification.

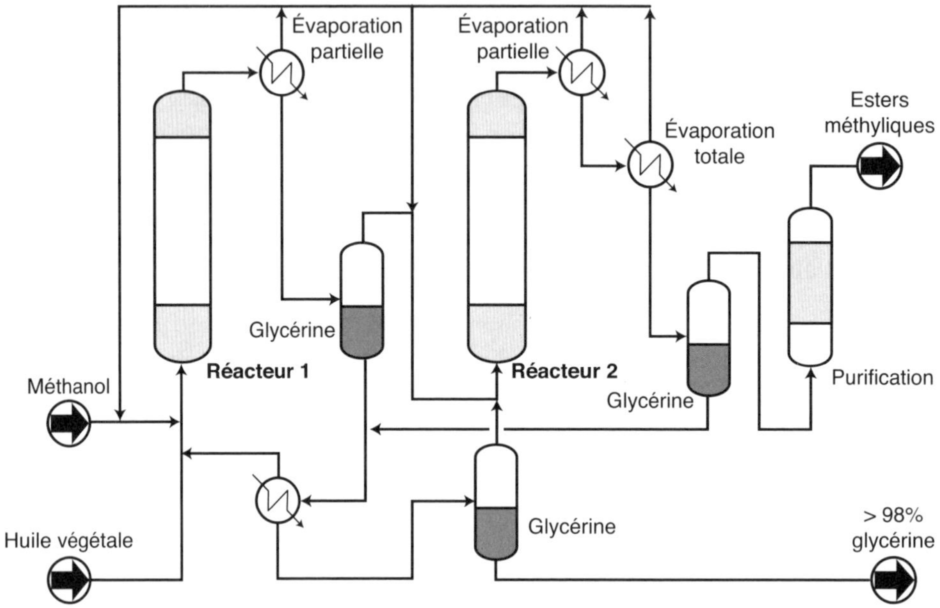

Figure 3.7

Schéma de principe d'un procédé continu de production d'EMHV par catalyse hétérogène (procédé Esterfip H, IFP Energies nouvelles et Axens).

Photo 3.1

Extrudés d'aluminate de zinc. *Crédit photo* : IFP Energies nouvelles.

Photo 3.2

Unité de production en continu d'EMHV (procédé IFP Energies nouvelles et Axens-Esterfip H). *Crédit photo* : Déclic Éditions.

À l'issue de la deuxième réaction de transestérification, la totalité de l'excès de méthanol est éliminée par distillation et recyclée. La teneur en esters est supérieure à 98 % en poids. Une ultime étape de purification des esters méthyliques peut consister en l'élimination de la glycérine soluble par passage sur une colonne remplie d'un adsorbant sélectif. La glycérine, est séparée par décantation ; sa pureté est supérieure à 98 %, l'impureté principale étant l'eau, initialement présente dans les matières premières utilisées.

La glycérine ainsi obtenue présente une pureté supérieure à celle obtenue par les procédés fonctionnant en catalyse homogène, avec notamment l'absence totale de sels solubles. Sans traitement de purification préalable, elle peut être utilisée dans de nombreuses applications à usages chimiques (peintures glycérophtaliques, polyols pour polyuréthane, synthon pour diverses synthèses chimiques d'éthers, d'acétals ou de carbonates).

3.4 LA PRODUCTION D'ESTERS ÉTHYLIQUES D'HUILES VÉGÉTALES (EEHV)

Le marché des véhicules Diesel étant en forte progression en Europe, l'introduction d'éthanol sous forme d'EEHV dans le pool gazole représente une opportunité pour les producteurs d'éthanol d'élargir les débouchés de l'alcool dans le domaine des biocarburants.

La possibilité de fabriquer des esters éthyliques d'huiles végétales, en remplaçant le méthanol par l'éthanol, est en cours de développement. Elle constitue une voie indirecte d'introduction d'éthanol dans le pool gazole, puisque les EEHV présentent des caractéristiques en tant que carburant au moins équivalentes à celles des EMHV. Il est cependant utile de rappeler que l'éthanolyse est rendue très difficile en catalyse basique homogène. En effet, la glycérine, de par sa totale solubilité dans le milieu réactionnel, modifie l'équilibre de la réaction, ne permettant pas alors d'atteindre en une seule étape des valeurs de conversion élevées. C'est pourquoi une deuxième étape de transestérification est nécessaire. Elle est réalisée après distillation de l'excès d'alcool qui entraîne la démixtion de la glycérine formée et rend possible sa séparation. En catalyse homogène, cette opération de distillation est délicate à mettre en œuvre, car le catalyseur encore actif et présent dans le milieu peut favoriser le phénomène de rétroréaction avec le glycérol libéré et reformer des glycérides.

Avec le procédé en catalyse hétérogène, on s'affranchit du problème de rétroréaction, car la séparation du glycérol n'est pas effectuée en présence du catalyseur.

D'une façon générale, l'éthanol étant moins réactif que le méthanol, les productivités en esters éthyliques sont toujours plus faibles que celles en esters méthyliques.

Les spécifications requises pour l'éthanol sont les suivantes :

- teneur en éthanol (% poids) $\geq$ 99,
- teneur en eau (% poids) $\leq$ 0,1.

L'eau est le poison commun aux procédés de méthanolyse ou d'éthanolyse utilisant la catalyse homogène ou hétérogène. En catalyse homogène, l'eau est un précurseur de la réaction de saponification. Cela se traduit par une surconsommation de catalyseur et par une diminution du rendement. En catalyse hétérogène, cela se traduit par une inhibition temporaire et réversible de l'activité catalytique pouvant réduire fortement la conversion.

Deux procédés sont au stade du développement chez Petrobras au Brésil, l'un par estérification de l'huile avec l'éthanol, l'autre par voie directe à partir des graines, sans extraction de l'huile, toujours en présence d'éthanol. Deux unités de démonstration sont en opération sur ces deux voies à Guamaré au Brésil, avant extrapolation au stade industriel.

Une unité de démonstration, d'une capacité annuelle de production de 10 000 t est en opération à La Rochelle en France, selon une technologie développée par la société Bioenergy Pilot. L'une des particularités de ce procédé concerne la réaction d'estérification qui est réalisée directement à partir des graines d'oléagineux et non à partir des huiles végétales.

3.5 LES AUTRES MATIÈRES PREMIÈRES

Les procédés décrits précédemment conviennent aussi, sous réserve d'adapter les rapports alcool/huile et les conditions opératoires, à la transformation en esters méthyliques des huiles de tournesol, soja, palme, palmiste et coprah (noix de coco).

Dans tous les cas, la catalyse hétérogène permet d'obtenir des qualités d'esters supérieures à celles atteintes par catalyse homogène en milieu basique.

L'huile de ricin, constituée à près de 85 % d'acide 12-hydroxyoléique (acide ricinoléique), a des propriétés physiques différentes des autres huiles. Elle peut être transestérifiée sans problème majeur, mais les esters obtenus ne peuvent pas être utilisés en tant que biocarburants ; en effet, à température élevée, des diènes conjugués se forment par déshydratation au niveau de la fonction hydroxyle et ont tendance à polymériser et à former des gommes.

De l'ordre de 40 000 t d'EMHV ont été produites en 2001 aux États-Unis, dont une grande partie à partir d'huiles de cuisson recyclées, le reste à partir d'huiles de soja. Cet emploi d'huiles de friture recyclées réduit le coût des matières premières mais augmente le coût du traitement. Ce sont le plus souvent des huiles hydrogénées avec un point d'écoulement élevé, ou des huiles d'arachide et/ou de tournesol ; en plus d'un indice d'acide élevé, qui constitue un handicap en transestérification par catalyse basique homogène, elles vont générer des polymères pendant la cuisson. Ces composés peuvent occasionner de graves problèmes de fonctionnement des moteurs (gommage des pistons). La distillation sous vide des esters obtenus est pratiquement incontournable pour des unités dédiées à la transestérification de ces huiles. Une autre solution serait, après filtration et estérification et afin de diminuer leur acidité libre, de les introduire à hauteur de quelques pourcents dans des unités existantes de production de biodiesel. L'effet dilution peut, après validation sur tests moteurs, permettre d'éviter la distillation finale des esters fabriqués. Cette nouvelle approche de valorisation d'huiles de cuisson devrait réduire fortement leur coût de production.

Les caractéristiques des graisses animales font qu'il n'y a pas de réelles difficultés à réaliser leur transestérification avec le méthanol ou l'éthanol, à condition de partir d'une matière grasse exempte d'eau, d'acides gras libres, de sucres et de protéines solubles. Le raffinage de la matière première doit être adapté à chaque type de graisse.

Il existe cinq variétés de graisses animales : le saindoux (graisse de porc), le suif des bovins et des ovins, les graisses de volailles, les graisses d'os et les huiles de poissons. Ces dernières sont toutefois exclues pour la production de biocarburants en raison de leur valeur élevée en indice d'iode.

Les propriétés des esters obtenus respectent les spécifications du biodiesel. Cependant, leurs propriétés à froid découlant de leur forte teneur en esters d'acides gras saturés sont pénalisantes pour leur utilisation en hiver, s'ils sont employés seuls en mélange dans le gazole. En effet, les ponts d'écoulement élevés des esters méthyliques d'acides gras saturés peuvent provoquer des cristallisations et/ou le figeage du carburant.

En revanche, l'emploi des esters de graisses animales en mélange avec les esters de tournesol, par exemple, retarde ou empêche la cristallisation des esters de graisse animale aux basses températures et abaisse l'indice d'iode des esters de tournesol, les rendant ainsi conjointement acceptables comme biocarburants.

Enfin, le coût des graisses animales est attractif, en comparaison de celui des huiles végétales, leur disponibilité restant toutefois limitée. À titre d'exemple, celle-ci est toujours inférieure à 400 000 t/an en France.

3.6 LES AUTRES PROCÉDÉS, DONT L'HYDROTRAITEMENT ET L'HYDROISOMÉRISATION DES MATIÈRES GRASSES RENOUVELABLES

Un nouveau procédé a été mis au point pour produire un type de carburants de synthèse à partir de tallol, au Saskatchewan Research Council, sous le parrainage du Centre Canadien de la Technologie des Minéraux et de l'Énergie (CANMET). Les principaux éléments du tallol sont des acides gras C18 non saturés, des acides résiniques et des composés insaponifiables comme des alcools et des aldéhydes terpéniques. Le tallol brut est débarrassé des goudrons avant d'être hydrogéné par voie catalytique et craqué. Trois fractions distinctes peuvent être séparées : une fraction initiale (point d'ébullition initial 160 °C), une fraction carburant Diesel (dans ce cas, il ne s'agit pas d'esters méthyliques), avec un indice de cétane de 64 et un fioul lourd [9].

Les huiles végétales sont des ressources de choix pour alimenter le pool carburant gazole, puisque la structure chimique des chaînes grasses est similaire à celle des hydrocarbures des coupes gazoles. Toutefois, les esters méthyliques ou éthyliques produits conservent de l'oxygène dans leurs molécules, et leurs propriétés, notamment leur indice de cétane et leur tenue au froid dépendent des charges utilisées pour leur production et peuvent limiter leur emploi comme carburant.

Pour contourner ces limitations, une autre voie permet d'obtenir l'équivalent d'un gazole à partir d'huiles végétales, de graisses animales ou d'huiles de friture, et d'algues. Elle consiste en la transformation directe des huiles par hydrogénation totale des triglycérides, afin de produire des bases gazoles complètement exemptes d'oxygène et totalement compatibles avec les gazoles d'origine fossile. L'hydrotraitement catalytique des huiles à 300 °C permet d'hydrogéner totalement les insaturations des chaînes d'acides gras et les groupements carboxyliques pour former, en final, des n-paraffines, du propane, de l'eau et du gaz carbonique. Une étape d'hydroisomérisation est nécessaire pour respecter les spécifications, imposées pour l'usage carburant, en termes de points de trouble et d'écoulement du mélange d'hydrocarbures obtenus ; celui-ci possède un indice de cétane de l'ordre de 70.

3.6.1 L'hydrotraitement

Le procédé de transformation des huiles végétales par hydrotraitement consiste en un traitement sous pression d'hydrogène en présence d'un catalyseur adapté, qui aboutit à l'hydrodésoxygénation totale de la matière grasse de départ, pour former des paraffines, essentiellement linéaires. Deux voies de transformation coexistent :

- l'hydrogénation/hydrogénolyse, qui préserve le nombre de carbones des chaînes grasses. Cette réaction s'accompagne de la formation d'eau,
- la décarboxylation, qui s'accompagne de la formation de CO_2 et aboutit à des hydrocarbures comportant un atome de carbone de moins que la chaîne grasse initiale.

Dans tous les cas, les insaturations des chaînes grasses sont totalement hydrogénées, et le groupement glycérique transformé en propane. Par ailleurs, les réactions secondaires peuvent conduire à la formation de CO et de méthane. Les principales réactions de transformation des triglycérides par hydrotraitement sont schématiquement indiquées ci-dessous.

A. Hydrogénation/hydrogénolyse

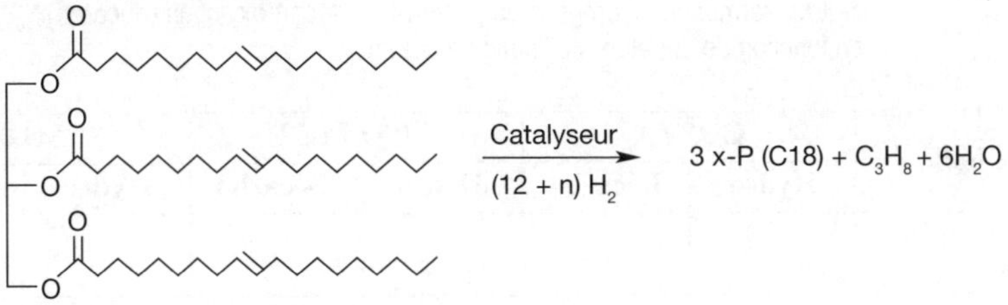

n est le nombre d'insaturations par mole de triglycéride.

B. Décarboxylation

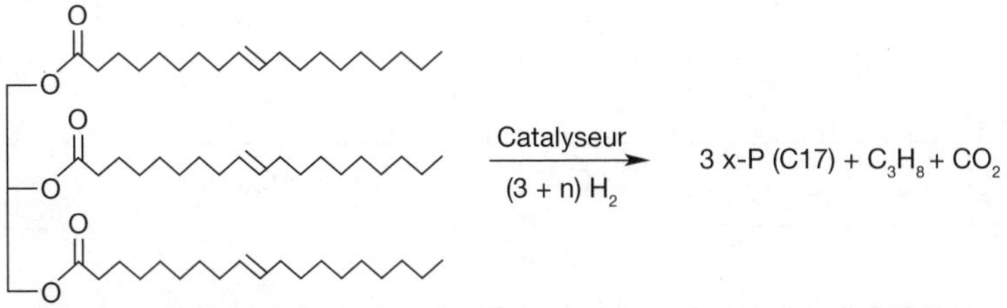

n est le nombre d'insaturations par mole de triglycéride.

C. Réactions de shift et de méthanation

$$CO_2 + 3\,H_2 \rightleftharpoons CO + 3\,H_2O$$
$$CO_2 + 4\,H_2 \rightleftharpoons CH_4 + H_2O$$

Le procédé d'hydrotraitement des huiles végétales comporte deux étapes principales :

- une section hydrotraitement, qui hydrogène les triglycérides, pour former des paraffines essentiellement linéaires. Les deux réactions de transformation évoquées précédemment conduisent à la formation d'eau, de CO_2, de CO et de propane ;
- une section hydroisomérisation, dont le but est d'améliorer les propriétés à froid des bases gazoles produites. À titre d'illustration, la spécification requise en Température Limite de Filtrabilité (TLF) est en Europe de 0 °C en été et – 15 °C en hiver.

Pour la section hydrotraitement, les catalyseurs de type sulfures employés en hydrotraitement classique de gazoles sont actifs pour réaliser l'hydrodésoxygénation complète des matières grasses. Les consommations d'hydrogène dépendent de la nature de l'huile ou des graisses animales de départ, en particulier du nombre moyen d'insaturations par chaîne et de la longueur des chaînes grasses hydrocarbonées.

Le tableau suivant (tableau 3.7) indique les ordres de grandeur des consommations d'hydrogène obtenues selon les deux voies hydrogénation et décarboxylation, ainsi que les rendements massiques théoriques correspondants.

À titre d'exemple, l'hydrotraitement catalytique de l'huile de colza nécessiterait un apport de 3,6 % poids en hydrogène. Avec une sélectivité maximale, 100 kg d'huile donnent 86,3 kg d'équivalent gazole, 5 kg de n-propane et 12,3 kg d'eau. Une unité de production de 100 000 tonnes/an d'équivalent gazole devrait être alimentée par 116 000 t d'huile de colza, 4 300 t d'hydrogène et générerait 5 800 t de propane.

Tableau 3.7 Rendements massiques et consommations d'hydrogène selon les deux voies de transformation, hydrogénolyse (hydro) ou décarboxylation (décarbo), en fonction de la nature de l'huile de départ.

Nature huile	COLZA		PALME		SOJA	
	Hydro	**Décarbo**	**Hydro**	**Décarbo**	**Hydro**	**Décarbo**
Consommation H_2 (% pds/charge)	3,6	1,5	3,2	1,2	3,8	1,7
Rendement en paraffines (% pds/ charge)	86,3	81,5	85,3	80,4	86,4	81,6
Rdt propane (% pds/charge)	5,0	5,0	5,2	5,2	5,0	5,0
Rdt H_2O (%pds/charge)	12,3	–	12,7	–	12,4	–
Rdt CO_2 (%pds/charge)	–	15,0	–	15,6	–	15,1

La faible densité des paraffines obtenues permet d'obtenir des rendements volumiques (par rapport à la charge) moins pénalisants. Ainsi, dans le cas du colza, les rendements volumiques théoriques sont respectivement de 101,9 % et 96,3 % pour les voies hydrogénolyse et décarboxylation.

La consommation en hydrogène pour l'huile de palme, du fait de sa structure plus saturée, est plus faible que celles mesurées pour les huiles de colza et de soja.

Le procédé d'hydrotraitement des huiles végétales et graisses animales présente un certain nombre d'avantages par rapport à d'autres voies telles que la transestérification (tableau 3.8) :

- l'indice de cétane des bases produites est plus élevé,
- le procédé est compatible avec les infrastructures existantes de raffinage,

Tableau 3.8 Comparatif des propriétés carburants entre un gazole conventionnel et les produits obtenus par la filière huile végétale (transestérification et hydrotraitement).

Propriétés	Gazole conventionnel	Biodiesel (Transestérification)	Gazole ex-procédé Hydrotraitement
Teneur en O (%pds)	0	11	0
Teneur en S (ppm pds)	< 50 (10)	< 10	< 10
Densité	0,82-0,845	0,883	0,78
PCI (MJ/kg)	44	38	44
Indice de cétane	51	50-65	70-90
Teneur en aromatique (% pds)	< 11	0	0
TLF (°C)	– 5	– 5 à + 15	– 10 à – 20 [a]

[a] *Propriétés à froid après une étape d'hydroisomérisation consécutive à l'hydrotraitement.*

– les qualités de produits permettent, d'une part, la compatibilité avec les moteurs actuels et, d'autre part, la flexibilité nécessaire pour l'incorporation au gazole conventionnel (teneur en soufre, indice de cétane, pouvoir calorifique).

3.6.2 L'hydroisomérisation

Les paraffines linéaires obtenues par l'hydrotraitement de matières grasses, comme décrit ci-dessus, sont des molécules à fort indice de cétane mais à haut point de fusion. Elles ne peuvent donc être utilisées comme base carburant (gazole) qu'en mélange à faible teneur.

Cette contrainte peut être levée en transformant ces paraffines linéaires en molécules de composition identique (isomères), dont la chaîne carbonée est légèrement ramifiée.

L'isomérisation de paraffines est une réaction bien connue, couramment utilisée en raffinage et en pétrochimie. Le plus souvent conduite sous pression et en présence d'hydrogène (on parle alors d'hydroisomérisation), elle est favorisée par plusieurs familles de catalyseurs.

La capacité d'une paraffine à rester liquide à basse température est d'autant plus élevée qu'elle est ramifiée (on parle également de « taux de branchement »). En revanche, la ramification d'une paraffine nuit à son indice de cétane. Pour la plupart des catalyseurs d'isomérisation, la recherche d'un taux de branchement élevé s'accompagne d'un risque de rupture de la chaîne carbonée ou « hydrocraquage ».

Le choix du catalyseur et les conditions opératoires de l'hydroisomérisation doivent donc être optimisés, de façon à conduire au meilleur compromis entre le rendement et les propriétés visées.

Dans le cas du gazole, il convient naturellement d'améliorer les propriétés à froid tout en conservant le meilleur cétane.

En l'absence de la contrainte de cétane, les points de congélation extrêmement bas de certaines isoparaffines très ramifiées (figure 3.8) permettent d'envisager leur utilisation comme bases pour la formulation des carburants utilisés dans des environnements extrêmes (régions polaires) et dans l'aviation. On notera également que, pour cette application, l'hydrocraquage associé aux forts taux d'isomérisation peut en fait s'avérer un avantage, les carburants ainsi obtenus étant composés de molécules plus légères que celles composant le gazole moteur [10].

3.6.3 Les procédés

La mise en œuvre d'un tel procédé d'hydrotraitement, suivie de façon optionnelle par une section hydroisomérisation, doit prendre en compte un certain nombre de problématiques, parmi lesquelles on peut citer :

– la gestion de la teneur en différents contaminants qui peuvent être présents dans la charge, tels que les métaux alcalins, les protéines et les sucres. Une solution consiste en un raffinage préalable de la charge avant envoi à la section hydrotraitement,

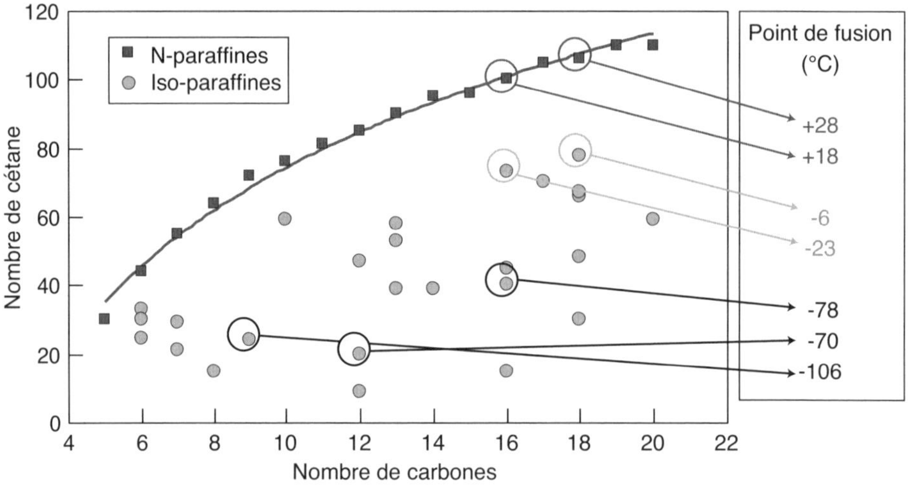

Figure 3.8

Propriétés des n-paraffines et iso-paraffines.

- la gestion du maintien de l'activité du catalyseur, en particulier sa tolérance à la présence de certains produits de la réaction, contenant de l'oxygène, en particulier de l'eau,
- la gestion de l'exothermie des réactions mises en jeu (hydrodésoxygénation et hydrogénation des insaturations des chaînes grasses hydrocarbonées). Ce point est essentiel afin d'éviter en particulier des réactions non souhaitées de polymérisation,
- la gestion des phénomènes de corrosion qui peuvent résulter de la présence de CO_2 et d'eau dans le milieu réactionnel.

Les unités industrielles qui mettront en œuvre ce type de procédé devront être installées sur des sites disposant d'hydrogène en très grandes quantités. Ce peut être le cas des raffineries de pétrole brut dont le choix serait aussi justifié par les possibilités qu'elles offrent de valoriser le propane. Néanmoins, en privilégiant la transformation d'huiles et matières grasses saturées, comme les huiles de palme, de palmiste et de coprah – qui ne sont certes pas produites en Europe – ainsi que les huiles de friture et les graisses d'origine animale, la consommation en hydrogène devrait être sensiblement réduite.

Cette voie de synthèse de biocarburants à partir d'huiles végétales s'affranchit totalement des problèmes liés à la valorisation de glycérine. En revanche, elle pose problème quant à la faible valeur du coproduit généré, le propane.

Le choix judicieux de catalyseurs, souvent déjà connus de l'industrie des hydrocarbures, et de conditions opératoires spécifiques permettent d'envisager la production de « bio-paraffines » pouvant entrer dans la formulation du gazole et du carburant-aviation à partir d'une grande variété de matières grasses renouvelables dont certaines ne pourraient donner qu'un piètre ester.

Un certain nombre de projets industriels ont vu le jour ou ont été annoncés ces dernières années. Deux grandes approches peuvent être distinguées.

3.6.3.1 Co-traitement avec des charges fossiles

La matière grasse renouvelable est introduite en mélange (largement minoritaire) dans une unité destinée à l'hydrodésulfuration d'une coupe pétrolière (gazole, VGO). Cette approche peut, *a priori*, permettre de limiter (par dilution) les problèmes spécifiques à l'hydrotraitement des matières grasses. Le principal avantage réside toutefois dans la possibilité d'utiliser les infrastructures existantes.

Les sociétés suivantes sont impliquées dans des projets industriels :

- Petrobras (Brésil) et ConocoPhillips (Irlande) : co-traitement de gazole et d'huile de soja,
- BP (Australie) : co-traitement de gazole avec des graisses animales,
- Total : hydrotraitement,
- Exxonmobil : co-traitement de VGO avec des matières grasses renouvelables,
- Preem (Suède) : co-traitement de gazole avec du *tall oil* (résidu de l'industrie papetière).

3.6.3.2 Traitement en unité dédiée

Si le co-traitement peut permettre la réutilisation (partielle) d'installations existantes, et donc la réduction des investissements nécessaires, il rend plus difficile l'optimisation fine des conditions opératoires. En effet, la désulfuration des coupes pétrolière requiert en général des conditions plus sévères que la transformation des matières grasses en bio-paraffines, ce qui nuit au rendement. Ce phénomène est accentué par le fait que la présence de ces charges inhibe la fonction désulfurante des catalyseurs employés, ce qui peut impliquer une sévérité accrue des conditions opératoires. On notera enfin que l'isomérisation des paraffines dans un mélange est plus complexe à mettre en œuvre.

Toutes ces raisons ont conduit de nombreuses sociétés à envisager le développement de procédés spécifiques destinés à être mis en œuvre dans des unités ne traitant que des matières grasses renouvelables. Les iso-paraffines produites sont ensuite destinées à une utilisation pure ou en mélange, dans le gazole comme dans le carburant-aviation.

En premier lieu, la société Neste Oil (procédé interne NExBTL), pionnière dans le domaine, opère depuis mi-2007 sur le site de la raffinerie de Porvoo en Finlande une unité de 170 000 t/an et mène trois autres projets (Porvoo2, Singapour, Rotterdam) pour une capacité cumulée de 1 770 000 t/an.

Ensuite, les procédés commerciaux des sociétés UOP (Ecofining, co-développé avec ENI) et Axens (procédé Vegan, développé par IFP Energies nouvelles) peuvent produire, suivant la version, soit du bio-gazole, soit du bio-kérosène.

3.7 LES PRINCIPAUX ACTEURS INDUSTRIELS

Les principaux fournisseurs de technologie et constructeurs sont Desmet Ballestra, Lurgi, BioDiesel International (BDI), Technip, Axens, Agrar-Technik (AT), Renewable Energy Group (REG), auxquels s'ajoutent d'autres compagnies. Ces sociétés sont actives dans des zones géographiques diversifiées, Europe, États-Unis, Amérique latine, Asie. Elles proposent différentes technologies, adaptées à plusieurs matières premières pouvant être ainsi traitées sur un même site industriel.

Les deux produits fabriqués sont les esters méthyliques d'huiles végétales et la glycérine. Le Brésil, gros producteur d'éthanol, cherche avant tout à fabriquer de esters éthyliques d'huiles végétales.

Généralement, les procédés employés sont basés sur la catalyse homogène. Seul, Axens est en mesure de proposer deux technologies, l'une à partir de catalyse homogène, l'autre en catalyse hétérogène.

La plus importante société productrice, en Europe, est Diester Industrie qui a inauguré en France en 2008, trois nouvelles usines de production à Grand-Couronne, Capelle-la-Grande et Bordeaux-Bassens, et la nouvelle unité de Mériot au début de 2009. Au total, Diester Industrie dispose en France d'une capacité de production de 2 Mt/an.

Diester Industrie International, groupe constitué par Diester Industrie avec la société Bunge, gère des unités de production en Allemagne, Italie, Autriche et Belgique.

Les autres principales compagnies productrices de biodiesel en Europe sont ADM Biodiesel, filiale du groupe américain Archer Daniels Midland, qui possède plusieurs unités en Allemagne, Biopetrol Industries, groupe suisse implanté en Allemagne et en Hollande, l'industriel allemand Verbio AG et l'espagnol Acciona Energia.

Aux États-Unis, les sociétés Dynol, Shaw Group, ADM et Renewable Energy Group sont bien implantées tandis qu'en Malaisie et en Inde, des compagnies telles que BioEnergy International et Gujarat Oleo Chem sont très impliquées dans la production de biodiesel auxquelles s'ajoutent de nombreuses autres sociétés productrices à moindre échelle, de par le monde.

3.8 LA PRODUCTION MONDIALE DE BIODIESEL

C'est en Europe que la production et la consommation de biodiesel sont les plus importantes. La production d'EMHV en Europe a augmenté de manière significative entre 1992 et 2001 avec un taux de croissance moyen annuel de 33 %. L'Allemagne, qui avait accordé des aides fiscales déterminantes, a produit par exemple en 2005 plus de la moitié du biodiesel de l'Union européenne, soit environ 1,7 Mt sur un total de 3,2 Mt. La France arrivait en seconde position avec 0,5 Mt.

Depuis, comme indiqué dans le tableau suivant (tableau 3.9), les productions européennes ont considérablement augmenté, pour atteindre 7,75 Mt en 2008, soit une croissance de 143 % par rapport à l'année 2005.

Les capacités de production dans les 27 pays de l'Union européenne sont estimées en 2009, à 20,9 Mt (*source* : EBB, European Biodiesel Board), valeur supérieure à la production et à la consommation actuelles et à celles correspondant à l'emploi de 10 % de biodiesel dans le gazole en Europe.

Tableau 3.9 Production européenne de biodiesel (en milliers de tonnes).

Année	2005	2006	2007	2008
Allemagne	1 669	2 662	2 436	2 819
France	492	743	1 269	1 815
Italie	396	447	508	595
Union européenne	3 184	4 890 (53 %)	5 995 (23 %)	7 755 (30 %)

Entre parenthèses, sont indiquées les progressions des productions d'une année sur l'autre.
Source : European Biodiesel Board

En 2010, en France, l'objectif d'incorporation de 7 % de biocarburants sera atteint, avec 2,75 Mt/an de biodiesel. L'Allemagne a toujours un objectif de 10 % d'incorporation de biocarburants en 2020.

La production européenne représentait en 2008 de l'ordre de 60 % de la production mondiale, estimée à 13,7 Mt (d'après les consommations de matières premières, cette valeur était de 15 Mt en 2008 et de 9,7 Mt en 2007), dont environ 80 %, soit 11Mt étaient consommés en Europe.

En 2008, l'Europe a importé 1,5 Mt en provenance des États-Unis, contre seulement un peu plus de 1Mt en 2007 et moins de 100 000 t en 2006 (*source* : EBB). Ces exportations américaines ont été favorisées par les prix intéressants obtenus aux États-Unis.

Aux États-Unis, la production avait triplé entre 2004 et 2005 pour atteindre 370 000 t/an. Ensuite, grâce aux subventions fédérales apportées par le gouvernement américain de 1 $/gallon (0,27 $/l) sur le mélange biodiesel 99 %-gazole 1 % (B99) effectué aux États-Unis, à partir d'huiles végétales et de graisses animales, et de 0,5 $/gallon (0,13 $/l) pour le mélange réalisé à partir d'huiles ou graisses usagées, et ceci quelle que soit l'origine du biodiesel, pouvant venir du Brésil, d'Argentine ou encore de Malaisie, cette fabrication a énormément augmenté. D'autres aides plus faibles, de l'ordre de 0,1 $/gallon, peuvent venir de certains États américains. De ce fait, le B-99 est exporté de façon massive vers l'Europe, en créant un déséquilibre sur le marché européen.

Afin que cette situation ne soit plus préjudiciable aux industriels européens du domaine, une pénalité européenne allant de 213 à 409 euros/t, composée de taxes anti-dumping et anti-subventions, est imposée à partir de juillet 2009 sur le biodiesel importé des États-Unis, et ceci sur une période de 5 ans. Quelle sera l'efficacité de ces mesures, car elles ne s'appliquent qu'aux exportations américaines ? Ces taxes ne seraient pas applicables dans la mesure où le biodiesel transiterait par un pays non soumis à celles-ci.

La production américaine, essentiellement fabriquée à partir d'huile de soja (70 à 80 %), a considérablement progressé de 2005 à 2008, pour passer à 740 000 t en 2006, 1,65 Mt en 2007, 2,3 Mt en 2008, avant de diminuer en 2009 à 1,6 Mt, suite aux difficultés d'exportations. Toutefois, le RFS-2 (Renewable Fuel Standard-2) envisage un doublement de la production à 3,2 Mt (3,6 Mm^3) en 2012. Cette dernière quantité correspondrait à 1,75 % de la demande américaine en gazole qui s'élève à 225 Mm^3.

Parmi les autres pays, gros producteurs de biodiesel depuis seulement quelques années, se situent l'Argentine, le Brésil, la Malaisie et l'Indonésie qui ont des fabrications variables selon les années, mais dont la production par pays dépasse généralement 1 Mt, à partir de soja en Amérique latine et à partir de palme en Asie du Sud-Est. Les Philippines, la Thaïlande et l'Australie sont d'autres pays développant leur production.

3.9 LE MARCHÉ DE LA GLYCÉRINE

La glycérine est un produit fatal de la réaction de transestérification.

La production mondiale de glycérine s'élève, depuis 2 ans, à plus de 1,5 Mt (quantité mesurée en glycérine à 100 % de pureté), (tableau 3.10), avec une progression importante de la part venant de la fabrication de biodiesel, qui atteint 1 Mt en 2009, soit de l'ordre de 60 % de la production globale mondiale de glycérol.

Le marché de la glycérine est en croissance depuis maintenant quelques années. Cette évolution est la conséquence de plusieurs événements :

- la croissance générale de l'économie mondiale surtout à la fin des années 1990,
- le développement important de nouvelles applications comme les produits de soins personnels, d'hygiène dentaire ou la croissance de l'usage de la glycérine dans l'industrie alimentaire,

Tableau 3.10 Productions de glycérine, en milliers de tonnes (comptée à 100 % de pureté).

Année / **Origine de la glycérine**	**2007**	**2008**	**2009**
Saponification	155	130	105
Acides gras	470	490	460
Biodiesel	690	950	1 000
Alcools gras	180	190	180
Autres	25	25	20
Total	1 520	1 785	1 765

Source : HBI

À l'avenir, la tendance actuelle de la croissance des utilisations de la glycérine devrait se poursuivre, c'est-à-dire une croissance essentiellement tirée par les marchés des produits de soins et d'hygiène corporelle et dentaire, par l'industrie agroalimentaire et pharmaceutique (tableau 3.11).

Tableau 3.11 Les différentes utilisations de la glycérine (comptée à 100 % de pureté).

Utilisations / Année	2007	2008	2009	2010 Estimation
Cosmétiques/pharmacie	800	830	750	780
Techniques	420	400	300	330
Substituts de glycols	0	30	60	70
Substituts de sorbitol	0	10	10	10
Alimentation animale	170	100	130	150
Méthanisation	50	100	300	300
Combustion	134	66	70	20
Nouveaux usages	40	80	190	330
Total	1 614	1 616	1 810	1 990

En gras sont indiquées les consommations de glycérine raffinée, les autres correspondent à l'emploi de glycérine brute.
Source : HBI

Le glycérol est utilisé pour ses caractéristiques émollientes et comme agent mouillant du fait de ses propriétés hygroscopiques. Il est encore employé comme antigel. Il entre dans la synthèse de résines et d'explosifs. C'est un bon solvant de préparation des teintures et des encres et un composé important de l'industrie agroalimentaire (additif alimentaire E422). De nouveaux usages sont en cours de développement, avec la synthèse de produits venant en remplacement de certains composés issus de la pétrochimie. Une forte progression est attendue dans ces derniers domaines pour 2010 et les années futures. Cependant, à l'heure actuelle, les excédents de glycérol sont utilisés essentiellement en méthanisation et peu en combustion.

Le glycérol peut encore être un intermédiaire pour la synthèse chimique de polyglycérols et/ou d'esters de polyglycérols qui sont communément employés comme émulsifiants en alimentation, cosmétique, lubrifiants dans l'industrie textile et agents plastifiants. Le glycérol peut rentrer en compétition avec d'autres polyols (sorbitol, éthylène glycol, propylène glycol, néopentylglycol, pentaérythritol...), à la double condition de présenter des coûts inférieurs et des performances au moins égales, sans négliger le facteur d'acceptabilité par l'utilisateur final, à savoir le client.

Le glycérol peut aussi être un substrat de fermentation, par exemple pour la biosynthèse de 1-3 propanediol, monomère rentrant dans la fabrication du polytriméthylène téréphtalate (PTT), dont les principales utilisations concernent l'industrie textile.

Enfin, des études étaient opérées pour faire entrer le glycérol après transformation dans le pool carburant. Une de ces voies pouvait consister en la synthèse du GTBE (glycérol-ter-butyl éther) par réaction avec l'isobutène. La glycérine pourrait aussi être la molécule oxygénée rentrant dans la composition d'additifs carburant afin d'améliorer la qualité des émissions des moteurs Diesel en réduisant la teneur en particules.

Beaucoup de ces nouvelles applications de la glycérine dépendent avant tout de son prix de revient. Comme indiqué dans le tableau 3.12, les prix européens de différentes qualités de glycérines, purifiées et brutes, d'origine animale ou végétale (qualité kasher) ont régulièrement baissé, pour atteindre en 2009 les valeurs les plus basses jamais enregistrées à l'exception de celles observées en 2006. Cette tendance devrait certainement favoriser le développement de nouvelles synthèses à partir de glycérol, et de nouvelles utilisations.

La purification de la glycérine consiste en une distillation qui influe essentiellement sur le poste des dépenses énergétiques (77 euros/t) légèrement supérieur à celui des investissements pour une unité de purification de 10 000 t/an (54 euros/t). Le coût global de cette opération était estimé à 170-175 euros/t en 2005 (*source* : Lurgi).

Tableau 3.12 Les prix de la glycérine en Europe.

Année	Glycérine Tallow à 99,5% (EUR/t)	Glycérine Kasher à 99,7% (EUR/t)	Glycérine brute à 80% (USD/t)
2001	795	945	340
2002	870	1 015	390
2003	790	910	350
2004	660	745	335
2005	450	475	170
2006	400	450	70
2007	640	735	345
2008	650	755	365
2009	350	405	125

Source : HBI

Jusqu'en 2003, les pays développés exportaient très peu leur production de glycérine qui était principalement destinée à leur propre consommation. En revanche, depuis 2004, les taux d'exportation des pays européens, l'Europe étant le plus important fabricant de biodiesel, ont augmenté pour atteindre plus de 30 % de leur production en 2008 (tableau 3.13).

Aux États-Unis, où la production a sensiblement augmenté depuis 2005 du fait de l'accroissement de la fabrication de biodiesel, les importations et exportations ont peu varié, à l'exception de 2008 qui a vu le doublement des exportations (tableau 3.14).

La production de biodiesel a fortement augmenté ces dernières années en Amérique du Sud, principalement en Argentine, entraînant une fabrication annuelle de glycérine de

Tableau 3.13 Production et consommation de glycérine en Europe (en milliers de tonnes).

Année	Production	Consommation totale	Consommation de glycérine raffinée	Exportations	Importations
1995	215			13	27
1996	224			15	25
1997	250		230	14	24
1998	239		241	16	25
1999	268		267	16	20
2000	296		295	20	20
2001	297		280	24	18
2002	300		300	22	18
2003	340		325	25	12
2004	380	357	337	50	10
2005	545	411	351	75	20
2006	709	553	423	91	15
2007	675	562	418	100	10
2008	796	581	406	260	20
Est. 2009*	750	623	380	140	15

Source : HBI

Tableau 3.14 Production et consommation de glycérine aux États-Unis (en milliers de tonnes).

Années	Production	Consommation totale	Consommation de glycérine raffinée	Importations	Exportations
1995	157	187		61	19
1996	151	191		63	18
1997	163	194		48	21
1998	149	184		61	24
1999	163	214		54	17
2000	157	244		115	16
2001	159	229		94	18
2002	155	223		95	20
2003	141	184		75	24
2004	132	201		111	22
2005	101	194	193	114	24
2006	190	240	205	104	55
2007	270	343	205	96	37
2008	376	423	216	123	74
Est. 2009*	276	377	174	103	21

Source : HBI

l'ordre de 100 000 t/an. C'est un peu la même situation en Malaisie et en Indonésie où cette production de glycérine, variable au cours du temps, est à l'heure actuelle légèrement inférieure à 100 000 t/an.

3.10 L'UTILISATION DIRECTE DES HUILES VÉGÉTALES DANS LES MOTEURS DIESEL

3.10.1 Les caractéristiques des huiles végétales

Les premiers développements des huiles végétales comme carburant visaient à les utiliser directement, après une purification plus ou moins poussée. Cependant, les premières expérimentations ont mis en évidence les limites de cette mise en œuvre, limites qui se sont accentuées avec l'évolution des technologies moteur. Toutefois, au début des années 1980, des séries d'essais conduits sur véhicules et bancs moteur ont amené le gouvernement brésilien à accorder, à partir de juillet 1982, la possibilité au consommateur d'employer des mélanges à 30 % d'huile végétale dans du gazole, dans des véhicules équipés de moteurs Diesel à préchambre. Par ailleurs, de nombreuses expériences ont été réalisées en Europe, notamment en Autriche où elles ont été initiées et où actuellement une centaine de tracteurs agricoles fonctionnent avec des huiles végétales pures, avec un suivi technique précis.

La longueur de chaîne des acides gras, la distribution et le nombre d'insaturations confèrent à chacune des huiles ses propriétés en tant que carburant.

Les huiles les plus couramment produites en Europe, le colza et le tournesol, sont composées d'acides gras ayant des chaînes carbonées (18 atomes de carbone) avec 3 chaînes globalement plus longues que celles des hydrocarbures rencontrés dans le gazole. Ces huiles ont des masses moléculaires élevées, de l'ordre de 0,88 kg/mole, une masse volumique supérieure à 910 kg/m^3, et sont peu volatiles. Généralement, leur chauffage provoque leur craquage à des températures de l'ordre de 300 °C.

D'autres propriétés importantes, comme la viscosité et la tenue au froid, le délai d'autoinflammation, la résistance à l'oxydation et la stabilité dans le temps, sont fortement dépendantes de la composition de l'huile (tableau 3.15) [11].

3.10.2 L'impact sur la combustion

À la lecture de l'importante littérature consacrée à l'utilisation directe des huiles végétales dans les moteurs Diesel [12], [13], [14], [15], celle-ci apparaît comme très rapidement limitée. En effet, elle conduit à une altération profonde des systèmes de combustion, due à la formation de dépôts et à la dégradation des performances et de la qualité des émissions, notamment dans le cas des moteurs à injection directe. Dans les moteurs à préchambre, le comportement des huiles semble créer moins de complications. Cependant, la formation de dépôts à plus long terme fait que, même dans ce dernier cas, l'emploi des huiles devient problématique.

Tableau 3.15 Les principales caractéristiques des huiles végétales.

Huile végétale	Viscosité à 40 °C (mm^2/s)	Résidu de carbone (% m)	Indice de cétane	PCS (kJ/kg)	Teneur en cendres (% m)	Teneur en soufre (% m)	Indice d'iode (l/g huile)	Indice de saponification (mg KOH/g huile)	TLF (°C)
Coton	33,7	0,25	33,7	39,4	0,02	0,01	113,2	207,71	
Pavot	42,4	0,25	36,7	39,6	0,02	0,01	116,83	196,82	
Colza	37,3	0,31	37,5	39,7	0,006	0,01	108,05	197,07	+ 20 [a]
Tournesol	34,4	0,28	36,7	39,6	0,01	0,01	132,32	191,7	+ 15 [a]
Sésame	36	0,25	40,4	39,4	0,002	0,01	91,76	210,34	
Lin	28	0,24	27,6	39,3	0,01	0,01	156,74	188,71	
Palme	63,6 (30 °C)		42				35-65		
Jatropha	49,9 (38 °C)		40-45						
Ricin	29,7	0,21	42,3	37,4	0,01	0,01	88,72	202,71	
Soja	33,1	0,24	38,1	39,6	0,006	0,01	69,82	220,78	+ 11 [b]
Arachide	40	0,22	34,6	39,5	0,02	0,01	119,55	199,8	
Noisette	24	0,21	52,9	39,8	0,01	0,02	98,62	197,63	
Noix	36,8	0,24	33,6	39,6	0,02	0,02	135,24	190,82	
Amande	34,2	0,22	34,5	39,8	0,01	0,01	102,35	197,56	
Olive	29,4	0,23	49,3	39,7	0,008	0,02	100,16	196,83	
Blé	32,6	0,23	35,2	39,3	0,02	0,02	120,96	205,68	
Mais	35,1	0,22	37,5	39,6	0,01	0,01	119,41	194,14	
Gazole	2-4,5		47						0 à – 20

[a] *Source* : Valenergol
[b] *Source* : USDA

Ce constat peu encourageant s'explique par les caractéristiques physico-chimiques des huiles. Les masses moléculaires élevées et leur faible volatilité conduisent, durant le processus de vaporisation et de combustion du carburant, au craquage des molécules, provoquant ainsi la formation de dépôts. La viscosité élevée des huiles modifie profondément les phénomènes associés à la pulvérisation du carburant et donc le calage de la combustion, déjà perturbé par le faible indice de cétane de ces huiles, de l'ordre de 30 à 40, bien en dessous de la limite de 51 imposée par la norme EN 590 des gazoles.

Ces deux dernières caractéristiques vont perturber la combustion du carburant en en retardant l'initiation et la fin avec pour conséquences l'accroissement des émissions et la transformation partielle des molécules, contribuant ainsi à la genèse de dépôts. De plus, tout phénomène retardant la combustion s'accompagne d'une augmentation des émissions sonores. Ces nuisances peuvent être partiellement compensées par une modification de l'avance à l'injection alors qu'aucune solution n'est envisageable pour régler les problèmes liés au craquage des molécules.

Par ailleurs, les propriétés à froid des huiles, notamment leur Température Limite de Filtrabilité (TLF), constituent un autre handicap. À basse température, l'augmentation conséquente de leur viscosité rend leur emploi quasiment impossible et c'est pourquoi le développement d'une technologie particulière de démarrage à froid s'avère incontournable. Ce peut être, par exemple, le démarrage au gazole ou bien la mise en œuvre d'une procédure de préchauffage du carburant.

De par leurs caractéristiques de distillation, l'emploi des huiles comme carburant peut s'accompagner d'un phénomène de dilution du lubrifiant moteur, plus spécifiquement lors du fonctionnement au ralenti avec pour conséquences l'usure accrue du moteur, les gommages du piston, des rayures des parois de la chambre de combustion (scuffing).

Enfin, l'insaturation des acides gras composant les huiles végétales entraîne également des problèmes lors de leur stockage liés à des réactions d'oxydation. Certains de ces handicaps peuvent être, sinon totalement surmontés, au moins réduits, au moyen d'artifices technologiques. Ces modifications seront doublement coûteuses, en termes d'investissement et de consommation énergétique lors de leur fonctionnement, notamment avec la mise en place de systèmes spécifiques d'injection et de réchauffage dans les conditions de fonctionnement à froid.

De plus, certaines des difficultés notées précédemment, seront encore amplifiées avec l'évolution des technologies des moteurs Diesel (réduction de la taille des trous des injecteurs, multiplicité des injecteurs accroissant la sensibilité à l'encrassement). L'emploi direct des huiles végétales avec les technologies en cours de développement deviendra de plus en plus critique [16].

3.10.3 L'impact sur les émissions

En règle générale, l'utilisation des huiles végétales dans un moteur Diesel entraîne, de par la modification du calage de la combustion, une augmentation des émissions de CO, d'HC et de particules.

À l'inverse, en raison de leur combustion plus lente et des températures moins élevées dans la chambre de combustion, les huiles végétales entraînent une diminution des émissions des NO_X.

Pour un moteur Diesel moderne, les constats suivants ont été faits lors d'un fonctionnement à l'huile de colza pure [17] :

- jusqu'à un doublement des niveaux de CO,
- jusqu'à un quadruplement des émissions d'HC,
- une réduction des rejets de NO_x de 25 %,
- une augmentation des émissions de particules de 90 à 140 %, des aldéhydes et cétones de 30 à 330 % et des HAP de l'ordre de 20 %.

Des essais menés par la société Ricardo [18] sur deux véhicules (l'un à injection directe Euro 2, l'autre de 2001 à injection indirecte), équipés spécialement de systèmes de préchauffage du carburant à 80 °C, mettent en évidence l'impact négatif de l'utilisation des huiles végétales sur les émissions de polluants (tableau 3.16).

Tableau 3.16 L'impact de l'utilisation des huiles végétales pures sur les émissions de polluants (g/km, NEDC [a]).

Composés émis (g/km)	Injection directe 1,9 l			Préchambre 1,5 l		
	Carburant de référence	Huile de colza	Impact	Carburant de référence	Huile de colza	Impact
CO	0,125	0,665	432 %	0,073	0,204	179 %
HC	0,068	0,206	203 %	0,025	0,037	48 %
NO_x	0,727	0,673	− 7 %	0,409	0,412	1 %
Particules	0,073	0,153	110 %	0,025	0,021	− 16 %
CO_2	139,2	151,7	9 %	124,3	126,7	2 %

[a] *NEDC : New European Driving Cycle.*

Ces niveaux de rejets sont variables selon l'état du véhicule et les différences peuvent encore s'accentuer avec le kilométrage, avec l'ancienneté de la technologie moteur et son état d'encrassement.

Néanmoins, ces résultats pourraient être améliorés par le développement de nouveaux systèmes d'injection et des travaux sur la chambre de combustion.

Des utilisations en mélanges ont aussi fait l'objet d'expérimentations [19], [20], [21]. Ces essais ont été réalisés avec des mélanges 25/75 d'huile de tournesol ou de carthame dans du gazole. Les performances avec le carburant formulé à partir d'huile de tournesol se sont rapidement dégradées en raison des dépôts sur les injecteurs et sur le piston et du gommage des segments. Les mélanges à base d'huile de carthame n'ont pas généré de problèmes particuliers.

D'autres essais ponctuels et d'endurance ont été effectués [22] avec différentes formulations de carburants à base d'huile de coton et de gazole, renfermant entre 30 et 65 % d'huile végétale et avec un mélange 50/50 d'huile et d'ester d'huile de coton. Alors que des effets bénéfiques peuvent être observés à court terme, d'importants soucis de dépôts, de cendres, d'usure et de gommage sont apparus lors d'essais d'endurance, à plus long terme.

3.10.4 Le cas particulier des tracteurs agricoles

Depuis une dizaine d'années, les constructeurs de tracteurs et d'engins agricoles sont confrontés à des exigences des clients de plus en plus contraignantes. Outre l'agrément d'utilisation (confort, niveau sonore, absence de poussières), la demande va, comme pour l'automobile et les poids lourds, vers des modèles à durée de vie de plus en plus élevée, dont la maintenance et les coûts d'entretien sont réduits, avec des intervalles de service allongés. Par ailleurs, la mise en application des normes anti-pollution pour les engins off-road (Directive 97/68/EC) va s'appliquer très prochainement aux tracteurs agricoles et forestiers (Directive 2000/25/EC). Ceci va se traduire par une évolution marquée des technologies, associée à des règles d'utilisation et de maintenance plus rigoureuses.

Ainsi, une analyse poussée des caractéristiques des tracteurs maintenant proposés sur le marché montre qu'aujourd'hui l'injection directe sous haute pression, entre 1 000 et 1 600 bar, avec gestion électronique ou le contrôle poussé de la consommation de lubrifiant par une meilleure maîtrise des jeux aux segments sont autant de nouveautés techniques appliquées à ce secteur. Elles conduisent aux mêmes exigences que celles rencontrées dans le domaine de l'automobile et des poids lourds.

Aujourd'hui, les grands constructeurs de tracteurs agricoles tels que John Deere, Deutz-Fahr, Massey-Fergusson, proposent ce type d'innovations technologiques qui doivent permettre de franchir les étapes réglementaires futures. À titre d'exemple, John Deere a été le premier à introduire l'injection haute pression de type common rail et une culasse multi-soupapes. La mise en œuvre de ces innovations conduit à de plus fortes sensibilités des moteurs à la qualité des carburants. Dans ce contexte, vouloir proposer de modifier le carburant classiquement utilisé, à savoir le FOD (Fioul Oil Domestique), doit se faire sans risque.

3.10.5 Conclusion

Les huiles végétales constituent, certes une alternative, mais continuent de présenter malgré tout des risques liés à leurs caractéristiques, que ni les constructeurs automobiles, ni les constructeurs de tracteurs et d'engins agricoles ne sont prêts à assumer. Le Comité Français des Constructeurs d'Automobiles (CCFA) a condamné, dans un communiqué de presse paru en 2006, l'usage des huiles végétales pures ou en mélange dans les moteurs d'automobiles.

3.11 L'UTILISATION DES EMHV DANS LES MOTEURS DIESEL

Comme indiqué précédemment, les caractéristiques des huiles végétales ne permettent pas d'envisager leur utilisation directe à grande échelle dans un contexte d'évolutions technologiques importantes des moteurs et de sévérisation des normes anti-pollution.

Au début des années 1980, IFP Energies nouvelles a montré que la trans-estérification des huiles végétales débouchait sur la production d'EMHV dont les propriétés permettent l'emploi comme carburant dans les moteurs Diesel, palliant ainsi la plupart des inconvénients rencontrés lors de l'utilisation directe des huiles végétales. Au cours de la seconde moitié des années 1980, le potentiel de ces esters en tant que carburant a été démontré, puis confirmé durant les années 1990, grâce à de nombreuses expérimentations effectuées en Europe, particulièrement en Autriche, Allemagne, France et Italie. En France, un programme expérimental important, regroupant les constructeurs d'automobiles et de poids lourds, les raffineurs, les acteurs de la filière oléagineuse, IFP Energies nouvelles, l'ADEME, les Ministères de l'Agriculture et de l'Industrie, a permis d'incorporer de façon banalisée des EMHV dans le gazole à hauteur de 5 %, sans besoin d'aucune information mentionnée sur les pompes des stations-service.

Simultanément, la France éditait des spécifications garantissant la qualité des esters méthyliques de colza destinés à être incorporés dans le gazole. Cette démarche normative a ensuite été reprise au niveau européen par le CEN (Comité Européen de Normalisation). D'autres utilisations ont été développées. Par exemple, en Allemagne, le produit pur a été proposé pour des véhicules adaptés ; en France, l'incorporation des EMHV dans le gazole à des teneurs allant jusqu'à 30 % a été réalisée pour utilisation sur des flottes captives de véhicules (transports en commun urbains), sous un régime dérogatoire accordé par le ministère de l'Industrie et par les Douanes.

Aux États-Unis, le biodiesel peut être employé en mélange à 20 % avec le gazole (B 20), tandis qu'au Brésil, un mandat, promulgué en juillet 2008, autorise l'addition de 3 % de biodiesel (B3), soit 1,2 Mm^3, avec une prévision d'ajout de 5 % de biodiesel en 2013.

3.11.1 Les caractéristiques des produits fabriqués

Les spécifications auxquelles doivent répondre les esters méthyliques à usage carburant en Europe sont dérivées des normes EN 14 214. Elles proposent un certain nombre de valeurs limites, concernant les teneurs en esters, en huiles partiellement ou non transformées, en structures insaturées (indice d'iode), la stabilité à l'oxydation. Ce dernier point est encore à l'étude car les avis divergent sur la représentativité des méthodes proposées. Les valeurs limites des teneurs en eau et en impuretés provenant du raffinage des huiles sont, elles aussi, précisées. Elles permettent de proposer un produit parfaitement compatible avec le gazole et ne présentant pas d'inconvénient majeur en terme de fonctionnement moteur (encrassement, performances des systèmes de post-traitement…). Ces spécifications sont regroupées dans le tableau 3.17.

La teneur en méthanol doit être limitée pour éviter un abaissement important du point d'éclair et des phénomènes de corrosion des métaux. La limitation de la teneur résiduelle en métaux et en phosphore permet d'éviter le bouchage des filtres entraîné par la formation potentielle de savons et sédiments. Cela évite aussi la corrosion du système d'injection et le gommage des segments. Par ailleurs, la teneur en eau doit être contrôlée pour éliminer tous les risques d'hydrolyse des esters et tous les problèmes de corrosion.

Parmi les principales différences relevées entre les pays, il est à noter qu'aucune valeur d'indice d'iode (exprimée en grammes d'iode fixé par 100 g de matière grasse, cette valeur étant proportionnelle au taux d'insaturation des chaînes d'acides gras entrant dans la composition de l'huile) n'est mentionnée dans les réglementations italiennes, suédoises ou améri-

Tableau 3.17 Les spécifications des EMHV, dans différents pays d'Europe, et les spécifications européennes (Norme EN 14214).

Norme	Conditions	Unité	Autriche	France	Allemagne	Italie	Suède	Europe	
			ON C1191	Journal Officiel	DIN E 51606	UNI 10635	SS 15 54 36	EN 14214	
								Min	Max
Masse volumique	15 °C	kg/m³	850-890	870-900	875-900	860-900	870-900	860	900
Viscosité	40 °C	mm²/s	3,5-5,0	3,5-5,0	3,5-5,0	3,5-5,0	3,5-5,0	3,5	5,0
Distillation	I.B.P.	°C	–	–	–	≥ 300	–		
Distillation	95 %	°C	–	≤ 360	–	≤ 360	–		
Point d'éclair		°C	≥ 100	≥ 100	≥ 100	≥ 100	≥ 100	101	
CFPP		°C	≤ 0/– 15	–	≤ 0/– 10/– 20	≤ 0/– 15	≤ – 5		
Point de fluidité	Eté	°C	–	≤ 10	–	–	–		
Soufre total		% masse	≤ 0,02	–	≤ 0,01	≤ 0,01	≤ 0,001		10 mg/kg
CCR	100 %	% masse	≤ 0,05	–	≤ 0,05	–	–		
CCR	10 %	% masse	–	≤ 0,3	–	≤ 0,5	–		
Cendres sulfatées		% masse	≤ 0,02	–	≤ 0,03	–	–		0,02
Cendres (oxyd.)		% masse	–	–	–	≤ 0,01	≤ 0,01		
Teneur en eau		mg/kg	–	≤ 200	≤ 300	≤ 700	≤ 300		500
Impuretés totales		mg/kg	–	–	≤ 20	–	≤ 20		
Indice de cétane		–	≥ 49	≥ 49	≥ 49	–	≥ 48	51	
Indice de neutralité		mg KOH/g	≤ 0,8	≤ 0,5	≤ 0,5	≤ 0,5	≤ 0,6		
Teneur en méthanol		% masse	≤ 0,20	≤ 0,1	≤ 0,3	≤ 0,2	≤ 0,2		0,2
Teneur en ester		% masse	–	≥ 96,5	–	≥ 98	≥ 98	96,5	
Monoglycérides		% masse	–	≤ 0,8	≤ 0,8	≤ 0,8	≤ 0,8		0,8
Diglycérides		% masse	–	≤ 0,2	≤ 0,4	≤ 0,2	≤ 0,1		0,2
Triglycérides		% masse	–	≤ 0,2	≤ 0,4	≤ 0,1	≤ 0,1		0,2
Glycérol libre		% masse	≤ 0,02	≤ 0,02	≤ 0,02	≤ 0,05	≤ 0,02		0,02
Glycérol total		% masse	≤ 0,24	≤ 0,25	≤ 0,25	–	–		0,25
Indice d'iode		gI2/100 g	≤ 120	≤ 115	≤ 115	–	≤ 125		120
Phosphore		mg/kg	≤ 20	≤ 10	≤ 10	≤ 10	≤ 10		4
Métaux alcalins Na + K		mg/kg	–	≤ 5	≤ 5	–	≤ 10		5
Résidu carbone		% masse							0,3
Contamination totale		mg/kg							24
Stabilité à l'oxydation (110 °C)		heure						6	
Indice d'acide		mg KOH/g							0,5
Acide linolénique méthylester		% masse							12
Méthylesters polyinsaturés (≥ 4 doubles liaisons)									1
Métaux alcalins du groupe II Ca + Mg		mg/kg							5

caines, selon la norme ASTM D6751, élaborée afin de permettre une utilisation correcte du biodiesel en mélange à hauteur de 20 % dans le gazole (mélange B 20) (tableau 3.18). Cette norme n'impose pas de contraintes en densité, ni aucune limite en méthanol. Cependant, cette dernière devra toujours être faible, généralement inférieure à une teneur de 1 ‰, du fait que le point d'éclair des esters doit toujours être supérieur à 100 °C. Dans le cas américain, ceci permet de valoriser les esters d'huile de soja dont les indices d'iode, de l'ordre de 135, sont très élevés et supérieurs aux spécifications française et allemande, qui limitent cet indice à 120.

Actuellement, il n'existe aucune norme spécifique concernant les esters éthyliques d'huiles végétales.

Tableau 3.18 Les spécifications des EMHV aux États-Unis (Norme américaine ASTM D6751).

Propriétés	Limites	Unités
Point éclair	≥ 100	°C
Contenu en eau et sédiment	< 0,05	% en volume
Viscosité cinématique à 40 °C	1,9-6	mm^2/s
Cendres sulfatées	< 0,02	% en masse
Teneur en soufre	< 0,0015	% en masse
Corrosion à la lame de cuivre	n° 3	
Indice de cétane	≥ 47	
Résidu carbone	< 0,05	% en masse
Indice d'acide	< 0,8	mg KOH/g
Glycérine libre	< 0,02	% en masse
Glycérol total	< 0,24	% en masse
Teneur en phosphore	< 0,001	% en masse
Température de distillation	< 360	°C

Les caractéristiques des esters méthyliques fabriqués sont regroupées dans les tableaux 3.19 et 3.20. Elles répondent aux spécifications présentées ci-dessus.

Tableau 3.19 Principales caractéristiques physico-chimiques du gazole, de l'huile de colza et des EMHV.

Caractéristiques	Gazole	Huile de colza	Esters méthyliques de colza
Densité spécifique (kg/m^3)	820-860	920	880-885
Viscosité à 40 °C (mm^2/s)	2-4,5	30	4,5
Indice de cétane	> 49	35	50
Point d'éclair °C	≥ 100	Décomposition après 320 °C	170-180

Tableau 3.20 Caractéristiques des esters méthyliques de colza obtenus par catalyse homogène et hétérogène.

Caractéristiques	Unités	Spécifications	Méthodes EN 14214 (2003)	Produit de catalyse homogène	Produit de catalyse hétérogène
Teneur en esters	% m/m	> 96,5	EN 14103	97,5	98,5
Teneur en monoglycérides	% m/m	< 0,8	EN 14105	0,7	0,5
Teneur en diglycérides	% m/m	< 0,2	EN 14105	0,15	0,02
Teneur en triglycérides	% m/m	< 0,2	EN 14105	0,1	0,01
Teneur en méthanol	% m/m	< 0,1	EN 14110	0,1	< 0,03
Teneur en eau	mg/kg	< 500	EN ISO 12937	200	200
Indice d'acide	mg KOH/g	< 0,5	EN 14104	0,4	0,3
Glycérine libre	% m/m	< 0,2	EN 14105	0,018	< 0,02
Glycérine totale (calcul)	% m/m	< 0,24	EN 14105	0,23	0,15
Teneur en alcalins	mg/kg	< 3	EN 14108	3	
Teneur en métaux	mg/kg				< 3
Teneur en phosphore	mg/kg	< 10	EN 14107	< 10	< 8
Teneur en soufre	mg/kg	< 10	EN ISO 20846	< 10	< 10

Les principales données rassemblées dans le tableau 3.19 montrent que les esters méthyliques, en termes de densité spécifique, de viscosité à 40 °C et d'indice de cétane se comparent avec celles du gazole, ce qui n'est pas le cas pour les huiles.

Les esters fabriqués par catalyse hétérogène sont légèrement plus purs que ceux obtenus par catalyse homogène, avec des teneurs en mono-, di-, triglycérides, et méthanol plus faibles (tableau 3.20).

À titre de comparaison, le tableau 3.21 regroupe les principales caractéristiques des esters méthyliques fabriqués à partir de différentes huiles végétales. Les valeurs respectives d'indice de cétane, d'indice d'iode et de point d'écoulement sont avant tout dépendantes de la composition en acides gras de chacune de ces huiles. L'indice de cétane augmente avec la longueur des chaînes carbonées. L'indice de cétane et le point d'écoulement varient avec le degré d'insaturation des acides gras, déterminé par la mesure de l'indice d'iode. Plus cet indice est faible, moins le taux d'insaturation des acides gras est élevé, et plus l'indice de cétane augmente. C'est ainsi que les esters méthyliques synthétisés à partir de l'huile de palme qui renferme plus de 50 % d'acides gras saturés (indice d'iode de 50), ont l'indice de cétane le plus fort, de l'ordre de 54. Le point d'écoulement augmente lorsque la proportion d'acides gras saturés, principaux responsables des mauvaises caractéristiques de tenue à froid, augmente. De ce fait, les esters d'huile de palme, avec un point d'écoulement de + 13 °C, un point de trouble de + 23 °C et une température limite de filtrabilité de + 11 °C, ne peuvent être utilisés en Europe et aux États-Unis qu'en mélange avec des esters d'huiles de colza, de tournesol et de soja, et uniquement pendant l'été, afin d'éviter tout problème de colmatage susceptible d'intervenir par la prise en masse des esters d'huile de palme lorsque les températures ambiantes diminuent. Généralement, les mélanges à 5 % d'esters d'huile de palme sont employés en Europe pendant les mois d'été. Néanmoins, ces caractéristiques peuvent être améliorées en procédant à 2 étapes successives de cristallisation sur l'huile de palme. L'oléine de palme ainsi obtenue renferme moins d'acides gras saturés qui ont précipité.

Tableau 3.21 Caractéristiques des esters méthyliques de différentes huiles végétales.

Caractéristiques	**Esters méthyliques de colza**	**Esters méthyliques de soja**	**Esters méthyliques de tournesol**	**Esters méthyliques de palme**	**Spécifications EN 14214**
Indice de cétane	50	48,1	49	54	≥ 51
Indice d'iode	111	133	134	45	≤ 120
Point d'écoulement	– 9	– 3	– 7	+ 13	

En ce qui concerne les esters d'huiles de soja et de tournesol, dont les valeurs d'indice d'iode dépassent les spécifications (120 maximum en Europe), ils ne peuvent être utilisés qu'en mélange avec d'autres esters. Par exemple, un mélange d'esters de colza et de tournesol avec un rapport pondéral 60/40 permet d'atteindre la spécification en indice d'iode de 120. En mélange à 13 % en masse avec des esters méthyliques de soja, les esters méthyliques de palme abaissent l'indice d'iode à 120 et conduisent à un point limite de filtrabilité à froid de + 1 °C. À une teneur de 5 % en esters méthyliques de palme, l'indice d'iode est de 126 et le point limite de filtrabilité à froid descend à – 1 °C.

L'indice d'iode est aussi un bon indicateur de la stabilité à l'oxydation de ces produits. Plus cet indice est élevé, plus l'ester est sensible à l'action de l'oxygène, et plus l'emploi d'additifs de stabilisation lors du stockage de ces esters sera nécessaire. Ces additifs sont généralement des composés aromatiques tels que des molécules phénoliques et aminées. La présence de ces additifs ajoutés dans les esters à hauteur de 100 à 1 000 ppm permet d'assurer la stabilité des esters à l'oxydation lors de leur stockage sur une durée d'environ 6 mois.

Le tableau 3.22 regroupe les résultats des tests de toxicité et de biodégradabilité effectués avec les esters méthyliques de colza et de tournesol et le gazole.

Au vu des valeurs présentées, les esters, de par leur biodégradabilité ultime totale et leur faible toxicité vis-à-vis des espèces animales et des micro-organismes, sont des produits qui présentent peu ou pas de risques vis-à-vis de l'environnement en cas de déversement accidentel dans la nature (contamination des sols et des eaux). Leur innocuité est reconnue.

À titre d'exemple, les esters méthyliques de colza ont été utilisés comme fluxant lors des opérations de pompage du fioul lourd contenu dans les cuves de l'Erika (navire qui a coulé au large des côtes bretonnes fin décembre 1999) et lors des opérations de nettoyage des rochers des côtes polluées par ce même fioul.

Tableau 3.22 Toxicité et biodégradabilité des esters de colza et de tournesol, et du gazole.

Test effectué	Unités	Esters méthyliques de colza	Esters méthyliques de tournesol	Gazole
Toxicité orale sur mammifères [a] OCDE 401	DL50 (mg/kg)	> 5 000	> 5 000	> 5 000
Toxicité sur poissons [b] OCDE 203	CL50 (mg/l)	> 100 000	> 100 000	134
Toxicité sur daphnies [c] OCDE 202	CE50 (mg/l)	2 500	1700	86
Toxicité sur algues [d] OCDE 201	CE50 (mg/l)	73 700	25 600	55
Toxicité sur bactéries [e] ISO 10 712	CEO (mg/l)	5 250	1 020	< 10
Biodégradabilité [f] OCDE 301B	%	87,4	89,9	38,7

[a] *Concentration en poids de substance par rapport aux poids de l'animal qui provoque la mort de 50 % des animaux (rats).*

[b] *Concentration initiale qui tue en 48 heures 50 % des poissons d'eau douce* Brachydanio rerio.

[c] *Concentration effective qui immobilise 50 % des daphnies présentes (*Daphnia magna*) après 48 heures.*

[d] *Concentration effective qui provoque 50 % d'inhibition de la croissance de* Selenastrum capricornum, *après un temps d'incubation de 72 heures.*

[e] *Concentration effective limite donnant 0 % d'inhibition de la croissance de* Pseudomonas putida *après une incubation de 16 heures.*

[f] *Biodégradabilité ultime (méthode Sturm modifiée) par mesure du* CO_2 *produit en 28 jours.*

Source : ONIDOL

3.11.2 Les propriétés des EMHV

Les propriétés de différents EMHV sont regroupées dans le tableau 3.23, [23], [24].

L'indice de cétane, paramètre utilisé pour déterminer le délai d'auto-inflammation des carburants Diesel (pour les moteurs Diesel conventionnels, il est souhaitable de disposer d'un indice de cétane élevé afin d'avoir un délai d'auto-inflammation le plus court possible), est voisin de ceux que l'on rencontre communément pour les gazoles, et qui doivent aujourd'hui être supérieurs à 51.

L'intervalle de distillation des EMHV classiquement rencontrés en Europe est compris entre 320 °C et 350 °C, les situant au niveau des fractions lourdes de la coupe gazole.

L'absence de soufre et de structures aromatiques : l'évolution des spécifications des gazoles conduit à terme à des niveaux de soufre inférieurs à 10 ppm et à un contrôle des teneurs en composés polyaromatiques. Toute base ne contribuant pas à l'accroissement de ces composés est intéressante.

L'amélioration du pouvoir lubrifiant des gazoles fortement désulfurés : il s'agit là d'une valeur ajoutée des esters très importante dans le contexte actuel. En effet, la forte désulfuration des gazoles induit une réduction significative de leur pouvoir lubrifiant. Aujourd'hui, l'incorporation d'additifs permet de palier cet inconvénient. Néanmoins, par le biais d'une incorporation d'EMHV, le pouvoir lubrifiant des gazoles à très basse teneur en soufre est très significativement amélioré. Le tableau 3.24 présente les performances obtenues par cette voie. Déterminées par des tests d'usure [25], elles montrent que l'addition d'esters méthyliques de colza à des teneurs comprises entre 2 et 5 % réduit fortement l'usure des pièces métalliques en contact avec le carburant.

La viscosité : la viscosité est une caractéristique importante qui a un impact tant sur l'usure que sur les performances. En effet, le carburant Diesel a une mission de lubrification des éléments d'injection et la viscosité est un des éléments traçant ces performances. De plus, la viscosité peut avoir un impact induit sur la pulvérisation, le calage de l'injection et la quantité injectée, ce dernier effet étant nettement plus sensible sur les technologies d'injection des années 1980.

La miscibilité en toute proportion dans le gazole : en raison des écarts de densité entre gazole et EMHV, un brassage méticuleux doit être effectué pour garantir un mélange homogène.

Néanmoins, la nature chimique intrinsèque des esters méthyliques d'huile végétale induit certaines propriétés dont les conséquences doivent être maîtrisées. On citera particulièrement :

- la stabilité dans le temps. C'est un point essentiel. En effet, en fonction des origines des huiles, la répartition et les quantités respectives de chaînes insaturées (répartition entre chaîne oléique, chaîne linoléique et chaîne linolénique, respectivement C18-1, C18-2 et C18-3) peuvent être très différentes. Ces insaturations ont un impact sur la stabilité des esters au cours de leur stockage, que ce soit la stabilité à l'oxydation ou la stabilité thermique ;
- les caractéristiques à froid. Celles-ci sont très voisines de celles des gazoles mais restent en deçà de celles des gazoles hiver et plus encore des gazoles grand froid, dont la température limite de filtrabilité est fixée en France entre – 12 °C et – 15 °C.

Tableau 3.23 Principales caractéristiques des esters de différentes huiles végétales et graisses animales.

	Masse volumique à 15 °C (kg/m^3)	**Viscosité à 40 °C mm^2/s**	**Point d'éclair °C**	**PCI kJ/kg**	**PCI kJ/l**	**PCS kJ/kg**	**C % masse**	**H % masse**	**O % masse**	**Indice de cétane**	**Point de trouble °C**	**Point d'écoulement °C**	**Indice de Iode g I/100 g**
EM de colza	882	4,5	172	37 400	32 900	40 300	78,2	12,5	9,3	55	– 3	– 12	106
EE de colza	875	6,5	160	38 000	33 250	40 600	76,8	11,8	11,4	66	– 1	– 12	102
EM de soja	884	4,1	178	37 200	32 900	40 000	76,2	11,2	12,6	47	1	– 4	133
EE de soja	881	4,4	175			40 000				48	– 1	– 4	123
EM de coton	880	3,7	110			40 600				48		– 4	
EM de lin	884	3,5	172	38 700	34 150	39 750	77,5	11,6	10,9	52		– 15	183
EE de lin	884	3,6				39 650							
EM de tournesol	878	4,3	146	38 250	33 500	39 130	77,2	11,9	10,9	54,3	1	– 4	129
EE de tournesol	876	4,4				39 800							
EM de tournesol oléique	879	4,7	177	37 000	32 600	40 200				52,6			85
EM de palme	875	4,9	164	37 600	32 900	39 200	76,3	12,4	11,3	62	23	13	52
EE de palme		4,5				39 070				56,2	8	6	
EM d'arachide	883	4,9	176	38 050	33 600					54	5		
EM de maïs		4,5	111			38 480				65	– 3	– 3	
EM de suif	876	4,6	150	37 500	32 900	40 000				59,5	13	10	43
EE de suif	871					41 675							
EM de saindoux				36 800		39 700	75,0	11,8	13,2	63,6			

Tableau 3.24 Les résultats des tests d'usure avec deux types d'esters méthyliques d'huile de colza.

Composition du carburant			Diamètre de la calotte usée (µm)	
			EMC [a]	EMC [b]
Gazole		(City Diesel fuel suédois) [c]	580	580
Gazole	+	0,5 % vol d'EMC	550	580
Gazole	+	0,8 % vol d'EMC	500	580
Gazole	+	1 % vol d'EMC	300	580
Gazole	+	2 % vol d'EMC	180	450
Gazole	+	5 % vol d'EMC	180	280

[a] *EMC : esters purifiés par une distillation flash.*
[b] *EMC : esters non soumis à l'étape de distillation flash.*
[c] *Gazole contenant moins de 10 ppm de soufre.*

Il est important de préciser que les esters méthyliques d'huiles végétales ont un pouvoir calorifique inférieur massique plus faible de 11 % que celui des gazoles et un pouvoir calorifique inférieur volumique plus faible de 7 %. Ceci a pour conséquence une consommation (exprimée en litres/100 km parcourus) plus importante d'environ 7 %. Enfin, notons que les esters ont un caractère hygroscopique plus marqué que les gazoles, ce qui peut modifier le comportement des mélanges en présence d'eau.

Enfin, une vigilance accrue doit être portée lors de la mise en mélange dans le gazole, du fait des écarts des masses volumiques respectives des deux produits. En effet, le carburant Diesel final mis sur le marché doit être en harmonie avec les spécifications des gazoles EN590.

3.11.3 Les performances des EMHV en tant que carburant

Lorsqu'une solution alternative aux carburants conventionnels est proposée, il faut bien évidemment s'assurer de l'innocuité de son utilisation ou bien identifier les axes d'évolution technologique pour en tirer le meilleur profit. Ces points concernent notamment les caractéristiques d'injection, le déroulement de la combustion, le fonctionnement des systèmes de post-traitement tels que les catalyseurs d'oxydation et les filtres à particules, le comportement en endurance et vis-à-vis du lubrifiant, et enfin les risques d'encrassement.

En raison de leur parfaite miscibilité dans le gazole et de leurs caractéristiques, différents modes d'utilisation sont pratiqués :

- EMHV7 : mélange banalisé contenant jusqu'à 7 % d'EMHV dans le gazole, distribué dans le cadre de la spécification EN590,
- EMHV30 : mélange composé de 70 % d'une coupe gazole et de 30 % d'EMHV. C'est un mélange distribué pour des flottes captives fonctionnant sous régime dérogatoire. En France, de nombreuses collectivités locales, sociétés de transports urbains, voire entreprises privées, ont adopté ce carburant,

– EMHV100 : EMHV utilisé pur dans des véhicules adaptés. Ce carburant est utilisé dans certains pays européens tels que l'Allemagne. Toutefois, il semble que cette dernière se tourne maintenant vers une utilisation en mélange.

Pour chacun de ces mélanges, il est important d'examiner les conséquences de leur utilisation sur les performances.

Les mélanges EMHV5 ont fait l'objet d'un très large programme d'expérimentations en France, mis en place et coordonné par IFP Energies nouvelles au cours des années 1990, en s'appuyant sur des flottes de véhicules légers et lourds. Les kilométrages accumulés, associés à des essais au banc moteur ont permis de montrer que l'emploi du mélange EMHV5 ne modifie pas les caractéristiques de combustion et d'injection, ni le comportement en endurance, ni le fonctionnement des systèmes de post-traitement. Il n'induit pas de dilution significative du lubrifiant et ne conduit pas à un accroissement de l'usure moteur.

De plus, une bonne compatibilité entre les matériaux utilisés et le mélange a été constatée.

Par ailleurs, toute chose égale par ailleurs, la consommation de carburant est accrue en présence d'EMHV en raison de la réduction du pouvoir calorifique. Toutefois, 5 % d'incorporation d'EMHV conduisent à une augmentation de consommation de l'ordre de 0,3 %, difficilement perceptible par l'utilisateur.

Dans le cas des mélanges à plus fortes teneurs et notamment des EMHV30, un ensemble important de travaux a été effectué sur différents types de moteurs et de véhicules. Il en ressort qu'il existe une bonne adéquation entre technologies moteurs et carburants EMHV30. Entre autres, on a pu observer une parfaite compatibilité des systèmes d'injection, un déroulement de la combustion peu ou pas modifié, un fonctionnement des systèmes de post-traitement non affecté, très peu d'accroissement de sensibilité à l'encrassement des injecteurs, une bonne compatibilité des matériaux et des évolutions de consommation en harmonie avec les variations de PCI.

Toutefois, deux points doivent être attentivement contrôlés, à savoir les risques de dilution du lubrifiant par le carburant et la stabilité à l'oxydation des mélanges.

En effet, les caractéristiques de distillation des EMHV, du fait de leur point d'ébullition élevé, peuvent induire des risques de vaporisation incomplète du carburant lors du fonctionnement à froid ou à faible température, notamment lors de fonctionnements prolongés au ralenti. Ceux-ci conduisent en effet à une dilution du lubrifiant, réduisant ainsi les performances lubrifiantes et pouvant créer des vernis. Les expériences faites n'ont pas montré d'usure accrue des moteurs et le bilan de l'utilisation de ces mélanges est positif, mais la vigilance sur ce point impose un suivi attentif des conditions de service des véhicules (surtout ceux peu chargés et fonctionnant à basse température), pour être en mesure d'adapter, si nécessaire, les intervalles de vidange.

Enfin, lors de l'utilisation d'EMHV purs, les véhicules fonctionnent sans désagrément. Les matériaux employés pour les joints et les durites, comme les caoutchoucs naturels, ceux en polypropylène et polyvinyle, sont particulièrement vulnérables au B 100 qui est, en revanche, compatible avec le nylon et le téflon. Néanmoins, dans ce dernier cas, les constructeurs proposent des véhicules adaptés, notamment par modification du choix de certains matériaux polymères et par recalibration de la pompe d'injection pour tenir compte de la réduction du PCI.

3.11.4 L'impact des EMHV sur les émissions

Les EMHV offrent un bilan environnemental positif. Les principaux résultats sont rassemblés dans le tableau 3.25, pour deux formulations de carburant, l'une à 5 % d'EMHV dans le gazole, l'autre à 20 %.

Tableau 3.25 L'impact de l'utilisation des EMHV sur les émissions.

	EMHV (5 %)	**EMHV (20 %)**
CO	0 (↘)	0 ↗ (≅ 5 %)
HC	0 (↘)	0
NOx	0 (↗)	0
Particules	↘	↘ 15 %
Particules insolubles [a]	0 (↘)	↘ 20-25 %
Particules solubles [a]	0 (↗)	↗ 30-50 %

[a] *Solvant : dichlorométhane.*

Ainsi, en termes de pollution locale, on enregistre, dans la presque totalité des études effectuées avec différents types de biodiesel, une réduction des rejets de CO, de HC et de particules de 10 à 30 % selon les polluants et des émissions des HAP gazeux et particulaires. La diminution des émissions d'hydrocarbures imbrûlés s'expliquerait par le contenu en oxygène du biodiesel, permettant ainsi une combustion plus complète, et par sa plus faible volatilité. Cette combustion plus complète contribue aussi à réduire les émissions de monoxyde de carbone, cette réduction étant encore favorisée par l'augmentation de l'indice de cétane. Des réductions en masse jusqu'à 50 % ou plus des émissions de particules ont été mesurées lors de l'emploi de biodiesel pur. Ce gain peut toutefois devenir nul ou négatif pendant la phase de démarrage du véhicule.

Les effets sont d'autant plus marqués que la teneur en EMHV est augmentée.

En revanche, les NO_X ont généralement tendance à augmenter de quelques points (< 5 %). Pour limiter cette augmentation, il est possible d'intervenir sur les réglages du moteur en optimisant les paramètres d'injection.

L'impact du biodiesel sur les émissions de polluants, tels que HAP, aldéhydes ou cétones, n'est pas vraiment éclairé, car les résultats sont peu nombreux, peu répétables et difficilement justifiables.

Concernant les émissions d'aldéhydes, aucun accroissement significatif n'est enregistré. Ce dernier point est directement lié au respect des critères spécifiés par la norme NFEN14214. En effet, une teneur en huile résiduelle trop importante pourrait s'accompagner de rejets accrus d'acroléine et une teneur en méthanol résiduel trop élevée pourrait s'accompagner de rejets accrus de formaldéhyde.

D'autre part, des gains appréciables sont observés en termes de rejets de gaz à effet de serre, notamment de CO_2 (voir 3.13).

3.12 L'UTILISATION DES BIOCARBURANTS DANS LE TRANSPORT AÉRIEN

Le secteur aéronautique doit, comme celui des transports routiers, s'adapter au nouveau contexte énergétique et environnemental et réduire ses émissions et consommations de carburant.

8 % de la consommation totale de pétrole représentent la part du transport aérien, dont le trafic devrait encore augmenter dans les prochaines années (les prévisions estiment un nombre de passagers qui pourrait passer de 2 milliards en 2009 à 9-10 milliards en 2050), et avoir un impact plus fort sur l'environnement, et notamment dans les zones situées à proximité des aéroports.

De nouvelles technologies moteur visant à réduire la consommation sont envisagées, ainsi que de nouveaux carburants, dont certains biocarburants. Parmi ces derniers, les hydrocarbures issus du gaz naturel ou de la biomasse, et obtenus par synthèse Fischer-Tropsch, devraient être adaptés au transport aérien de même que les biocarburants provenant d'un hydrotraitement suivi d'une hydro-isomérisation des huiles végétales et autres matières grasses animales ou issues des algues. Les choix sont limités du fait que les contraintes, en termes de sécurité, sont très fortes et que les spécifications pour les jet-fiouls sont très contraignantes pour ce qui concerne le contenu énergétique contrôlant le rayon d'action des avions, la tenue au froid, les stabilités thermique et au stockage, la lubrification, l'explosivité...

À plus long terme, le gaz naturel et l'hydrogène sont candidats.

Plusieurs expérimentations d'utilisation de biocarburants dans le transport aérien ont déjà eu lieu ou sont en cours, avec des résultats encourageants pour le futur.

3.13 LES ASPECTS ENVIRONNEMENTAUX

Les résultats des deux études déjà citées (chapitre 2), [26], [27], concernant les émissions de gaz à effet de serre, sont présentés dans le tableau 3.26.

Tableau 3.26 Bilans GES des filières biodiesel, comparativement au gazole de référence.

	ÉtudeADEME (février 2010)	**Étude JRC/EUCAR/CONCAWE (mars 2007)**		
	Réduction par rapport au gazole (%)	**g CO_2 eq/km**	**Référence g CO_2 eq/km**	**Gain par rapport au gazole (%)**
EMHV colza	59	73	156	53
EMHV tournesol	73	34	156	78
EMHV soja	77			
EMHV palme	76			
EM huiles alimentaires usagées	90			
EM graisses animales	91			
Huiles végétales	65			

De l'analyse de ces résultats, plusieurs commentaires peuvent être faits :

– d'une manière générale, l'usage des biocarburants permet une réduction significative des rejets de gaz à effet de serre par rapport aux solutions conventionnelles. Cette réduction va de 59 % pour les esters de colza à 76 % pour les esters d'huile de palme [26]. Cette conclusion demande néanmoins à être tempérée par le fait que les biocarburants sont le plus souvent utilisés en mélange à des teneurs relativement faibles (5 à 10 %). Le bénéfice à attendre au global, en termes d'effet de serre, sera donc inférieur à 5 % si seuls les biocarburants traditionnels sont utilisés. Mais, même si ces chiffres paraissent faibles en première approche, il est important de souligner qu'ils peuvent être obtenus dans un secteur dont la croissance est très difficile à maîtriser et que les options offrant le même bénéfice dans un temps relativement court sont peu nombreuses.

À partir des résultats du tableau 3.27, présentant les bilans énergétiques, on peut ressortir plusieurs éléments.

Tableau 3.27 Consommations d'énergies non renouvelables.

	Étude ADEME (février 2010)	**Étude JRC/EUCAR/CONCAWE (mars 2007)**		
	Gain par rapport au gazole (%)	**MJ ex/km**	**Référence MJ ex/km**	**Gain par rapport au gazole (%)**
EMHV colza	65	0,73	2,05	64
EMHV tournesol	68	0,54	2,05	74
EMHV soja	69			
EMHV palme	78			
EM huiles alimentaires usagées	81			
EM graisses animales	81			
Huiles végétales	82			

Tout d'abord, la production de biocarburant s'accompagne d'une consommation de quantités non négligeables d'énergie fossile. Ceci a pour conséquence que le gain final attendu par rapport à la solution « carburants pétroliers » ne sera jamais de 100 %. Suivant les hypothèses faites et les filières étudiées, la réduction de la consommation d'énergie non renouvelable par rapport à l'énergie fossile varie de 65 % pour les esters de colza à 78 % pour ceux de palme [26]. Ce gain peut aller à environ 80 % pour les huiles usagées, les graisses animales et l'huile végétale pure. On notera néanmoins que ces bilans ne sont pas figés et qu'il peut être envisagé d'améliorer les bilans « énergie fossile » des unités de production de biocarburants, soit par des programmes d'économie d'énergie, soit même en utilisant des ressources d'énergies renouvelables.

Les autres impacts, au nombre de 3, sont beaucoup plus rarement étudiés car les incertitudes sont plus grandes et ces impacts sont très dépendants des conditions locales où le/les polluants sont rejetés.

Cependant, l'étude ADEME [26] donne des indications :

- pour l'indicateur concernant le potentiel d'eutrophisation, les biodiesels présentent des bilans défavorables par rapport au gazole. L'étape agricole, par le lessivage des nitrates et par les émissions d'ammoniac, est celle qui contribue le plus à cet impact. Cet indicateur, exprimé en kg eq. Phosphates/MJ, est de $4.\ 10^{-5}$ pour le gazole et de 3,5 à 4.10^{-4} pour les esters méthyliques de colza et de tournesol,
- pour le potentiel d'oxydation photochimique, exprimé en kg eq. C_2H_4/MJ, les esters de colza et de soja (1,5 et $1{,}2.10^{-5}$) apparaissent légèrement plus émetteurs de molécules à pouvoir oxydant que le gazole ($1{,}1.10^{-5}$), tandis que les esters d'huiles usagées le sont moins ($4{,}5.10^{-6}$). La valeur pour le colza est liée, en particulier, à 70 % aux émissions d'hexane lors de l'étape d'extraction des huiles,
- les impacts sur l'indicateur de toxicité humaine, exprimés en kg eq. 1-4 dichlorobenzène (1-4 DB) sont beaucoup plus élevés pour le gazole que pour les esters méthyliques. La réduction des émissions d'Hydrocarbures Aromatiques Polycycliques (HAP) explique quasiment l'écart entre la filière fossile et celle des biocarburants.

3.14 LES ASPECTS ÉCONOMIQUES

Les coûts de production du biodiesel par catalyse homogène sont indiqués dans le tableau 3.28 pour des fabrications annuelles de 100 000 t. La première colonne, en euros/t, est basée sur un prix moyen de l'huile de colza calculé sur les années 2003-2004 (460 euros/t), la deuxième colonne sur un prix d'huile de soja de 660 \$/t, au début de l'année 2007 [28]. Au début de l'année 2007, les prix des autres huiles s'élevaient respectivement à 800 \$/t pour le colza, 500 \$/t pour le palme et 330 \$/t pour les huiles usagées (1 euro = 1,4 \$).

Tableau 3.28 Coûts de production du biodiesel.

	Coût (Euros/t) [a]	**Coût (\$/gallon)** [b]
Huile et produits chimiques	502,1	2,45
Utilités	6,9	0,02
Main-d'œuvre	5,3	0,08
Maintenance, administration	13,6	0,11
Investissements (amortissements sur 10 ans)	15,9	0,12
Autres		0,12
Vente glycérine	– 46,0	– 0,05
Coût total	497,8	2,85

[a] *Source : Lurgi (années 2003-2004).*
[b] *Source : SRI Consulting (début 2007).*

L'évolution des prix des huiles en euros/t et $/t est donnée sur les figures suivantes (figures 3.9 et 3.10), où apparaissent des variations de cours importantes entre fin 2005 et fin 2008. En particulier, de mai 2007 à mai 2008, on note une hausse importante des cours puisque ceux-ci atteignent 1 000 euros/t pour le colza et le soja, et des valeurs supérieures à 1 200 euros/t pour le tournesol. Les prix de l'huile de palme demeurent toujours inférieurs, mais ils marquent cependant une forte hausse entre début 2007 et mai 2008, en doublant de 400 euros/t à 800 euros/t. La variation des cours de ces matières premières est toujours importante dans le temps mais avec une tendance à diminuer, entraînant de ce fait des fortes variations des prix du biodiesel fabriqué à partir d'huiles végétales.

En 2003-2004, le prix des matières premières, en particulier celui de l'huile de colza représentait 85 % du coût global de production des esters méthyliques d'huiles végétales, tandis que l'huile de soja intervenait avec le méthanol pour 85 % du coût de production du biodiesel.

En 2003-2004, la vente de la glycérine compensait les dépenses liées aux investissements, utilités, main-d'œuvre et maintenance et d'une partie du méthanol, soit de l'ordre de 10 % du prix global du biodiesel, ayant ainsi une influence marquée sur la rentabilité économique de la filière. Essentiellement du fait de la baisse importante des cours du glycérol, la vente de ce produit en 2007 aux États-Unis ne représentait plus que 2 % approximativement du coût final du biodiesel.

Dans le cas où la trituration des graines oléagineuses et la fabrication des EMHV sont effectuées sur le même site, les dépenses sur les postes tels que main-d'œuvre et maintenance sont sensiblement abaissées.

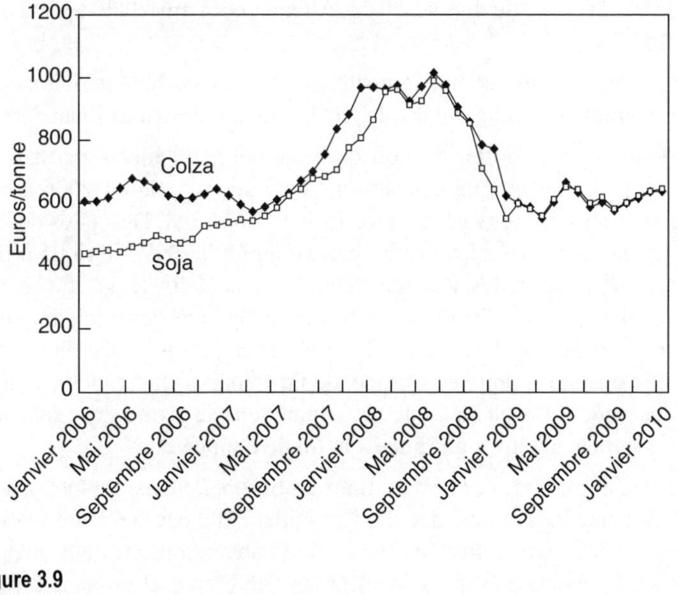

Figure 3.9

Évolution des cours des huiles végétales (euros/t).

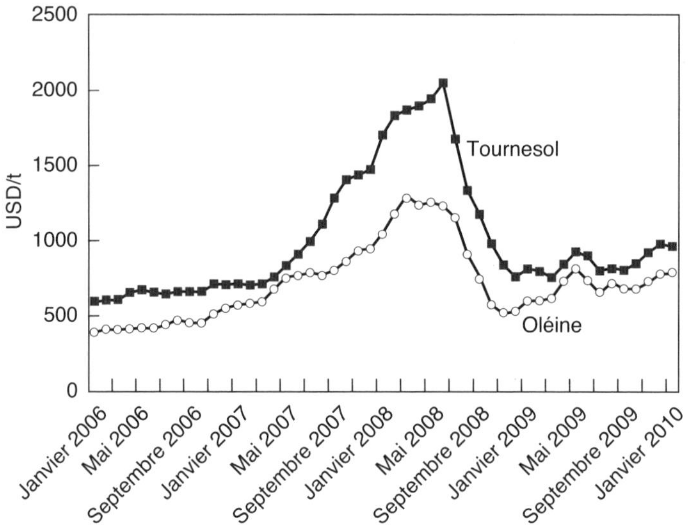

Figure 3.10

Évolution des cours des huiles végétales ($/t).

Avec une huile de soja à 660 $/t, le coût de production du biodiesel aux États-Unis, ramené au contenu énergétique se situe à 22 $/GJ.

Les prix de production du biodiesel en Allemagne à mi-2009 étaient de l'ordre de 800 euros/m^3 [29].

Tous les pays producteurs et consommateurs de ce biocarburant cherchent à rendre ce prix plus concurrentiel avec celui du gazole, en appliquant des aides financières.

Aux États-Unis, le coût de fabrication du biodiesel synthétisé à partir d'huile de soja s'élevait à 2,85 $/gallon, alors que pendant la même période, de mi-2006 à début 2007, le prix du gazole était plus faible, variant entre 1,69 et 2,72 $/gal. Des aides de 1 $/gal ont été apportées sur le mélange biodiesel/gazole, par exemple du B99, fabriqué à partir d'huiles végétales ou de graisses animales, à la seule condition que le mélange soit réalisé aux États-Unis, et cela, quelle que soit l'origine du biocarburant, qui peut être importé du Brésil, d'Argentine ou de Malaisie, entre autres. Le B99, avec son prix peu élevé, du fait de ces aides, pouvait être ensuite exporté en Europe, de façon massive, créant ainsi un déséquilibre sur le marché européen. Ce phénomène est connu sous le terme de « *splash and dash* ». Cette aide de 1 $/gal devait être supprimée à la fin de l'année 2009.

Pour limiter les impacts de ces importations en Europe, où les productions ont été nettement ralenties, des pénalités ont été décidées en juillet 2009 par la Commission européenne. Celles-ci associent des taxes *anti-dumping* et anti-subventions, variant au total de 213 à 409 euros/t, et sont appliquées sur les importations de biodiesel provenant des États-Unis, sur une période de 5 ans.

Toujours aux États-Unis, les petits producteurs profitent d'un crédit de 0,1 $/gal, et certains États, dans lesquels existent des sites de production de biodiesel, accordent des crédits de 0,05 à 0,3 $/gal.

En Europe, chaque pays est libre de ses choix économiques, en vue de promouvoir les biocarburants.

L'Allemagne, par exemple, a mis en place un système de quotas obligatoires, établissant que chaque litre de gazole doit contenir une quantité minimale de biodiesel de 4,4 %. En cas de non respect de ce taux, les entreprises se voient infliger une pénalité de 0,5 euro/l.

En France, le dispositif de soutien aux biocarburants repose sur le double mécanisme de réduction de la taxe intérieure sur les produits pétroliers (Taxe Intérieure de Consommation, TIC) et de sanction pour les distributeurs de carburants qui ne respecteraient pas les objectifs d'incorporation de biocarburants fixés à 5,75 % en 2008, 7 % en 2010 et 10 % en 2015. Cette sanction consiste en l'acquittement d'une Taxe Générale sur les Activités Polluantes (TGAP) qui s'élève à une valeur certainement dissuasive de 780 euros/m^3 pour le gazole non mélangé au biodiesel.

La défiscalisation de la TIC a été établie pour compenser les surcoûts des biocarburants par rapport aux carburants d'origine fossile. Cette défiscalisation de 0,15 euro/l en 2009 doit diminuer à 0,11 euro/l en 2010 et 0,08 euro/l en 2011. Ce manque à gagner pour l'État est néanmoins compensé par des retours financiers liés aux créations et/ou maintiens d'emplois, à des dépenses environnementales évitées et à la diminution des importations de gazole, de tourteaux de soja et de glycérine.

Les autres pays européens appliquent aussi un régime de défiscalisation, mais à des niveaux variables.

RÉFÉRENCES

[1] Agritrade (2008). Oléagineux : Note de synthèse, http://agritrade.cta.int/fr, décembre 2008.

[2] Evrard J, de La Taille G, Joyeux J. Cahier Technique. L'huile de colza.

[3] Subramaniam V *et al.* (2008) Environmental Performance of the Milling Process of Malaysian Palm Oil Using the Life Cycle Assessment Approach, American Journal of Environmental Sciences, **4**, 4, pp 310-315.

[4] Publication de l'ONIGC (Office National Interprofessionnel des Grandes Cultures). Biocarburants 2010 : Quelles utilisations des terres en France ?, octobre 2007.

[5] Chauvel A, Lefebvre G, Castex L (1985) Procédés de pétrochimie. Caractéristiques techniques et économiques, Tome 1 – Éditions Technip, Paris, pp 90-104.

[6] Loupy A *et al.* (1993) The Synthesis of Esters under Microwave Irradiation Using Dry-media Conditions. Canadian Journal of Chemistry, **71**, 1, pp 90-95.

[7] Hillion G, Proriol D (2003) Glycerolyse of Free Fatty Acids, 25th World Congress and Exhibition of the ISF, Bordeaux.

[8] Stern R, Hillion G, Rouxel J.J., Leporq S (1996) Procédé de fabrication d'esters à partir d'huiles végétales ou animales et d'alcools. Brevet français 2 752 242, US Patent 5 908 946 (1999).

[9] http://www.canren.gc.ca/tech

[10] Bloch M (2009) First Generation Bio-Diesel and Bio-jet Fuels Production. IFP Energies nouvelles Sessions, Rueil-Malmaison, 9 décembre 2009.

[11] Demirbas A (2003) Biodiesel Fuels from Vegetable Oils via Catalytic and Non-catalytic Supercritical Alcool Transesterification and Other Methods : a Survey. In Energy and Management, 44, pp 2093-2109.

[12] Clevenger MD, Bagby MO, Goering CE, Schwab AW and Savage LD (1988) Developing an Accelerated Test of Coking Tendencies of Alternative Fuels, ASAE, 31, 4, pp 1054-1058.

[13] Hawkins CS, Fuls J, and Hugo FJC, Engine Durability Tests with Sunflower Oil in an Indirect Injection Diesel Engine, SAE 831357.

[14] Vellguth G, Performance of Vegetable Oils and their Monoesters as Fuels for Diesel Engines, SAE 831358.

[15] Suda KJ, Vegetable Oil Or Diesel Fuel – A Flexible Option, SAE 840004.

[16] Murayama T, Oh YT, Miyamoto N, and Chikahisa T, Low Carbon Flower Buildup, Low Smoke, and Efficient Diesel Operation with Vegetable Oils by Conversion to Mono-Esters and Blending with Diesel Oil or Alcohols, SAE 841161.

[17] Hemmeriein N, Korte V, and Richter H, Performance, Exhaust Emissions and Durability of Modern Diesel Engines Running on Rapeseed Oil, SAE 910848.

[18] Lance DL, Andersson JD, Emissions Performance of Pure Vegetable Oil in Two European Light Duty Vehicles, SAE Paper 2004-01-1881.

[19] Ziejewski M and Kaufman KR, Endurance Test of a Sunflower Oil/Diesel Fuel Blend, SAE 820257.

[20] Ziejewski M, Vegetable Oils as a Potential Alternate Fuel in Direct Injection Diesel Engines, SAE 831359.

[21] Ziejewski M and Goettler H, Influence of Vegetable Oil Based Alternate Fuels on Residue Deposits and Components Wear in a Diesel Engine, SAE 860302.

[22] Fort EF, Blumberg PN (1982) Performance and Durability of a Turbocharged Diesel Fueled with Cottonseed Oil Blends, Vegetable Oil Fuels Proceedings of the International Conference on Plant and Vegetable Oils as Fuel, ASAE.

[23] Bechtold RL, Alternative Fuels Guidebook. Properties, Storage, Dispensing and Vehicle Facility Modifications. SAE Edition.

[24] Grabbski MS, McCornick RL (1997) Combustion of Fat and Vegetable Oil Derived Fuels in Diesel Engines. *In* Progress in Energy and Combustion Science.

[25] Hillion G, Montagne X, Marchand P (1999). Les esters méthyliques d'huiles végétales : additif ou biocarburant ? OCL **6**, 5, Septembre/octobre, pp 435-438.

[26] Analyses de cycle de vie appliquées aux biocarburants de première génération consommés en France. ADEME, Synthèse de février 2010.

[27] Well-to-Wheels Analysis of Future Automotive Fuels and Powertrains in the European Context, Concawe, Eucar, JRC, Well-to-Wheels Report, March 2007, http://ies.jrc.ec.europa.eu/WTW

[28] Bray R (2007) Biodiesel Overview, SRI Consulting, Biofuels Mission to France, Paris, 4 avril 2007.

[29] F.O Lichts, 7, p 20, June 21, 2009.

4

Les ressources en biomasse lignocellulosique

D. Ballerini, D. Lorne, A. Prieur

Les ressources totales en biomasse lignocellulosique représentent une source d'énergie renouvelable tout à fait considérable, égale à presque deux fois la consommation mondiale d'énergie primaire en 2004. Ce chapitre est consacré à la présentation de l'origine et de la composition de ces ressources. Les enjeux liés à leurs production et mobilisation sont ensuite détaillés avant de conclure sur le bilan des potentiels à terme.

4.1 LA BIOMASSE LIGNOCELLULOSIQUE : GISEMENT ET USAGES ACTUELS

La biomasse lignocellulosique se distingue de la biomasse en général par son appartenance exclusive au monde végétal et en particulier aux espèces constituées d'un substrat complexe composé des trois principales fractions que sont la cellulose, les hémicelluloses et la lignine. Ne sont ainsi pas pris en compte la biomasse d'origine animale, les déchets urbains et industriels, la biomasse algale et autres micro-organismes, etc.

4.1.1 Deux grandes familles de ressources lignocellulosiques

La ressource en biomasse lignocellulosique provient aussi bien des résidus agricoles et forestiers ou des sous-produits de transformation du bois, que de cultures dédiées, qu'il s'agisse de plantes ligneuses ou de plantes herbacées. Deux grandes familles se distinguent néanmoins, de par la fonction première de leur production, à savoir :

- les ressources « co-produits », souvent une fraction de plante co-produite lors de l'obtention d'une ressource à plus haute valeur ajoutée,
- les ressources « dédiées », spécifiquement produites pour une valorisation énergétique ou chimique.

4.1.1.1 La ressource co-produits : résidus ou surplus d'exploitations agricole et forestière

La ressource lignocellulosique co-produits regroupe essentiellement aujourd'hui les issues de récoltes de cultures agricoles (pailles, tiges, fanes etc.) ou forestières (rémanents, bois mort, bois de coupe d'entretien, bois de rebut, etc.). Peuvent également être ajoutées les ressources produites en surplus comme les récoltes non commercialisables ou encore le bois capitalisé sur pied, non exploité faute de débouchés. Il s'agit ainsi le plus souvent de ressources sans circuit de valorisation identifié, ni intégrées dans un marché existant, donc potentiellement disponibles pour l'énergie.

4.1.1.2 La ressource dédiée : cultures lignocellulosiques dédiées à la valorisation énergétique

Avec l'émergence des différentes voies de production de bioénergies et autres biomatériaux, se profile une future demande potentiellement importante en biomasse devant parfois répondre à des exigences techniques et économiques spécifiques (voir paragraphes 4.2 et 4.3). Le gisement en ressources fatales disponibles étant limité, de nouvelles espèces végétales à forte productivité, aujourd'hui sans débouchés, et largement connues, sont à l'étude. Certaines espèces annuelles sont déjà intégrées dans les systèmes de cultures actuels (triticale, sorgho), d'autres, moins bien connues, sont étudiées en parcelles expérimentales et en pleins champs chez divers exploitants, telles que miscanthus, *switchgrass*, etc.

A. Les cultures annuelles

Plusieurs cultures annuelles, non pérennes, peuvent être valorisées sous forme de plante entière pour produire de l'énergie, dans le cadre des surfaces en gels industriels notamment. La présence du grain en plus de la paille améliore le contenu énergétique du produit récolté, par rapport au cas où seule la paille est valorisée comme énergie. Ainsi, le triticale peut produire entre 8 et 16 t m.s./ha, pour un contenu énergétique compris entre 15 et 16,5 MJ/kg (tableau 4.1).

B. Les cultures pérennes herbacées récoltées annuellement

Certaines espèces pérennes peuvent être récoltées annuellement, avec des rendements et des utilisations variables. Le miscanthus et le *switchgrass* en sont de bons exemples, dont la productivité peut atteindre 20 t de m.s./(ha.an). Certaines de ces espèces présentent des débouchés de niche, notamment pour la production papetière, de combustibles et pour la fabrication de biomatériaux, litière etc. Par ailleurs, d'autres espèces ne sont pas cultivées, mais récoltées à l'état sauvage, comme la phragmite par exemple (très grande graminée pouvant atteindre près de cinq mètres de hauteur, poussant dans les marais ou en bordure de route).

C. Les cultures pérennes ligneuses

Les exploitations de type taillis à courte rotation (TCR ou TTCR pour taillis à très courte rotation) ont un mode de sylviculture qui se rapproche de celui de l'agriculture. Il s'agit essentiellement d'arbres feuillus capables de rejeter des souches après coupe rase. La principale différence entre les TCR et TTCR est la durée de rotation entre chaque récolte : la

Tableau 4.1 Caractéristiques de divers types de biomasse lignocellulosique [5].

	Rendement t M.S./ha	Humidité % masse	Cendres % masse	PCI MJ/t M.S.
Résidus de culture				
Paille de lin oléagineux	0,5 à 3,5	12	5	17 900
Paille de tournesol	3		11,2	17 410
Fanes de topinambour	3 à 7	20		15 700
Paille de colza	< 2	70 à 75	9,7	16 480
Paille de céréales	4 à 6	12 à 15	5,9	16 510
Espèces annuelles				
Sorghos	15	70 à 80	5	16 830
Blé plante entière	8 à 15	12 à 15	2,8	15 000
Lin fibre	7 à 9	10 à 15	1 à 2	
Orge plante entière	5 à 10	12 à 15	2,8	15 000
Kénaf	8 à 10	20 à 30	0,6 à 1,2	
Triticale plante entière	8 à 16	12 à 15	2,8	15 000
Chanvre	13 à 17		6,9	16 460
Espèces pérennes				
TCR de peuplier	10	50 à 55		
TCR d'eucalyptus	16 à 22	43 à 48		
TTCR de saule	12	55		17 616
Fétuque élevée	7			17 170
Dactyle	5 à 6			17 170
Luzerne	10		10,9	16 830
Canne de Provence	25	50 à 55	2 à 6	16 740
Miscanthus sinensis	15 à 20		2,76	17 900
Phalaris	10	10		
Phragmite	4 à 20	20	3	10 450
Cynara	10 à 20		9,2	16 500 à 17 800

récolte se fait en moyenne tous les 7 ans dans le cas des cultures de TCR, alors qu'elle peut se faire tous les 2 ou 3 ans pour les TTCR. En général, la durée de vie des plantations est de l'ordre d'une vingtaine d'années, soit après 3 récoltes dans un cas, et après 7 à 10 dans l'autre. La récolte se fait par une coupe rase.

Les taillis à courte rotation sont des cultures à forte densité d'arbres à croissance rapide. Les TCR de peuplier et d'eucalyptus ont été d'abord une source de matière première pour les industries de la trituration, mais peuvent bien sûr constituer une source d'énergie. Parmi les principales essences à l'étude en France, on note le peuplier, le saule, l'eucalyptus puis plus récemment le robinier ainsi que des essences résineuses en futaie à croissance à rapide (pin Douglas, pin maritime, notamment).

Le principal facteur limitant de développement des plantations de peupliers est l'alimentation en eau qui doit être assurée toute l'année soit par nappe fluviale, soit par pluviométrie. Le peuplier s'accommode de la quasi-totalité des sols [1]. Les conditions en terme de demande en eau limitent cependant les zones potentielles de développement de TCR de peuplier. Dans le cas de la France, ces plantations sont limitées à 16 départements [2], ciblant en priorité les plaines. La production d'eucalyptus est d'autant plus élevée que le climat est chaud et humide. L'aire d'implantation de l'eucalyptus est limitée par le risque de gel. Une alimentation régulière en eau pluviale avec une température moyenne élevée est favorable. Ces conditions amènent à cibler, particulièrement en France, 9 départements du Sud Ouest [2]. De même que pour le peuplier, le saule nécessite une bonne alimentation en eau [3]. Ce type de plantation fait l'objet de différents projets dans le monde, couplant parfois plusieurs objectifs, par exemple [4] à la fois la production de biomasse énergie et le traitement des eaux usées.

Le tableau 4.1 regroupe les principales caractéristiques (rendement, teneurs en humidité et en cendres, pouvoir calorifique) des résidus agricoles, des cultures annuelles et des cultures pérennes récoltées annuellement ou pluri-annuellement.

4.1.2 Les grands chiffres des gisements actuels

Est considéré dans ce paragraphe le gisement brut de biomasse potentiellement mobilisable à court terme, car aujourd'hui présente et disponible, sans considérations agronomiques, économiques et environnementales. Celles-ci seront mentionnées en fin de chapitre avant de conclure sur des scénarios de gisements plus réalistes.

4.1.2.1 Répartition des principaux types de biomasse

Parlant de biomasse, il y a lieu de distinguer la production de biomasse, exprimée comme un flux annuel (par exemple en tonnes de matière sèche par an, t m.s./an), du stock de biomasse elle-même ou « réserves », par analogie avec le pétrole (exprimé par exemple en tonnes de matière sèche, t m.s.). La biomasse valorisée de façon durable pour la production d'énergie correspond principalement à la fraction de biomasse obtenue annuellement et ne présentant pas d'autre valorisation. Il peut également dans certains cas s'agir d'une fraction de stock de biomasse issu d'un gisement sous-exploité, comme dans certaines forêts privées européennes notamment. S'agissant de la seule production, il est intéressant de remarquer la non proportionnalité entre les différentes surfaces productives et les quantités produites récupérables. Ainsi, les océans couvrent 71 % de la surface du globe (tableau 4.2), mais la quantité de biomasse produite annuellement par les étendues d'eau ne représente que 43 % de la production annuelle, dont seule une part infime est récupérable directement (sous forme d'algues essentiellement). Ceci traduit les variations importantes de rendement énergétique des différentes surfaces et de leur caractère exploitable.

Le total de la production récupérable constitue une valeur maximale théorique des ressources potentielles en biomasse, en l'état actuel de la répartition entre les surfaces. La fraction

Tableau 4.2 Production et répartition de la biomasse végétale dans le monde [6].

	Surface	**Production annuelle en Gt m.s./an**		**Production récupérable en Gt m.s./an**		**Production récupérée en Gt m.s./an**	
Continents	**13 010 Mha**	**120** *(51,6)* [a]		**44** *(18,9)* [a]		**21** *(9)* [a]	
Cultures	12 %		10 %		22 %		46 %
Pâturages	26 %		20 %		27 %		17 %
Forêts	30 %		60 %		38 %		37 %
Autres	32 %		10 %		13 %		0 %
Étendues d'eau	**36 500 Mha**	**90**		**~ 0**		**~ 0**	
Océans	99 %		99 %		–		–
Eau douce	1 %		1 %		–		–

[a] Les chiffres entre parenthèses sont exprimés en Gtep.

effectivement récupérée est destinée principalement à l'alimentation et à la production d'énergie (bois de feu), ou encore à l'industrie du bois (construction, ameublement…). La part lignocellulosique de cette production récupérable est pratiquement exclusivement constituée de la production de bois et des déchets de récolte. Les cultures lignocellulosiques, autres que le bois, par exemple le miscanthus, ne représentent que 0,07 % de la production de biomasse végétale actuellement récoltée à l'échelle mondiale.

En prenant une valeur moyenne du contenu énergétique de la matière sèche égale à 0,43 tep/t m.s. (PCI), la production récupérable représente 19 Gtep/an, soit presque 2 fois la consommation mondiale d'énergie primaire (11,7 Gtep/an en 2006 en incluant le bois énergie). À partir de la production récupérée (21 Gt m.s/an), la part effectivement utilisée actuellement s'élève à 12,8 Gt m.s./an, soit 6,1 Gt m.s./an pour les usages alimentaires, 4,4 Gt m.s./an pour la fourniture d'énergie, et 2,3 Gt m.s/an pour les applications industrielles. Dès lors, il est possible d'estimer en première approximation une possibilité supplémentaire de mobilisation de la biomasse vers la production d'énergie, en incluant la part récupérable non récupérée et les déchets de transformation de la biomasse. Ce potentiel s'élève à 31,4 Gt m.s./an, soit 13,5 Gtep/an (PCI). Il est essentiellement composé de ressources forestières et de résidus agricoles, ou provient encore de cultures dédiées. En matière de produits des forêts, une attention particulière est souvent apportée à la production de bois rond, qui constitue $1/12^{e}$ de l'accroissement annuel de biomasse environ.

4.1.2.2 La ressource forestière

Actuellement, le bois énergie prend une part significative (plus d'1,2 Gtep/an) dans le bilan énergétique mondial, loin devant celle de l'énergie nucléaire (0,73 Gtep) ou de l'hydroélectricité (0,22 Gtep).

A. Bilan des prélèvements de bois

Bien qu'à l'échelle mondiale la déforestation se poursuit à un rythme important (7,3 Mha/an entre 2000 et 2005), les boisements et l'expansion naturelle des forêts ont, dans le même temps, considérablement réduit la perte nette du couvert forestier. Entre 2000 et 2005, 57 pays ont signalé une augmentation de leur superficie forestière, en Europe et Asie-Pacifique notamment, alors que 83 autres pays ont fait état d'une diminution. Sur l'ensemble de ces surfaces forestières, toutes ne sont pas exploitables (figure 4.1), soit parce qu'elles ont été désignées comme forêts protégées, soit parce que leur éloignement ou le terrain acci-

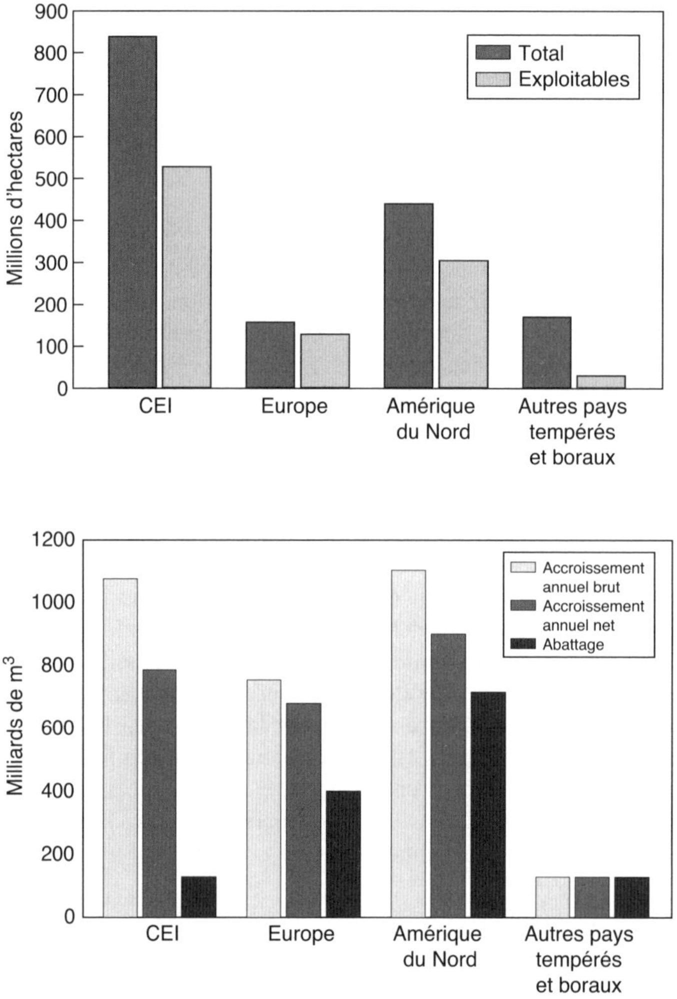

Figure 4.1

Croissance, disponibilité et prélèvements de bois [7].

denté y rendent l'abattage peu rentable. En CEI, les peuplements sont moins productifs et sont exploités de façon moins intensive que ceux de l'Europe et de l'Amérique du Nord. Les forêts tempérées et boréales se caractérisent en particulier par le fait que dans tous les pays, à l'exception de Chypre et de l'Arménie, les abattages sont inférieurs, parfois de façon marquée, à l'accroissement net annuel dans les forêts disponibles pour la fourniture de bois. Il en résulte une augmentation régulière des forêts sur pied dans la quasi-totalité des pays, avec environ **1,2 Gt de bois sec** produit en surplus et non valorisé. Ce potentiel de bois non exploité par grandes zones sera repris en paragraphe 4.4, car non considéré comme directement disponible au même titre que les co-produits et résidus.

Concernant la part de bois récolté, plus de la moitié de la production brute globale de bois rond est destinée aux usages énergétiques (bois de feu, charbon de bois). Le reste couvre les usages industriels du bois, notamment les sciages et les placages (figure 4.2). La transformation du bois, à faible rendement matière, produit d'importants volumes de déchets, partiellement valorisés sous forme d'énergie ou de matière première pour trituration. En 2006, le flux annuel mondial de bois rond récolté est de presque 3,6 Gm^3/an, pour un volume sur pied de bois commercial d'environ 202 Gm^3.

B. Déchets d'exploitation forestière

Les déchets d'exploitation forestière sont constitués de branches et rameaux provenant du façonnage des arbres abattus, de feuilles, de troncs abîmés ou indésirables. Ces déchets sont, pour la plupart, laissés sur place après l'abattage car de qualité insuffisante pour être valorisés en bois d'œuvre ou d'industrie. La situation peut s'avérer très différente en fonction des régions. Le taux de résidus laissés sur place peut varier en fonction des conditions locales, mais le ratio, souvent pris comme référence dans la littérature, est de 1 m^3 de bois rond exporté hors forêt pour 1 m^3 de déchets laissés sur place. Dans certains cas, une partie des déchets est transformée en charbon de bois. En supposant un contenu énergétique moyen pour ces résidus de 15 840 MJ/t m.s, le gisement énergétique s'élève pour ces déchets à environ **1 Gtep/an**. Ce potentiel à l'échelle mondiale est bien sûr inégalement réparti entre les différentes régions, selon le degré d'exploitation des forêts notamment.

Pour l'**Union européenne**, une étude finlandaise [10] estime le gisement en rémanents à environ 140 Mm^3, soit environ **30 Mtep/an**. Suède, Finlande, France et Allemagne sont les 4 premiers pays européens producteurs de rémanents valorisables en énergie. La part de la France représenterait un volume d'environ 15 Mm^3 de rémanents d'exploitation (hors souches), soit près de 11 % du gisement européen. Aux **États-Unis,** l'USDA [11] évalue un gisement en rémanents similaire à celui d'Europe, autour de **25 Mtep**. S'ajoute cependant une part très importante de bois issus des opérations visant à la réduction des incendies de forêts, avec un total de 60 millions de tonnes de bois par an mobilisables, ou **26 Mtep supplémentaires**.

C. Déchets de l'industrie du bois

Une évaluation des masses de déchets de transformation du bois à l'échelle mondiale (en Mt m.s./an) est donnée par la figure 4.2. Cette figure présente, pour l'année 2003, une tentative de bilan des utilisations du bois rond récolté dans le monde. Les valeurs de productions de chaque type de produit (en volume équivalent bois rond) sont issues de la banque de

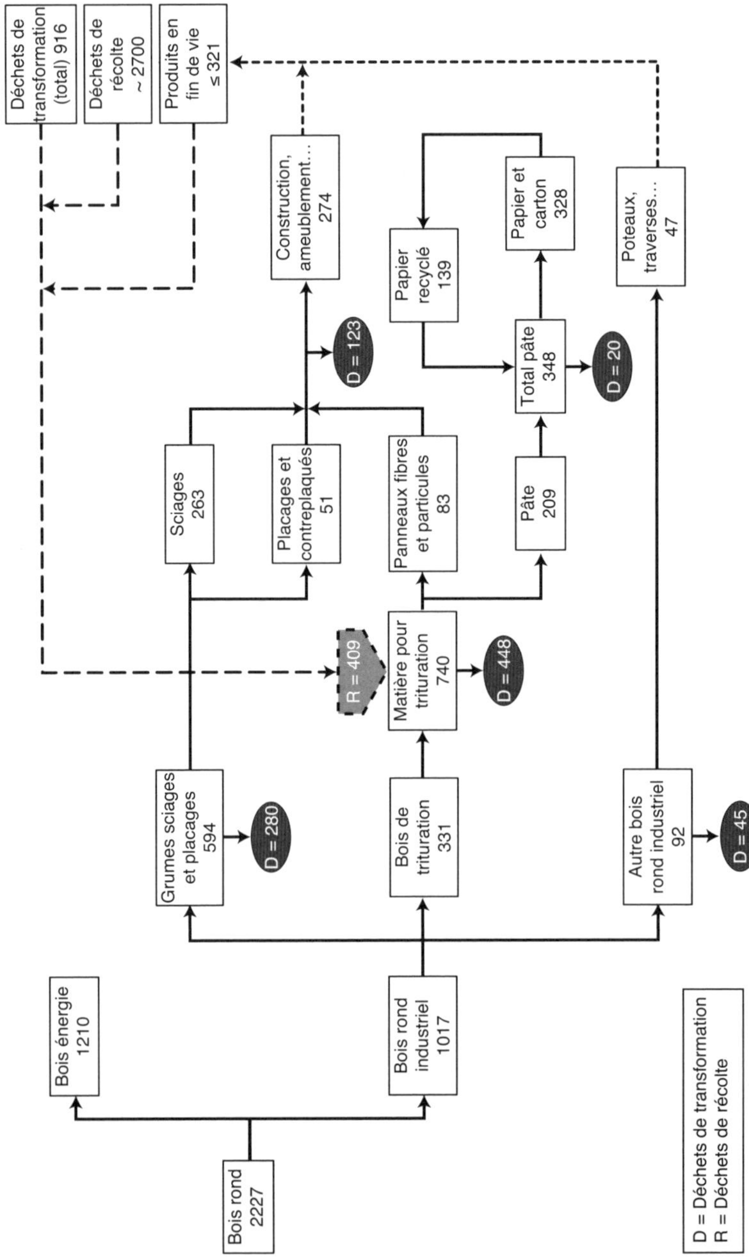

Figure 4.2

Production de déchets issus de la transformation du bois dans le monde en 2003, exprimée en Mt m.s./an. D'après les données FAOSTAT [8] pour les flux de produits et [9] pour les rendements de transformation. D = Déchets de transformation ; R = Déchets de récolte.

données statistiques de la FAO [8]. L'évaluation de la masse de matière sèche ainsi que de la production de déchets à chaque étape est basée sur des densités moyennes de matière sèche dans chaque catégorie de produit ainsi que sur des rendements matière de transformation moyens. La quantité de bois de trituration produit annuellement, qui figure dans les statistiques de la FAO ne suffit pas à alimenter les productions de panneaux et de pâte à papier. Il a donc été supposé que la quantité manquante provient des déchets de transformation ou de récolte. Enfin, les déchets de transformation ont été regroupés, même si les formes de ces résidus sont très diverses, de même que leur contenu énergétique. Une partie importante de ces déchets est d'ores et déjà utilisée dans différentes industries, que ce soit pour produire de l'énergie (chaleur ou électricité) ou comme matière première, par exemple pour la trituration (fabrication du papier ou des panneaux de particules), comme il a été supposé. Le niveau d'utilisation de ces déchets dépend bien entendu de la demande, d'où la difficulté d'estimer précisément le gisement potentiel supplémentaire que représentent les déchets de l'industrie du bois pour la production d'énergie. Bien sûr, parmi tous ces déchets, tous ne sont pas récupérables, notamment parmi les produits en fin de vie. En supposant un contenu énergétique moyen égal à 0,43 tep/t m.s. pour ces différents types de résidus, et en diminuant le total de la part potentiellement utilisée pour la trituration, le gisement énergétique potentiel de ces résidus s'élève à **0,3 Gtep/an**, sans présupposer de ce qui est utilisé par ailleurs pour produire de l'énergie (chaleur ou électricité).

En Europe, l'ensemble des résidus de bois d'industrie de première transformation sont globalement déjà valorisés. 40 % des résidus d'industrie sont recyclés dans la fabrication d'autres produits industriels (panneaux, etc.) et 60 % sont valorisés pour la production de chaleur et d'électricité au sein des usines émettrices ou autres centrales thermiques. Le potentiel supplémentaire peut donc actuellement être considéré comme nul. Les bois de rebut, essentiellement constitués de bois de démolition et d'emballage représentent environ 6 Mtep selon les estimations de l'EEA [12].

Aux **États-Unis**, l'USDA [11] et le NREL [13] estiment la part de résidus d'industrie du bois non valorisée entre 16 et 39 % des résidus produits, soit entre **1 et 2,5 Mtep/an**. Concernant les bois de rebut urbains (emballages, palettes, bois de déchetterie etc.), ils correspondent ici essentiellement a des résidus de bois de construction dont le potentiel est estimé à 8,6 Mt m.s./an, soit environ **3,5 Mtep/an.**

4.1.2.3 Les résidus agricoles

Une grande quantité de biomasse lignocellulosique peut également provenir des résidus secs agricoles, dont la quantité et la composition varient de façon importante en fonction des espèces et des conditions pédoclimatiques.

Les résidus secs agricoles sont définis comme étant la partie non comestible des plantes, laissée sur place après la récolte. Il peut s'agir aussi bien de pailles de blé et d'orge, des tiges de maïs, de bagasses, de pailles de colza ou de lin oléagineux, ou de cannes de tournesol ou encore de fanes de betterave ou de pomme de terre. La quantité de ces résidus est très variable en fonction des cultures. Par ordre d'importance, les résidus de la canne à sucre représentent 26 % du total, suivis de ceux du blé (18,7 %), du riz (18,3 %) et du maïs (14 %), soit pour les quatre cultures citées, plus des $^3/_4$ de l'ensemble des déchets agricoles récupérables. En supposant un contenu énergétique moyen pour ces déchets de 18 650 MJ/t m.s. [14], le gisement énergétique potentiel représenté par ces résidus s'élève à un peu plus de **1,8 Gtep/an**.

En **Europe,** la majeure part de ces résidus de récolte est constituée des pailles de céréales, et en particulier des pailles de blé et d'orge d'hiver et de printemps. Ce sont les céréales les plus produites chaque année sur la surface agricole européenne. Ce sont aussi ces pailles qui sont les plus largement valorisées, avec une logistique bien établie pour leur emploi. Les autres pailles, tiges et fanes sont pour la plupart laissées sur champ après récolte. En retirant du gisement en pailles de céréales les usages usuels pour l'élevage (litière, alimentation d'appoint), l'Union européenne présente un gisement disponible en pailles de blé et d'orge de 48 Mt m.s, ou **19 Mtep**. Par ailleurs, une part significative de tiges de maïs grain et de résidus de cultures permanentes (entretien de vignes, oliviers etc.) pourrait s'ajouter à ce gisement de résidus agricoles à hauteur de 3,5 Mt à 4 Mt m.s. de biomasse par an respectivement.

Les études américaines [13], [15], considèrent un large panel de cultures pour estimer leur potentiel en résidus de récolte avec notamment le maïs, le sorgho, l'orge, l'avoine, le blé tendre et le blé dur. La production totale s'élève pour la campagne 2002 a environ 450 Mt m.s. de résidus. En retranchant les usages actuels de ces pailles, le gisement disponible serait alors de 180 Mt m.s./an, ou environ **75 Mtep**.

Les volumes de production de résidus de récolte sont très importants en **Asie**. On comptabilise notamment 755 Mt m.s. de résidus en Chine (riz, blé, maïs, soja, autres oléagineux, coton, canne à sucre, tubercules) et plus de 530 Mt en Inde (riz, blé, canne à sucre, coton). Une importante valorisation énergétique y est déjà pratiquée pour la combustion aux échelles domestique et industrielle (216 Mt/an). Une étude de l'USAID [16], estimant le potentiel de production de biocarburants de deuxième génération pour 7 pays d'Asie Orientale, évalue la quantité de pailles mobilisables à 92 Mt m.s./an au plus, soit environ **40 Mtep**.

Les résidus de récolte restent soumis à de nombreuses contraintes de mobilisation, qui expliquent que le gisement actuellement non exporté ne peut représenter la totalité de la ressource disponible. Les autres contraintes d'exportation et les niveaux de disponibilité plus précis sont discutés en paragraphe 4.3.

4.1.2.4 Les cultures dédiées

La culture lignocellulosique herbacée dédiée bénéficiant de la plus large implantation à usage commercial en France et en Europe est aujourd'hui le Miscanthus. Près de 40 ha de Miscanthus ont été plantés en France en 2005, 80 ha en 2006 et 1 300 ha ont été contractualisés sur la campagne 2007-2008 pour usage combustible. D'autres usages commerciaux de niches peuvent être notés comme la litière animale, les panneaux de particules, etc. Aux États-Unis, le *switchgrass* est l'espèce la plus largement répandue.

Les TCR font également l'objet d'importants programmes d'implantation avec en France 400 ha de TCR de peuplier papetier (on en compte 6 000 ha en Italie), 300 ha de TCR de saule (contre 20 000 ha en Suède, 3 000 ha au Royaume-Uni, 2 500 ha en Roumanie et 2 000 ha en Pologne), puis 1 500 ha de TCR d'eucalyptus (sur un total d'1 Mha en Europe, en particulier en Espagne et au Portugal).

La France comporte par ailleurs plusieurs réseaux d'expérimentations de différentes cultures lignocellulosiques permettant des essais sur miscanthus, *switchgrass*, sorgho fibre, canne de Provence, phalaris etc. dans le but d'étudier les potentialités des cultures, d'en réduire les coûts de production et d'évaluer les impacts environnementaux en fonction des itinéraires techniques et des conditions pédoclimatiques.

Compte tenu d'un niveau de développement encore limité de ce type de ressources, l'évaluation du développement de cultures lignocellulosiques dédiées s'envisage actuellement à partir de scénarios d'implantation sur des surfaces considérées comme disponibles et adaptées.

4.2 L'ADÉQUATION MATIÈRE PREMIÈRE/PROCÉDÉ DE CONVERSION

4.2.1 La composition de la matière première

4.2.1.1 Les résidus

D'une manière générale, la nature et la composition de la biomasse contenue dans les déchets sont variables. La ressource que constituent ces déchets est donc très hétérogène, ce qui peut présenter une difficulté pour la constance de la qualité du produit souhaitée au niveau du procédé de transformation. Les paramètres les plus variables sont la teneur en eau et la teneur en éléments minéraux.

A. Les déchets agricoles

L'humidité des résidus de culture est le paramètre le plus variable, allant de 12 % pour les pailles de céréales à 75 % dans le cas des pailles de colza (tableau 4.1). Les teneurs en cendres et en silice peuvent varier significativement entre plusieurs espèces d'une même plante et d'une plante à l'autre (tableau 4.3) ; c'est aussi le cas des compositions en soufre, azote et chlore (tableau 4.4).

Tableau 4.3 Composition de différents types de pailles [5].

En % masse	Substances minérales (cendres)	Silice
Lin oléagineux	4 à 5	
Blé	4 à 9	3 à 7
Orge	5 à 7	3 à 6
Avoine	6 à 8	4 à 7
Seigle	2 à 5	0,5 à 4

Tableau 4.4 Composition atomique de différents types de pailles [5].

	C	H	S	N	Cl	Cendres
Blé	46,5	5,3	0,1	1,0	0,3	5,9
Colza	35 à 40	5,1	0,7	0,3	1,0	9,7
Tournesol	44,6	5,1	1,1	0,1	0,7	11,2
Lin oléagineux	47,8	5,4	0,7	0,1	0,3	4,1

B. Les déchets forestiers et ceux de l'industrie du bois

Deux types de déchets d'exploitation forestières peuvent être distingués : les résidus forestiers, définis comme étant toute la biomasse aérienne laissée en place après la récolte ou les éclaircies (souches, branches de diamètre inférieur à 7 cm...) et les parcelles laissées à l'abandon du fait d'un manque de demande. Les caractéristiques de diverses essences de bois sont présentées dans le tableau 4.5.

Tableau 4.5 Les caractéristiques de diverses essences du bois [17].

En % masse	Taux d'écorce massique pondéré (%)	Lignine (%)	Pentosanes (%)	Cellulose (%)
Chêne	10,1	21,9	21,6	–
Hêtre	7,1	21,9	24,9	48,7
Châtaignier	7,9	20,3	18,3	46,7
Épicéa	7,4	28,4	13,9	–
Pin maritime	10,4	27	–	44,8

Les déchets de l'industrie du bois sont de natures variées, tant sur le plan de la géométrie que de la composition. Ainsi, les écorces ont une granulométrie plutôt élevée et une teneur forte en inorganiques, alors que les sciures ont une granulométrie fine et une teneur plus basse en inorganiques. De même, l'humidité contenue dans les déchets du bois est assez variable et peut atteindre des valeurs élevées dans certains cas (tableau 4.6). Le taux de cendres est également très variable et peut être important, comme dans les écorces, où il peut atteindre 20 %.

4.2.1.2 Les cultures dédiées

A. Les cultures annuelles

La composition des diverses espèces annuelles de biomasse lignocellulosique est très variable. Leur humidité peut être de 10 à 80 % en fonction de la plante considérée. Les céréales (blé, orge ou triticale plante entière) ont des taux d'humidité plus faibles que des espèces de type sorgho ou kénaf. Le taux de cendres, de l'ordre 2,8 % pour les céréales, peut atteindre jusqu'à 6,9 % dans le cas du chanvre.

Tableau 4.6 Les caractéristiques du bois et de ses co-produits [18].

Type de produit	PCI kWh/t	Humidité moyenne % masse	Masse volumique kg/MAP [a]	Taux de cendres % masse
Bois				
Feuillus	4 800-5 200	bois anhydre	330-500	
Résineux	5 100-5 300	bois anhydre	260-390	
Écorces	5 400	variable	= celle du bois	5-20
Sciures humides	1 600-2 800	30-60	230-520	1-2
Copeaux et sciures sèches	4 400	10	80-110	0,5-1
Plaquettes	2 200-3 900	20-25	180-400	0,5-1,5
Broyats et bois de rebut	3 300-3 900	20-35	170-270	0,5-2
Granulés et briquettes	4 600	8-10	700-750	0,5

[a] MAP : mètre cube apparent.

B. Les cultures pérennes récoltées annuellement

Les types de cultures pérennes récoltées annuellement étant très diversifiés, leurs compositions sont également très variées, qu'il s'agisse de l'humidité ou de la teneur en inorganiques. Des espèces telles que le phalaris ont des humidités faibles (10 %) alors que d'autres, comme la canne de Provence, ont des teneurs en eau élevées (50 à 55 %). Le taux d'inorganiques est rarement inférieur à 2 % et peut s'élever jusqu'à presque 11 % dans le cas de la luzerne.

C. Les cultures pérennes récoltées pluri-annuellement

Les cultures pérennes récoltées pluri-annuellement sont des plantations d'arbres. En plus du carbone, de l'oxygène et de l'hydrogène, le bois contient une certaine quantité d'éléments minéraux qui dépend de la composition du sol, de sa fertilité, de l'âge du peuplement et de la saison [19]. Ainsi, la concentration en éléments minéraux sera plus importante dans les peuplements jeunes que dans les peuplements matures, dans les feuillus que dans les conifères, et dans les régions tropicales que dans les régions tempérées. La production de cendres est aussi variable en fonction des espèces (tableau 4.6).

4.2.2 Les caractéristiques de la matière première pouvant influencer la conversion énergétique

4.2.2.1 La conversion thermochimique

La teneur en inorganiques de la biomasse est un paramètre prépondérant dans le cas de la conversion thermochimique. Une biomasse est d'autant mieux adaptée à la conversion thermochimique que sa teneur en inorganiques est faible. En effet, lors de la gazéification (flux entraîné à haute température), la fusion des cendres conditionne la température de la réaction, et donc le rendement de la conversion. Dans le cas d'un procédé avec lit fluidisé circulant, les conditions opératoires ne sont pas fixées par la température de fusion des cendres, mais celle-ci peut toutefois perturber les échanges thermiques. Enfin, le contenu en azote et en soufre de la biomasse peut contribuer à polluer le gaz de synthèse avec l'émission de H_2S, HCN... qu'il faut alors épurer.

La granulométrie et la teneur en eau constituent également des caractéristiques importantes de la matière première. Ces deux variables conditionnent en effet les transferts thermiques au sein du réacteur. Une granulométrie élevée sera plus adaptée à la pyrolyse lente car elle permettra une meilleure circulation des gaz, alors qu'une granulométrie faible sera mieux adaptée à la pyrolyse flash, pour laquelle la vitesse de transfert de chaleur est primordiale.

L'humidité devra dans tous les cas être réduite car elle diminue les rendements énergétiques et ralentit les transferts de chaleur. Par ailleurs, la teneur en eau est un paramètre important d'un point de vue économique (notamment vis-à-vis du transport, dans la mesure où elle augmente la masse à transporter).

Enfin, la teneur en lignine a son importance alors qu'elle n'influence pas les conditions opératoires. Elle est en effet responsable de la formation de goudrons, qui constituent aujourd'hui un verrou technologique de cette voie de conversion.

4.2.2.2 La conversion biochimique

Le contenu en lignine est la première caractéristique importante de la biomasse pour la conversion biochimique : la ressource sera d'autant mieux adaptée à une conversion biochimique qu'elle contient une proportion basse de lignine. En effet, celle-ci n'est pas biologiquement convertible en biocarburant. De plus, elle joue le rôle de « ciment » et assure la stabilité de la structure lignocellulosique. De ce fait, elle constitue un « frein » au processus d'hydrolyse enzymatique. En revanche, après séparation, elle sera utilisée pour fournir l'énergie nécessaire au procédé de conversion.

Par ailleurs, dans la mesure où la transformation biologique des pentoses en éthanol n'est pas actuellement suffisamment performante, les matières lignocellulosiques contenant peu d'hémicelluloses, comme certaines espèces de bois, seront les mieux adaptées au processus de conversion biologique.

4.3 LES CONDITIONS DE PRODUCTION ET DE MOBILISATION DE LA RESSOURCE

Le gisement mobilisable de biomasse lignocellulosique est important. Toutefois, les freins à sa mobilisation sont nombreux. Aujourd'hui, les filières de valorisation efficientes de la biomasse pour l'énergie se résument pour l'Europe et l'Amérique du Nord au marché des granulés de bois, ou pellets. Présentant déjà des limites, c'est pourquoi d'autres filières sont en cours de développement. Ce chapitre passe en revue les contraintes qui devront être levées pour la mise en exploitation industrielle des nouvelles filières biomasse.

4.3.1 Les contraintes d'accès à la ressource

D'une manière générale, les ressources de type sous-produits sont souvent géographiquement dispersées, voire dans le cas des ressources forestières difficiles d'accès compte tenu de contraintes topographiques (zones de pentes) ou d'infrastructure faisant défaut (chemin, routes, pistes, dépôts, matériel d'exploitation etc.). Selon une étude rapportée dans un rapport du Finnish Forest Research Institute [10], les résidus de récolte du bois européens seraient mobilisables sur 75 % des sites de coupe à blanc et sur 45 % des sites de coupe d'éclaircies. Sur l'ensemble de ces sites, seuls 65 % des résidus issus des abattages mécanisés et 50 % des résidus issus des abattages manuels seraient mobilisables. Ainsi, sur les 173 Mm^3 de rémanents produits chaque année, 62,6 Mm^3 seraient techniquement mobilisables, soit environ **14 Mtep.** Pour le cas des États-Unis, le rapport de l'USDA [11] considère que les contraintes techniques de mobilisation de la biomasse forestière réduit le potentiel de 40 % et comptabilise ce potentiel à 41 Mt m.s., ou **18 Mtep.** Selon le Cemagref [20], la réfaction due aux seules contraintes naturelles d'accès à la ressource en France diminue le potentiel de bois énergie de 11 %, soit un potentiel moyen terme d'environ 8 millions de tonnes de matière sèche.

Concernant la mobilisation des résidus de récolte, la problématique reste similaire. Dans le cas des pailles de céréales, la valorisation énergétique n'est envisagée que sur les stocks non valorisés par les activités d'élevage ou en zones de plaines céréalières. Par ailleurs, une trop forte dispersion de la ressource peut induire une contrainte économique limitant ainsi le rayon d'approvisionnement d'une unité de valorisation industrielle. L'étude du JRC (Joint Research Centre) de la Commission européenne [21] propose un potentiel technico-économique de mobilisation de ces pailles basé sur le rayon d'approvisionnement maximum à envisager pour assurer l'approvisionnement d'une centrale électrique dans de bonnes conditions économiques. En effet, le prix de la ressource pour un industriel est en partie dépendant de la distance de transport. Pour une unité mobilisant 200 000 tonnes de pailles/an (38 MWel), le rayon est ici limité à 50 km maximum. Grâce à ce calcul, une carte des localisations possibles de telles unités a été établie. En définitive, 38 % du gisement mobilisable de pailles seraient ainsi mobilisés, soit environ **5,5 Mtep** pour l'approvisionnement d'un maximum de 67 unités de référence. En France, la prise en compte de la répartition géographique du gisement et des débouchés actuels des pailles fait passer la ressource de 22 Mt m.s. de pailles produites à 4 Mt m.s. mobilisables par an, ou **1,6 Mtep** pour l'énergie. Le rapport de l'USDA [11] indique qu'à partir de la disponibilité totale actuelle de résidus aux États-Unis (500 Mt) deux contraintes, dont une logistique et l'autre environnementale, réduisent ce potentiel respectivement de 41 %, puis de 55 % (voir paragraphe 4.3.4), pour aboutir seulement à des ressources mobilisables de 113 Mt m.s./an, ou **45 Mtep**.

Une autre particularité du secteur bois, en France et dans d'autres pays européens, est l'importance de la part de surfaces forestières en régime de propriété privée impliquant une mise en gestion des ressources forestières non systématique et dépendant du consentement à offrir des propriétaires. Par ailleurs, l'engagement des agriculteurs et exploitants forestiers dans l'implantation de cultures pérennes, et de ce fait la mobilisation de parcelles pour un usage exclusivement énergétique pendant plus de 10 ans, reste toujours hésitant. Malgré la difficulté à chiffrer l'impact de cette contrainte sur la disponibilité des ressources, elle doit néanmoins être évaluée afin d'envisager une éventuelle mise en place de mesures incitatives.

4.3.2 Les itinéraires techniques et le conditionnement

Concernant les pailles, la nécessité de récolter au plus bas possible de la tige, de ramasser avec une presse haute densité et de mettre la biomasse à l'abri de l'humidité, constituent des impératifs à ne pas négliger dans l'évaluation des processus de valorisation énergétique.

Les itinéraires techniques des cultures dédiées sont quant à eux en cours de définition. Les cultures lignocellulosiques ne nécessitent, d'une manière générale, que peu d'intrants, en particulier lorsqu'il s'agit de cultures pérennes. Aucune substance phytosanitaire n'est aujourd'hui homologuée pour les nouvelles variétés à vocation énergétique. Certaines cultures comme le miscanthus peuvent être sensibles à la concurrence des adventices, lors de la levée. Un désherbage mécanique et/ou chimique se justifie alors la première année. Tandis que la plupart des espèces herbacées peuvent être semées avec un semoir classique, la plantation des rhizomes de miscanthus nécessite un équipement particulier et une main-d'œuvre plus importante. Les TCR ne nécessitent pas d'intrants après leur mise en place. Les exigences en eau sont variables d'une espèce à une autre. L'irrigation reste néanmoins une pratique à proscrire dans un souci de préservation d'un bilan positif, tant énergétique qu'environnemental.

Concernant les étapes de récolte, l'ensemble des espèces herbacées et TTCR requiert du matériel agricole classique mais le mode de conditionnement (ensilage, paille, granulé etc.) reste encore à définir en fonction du type conversion de la biomasse (voie humide, voie sèche) et des moyens de stockage à disposition. Les TCR doivent, quant à eux, être récoltés avec du matériel forestier. La récolte des TCR se fait soit en billons, lorsqu'elle est destinée à l'industrie de la trituration, soit en plaquettes pour l'énergie. La récolte en plaquettes peut consister soit en un déchiquetage d'arbres entiers sur coupe ou bord de route après débardage, soit en la valorisation des rémanents de l'exploitation en fagots ou directement sur parcelle forestière. La plaquette forestière est le combustible des installations énergétiques automatiques fonctionnant avec du bois. Il existe plusieurs types de déchiqueteuses, allant des machines portées ou tractées (système agricole) aux machines automotrices ou stationnaires pour les grosses capacités. Les rendements peuvent varier selon ces équipements, compte tenu du type d'alimentation, de 1 à 100 MAP (mètre cube apparent de plaquettes) par heure. Le transport des plaquettes du lieu de production au lieu de stockage ou de consommation se fait par camions.

4.3.3 La concurrence des usages

Une part importante de la biomasse lignocellulosique, en particulier provenant des co-produits, est utilisée pour l'élevage (pailles), dans l'industrie, à des fins énergétiques, ou comme matière première pour la chimie. Il peut donc y avoir concurrence entre les usages de cette biomasse. C'est le cas pour la ressource provenant des déchets de l'industrie du bois déjà largement valorisés, soit comme matière première pour la fabrication de panneaux de fibres ou de particules ou de pâte à papier, soit pour la production d'énergie, notamment pour le séchage du bois.

La concurrence pourrait provenir à terme également des usages pour les bioproduits (biopolymères, fibres…) si ces filières se développaient massivement.

Une certaine pression foncière peut également s'exercer si la demande en cultures énergétiques vient à s'accroître fortement. Si la moindre exigence des cultures pérennes vis-à-vis de la qualité du sol permet, dans un premier temps, la valorisation de terres dites marginales, gels, friches ou autres terres interdisant la production de cultures alimentaires, il convient néanmoins d'envisager dès aujourd'hui la localisation possible de ces nouvelles cultures afin de prévenir les futures concurrences d'usage des sols.

4.3.4 Les contraintes environnementales

Lorsqu'elles ne sont pas valorisées en élevage, les pailles de céréales et la plupart des autres résidus de récolte sont enfouis dans le sol en interculture permettant un retour au sol de matière organique. Il apparaît néanmoins, selon les conditions locales, qu'une fraction limitée des pailles pourrait assurer les rôles agronomiques et environnementaux des pailles tandis qu'une fraction restante pourrait être exportée. Si le drainage, les pertes de nitrates, les émissions de N_2O et d'ammoniac ne semblent pas être significativement accentués lors de l'exportation des pailles, les pertes de rendements de récolte et de la quantité de carbone stockée sont elles indéniables. À l'échelle d'une rotation culturale, pour que ce gisement de pailles de céréales puisse être mobilisé sans causer de dommage à la fertilité des sols, les autres résidus couramment rencontrés en zone de grande culture (paille de colza, cannes de tournesol et de maïs) doivent être impérativement enfouis. L'intensité des exportations dans une rotation doit être raisonnée en fonction des conditions pédoclimatiques locales.

La récolte répétée des rémanents forestiers, comme des résidus de récolte, n'est pas systématiquement neutre et peut également représenter une exportation d'éléments minéraux non négligeable dans certaines conditions. Elle peut entraîner, sur certains types de sols, une baisse de la fertilité à long terme, à prohiber dans le cadre d'une sylviculture durable sans apport externe. L'Agence Européenne de l'Environnement a publié une carte indiquant les zones plus ou moins adaptées à l'exportation des rémanents hors des sols forestiers (figure 4.3). Les différents seuils d'adaptabilité ne considèrent pas la fertilisation des sols forestiers comme une solution pour les sols les plus pauvres. Le recyclage des cendres permettant d'élever le seuil sur sols podzoliques (particulièrement en Finlande et en Suède) n'est également pas pris en compte. Un effet positif de l'exportation des rémanents sur les sols présentant d'importants dépôts d'azote (certaines régions de Belgique, du Danemark, du nord de la France, d'Allemagne, du nord de l'Italie, des Pays-Bas, de Pologne et du sud de la Suède) n'apparaît pas non plus sur cette carte.

Certaines études fixent un pourcentage moyen de l'accroissement naturel nécessaire à la régénération du sol forestier selon les caractéristiques de certains pays évalués (tableau 4.7).

Le risque de contamination des eaux de surface et souterraines par la culture d'espèces lignocellulosique semble limité du fait de la faible exigence des cultures et pourrait, dans certains cas, permettre un retour vers un bon état écologique des ressources en eau. La peupleraie, au même titre que certaines forêts, peut jouer un rôle important sur la régulation des flux de polluants. En ce qui concerne la réduction du taux de nitrates, l'efficacité de la

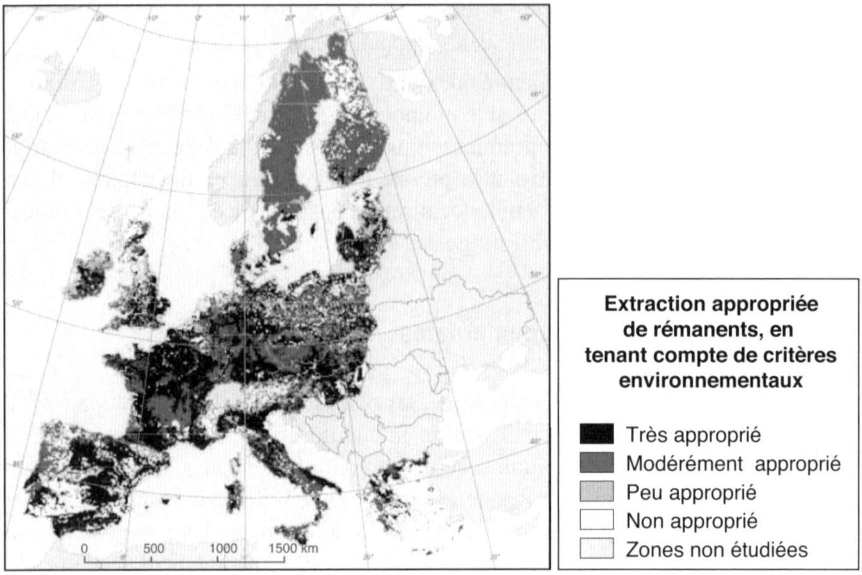

Figure 4.3

Potentiel d'extraction des rémanents forestiers tenant compte de critères environnementaux (érosion, compaction et fertilité des sols) [12].

Tableau 4.7 Part de biomasse pour la régénération du sol dans 5 pays de l'Union européenne [9] et [10].

	Accroissement (Mm^3)	% fixé	Volume à laisser au sol (Mm^3)
Autriche	27,3	19 %	5,2
Finlande	72,4	10 %	7,2
France	92,3	5 %	4,6
Portugal	12,9	10 %	1,3
Suède	85,4	3,5 à 7,5 %	4,7

peupleraie est comparable à celles de jeunes ripisylves [1] et est très supérieure à celle des prairies. Pour les phosphates, la possibilité de réduction est considérable dans les eaux superficielles. La peupleraie fixe aussi d'autres éléments tels que les triazines, les métaux lourds et différentes particules de matière organique, d'argile, de limon, contribuant ainsi à une meilleure qualité chimique de l'eau et à sa limpidité.

1. Ripisylves : formations boisées, buissonnantes et herbacées présentes sur les rives d'un cours d'eau.

Néanmoins, certaines cultures, y compris celles développant des systèmes racinaires importants (miscanthus, TCR notamment), peuvent impliquer en période végétative des prélèvements d'eau importants. Certaines plantes comme le peuplier exigent des terrains bien alimentés en eau en période estivale et pourraient être à proscrire dans des zones soumises à déficit hydrique récurrent.

Enfin, un port végétatif imposant et le caractère pérenne des cultures lignocellulosiques à l'étude impliquent également d'appréhender l'insertion de ce type d'espèces dans les cultures et les paysages existants. La prise en compte de possibles modifications d'écosystèmes locaux avec la disparition ou l'introduction de nouvelles espèces floristiques ou faunistiques est également à intégrer.

L'aménagement du territoire accompagnant le développement de ces nouvelles filières agricoles, forestières et énergétiques prend ici toute son importance et se doit d'intégrer de nombreux facteurs techniques, économiques, sociétaux et environnementaux pour aboutir à des systèmes de production durables en cohérence avec les filières bioénergies attendues.

4.4 POTENTIEL DE PRODUCTION DE BIOMASSE LIGNOCELLULOSIQUE, DE NOUVEAUX MOYENS, DE NOUVEAUX ESPACES

Les leviers pour améliorer la disponibilité de la biomasse pour une valorisation énergétique sont nombreux et font l'objet d'importants programmes de développement supposant une évolution de la ressource mobilisable à court, moyen et long terme. Néanmoins, les horizons et moyens de développement restent incertains et impliquent la nécessité de faire le choix d'hypothèses souvent propres aux différents contextes géopolitiques. Différents modèles ont pu être mis en place à l'échelle mondiale, régionale et locale. Ils permettent la prise en compte d'un grand nombre de facteurs influençant l'accès aux ressources tels que la demande alimentaire, les facteurs climatiques, les règlementations, etc. Ce sous-chapitre propose ici plusieurs éléments à prendre en compte afin d'envisager l'évaluation à terme du développement des filières de biomasse lignocellulosique.

4.4.1 Disponibilité en ressources supplémentaires

4.4.1.1 Mise en gestion de forêts sous-exploitées

Le paragraphe 4.1.2.2 montre que certaines forêts du monde présentent un bilan positif, à savoir que la production annuelle de biomasse forestière (ou accroissement net annuel) reste supérieure aux prélèvements. C'est le cas notamment des forêts européennes et, dans une moindre mesure, en Amérique du Nord.

La forêt européenne présente un accroissement net annuel de bois supérieur à l'abattage aboutissant à la capitalisation d'une part significative de bois sur pied, estimée à 260 Mm^3. La mise en exploitation de ces nouvelles ressources impliquera une nouvelle disponibilité en bois d'œuvre et d'industrie et la production supplémentaire de 67 Mm^3 de rémanents supplémentaires, hors feuilles et racines. Cependant, une étude citée dans un rapport du Finnish Forest Research Institute [10] indique que seuls 25 % du volume de biomasse capitalisée sur pieds seraient réellement accessibles, soit 17 Mm^3 de bois de rémanents supplémentaires, soit près de **4 Mtep.** En complément de la disponibilité des rémanents, issus de l'exploitation actuelle de bois, le potentiel forestier européen s'élèverait ainsi à environ **18 Mtep** de bois.

Dans une démarche visant à envisager l'estimation à moyen-long terme, tout ou partie des contraintes techniques pourraient être minimisées. Cette approche est adoptée dans l'étude de l'Agence Européenne de l'Environnement [12], qui estime aux horizons 2010, 2020 et 2030 les ressources forestières mobilisables pour l'énergie en tenant compte d'une sélection de critères environnementaux ainsi que d'une possible mise en concurrence de la ressource bois, favorisant à terme la valorisation énergétique dans un contexte d'augmentation des prix des énergies fossiles. Cette étude affiche ainsi une possibilité de mobilisation de la ressource bois autour de **55** Mt**ep/an.**

À l'échelle de la **France**, la forêt couvre plus de 15 Mha et son accroissement biologique est estimé à 84 Mm^3/an [22]. En 2004, respectivement [1] 12,0 Mm^3 et 22,5 Mm^3 ont été exploités comme bois d'industrie (papeterie, panneaux de particules...) et comme bois d'œuvre. La consommation de bois énergie est estimée à 40 Mm^3/an, dont environ 30 Mm^3/an pour la consommation domestique et le reste pour la consommation énergétique de l'industrie et des bâtiments collectifs et tertiaires. La forêt française aboutit alors à un bilan excédentaire d'environ 10 Mm^3 ou **3 Mtep** de bois non exploités.

Aux **États-Unis** [11], en supposant une croissance de la demande nationale en produits forestiers, une amélioration des systèmes d'exploitation vers des forêts plus productives, et une amélioration des techniques de récolte des rémanents, les ressources forestières supplémentaires s'élèveraient ainsi à 23 Mt m.s. de bois de rémanents issus de forêts exploitées et 41 Mt m.s. issus de forêts non encore exploitées, conduisant à une production énergétique de **27,5 Mtep** à terme. Ajouté au gisement de bois provenant des traitements anti-incendies, le potentiel global de bois non transformé s'élèverait à **53 Mtep**.

4.4.1.2 Développement des moyens de production et progression des rendements

La plupart des ressources à vocation énergétique, comme nous l'avons vu, sont actuellement soit des coproduits de cultures principalement récoltées pour leurs grains ou autres produits voués à d'autres débouchés, soit des cultures dédiées relativement peu développées. Les filières de valorisation de ces cultures n'étant qu'à leurs balbutiements, les systèmes de cultures ne sont aujourd'hui pas optimisés pour le développement de ces nouveaux débouchés de masse. De nombreux progrès peuvent donc être attendus en termes de sélection variétale, d'itinéraires techniques et donc de rendements culturaux, comme cela a été le cas historiquement pour les différentes cultures alimentaires.

1. Pour la conversion, on pourra considérer une masse volumique moyenne pour le bois de 0,7 tm.s/m^3 et un contenu énergétique moyen de 0,43 tep/t m.s.

4.4.2 Disponibilités en nouvelles terres

Outre des modifications de pratiques d'exploitation sur un volant de surface donné, le développement de nouvelles cultures peut aussi s'envisager sur des terres actuellement peu ou pas exploitées, ou sur des terres libérées suite à l'amélioration des productivités ou au réarbitrage d'usage des sols.

4.4.2.1 Des terres arables sous-exploitées

En 2000, la « *Land and Water Development Division* » de la FAO a réalisé une étude d'évaluation des ressources en terres et de leurs contraintes aux niveaux régionaux et nationaux [7]. L'étude a notamment permis l'élaboration d'une base de données évaluant les surfaces de terres arables par pays, avec deux niveaux de disponibilités (tableau 4.8).

En valeur nominale, comme en relatif, la plus grande possibilité de développement agricole se situe en Afrique sub-saharienne, en Asie du Sud et en Amérique centrale, qui représentent ensemble plus de 70 % du potentiel mondial. En Asie du Nord, Asie-Pacifique, Amérique du Nord et en Europe, 54 à 64 % des terres arables sont déjà utilisées et les possibilités de leur élargissement semblent exister mais sur une échelle plus limitée. L'Afrique du Nord et le Proche-Orient affichent des terres arables existantes supérieures au potentiel car la culture irriguée, pratiquée sur terres arables, bien représentée dans cette zone, n'est pas incluse dans l'estimation du potentiel (figure 4.4).

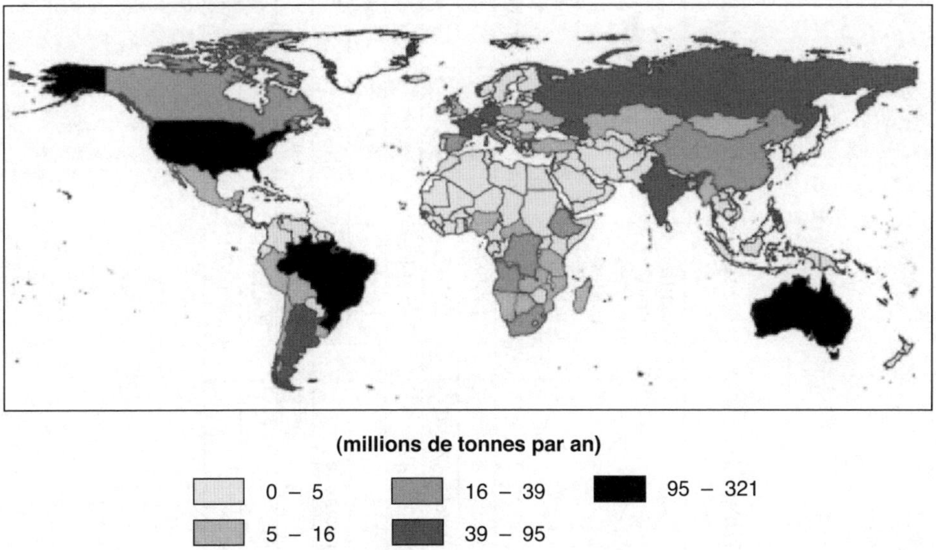

Figure 4.4

Répartition mondiale du potentiel de production de biomasse sur terres abandonnées (millions de tonnes/an).
Source : Campbell JE, Lobell DB, Genova RC, and Field CB (2008). The global potential of bioenergy on abandoned agriculture lands. Environmental Science & Technology: DOI: 10.1021/es800052w.

Tableau 4.8 Estimation des surfaces de terres arables pour cultures pluviales, par grandes zones géographiques [7].

	Potentiel brut de terres arables	Zones protégées		Zones artificia-lisées	Potentiel net de terres arables	Terres arables en 1994	Part du potentiel arable utilisé en 1994
	(Cultures pluviales) (1 000 ha)	Part de la surface totale (%)	Part du potentiel arable (%)	Part de la surface totale (%)	(Cultures pluviales) (1 000 ha)	(1 000 ha)	(Cultures pluviales) %
Afrique sub-saharienne	1 119 492	8,6	4,3	1,9	1 050 083	157 608	15
Afrique du Nord et Proche-Orient	50 017	8,1	4,0	6,4	44 815	71 580	160
Asie du Nord et Est de l'Oural	286 800	3,0	1,5	(2,3)	275 902	175 540	64
Asie-Pacifique	812 551	9,4	4,7	3,9	742 672	477 706	64
Amérique du Sud et centrale	1 048 071	10,6	5,3	1,2	979 946	143 352	15
Amérique du Nord	463 966	9,9	4,9	(2,1)	431 488	233 276	54
Europe	363 120	10,1	5,0	(5,8)	323 903	204 322	63
Monde	4 144 017	8,9	4,4	2,6	3 848 809	1 463 384	38

Ces terres arables sous-exploitées, ou non cultivées (environ 1,4 Gha), ont différentes natures de sols et sont parfois des terres dégradées.

Les territoires agricoles non cultivés correspondent, selon le glossaire Teruti-Lucas, à des superficies autrefois cultivées, qui ne sont plus du tout exploitées pour des raisons économiques, politiques ou environnementales mais dont la remise en culture pourrait être réalisée avec des moyens normalement disponibles sur une exploitation. Ce poste comprend : les landes non productives, les friches et terres incultes, les landes non pacagées, les exploitations et les cultures permanentes abandonnées, les chemins d'exploitation non stabilisés et les zones non converties en forêt ou en zone urbaine. Les friches sont des terres non comprises dans l'assolement depuis plus d'une campagne agricole. À la surface du globe, ce type de surfaces s'étendrait sur 386 Mha [24] avec une incertitude sur un usage potentiel de ces surfaces en pâturage. En France, ces surfaces s'élèvent chaque année à environ 2,5 Mha. Ces surfaces sont à distinguer de la jachère, qui elle correspond à des terres arables volontairement laissées sans cultures pour que la terre se repose, normalement pour toute la durée de la campagne.

Les terres dégradées sont, quant à elles, des terres caractérisées par une perte de fonctionnement des écosystèmes et dont la fertilité réduite entraîne une réduction de la croissance des plantes puis une perte de couverture induisant l'accroissement de la vulnérabilité des sols. L'ensemble de ces terres s'étendrait sur 500 Mha à l'échelle du globe, dont 100 Mha en Asie, 100 Mha en Amérique du Sud, et 300 Mha en Afrique [25], [26]. Au Brésil, la surface agricole utile pourrait être doublée, par rapport à sa valeur de 2004, avec la remise en état des terres dégradées, soit 60 Mha supplémentaires.

La progression de cultures non alimentaires laisse envisager un changement important en termes de réhabilitation de terres et de développement économique. Toutefois, certaines de ces surfaces peuvent être localisées en zones sensibles et être utilisées par des populations locales, en agriculture de subsistance notamment, et peuvent parfois être sources de litiges sur les droits d'exploitation. Les terres abandonnées ou dégradées doivent être évaluées au regard de leur utilisation durable.

4.4.2.2 Libération de nouvelles surfaces : progression des rendements des cultures alimentaires

Pour toute culture dans un environnement donné, son rendement est défini par les principales ressources disponibles en lumière, en eau, en intrants, par la durée de la saison de croissance et les conditions climatiques. Il s'avère néanmoins que, selon les conditions pédoclimatiques (qualité de sols, niveau de précipitation etc.) et les moyens techniques de culture, des variations de rendements sont observées d'une zone géographique à l'autre. Il est, par ailleurs, possible pour un endroit donné d'estimer un rendement atteignable à plus ou moins long terme selon un jeu d'hypothèses sur le niveau d'intrants et les pratiques culturales envisagées. Un rapport de l'ADAS [1] [27] évalue différents niveaux de progression des

1. ADAS : Société de service britannique dans le domaine des sciences environnementales et rurales pour le compte d'organisations des secteurs privés et publics, au Royaume-Uni et à l'étranger, http://www.adas.co.uk/

rendements d'un certain nombre de grandes cultures dans les principales zones du monde. Les progressions de rendements les plus significatives concernent les céréales pour **l'Europe de l'Est**, avec une progression envisageable en 2020 de + 71 % pour le blé, et + 73 % pour l'orge. De telles progressions permettraient, pour une production donnée, l'économie de respectivement **16 et 7,5 Mha** pour ces deux seules cultures. Compte tenu de l'importance de surfaces en monoculture, en **Asie**, une progression de 34 % du rendement en riz, telle qu'envisagée dans le rapport, induirait la libération de **34 Mha**. Le continent **africain** pourrait, quant à lui, bénéficier de la libération de **8 Mha** avec une progression de 42 % de ses seuls rendements en maïs.

Une étude réalisée dans le cadre du projet européen REFUEL [28], [29] considère également la libération de terres par le biais de gains d'efficacité en alimentation animale. Dans un scénario tenant compte de ces gains, ainsi que de la réorientation des prairies vers la production de cultures énergétiques, cela induirait une disponibilité de 19 Mha de prairies en Europe.

Divers scénarios d'évolution de rendements sont envisagés selon les diverses hypothèses prises en compte. Ceci peut induire des écarts importants entre les niveaux de progression et donc une incertitude notable sur la quantité de terres pouvant être rendues disponibles.

4.4.2.3 Surfaces à couvert protégé ou réglementé

Des surfaces dites en couverts environnementaux font partie des exigences définies par les États Membres européens sur la base d'orientation communautaires relatives aux « Bonnes Conditions Agricoles et Environnementales » (BCAE). Les Surfaces en Couvert Environnemental (SCE), localisées de façon pertinente, permettent de protéger les sols des risques érosifs et de limiter les risques de pollutions diffuses dans les sols et les eaux. Pour mettre en œuvre cette exigence, les exploitants doivent disposer sur leur exploitation d'une surface consacrée à un couvert environnemental, équivalente au minimum à 3 % de la surface aidée en céréales, oléo-protéagineux, lin fibre, chanvre et gel de l'exploitation et implantée en priorité sous forme de bandes enherbées le long des cours d'eau. La définition des bandes enherbées a été établie en France par décret et arrêtée en 2007. Les SCE sont localisées sur des parcelles en prairie permanente, en prairie temporaire de plus de 5 ans, en gel (environnemental, faune sauvage, jachère fleurie) ou sur parcelles non consacrées à la production (friches, estives, landes, parcours, surfaces boisées de moins de 5 m de large). L'utilisation des pesticides, l'emploi de fertilisants, les apports organiques sont interdits sur ces surfaces à tout moment de l'année. À l'échelle française, la généralisation de cette pratique à l'ensemble des exploitants pourrait permettre de dégager près de 380 000 ha en SCE, sur lesquelles des cultures de type prairiales ou TCR pourraient être implantées pour valorisation énergétique. À l'échelle européenne, une telle surface pourrait représenter autour de 2 Mha.

Aux États-Unis, l'étude du NREL [13] envisage l'implantation de cultures lignocellulosiques dédiées sur terres agricoles non adaptées aux cultures alimentaires. Parmi celles-ci, on compte les terres en jachère ainsi que les terres du « *Conservation Reserve Program* » (CRP). Il s'agit d'un programme volontaire de l'USDA proposant des aides financières et techniques à destination des propriétaires fonciers agricoles et/ou exploitants agricoles souhaitant entreprendre des actions de préservation des sols, des ressources en eau et autres ressources naturelles, sur leurs terres. « *The 2002 Farm Bill* » autorise une surface d'environ 15 Mha de CRP pour 2007. La surface effective actuelle s'élève à **11 Mha**.

Si les surfaces agricoles non exploitées et mobilisables semblent importantes, leur exploitation en vue de débouchés non alimentaires ne se montre pas sans risques, aussi bien sociaux qu'environnementaux. Une mobilisation durable de ce type de terres passe par une bonne connaissance des enjeux et notamment des impacts environnementaux maîtrisés, en particulier ceux relatifs aux modifications des bilans gaz à effet de serre induits par les changements d'usages des sols, lorsqu'il s'agit du développement des filières de production d'énergies renouvelables.

4.4.3 Bilan d'exploitation de nouvelles surfaces

Ce chapitre met en évidence différentes pistes de développement de nouvelles voies et de nouveaux espaces potentiellement disponibles pour l'exploitation de biomasse lignocellulosique. Parmi ceux-ci, on compte le développement de l'exploitation forestière concernant les zones où l'activité reste peu compétitive et/ou l'offre dépasse la demande. C'est ainsi que, dans des zones comme l'Europe ou les États-Unis, le potentiel en bois forestier potentiellement disponible pour l'énergie pourrait atteindre de 20 à 50 Mtep. On compte par ailleurs les surfaces agricoles sous-exploitées, soit pour des raisons de politiques économiques ou environnementales dans les pays industrialisés, soit du fait des déficits de moyens de production comme en Europe de l'Est et dans les zones aux conditions pédoclimatiques difficiles. Le développement de moyens de production en vue de faire progresser les rendements agricoles permettrait de libérer plusieurs dizaines de millions d'hectares, tandis qu'on estime à plusieurs centaines de millions d'hectares les terres abandonnées à potentiel agricole. Cette disponibilité reste néanmoins incertaine quant à son emploi pour la production de biomasse lignocellulosique. De plus, de nombreux enjeux sociaux-économiques et environnementaux doivent encore être levés.

4.5 LA BIOMASSE LIGNOCELLULOSIQUE À VOCATION ÉNERGÉTIQUE, BILAN ET PERSPECTIVES

Aujourd'hui, les filières bioénergies utilisant des technologies modernes de conversion de la biomasse sont en cours de développement (chaleur, cogénération, biocarburants) et valorisent essentiellement de la biomasse résidus de type forestière, et agricole dans une moindre mesure. Avec l'émergence de nouvelles filières, poussées par le besoin d'indépendance énergétique, la prise de conscience des enjeux climatiques et la mise en place d'objectifs de production ambitieux, la biomasse va jouer un rôle majeur. Cependant, la biomasse venant seulement de résidus ne peut répondre à un tel engouement, dans un contexte de gestion durable des ressources (dispersion, autres usages agronomiques, etc.). Le recours à de la biomasse lignocellulosique dédiée à l'énergie s'avère alors incontournable. La mise en place d'essais sur nouvelles espèces est en cours, mais leur niveau de développement et de commercialisation est encore limité, au même titre que la demande énergétique associée. Néanmoins, d'importants objectifs de développement des filières sont attendus à moyen terme en Europe, Amérique du Nord et plusieurs pays d'Amérique latine et d'Asie. Ce type de ressources à forte productivité (10 à 25 t matières sèches/ha) soulève de nouvelles problématiques dont notamment la maîtrise des itinéraires techniques, l'acceptation sociale et la mobilisation de nouvelles terres. Ce dernier point joue un rôle majeur dans l'évaluation de la production de telles ressources. Plusieurs espèces sont aujourd'hui considérées et leur mise en culture envisagée sur des surfaces n'impactant pas les équilibres de marché actuels (alimentaires, industriels) ni les puits de ressources naturelles telles que le carbone, la biodiversité (forêt et autres surfaces protégées). Si, à l'échelle du globe, ces surfaces peuvent être estimées à plusieurs centaines de millions d'hectares, des évaluations locales s'avèrent cependant nécessaires dans le but d'appréhender les différents enjeux de mobilisation de ces surfaces et d'assurer la mise en place de filières d'approvisionnement durables de la biomasse. La Commission et le Parlement européen travaillent actuellement à la définition de critères de durabilité concernant la production et l'utilisation de sources de biomasse à vocation énergétique et conditionnant l'éligibilité des filières pour contribuer aux objectifs de production. Une démarche vise notamment à garantir un niveau minimum de réduction d'émissions de GES dans des conditions socio-économiques acceptables.

Des approches prospectives peuvent, dès aujourd'hui, être envisagées à travers la définition de scénarios de mobilisation de la biomasse à plus ou moins long terme. Les productions de résidus forestiers et agricoles peuvent être estimées autour d'un même ordre de grandeur selon les sources. En revanche, les scénarios de mobilisation de terres pour les cultures énergétiques peuvent aboutir à de larges fourchettes selon les jeux d'hypothèses retenus. En Europe, les estimations des ressources forestières s'élèvent aux alentours de **20 Mtep** de ressources primaires et autour de **6 Mtep pour les pailles**. Les Programmes européens RENEW [30] et REFUEL [28] définissent divers scénarios de mobilisation de terres pour l'implantation de cultures dédiées. Les surfaces envisagées atteindraient 20 Mha pour les scénarios ne considérant qu'une évolution limitée des rendements des cultures alimentaires, des surfaces de jachères et d'une partie des surfaces d'export hors Union européenne. Elles peuvent atteindre 50 Mha en comptabilisant le potentiel de l'Ukraine et les ambitions d'évolution des rendements des pays de l'UE12 (Europe des 12) atteignant 80 % de ceux de l'UE15 (Europe des 15). Ces scénarios aboutissent alors à un potentiel de biomasse dédiée allant de **100 à 290 Mtep** en Europe, dont 1/3 sur les seules terres de l'Ukraine.

En Amérique du Nord, les productions potentielles de biomasse ex-résidus apparaissent supérieures, avec **50 à 60 Mtep** de ressources forestières et **jusqu'à 120 Mtep** de résidus de récolte [11], [13]). Par ailleurs, l'étude USDA-DOE [11] propose plusieurs scénarios d'implantation de cultures pérennes dédiées, avec différents types de surfaces mobilisées et plusieurs niveaux de rendements attendus. De 16 Mha à 24 Mha de cultures dédiées (*switchgrass*, TCR de saule et peuplier) pourraient être mobilisées, dont de l'ordre de 4 Mha de terres en CRP [1], 10 Mha de prairies temporaires et artificielles, et 2 à 10 Mha de terres

1. CRP : Conservation Reserve Program, voir chapitre précédent.

arables. Avec un rendement moyen des cultures de 12 à 19 t m.s./ha/an et une part de perte de 10 % lors de la récolte, la production totale de cultures lignocellulosiques dédiées serait comprise entre **70 et 170 Mtep/an**.

Notons cependant que ces approches permettent une estimation de ressources dans une région déterminée mais ne dispensent évidemment pas de la nécessité d'une étude de faisabilité locale pour tout projet concret. La mise en place de tels projets nécessite en effet de raisonner à l'échelle du bassin d'approvisionnement, ou bassin de production, c'est-à-dire à une échelle locale et non régionale. Cette contrainte est imposée par la disponibilité de la ressource et la nécessité d'une homogénéité et d'une continuité dans l'approvisionnement.

RÉFÉRENCES

[1] Kauter D, Lewandowski I, Claupein W (2003) Quantity and Quality of Harvestable Biomass from Populus Short Rotation Coppice for Solid Fuel Use - A Review of the Physiological Basis and Management Influences. Biomass & Bioenerg 24, pp 411-427.

[2] SOLAGRO, ADEME, IFN (2004) Évaluation du potentiel bois énergie en France, résultats disponibles sur le site www.boisenergie.ifn.fr.

[3] Tharakan PJ, Volk TA, Abrahamson LP, White EH (2003) Energy Feedstock Characteristics of Willow and Hybrid Poplar Clones at Harvest Age. Biomass & Bioenergy 25, pp 571-580.

[4] Börjesson P. et Berndes G. (2002) Reduced CO_2 Mitigation Costs by Multi-functional Biomass Production. Publication présentée à la 6e Conférence mondiale sur les Technologies de Contrôle des Émissions de Gaz à Effet de Serre, Kyoto, Japon, 2002.

[5] AGRICE (1998) Les cultures lignocellulosiques et herbacées pour la production de biomasse à usage non alimentaire. Dossier technique réalisé dans le cadre d'une étude AGRICE.

[6] Bonnet JF (1998) Les apports solaires implicites dans les activités humaines. Thèse de Doctorat de l'École Nationale Supérieure d'Arts et Métiers, Talence.

[7] Food and Agriculture Organization of the United Nations, Land and Water Development Division, Rome, 2000 : World Soil Resources Reports, Land Resource Potential and Constraints at Regional and Country Levels.

[8] FAOSTAT (2005) Banque de données statistiques de la FAO, www.fao.org, accès mai 2005.

[9] CLIP, Cahier du CLIP n° 8, (janvier 1998) Le bois énergie en Europe, Évaluation du potentiel mobilisable à l'horizon 2020, impacts sur l'environnement global et conditions socio-économiques de sa mobilisation.

[10] METLA, Working Paper of the Finnish Forest Research Institute (2004) Estimation of Energy Wood Potential in Europe.

[11] Perlack RD, Wright LL, Turhollow AF, Graham RL, Stokes BJ, Erbach DC, USDA-DOE-ORNL, (April 2005) Biomass as Feedstock for a Bioenergy and Bioproducts Industry : the Technical Feasability of a Billion-ton Annual Supply.

[12] EEA 2006, How Much Bioenergy Can Europe Produce without Harming the Environment? EEA Report No 7/2006.

[13] Milbrandt A (2005) A Geographic Perspective on the Current Biomass Resource Availability in the United States. Technical Report NREL/TP-560-39181, December 2005.

[14] Lal R (2005) World Crop Residues Production and Implications of its Use as a Biofuel. Environment International 31, pp 575-584.

[15] Kline KL, Oladosu GA, Wolfe AK, Perlack RD, Dale VH; ORNL (Oak Ridge National Laboratory) And McMahon M; Appalachian State University; (February 2008) Biofuel Feedstock Assessment For Selected Countries. ORNL/TM-2007/224.

[16] Tharakan P, Bake B, Montecalvo R, Gadde B and Weingart J, United States Agency for International Development (USAID) (2009) Biofuels in Asia – An Analysis of Sustainability Options. Environmental Cooperation-Asia Clean Development and Climate Program.

[17] AFOCEL, Fiches d'identité papetière.

[18] ADEME (1999) Bois-énergie : chaufferies à alimentation automatique.

[19] Richardson J, Björheden R, Hakkila P, Lowe AT and Smith CT (2002) Bioenergy from Sustainable Forestry, Guiding Principles and Practice, Kluwer Academic Publishers.

[20] Ginisty C, Vallet P, Chabé-Ferret S, Levesque C et Chauvin C (Octobre 2007). Disponibilités en biomasse forestière pour des usages énergétiques et industriels en France. Convention DGFAR/ Cemagref E 19/06 du 20 octobre 2006.

[21] Edwards RAH., Šúri M, Huld TA and Dallemand JF, JRC (2005) Gis-Based Assessment Of Cereal Straw Energy Resource In The European Union. 14th European Biomass Conference, 17-21 October 2005, Paris, France.

[22] IFN (2005) Site de l'Inventaire forestier national, www.ifn.fr.

[23] Berndes G, Azar C, Kåberger T and Abrahamson D (2001) The Feasibility of Large-scale Lignocellulose-based Bioenergy Production. Biomass & Bioenergy 20, pp 371-383.

[24] Field CB, Campbell JE and Lobell DB (2008) Biomass Energy : the Scale of the Potential Resource. Trends in Ecology & Evolution **23**, 2, February 2008, pp 65-72.

[25] Houghton RA *et al.* (1991) Current Land Use in the Tropics and its Potential for Sequestering Carbon. In : C. Howlett and C. Sargent, Editors, Technical Workshop to Explore Options for Global Forestry Management, International Institute for Environment and Development, p. 127.

[26] Houghton RA (1990) The Future-role of Tropical Forests in Affecting the Carbon-dioxide Concentration of the Atmosphere, Ambio, **19**, pp 204-210.

[27] Kindred *et al.* (2008) Anticipated and Potential Improvements in Land Productivity and Increased Agricultural Inputs with Intensification. ADAS.

[28] Fischer G Hizsnyik E, Prieler S and Van Velthuizen H, IIASA (2007) Assessment of Biomass Potentials for Biofuel Feedstock Production in Europe : Methodology and Results. Refuel Project, WP2. Biomass Potentials for Biofuels : 209
Source, Magnitudes, Land Use Impacts.

[29] Fischer G. *et al.* (2009) Biofuel Production Potentials in Europe : Sustainable Use of Cultivated Land and Pastures, Part II : Land Use Scenarios, Biomass and Bioenergy, doi : 10.1016/j.biombioe.2009.07.009.

[30] Pisarek M, Ganko E, Kunikowski G, Rutkowska M, Szklarek M, Rogulska A, Ericsson K, Lantz M, Witt J, Panoutsou C, Nikolaou A, Faist Emmenegger M, McDonell K, Kennedy A, Buttle D and Blackmore J, RENEW Renewable Fuels for Advances Power Trains (2006) The Review – Biomass Resources And Potentials Assessment – Regional Studies And Experiences, Deliverable Wp5.1/D 5.1.1.

5

La transformation de la biomasse lignocellulosique par voie thermochimique

D. Ballerini, L. Bournay, F. Broust, P. Rousset,
S. His, E. Marty, X. Montagne, J.M. Seiler

La conversion thermochimique de la biomasse lignocellulosique est porteuse de réels enjeux en termes de production de biocarburants et de bioénergie.

Ce chapitre décrit les principales voies de transformation de la biomasse par voie thermochimique que sont la pyrolyse, la torréfaction, la gazéification et la conversion hydrothermale, les produits obtenus ainsi que la synthèse de carburants liquides dont les principales caractéristiques sont décrites.

5.1 LA PYROLYSE

5.1.1 Définition – Principe

Prise dans son sens étymologique de pyro (feu) et lyse (coupure), la pyrolyse est le processus primaire de décomposition de matières carbonées, par l'action de la chaleur et en l'absence d'oxygène. L'augmentation de température entraîne des réactions chimiques complexes qui dégradent les constituants principaux de la biomasse (cellulose, hémicelluloses et lignine) en trois produits principaux : un solide (charbon végétal), des vapeurs condensables (huiles organiques et eau) et des gaz permanents combustibles (CO, H_2, CH_4 et autres hydrocarbures légers C_2-C_3) et incombustibles (CO_2). Le contrôle des paramètres opératoires permet d'orienter ces réactions vers la production préférentielle d'une de ces trois phases et d'en maximiser les rendements (tableau 5.1). En particulier, on distingue grossièrement trois types de pyrolyse, selon les conditions de transfert de chaleur et de matière (figure 5.1) :

- la pyrolyse dite « lente » ou carbonisation donnant majoritairement du charbon,
- la pyrolyse dite « rapide » ou « flash » donnant majoritairement des produits liquides (pyroliquéfaction),
- la pyrolyse rapide avec craquage donnant majoritairement des gaz (pyrogazéification), voie plus marginale qui ne sera pas détaillée dans la suite.

Tableau 5.1 Conditions opératoires et rendements massiques (sur masse sèche de biomasse) et énergétiques (rapport des contenus énergétiques) obtenus par pyrolyse du bois [1].

	Pyrolyse lente Carbonisation	Pyrolyse rapide	
		Pyroliquéfaction	**Pyrogazéification**
Conditions opératoires typiques	Vitesse de chauffage < 50 °C/min Température finale < 600 °C	Densité de flux de chaleur élevée (> 100 kW/m^2)	
		Température gaz < 500 °C Temps de séjour vapeurs < 2 s	Température gaz > 800 °C Temps de séjour vapeurs > 5 s
Rendement en charbon (%)	**30-35**	10-15	10
Rendement en liquides (%)	30	**70-75**	5
Rendement en gaz (%)	30-35	10-15	**85**
Rendement énergétique	Charbon/biomasse 60 %	Liquides/biomasse 70 %	Gaz/biomasse 80 %

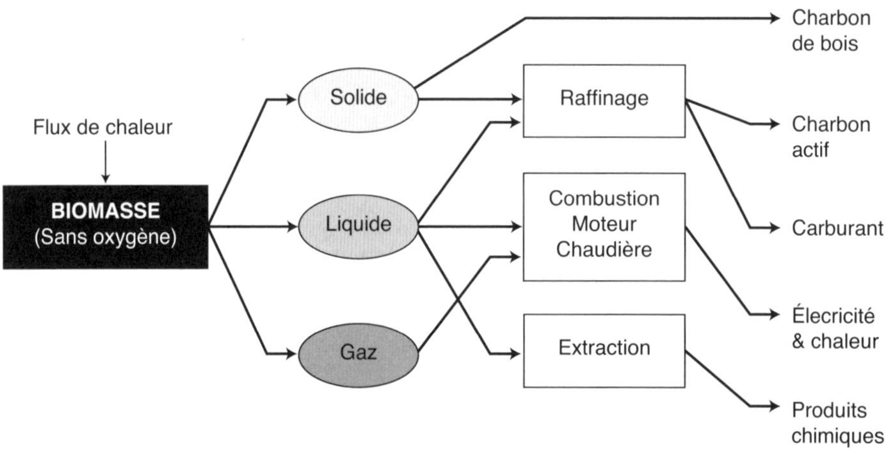

Figure 5.1

Produits majoritaires obtenus par pyrolyse de la biomasse selon les conditions de température et de vitesse de chauffe et leurs utilisations [2].

5.1.1.1 La pyrolyse lente

La pyrolyse lente, ou carbonisation, est une technique très ancienne utilisée pour la production de charbon végétal. Elle se caractérise par une vitesse de chauffage faible de la biomasse (< 50 °C/min) jusqu'à des températures de réaction inférieures à 600 °C et des temps de séjour du solide de quelques heures.

Les rendements en charbon dépendent des conditions de pyrolyse et ne dépassent généralement pas 35 % en masse (sur les bases d'un bois totalement anhydre) à la pression atmosphérique, le reste des produits étant composé d'environ 30 % de condensables (goudrons, liquides pyroligneux) et de 35 % de gaz incondensables (CO_2 surtout, CO, H_2, hydrocarbures) [2-4]. Le rendement énergétique maximum est alors de 60 %. Des rendements supérieurs peuvent être atteints dès lors que la pyrolyse est effectuée sous pression (plusieurs MPa), avec une limite théorique se situant vers 55 % en masse [5-9] et des rendements énergétiques de 75 %. Les gaz et produits condensables peuvent également être recyclés et brûlés pour rendre les procédés autonomes énergétiquement. De tels résultats suscitent un intérêt pour le développement de nouveaux procédés de carbonisation.

Le charbon végétal a une masse volumique qui est comprise entre 100 kg/m^3 et 190 kg/m^3 [10]. Son pouvoir calorifique inférieur est compris entre 28 et 33 MJ/kg. Les principales utilisations actuelles du charbon sont le chauffage domestique dans les PED, le marché du barbecue et la production de charbons actifs en Europe ainsi que la métallurgie (au Brésil notamment). Mais les bons rendements énergétiques de conversion ont conduit à envisager également cette option comme une étape intermédiaire de conditionnement de la biomasse.

5.1.1.2 La pyrolyse rapide

D'un développement plus récent (années 1980), la pyrolyse rapide est caractérisée par des valeurs beaucoup plus importantes de densités de flux de chaleur imposées à la biomasse et/ou de plus hautes températures. Dans ces conditions, la pyrolyse produit peu de charbon, mais essentiellement des produits volatils liquides ou gazeux dont les proportions relatives dépendent des conditions opératoires.

Dans les années 1970, la pyrolyse rapide a surtout suscité de l'intérêt pour la production de gaz combustibles (pyrogazéification) riches en CO et H_2 mais aussi en hydrocarbures légers (méthane, acétylène). Cette voie n'a jamais vraiment débouché au niveau industriel, supplantée par la filière de gazéification (voir en 5.3).

Plus tard, au début des années 1980, des travaux sur la pyrolyse ablative (concept décrit par ailleurs) ont mis en évidence qu'il était possible dans certaines conditions d'obtenir de très bons rendements en liquides [11, 12]. Ces travaux ont été les précurseurs d'une nouvelle conception des procédés de pyrolyse rapide (pyroliquéfaction), dont le but a été, dès lors, la production de liquides : les huiles de pyrolyse (ou bio-oils). La possibilité d'obtenir des liquides à partir de biomasse, potentiellement utilisables comme biocarburants ou biocombustibles avec un fort rendement aussi bien massique qu'énergétique, a motivé nombre de travaux de recherches qui ont porté, d'une part, sur le développement de procédés adaptés et, d'autre part, sur la caractérisation de ces liquides très complexes ainsi que sur les voies de valorisation possibles [2, 13].

5.1.1.3 Intérêt de la pyrolyse

Un des principaux attraits de la pyrolyse est qu'elle constitue potentiellement une étape d'homogénéisation et donc de préconditionnement de la biomasse. Elle permet, en effet, d'obtenir, à partir de matières lignocellulosiques hétérogènes et difficiles à utiliser en l'état, des intermédiaires énergétiques solides ou liquides, plus homogènes et transportables comme le charbon de bois et surtout les huiles de pyrolyse. Ces derniers, de densité énergétique plus importante, peuvent alors être acheminés et utilisés comme combustibles ou comme matières premières vers des complexes industriels pour la production potentielle de composés chimiques et/ou de biocarburants. Dans le cas particulier des biocarburants de deuxième génération, filière qui demande la mobilisation d'une forte quantité de ressources, cette étape de préconditionnement prend une importance capitale [14]. La torréfaction, qui peut être définie comme une pyrolyse lente ménagée, est un autre procédé possible de préconditionnement qui a l'avantage de garantir de meilleurs rendements énergétiques. Cette voie est traitée en 5.2.

Dans l'optique d'une production de biocarburants, un préconditionnement à l'état liquide par pyrolyse flash ou rapide présente de nombreux avantages, en termes de stockage, transport et injection. Ceci permet en outre d'envisager une gamme d'applications plus larges et de bénéficier des infrastructures existantes pour les combustibles liquides. La suite de ce chapitre est focalisée sur la pyrolyse rapide et vise à décrire les phénomènes physico-chimiques qui gouvernent la pyrolyse, pour ensuite passer en revue les principaux procédés envisagés ainsi que les perspectives d'applications des huiles de pyrolyse.

5.1.2 Les mécanismes fondamentaux de la pyrolyse

Lorsqu'un grain de biomasse solide est chauffé, sa température augmente plus ou moins vite et uniformément selon les conditions de transfert de chaleur (externe et interne). Outre le phénomène de séchage, les différents constituants de la biomasse vont alors subir des transformations chimiques qui dépendent de la température locale du solide. Les mécanismes réactionnels sont d'une extrême complexité et conduisent à une très large variété de produits (plusieurs centaines). Ils ont été étudiés tant sur ses constituants majoritaires isolés (cellulose [15-20], hémicelluloses [18-21] et lignine [11,22-24]) que sur la biomasse elle-même.

5.1.2.1 Pyrolyse de la cellulose

La littérature regorge de travaux fondamentaux de pyrolyse sur la cellulose qui est le constituant majoritaire de la biomasse (jusqu'à 50 % en masse) et le plus facilement isolable sous sa forme originelle. Plusieurs schémas réactionnels, plus ou moins détaillés, ont été proposés dans la littérature, le plus concis étant celui de Diebold [25, 26].

Les réactions primaires de pyrolyse de la cellulose font intervenir deux voies compétitives. Dès 150 °C, des réactions de déshydratation, décarboxylation et décarbonylation conduisent à une réduction du degré de polymérisation et forment essentiellement de l'eau, du CO_2 et du charbon végétal [27], dont le rendement est favorisé par la présence de minéraux [28]. La seconde voie, favorisée aux plus hautes températures (> 300 °C), est une dépolymérisation de la cellulose par transglycosylation, qui conduit à la formation d'oligosaccharides [29]. Ces oligomères sont à l'état liquide durant la pyrolyse [11, 30], « Active Cellulose » (AC) ou « Intermediate Liquid Compound » (ILC) [31] et peuvent soit continuer à être dépolymérisés jusqu'au lévoglucosane et autres sucres, soit former du charbon [32]. Des réactions concurrentes de fragmentation conduisent par ailleurs à la formation de l'hydroxyacétaldéhyde, d'autres aldéhydes, cétones et dérivés du furfural.

Ces composés primaires, sous forme de vapeurs, peuvent ensuite subir les nombreuses réactions secondaires en phase gazeuse, conduisant à des vapeurs secondaires plus simples, des gaz incondensables (CO, CO_2, H_2, hydrocarbures légers) et de l'eau, et au contact du charbon primaire, à un charbon secondaire.

5.1.2.2 Pyrolyse des hémicelluloses

Les travaux, concernant les hémicelluloses, de structures proches de celle de la cellulose, mais plus variables (xylane, mannane…), sont moins abondants. Les mécanismes réactionnels sont comparables à ceux intervenant sur la cellulose, mais la réactivité est plus grande, avec dégradation dès 150 °C et décomposition complète vers 350 °C. Les principaux produits, dont des composés de type furane [18] et l'acide acétique, sont hydrosolubles.

5.1.2.3 Pyrolyse des lignines

La lignine, polymère à motif aromatique, se dégrade selon des mécanismes encore mal définis. Sa structure est en effet très complexe et varie en fonction de son origine et des méthodes de séparation employées. La lignine se décompose sur une plage de température très large : une faible dégradation intervient à 250 °C mais sa pyrolyse n'est complète qu'à des températures plus élevées (> 500 °C) [15].

Suite à des réactions complexes de cyclisation, condensation, polymérisation et de craquage avec déshydrogénation, les produits obtenus sont principalement des monomères (alcools sinapylique, coniférique et coumarylique) formés aux basses températures, des composés aromatiques substitués (de type isoeugénol, vanilline, vinylguaiacol…), des composés phénoliques tels que catéchol, gaïacol, méthylgaïacol, ainsi que du méthane aux plus hautes températures [17]. D'autres composés aromatiques, voire polyaromatiques, sont formés aux plus hautes températures en phase gazeuse (550-800 °C) [15, 17, 23, 33]. Enfin, les vapeurs issues des lignines sont très réactives avec le charbon primaire pour former du charbon secondaire, ainsi que CO et CO_2 [34]. Ceci explique que les biomasses très ligneuses forment globalement le plus de charbon.

5.1.2.4 Pyrolyse de la biomasse lignocellulosique

De nombreux auteurs ont étudié la pyrolyse de la biomasse [15, 19, 21] en s'inspirant des travaux menés sur ses constituants majoritaires. Quelques études ont montré que le comportement de la biomasse pouvait, dans certaines conditions, être représenté par une combinaison linéaire du comportement de ces constituants [35-37]. Néanmoins, il est désormais reconnu que cette approche est limitée [38-39] du fait de l'interaction avec plusieurs minéraux présents dans la biomasse (notamment K^+ et Zn^{2+}), qui catalysent notamment la formation des charbons et/ou des gaz, toujours au détriment des rendements en liquides.

Aucun modèle ne peut, à l'heure actuelle, rendre compte chimiquement de la formation de l'ensemble des produits formés étant donné la diversité des compositions des biomasses et le nombre de réactions mises en jeu. Aussi, il est d'usage de définir plus simplement trois classes de produits (charbons, liquides et gaz) et de différencier :

- les **réactions primaires** se déroulant en phase solide, qui consistent en la dépolymérisation des macromolécules en produits intermédiaires très instables qui forment du charbon végétal et des produits volatils qui s'échappent de la matrice solide,
- les **réactions secondaires** de craquage homogène (en phase gazeuse) et hétérogène (au contact du charbon) des vapeurs en gaz permanents voire en d'autres produits solides (coke) selon les conditions.

Malgré ces simplifications, il reste de fortes controverses sur les modèles cinétiques à adopter pour la pyrolyse de la biomasse lignocellulosique. Cependant, des schémas réactionnels globaux de la pyrolyse de la biomasse ont été proposés, dont un des plus complets est illustré en figure 5.2. La notion de « sévérité de la pyrolyse » est à corréler avec la vitesse de chauffage de la biomasse, la température en phase gazeuse et le temps de séjour des vapeurs primaires. L'existence de réactions tertiaires a été avancée pour expliquer la formation des suies et de composés organiques volatils très réfractaires aux plus hautes températures.

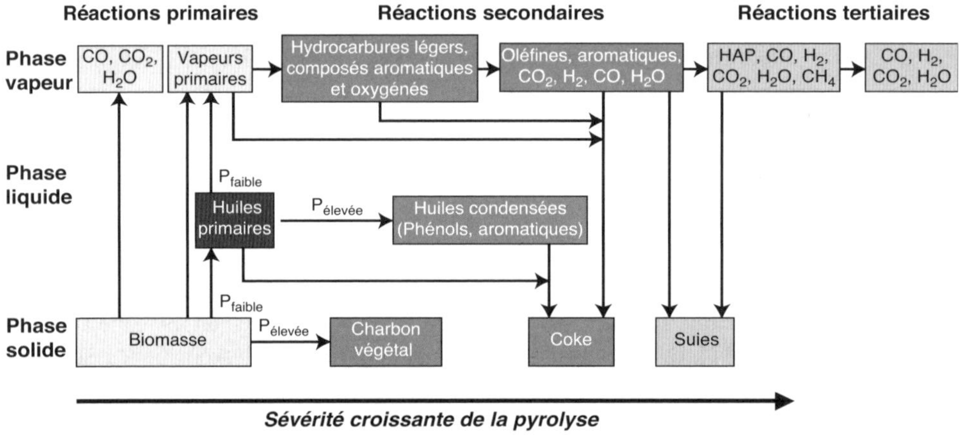

Figure 5.2

Schéma réactionnel global de la pyrolyse du bois [17].

5.1.2.5 Les transferts de chaleur et de matière

La pyrolyse implique une élévation de la température du solide qui requiert un apport de chaleur externe (conduction, convection et/ou rayonnement). Celui-ci provoque, au sein du grain de solide, des gradients de température qui induisent un flux de chaleur interne essentiellement conductif. Ces gradients peuvent être très importants et limitants du fait de la faible conductivité thermique de la biomasse. Il y a donc au sein de la particule un couplage, voire une compétition entre les transferts de chaleur interne à la particule et la réaction chimique qui est légèrement endothermique. Les conditions de chauffage, notamment les modes de transfert thermique externe, et la granulométrie des particules sont les paramètres déterminants dans ces compétitions puisqu'ils conduisent à des vitesses de chauffage plus ou moins rapides de la biomasse et à des orientations de la pyrolyse vers des sélectivités différentes en formation de produits.

Le transfert de matière le plus important concerne les espèces volatiles qui sont produites par pyrolyse au sein du solide et sont transférées vers la surface, essentiellement par convection (gradient de pression). Étant donné que la biomasse et surtout le charbon produit sont suffisamment poreux, le transfert de ces produits volatils ne constitue pas une véritable étape limitante du processus global de pyrolyse. Néanmoins, ce flux de matière peut avoir son importance lorsque les temps de séjour des vapeurs sont suffisants pour provoquer des réactions de craquage homogènes ou hétérogènes dans la couche de charbon.

5.1.3 Les principaux paramètres réactionnels de la pyrolyse

Plusieurs paramètres influent de manière significative sur la composition et la qualité des produits de la réaction.

5.1.3.1 Les flux de chaleur imposés au solide

S'agissant d'une conversion thermochimique de la matière, la température de réaction est un paramètre déterminant dans les procédés de pyrolyse. Néanmoins, du fait des limitations de transfert thermique interne à la particule, cette température de réaction va dépendre non seulement des flux de chaleurs imposés à la particule mais aussi de la granulométrie de celle-ci. Ce sont ces paramètres qui vont déterminer la vitesse de montée en température à l'intérieur du solide et donc la proportion de charbon et vapeurs formés.

Les faibles flux de chaleur conduisent à une lente montée en température du solide qui va favoriser la formation du charbon. Inversement, les hauts flux thermiques vont favoriser une montée rapide en température de la biomasse et donc la formation de vapeurs, mais cette condition n'est pas suffisante. Pour que l'intégralité de la biomasse soit chauffée rapidement, la granulométrie et l'humidité de la particule apparaissent comme des paramètres déterminants.

5.1.3.2 La granulométrie et l'humidité de la matière première

La granulométrie a un impact significatif sur la qualité des produits fabriqués. À l'exception du cas particulier de la pyrolyse ablative, exposé ultérieurement, la production de charbon est favorisée par les granulométries grossières. La raison principale est le transfert interne de la chaleur, déjà évoqué précédemment, qui limite la vitesse de chauffage de la particule. L'autre raison tient à la granulométrie élevée qui constitue une barrière diffusionnelle pour les vapeurs primaires, maintenues dans la matrice solide carbonée à température élevée et qui réagissent pour former des produits secondaires gazeux et solides.

Par conséquent, si la pyrolyse lente peut s'accommoder de morceaux de biomasse de plusieurs centimètres, en revanche la pyrolyse rapide nécessite :

- soit un broyage fin de la matière première (diamètres de particules inférieurs à 5 mm),
- soit l'enlèvement rapide de la couche externe de charbon formé par abrasion (pyrolyse ablative).

La teneur en eau ou humidité de la biomasse peut être importante (jusqu'à 50 % en masse à l'état brut) et extrêmement variable dans le temps. Cette humidité présente plusieurs inconvénients pour la pyrolyse :

- elle affecte négativement le rendement énergétique comme dans toute transformation thermochimique (chaleur latente de vaporisation),
- elle limite les phénomènes de transfert de chaleur et augmente donc le temps de réaction, parfois dans des proportions considérables,
- elle affecte la qualité des produits, notamment celle des liquides obtenus par pyrolyse flash, en diminuant leur pouvoir calorifique et en favorisant la séparation de phases.

Il est donc indispensable d'avoir une matière première relativement sèche. Dans le cas de la pyrolyse rapide, une teneur en eau inférieure à 10-15 % en masse est souhaitable, ce qui nécessite une étape préalable de séchage.

5.1.3.3 La température et le temps de séjour en phase gazeuse

Le temps de séjour des vapeurs de pyrolyse peut être fixé indépendamment de celui du solide en fonction de l'hydrodynamique du réacteur. Il détermine l'avancement des réactions secondaires de craquage pour une température donnée de la phase gazeuse, et donc la proportion des fractions liquide et gazeuse ainsi que la nature des composés condensables. Ainsi, un temps de séjour court des vapeurs primaires de pyrolyse (< 2 s), couplé à une température modérée (< 450 °C), permet de maximiser la production de liquides. À l'inverse, un temps de séjour plus long des vapeurs primaires dans le réacteur, à une température élevée, va favoriser les réactions secondaires, voire tertiaires, de recombinaison et de craquage conduisant à la formation de gaz et de solides (coke et suies).

5.1.3.4 La pression

Moins étudiée que les paramètres précédents, la pression a néanmoins une influence non négligeable sur la sélectivité de la pyrolyse.

Les hautes pressions ont tendance à favoriser la formation du charbon [6-9] au détriment des liquides et gaz. Elles limitent en effet le transfert diffusionnel de vapeurs au sein de la matrice solide et favorisent les réactions secondaires de craquage avec le charbon en cours de formation. Dans les conditions de pyrolyse lente, on peut ainsi obtenir des rendements en solides allant jusqu'à 40 % en masse, à une pression de 10 bar, à qualité de charbon égale. À l'inverse, la pyrolyse dans des conditions de pression faibles (15 kPa) favorise la production d'huiles au détriment du gaz et du charbon [40].

5.1.4 Les procédés de pyrolyse rapide

5.1.4.1 Conditions opératoires requises

Les conditions requises pour augmenter les rendements en liquides [2,13] sont les suivantes :

- utiliser une biomasse de faible humidité,
- imposer à la particule une densité de flux thermique élevée (> 10^5 W/m^2 si possible), en général par l'intermédiaire d'un caloporteur ou d'une paroi chaude,
- réduire la taille des particules (< 5 mm) ou bien éliminer rapidement les produits primaires en surface (pyrolyse ablative),
- contrôler la température de la phase gazeuse entre 400 et 450 °C,
- limiter le temps de séjour des vapeurs de pyrolyse (inférieur à 2 s) à ces températures dans le réacteur, pour minimiser les réactions secondaires, puis refroidir rapidement ces vapeurs.

5.1.4.2 Principe général du procédé

Les étapes principales d'un procédé de pyrolyse sont présentées sur la figure 5.3. Après transport depuis le lieu de collecte, la biomasse est pré-séchée jusqu'à 10 % d'humidité puis broyée plus ou moins finement suivant le procédé, lequel comporte :

- le réacteur de pyrolyse rapide avec contrôle du temps de séjour et de la température,
- un système de séparation de la phase solide et des vapeurs chaudes,
- un système permettant le refroidissement rapide et la condensation des vapeurs et aérosols, et la récupération des huiles de pyrolyse.

Les sous-produits (charbon, gaz) sont généralement utilisés dans les procédés intégrés, comme apport d'énergie pour le chauffage du réacteur, voire le séchage. Dans certains cas, le charbon peut être remélangé aux huiles de pyrolyse sous forme de « slurry » qui est alors le produit valorisé.

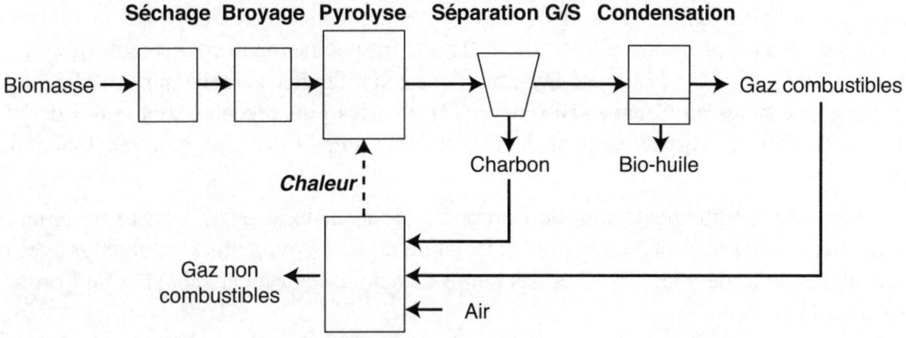

Figure 5.3

Schéma de principe des procédés de pyrolyse rapide.

5.1.4.3 Principales technologies de réacteurs

De nombreux types de réacteurs ont été développés ou adaptés pour répondre aux critères spécifiques de la pyrolyse flash, le principal concernant les fortes densités de flux thermiques requises (500 kW/m^2). Peu de techniques sont capables d'assurer de tels flux à l'échelle industrielle. Les deux modes dominants de transferts thermiques, mis en œuvre en pyrolyse rapide, sont la conduction et la convection, chacun d'eux pouvant être optimisé selon le type de réacteurs.

Il existe de nombreuses synthèses bibliographiques recensant les technologies de pyrolyse flash [13], dont les principales, encore utilisées à ce jour, sont détaillées ci-après. On peut les classer en fonction de l'utilisation ou non d'un caloporteur. Les avantages et inconvénients des différents types de réacteurs sont présentés dans le tableau 5.2, en précisant le mode principal de transfert thermique utilisé.

A. Les lits fluidisés

Le lit fluidisé est constitué d'un matériau de fluidisation inerte chaud (généralement du sable) maintenu en suspension à l'aide d'un courant ascendant de gaz vecteur, le plus inerte possible (recyclage des gaz à l'échelle industrielle) et dans lequel sont introduites les particules de biomasse. On distingue plusieurs régimes de fluidisation qui sont définis, par ordre croissant de la vitesse du gaz, comme étant en lit dense, bouillonnant, circulant et entraîné.

Les lits fluidisés ont l'avantage de permettre de très bons transferts thermiques par convection avec le gaz de transport préchauffé et/ou conduction avec le sable, mais aussi d'avoir une température du lit homogène et contrôlable. Ils sont en outre très utilisés en génie des procédés, robustes, simples dans leur mise en œuvre et facilement extrapolables sans réels verrous technologiques [13]. En revanche, ces procédés présentent certains inconvénients dont les plus importants portent sur les exigences granulométriques de matière première (< 5 mm) et les débits de gaz vecteur élevés qui induisent une forte dilution des vapeurs, imposant ensuite un système important de condensation.

Les lits fluidisés à lits bouillonnants ont été sélectionnés par de nombreuses compagnies pour leur potentiel de développement, sur la base de la technologie RTI, dont le principe est résumé sur la figure 5.4. On peut citer, entre autres, les sociétés Union Fenosa et Wellmann qui ont construit des unités pilotes de 200 kg/h, respectivement en Espagne [41] et au Royaume-Uni [42]. Mais la société Dynamotive est la référence actuelle, puisqu'elle a construit plusieurs unités au Canada (BioTherm^{TM}) dont les plus récentes sont celles de West Lorne et de Guelph, respectivement de 100 et 200 t/jour [43,44], toujours en fonctionnement.

Les meilleurs rendements sont de l'ordre de 75 % sur base sèche à partir de biomasse peu cendreuse mais varient en fonction de la nature de la ressource. Ils sont obtenus avec des températures de lit de 475-500 °C et des temps de séjour des vapeurs chaudes de l'ordre de la seconde [13].

Les réacteurs de type lits fluidisés circulants se distinguent des lits denses par leur hydrodynamique : les vitesses de gaz plus importantes entraînent le sable et le charbon hors du réacteur. Le charbon est brûlé dans un second réacteur et permet de réchauffer le sable avant d'être réinjecté dans le lit. Ces procédés ont été développés à l'échelle pilote et à

Tableau 5.2 Principales caractéristiques des différents types de réacteurs utilisés en pyrolyse rapide.

Réacteurs	Modes de transfert thermique à la biomasse	Avantages/Inconvénients/Caractéristiques	Développeurs
Ablatif	Conduction par contact direct avec les parois chaudes	– Transport des particules solides par fluide gazeux, pas toujours nécessaire. – Abrasion mécanique importante du charbon ; apport d'énergie problématique ; pas de transfert thermique par voie gazeuse. – Conception compacte ; granulométrie importante possible.	CNRS Nancy Université d'Aston NREL Pytech
Lit fluidisé dense	Conduction avec le lit chaud prédominant Convection avec le gaz vecteur préchauffé	– Transfert thermique élevé ; apport énergie directement dans le lit ou dans le gaz de fluidisation ; abrasion limitée du charbon. – Granulométrie limitée de la biomasse (6 mm). – Conception simple des réacteurs.	Union Fenosa Dynamotive RTI Wellman Fortum
Lit fluidisé circulant	Conduction avec le lit chaud avec une plus importante contribution de la convection avec le gaz vecteur préchauffé	– Transfert thermique élevé ; craquage thermique de vapeurs possible ; activité catalytique possible avec le charbon. – Teneurs en particules solides dans les huiles élevées ; charbon et sables à séparer ; granulométrie limitée de la biomasse (6 mm maximum). – Changement d'échelle possible.	Ensyn CRES Fortum
Cône rotatif	Conduction avec le lit de sable chaud prédominant	– Limitation des besoins en gaz vecteur ; bonne intégration énergétique par recyclage et combustion du charbon entraîné avec le sable. – Complexité technologique ; pièces mobiles à haute température ; extrapolation difficile. – Contrôle limité du temps de séjour des vapeurs chaudes.	BTG
Double-vis	Conduction avec le lit de sable chaud prédominant	– Limitation des besoins en gaz vecteur, bons rendements énergétiques – Qualité des huiles incertaine du fait d'un contrôle limité des vapeurs chaudes et d'une pyrolyse plutôt lente – Procédé exclusivement orienté vers la production de « slurries » ; pas encore de démonstration à grande échelle.	FZK
Sous vide	Principalement par rayonnement et conduction	– Granulométrie importante ; faibles concentrations de fines dans les huiles. – Transfert thermique faible ; technologie compliquée ; rendements en huiles plus faibles (< 50 % en masse selon matière première).	Pyrovac

l'échelle commerciale, particulièrement par Ensyn (figure 5.5) qui a fourni une unité de 20 kg/h au VTT en Finlande [46] ainsi qu'une unité de 650 kg/h à ENEL en Italie [47]. Cette technologie est également utilisée dans plusieurs unités commerciales de capacités allant de 1 à 1,5 t/h [48], par des producteurs d'arômes alimentaires tels que Red Arrow aux États-Unis et au Canada.

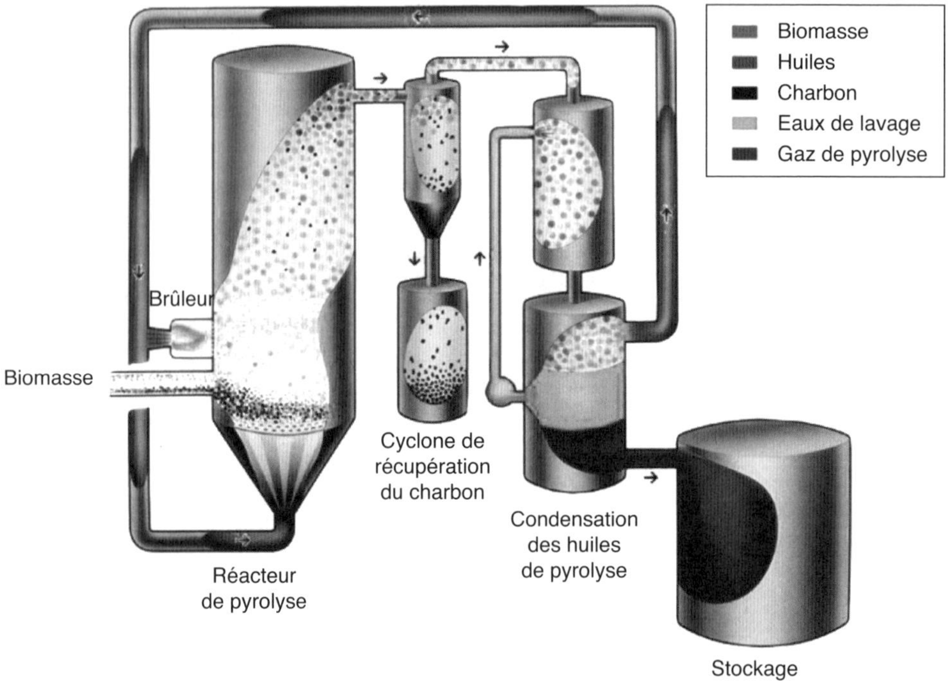

Figure 5.4

Schéma de principe du procédé pilote RTI (Dynamotive/Canada) [45].

Les inconvénients de ce type de procédé, biens connus de l'industrie, sont sa complexité technologique, supérieure au lit fluidisé dense, et le risque d'usure important. Les vitesses de circulation élevées provoquent également une attrition des particules de charbon et même du lit. Les huiles ont donc une teneur élevée en micro-particules solides, lorsque les vapeurs condensables ne sont pas correctement filtrées. Le seul intérêt réel par rapport au lit fluidisé dense est l'extrapolation relativement aisée à de très fortes capacités et la facilité de valorisation du résidu carboné par combustion directe dans le sable caloporteur.

La société Neste Oy a également développé un procédé à lit fluidisé circulant à l'échelle pilote [49].

B. Les lits transportés mécaniquement

a) Cône rotatif

Pour pallier à la problématique du gaz de fluidisation, des procédés ont été mis au point sur le principe d'un transport mécanique. C'est notamment le cas du cône rotatif (rotating cone) mis au point à l'Université de Twente [50] puis développé à l'échelle pilote par la société BTG. La figure 5.6 donne une représentation schématique du réacteur. La biomasse (diamètre < 2 mm) et du sable chaud à 550 °C sont introduits à la base du réacteur conique. Sous l'effet de la force centrifuge générée par la rotation du cône (300 tr/min), les particules

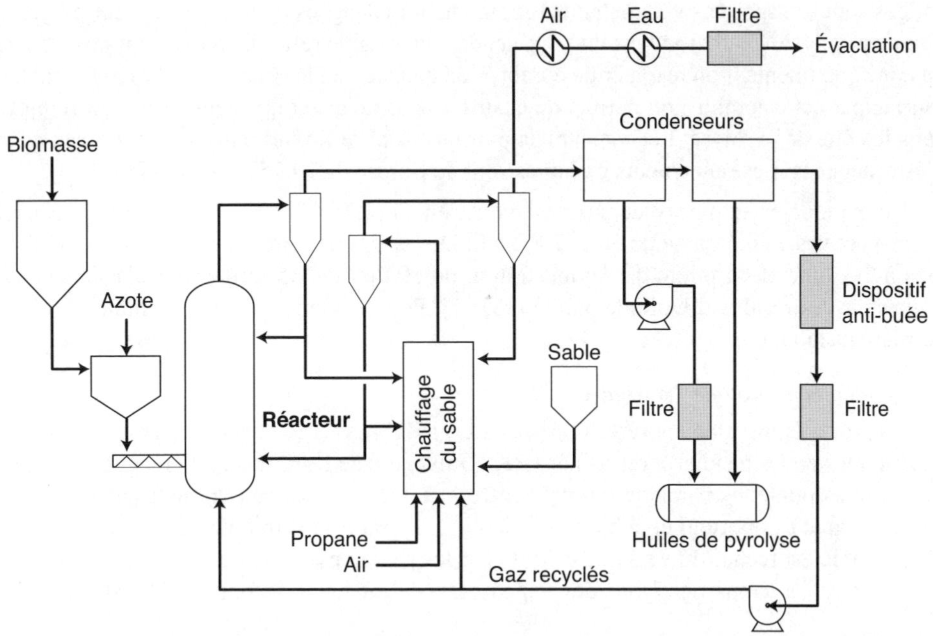

Figure 5.5

Schéma de principe du procédé à lit fluidisé Ensyn [13].

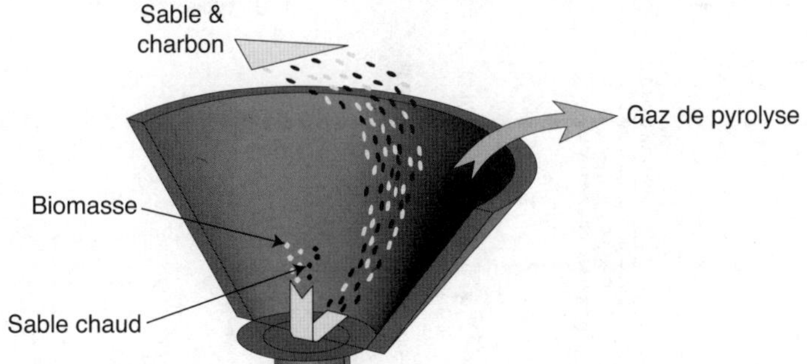

Figure 5.6

Représentation schématique du réacteur de pyrolyse à cône rotatif développé par BTG [52].

solides sont transportées vers le haut et rapidement mélangées pour que se produise la réaction de pyrolyse. Le charbon produit, les cendres et le sable refroidi sont évacués par le haut du cône et alimentent un réacteur de combustion dans lequel le charbon est brûlé. La chaleur fournie par cette combustion permet de chauffer le sable avant que celui-ci ne soit réinjecté dans le cône de pyrolyse. Les vapeurs de pyrolyse sont refroidies dans une tour à eau avant d'être stockées. Les rendements en huiles sont de l'ordre de 70-75 % en masse.

Deux modèles de pyrolyseurs ont été construits, le BTG 50P et le BTG 200P de capacités respectives en biomasse de 50 et 200 kg/h. Des unités de l'ordre de 50 kg/h ont été fournies à la Chine et un pilote de démonstration de 50 t/j a été construit en Malaisie et fonctionne sur des résidus d'huile de palme [13, 51]. Peu de données sont disponibles sur cette dernière installation.

b) Réacteur à double vis (figure 5.7)

Ce procédé, initialement développé par Lurgi-Ruhrgas (LR mixer reactor) pour craquer des bitumes et des résidus et repris par FZK (Université de Karlzruhe, Allemagne), est constitué d'une double vis parallèle tournant entre 1 et 4 tr/s, et assurant un mélange mécanique entre un sable caloporteur et la biomasse Bioliq®. Le ratio sable/biomasse peut varier de 5 à 20. Le sable est réchauffé vers 500-550 °C par les gaz de pyrolyse ou par un apport d'énergie externe. Le temps de séjour des vapeurs est de quelques secondes [53-55]. Le solide

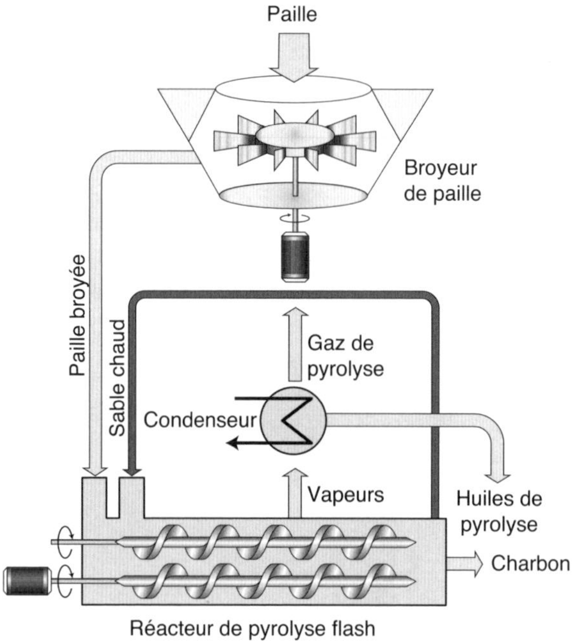

Figure 5.7

Représentation schématique du réacteur de pyrolyse à double vis développé par FZK [53].

résiduel est entraîné avec les vapeurs et séparé dans un cyclone. Les vapeurs sont condensées en 2 étapes, une fraction dense vers 100 °C et une fraction aqueuse vers 20 °C. Un des avantages de ce procédé est d'éliminer le gaz neutre de fluidisation. Par ailleurs, les vis tournant à faible vitesse, les efforts mécaniques et les risques d'usure rapide sont limités. Le principe a été testé avec succès sur de la paille en 2003. Une unité β de 500 kg/h a été dimensionnée de façon à être couplée à un gazéifieur à flux entraîné, mais on manque encore de recul par rapport au potentiel de cette technologie à grande échelle.

Les huiles brutes sont de qualité médiocre car les temps de séjour des vapeurs chaudes sont assez longs. En revanche, la particularité de ce type de procédé consiste à remélanger les huiles de pyrolyse avec le charbon de façon à former un « slurry », ce qui a l'avantage d'augmenter le rendement global de conversion [54-55].

C. Les procédés ablatifs

Le principe de ces procédés est basé sur un transfert thermique par conduction de surface entre la biomasse et les parois chaudes du réacteur. La biomasse est maintenue, par pression, au contact d'une surface chaude en glissement qui permet de littéralement faire fondre cette matière première en dégageant les vapeurs de pyrolyse. Ces dernières sont alors rapidement évacuées de la zone de réaction avant d'être condensées. L'avantage de ce type de réacteur est de pouvoir utiliser des particules de grandes dimensions tout en conservant un excellent transfert de chaleur.

Les travaux exploratoires sur la pyrolyse ablative ont été menés par le CNRS en France sur un disque tournant chaud. Ils ont permis de corréler la vitesse du phénomène d'ablation à la pression exercée entre la particule et la paroi chaude, la température de cette dernière et de sa vitesse relative par rapport à la particule [12]. Ces derniers travaux ont par ailleurs mis en évidence que la pyrolyse flash de biomasse pouvait s'apparenter dans ces conditions à un phénomène de fusion. Par la suite, le NREL (États-Unis) a développé un réacteur ablatif de type vortex [13] dans lequel les particules sont plaquées à grande vitesse. Les pressions tangentielles ainsi générées assurent le contact physique entre la biomasse et la surface chaude du réacteur.

Plus récemment, un réacteur ablatif de 3 kg/h a été développé par l'Université d'Aston, reprenant le principe du disque chaud tournant horizontal (figure 5.8). Une variante a été développée par la société PyTech en collaboration avec l'Université de Hambourg [56, 57]. Le procédé consiste en un disque abrasif chauffé vertical, contre lequel sont pressées des plaquettes forestières par l'intermédiaire de pistons. Les vapeurs sont rapidement soutirées et condensées. Un pilote d'une capacité de 100 kg/h a été construit en 2005 et est en fonctionnement.

Cette solution technologique de pyrolyse rapide présente l'avantage de proposer des systèmes potentiellement plus compacts à haut rendement (entre 60 % et 75 % en masse sur base sèche) et d'éviter l'étape préalable de broyage en fines particules. Néanmoins, ces procédés restent assez complexes du fait de la présence de pièces en mouvement à haute température (600 °C) et leur industrialisation n'a pas été démontrée, du fait des coûts de construction élevés.

Les réacteurs cyclones peuvent également être classés parmi les réacteurs ablatifs. Ce type de procédé est proche du principe du réacteur Vortex. Développé à l'origine par le CNRS en France [58,59], il consiste en un cyclone chauffé sur ses parois, sur lesquelles la biomasse,

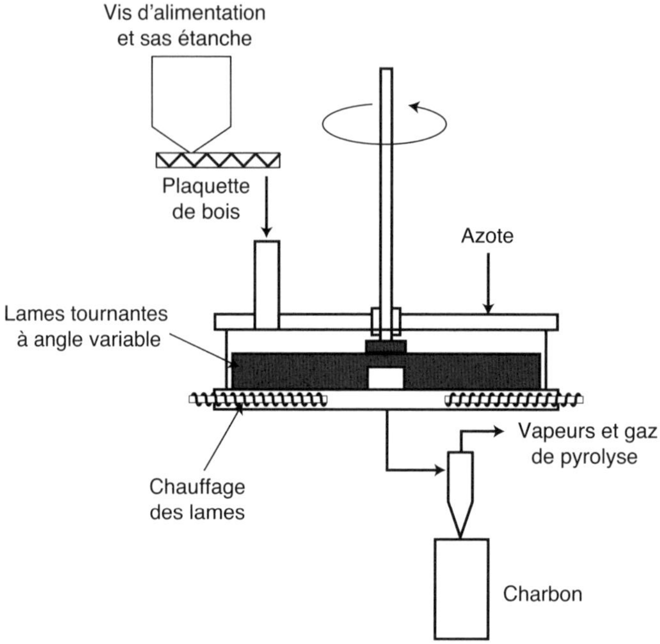

Figure 5.8

Schéma de principe du réacteur de pyrolyse ablatif de l'Université d'Aston [13].

transportée par le gaz vecteur, vient se pyrolyser par contact direct. Son principal intérêt est d'effectuer en même temps la pyrolyse et la séparation du charbon tout en étant compact. Il n'a cependant été étudié qu'à l'échelle laboratoire, mais une variante a été développée à l'échelle pilote par l'Université de Twente (réacteur Pyros), laquelle utilise du sable comme caloporteur et agent abrasif et intègre un système original de filtre haute température intégré à l'enceinte du cyclone qui permet de séparer efficacement les particules [60-61]. Si les rendements et qualités des huiles sont satisfaisants, ce type de procédé présente néanmoins des perspectives limitées d'extrapolation à des unités de taille industrielle. L'usage de sable dégrade la simplicité initiale de la technologie et on se rapproche dans ce cas d'un lit transporté.

D. Les procédés sous vide

Le principe consiste à maintenir l'atmosphère du réacteur à des pressions très faibles, de l'ordre de 15 kPa [13]. Ainsi, même si les vitesses de chauffages sont relativement faibles et correspondent à celles rencontrées dans les procédés de pyrolyse lente, le vide généré dans le procédé permet d'avoir des temps de séjours des vapeurs primaires très courts. Ces vapeurs sont, de ce fait, très rapidement évacuées de la zone réactionnelle, évitant ainsi les réactions secondaires. Un seul procédé de ce type a été développé au Canada. Un pilote de 50 kg/h a initialement été mis en œuvre pour des activités de R&D. Une unité de 3,5 t/j a ensuite été construite au Québec [62]. L'installation est aujourd'hui arrêtée sans avoir réellement été testée. Un schéma de principe du procédé est donné en figure 5.9. Les rendements en huiles, obtenus par ce procédé, sont de l'ordre de 50 % en masse et toujours inférieurs à ceux obtenus par des procédés de pyrolyse rapide.

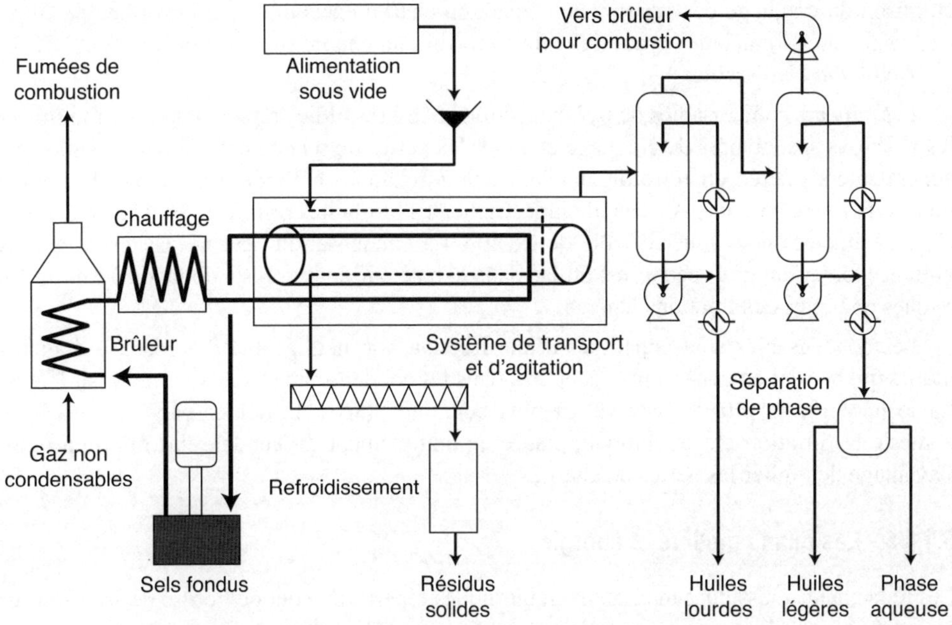

Figure 5.9

Schéma de principe d'un procédé de pyrolyse sous vide [13].

Les avantages d'un tel procédé sont l'utilisation de matières premières de granulométrie importante, l'absence de gaz vecteur pour le traitement de la phase gazeuse et la réduction des concentrations en particules solides dans les huiles. Cependant, la complexité de cette technologie, liée à des transferts thermiques limités, la rend plus difficilement viable lorsque la production d'huile doit être maximisée. Par ailleurs, les huiles sont de qualité médiocre.

5.1.4.4 Les techniques de séparation et de condensation

Les opérations de séparation des particules de charbon et de condensation des huiles sont très importantes pour garantir de bons rendements et surtout une bonne qualité de bio-huiles.

Les cyclones sont la technologie la plus couramment utilisée pour séparer les particules de charbon en sortie du réacteur. Ils sont maintenus à des températures de l'ordre de 400 °C pour éviter aussi bien la condensation que le craquage des vapeurs. Néanmoins, les diamètres de coupure atteints avec les cyclones sont typiquement de l'ordre de quelques microns, impliquant alors l'entraînement de fines particules de charbon dans les bio-huiles. Ces particules sont susceptibles d'accélérer les phénomènes de vieillissement et d'instabilité des huiles. Des procédés de séparation plus fins ont été étudiés sur le principe de la filtration à chaud des vapeurs (*Hot Vapour Filtration*) avec des filtres métalliques ou en céramique. On obtient ainsi des bio-huiles de bonne qualité, avec une teneur en charbon effectivement très réduite [25], mais ce faisant au détriment des rendements en huiles (diminution de 10-15 %) en raison du craquage des vapeurs au contact du charbon accumulé sur la surface du filtre. Les principaux organismes ayant travaillé ou travaillant encore sur ces procédés sont NREL, VTT et *Aston University*.

Les vapeurs condensables de pyrolyse doivent être refroidies rapidement pour minimiser les réactions secondaires de craquage et éviter les pertes de rendement. La condensation est généralement opérée en refroidissant les vapeurs chaudes à l'aide d'un agent de trempe injecté dans une colonne. À l'échelle industrielle, les bio-huiles refroidies sont souvent recyclées et utilisées pour jouer ce rôle de trempe. La condensation peut nécessiter de grands volumes lorsqu'un gaz vecteur est utilisé dans le réacteur de pyrolyse, de façon à limiter les risques de pertes des fractions légères.

Les condensables sont constitués d'une fraction non négligeable d'aérosols submicroniques qui ne sont en général pas récupérés dans les condenseurs et sont entraînés par le gaz. La technologie la plus efficace et la plus courante pour collecter ces aérosols est sans conteste la filtration électrostatique, placée en complément du condenseur, qui a en outre l'avantage de limiter les pertes de charge.

5.1.4.5 Les bilans matière et énergie

Les rendements massiques maximum en bio-huiles répertoriés sont de l'ordre de 70-75 % sur biomasse à 10 % d'humidité. Ces valeurs sont fortement dépendantes du type de réacteur et de la composition initiale de la biomasse, plus particulièrement de sa teneur en composés inorganiques qui favorisent la production de gaz ou de charbon au détriment des rendements en bio-huiles. Ainsi, avec des matières premières plus cendreuses telles que l'écorce et surtout la paille, les rendements en huiles peuvent diminuer jusqu'à 50-55 %, toujours sur base sèche.

D'un point de vue énergétique, le rendement théorique maximum peut être défini comme le rapport du contenu énergétique des huiles à celui de la biomasse. Il est de l'ordre de 70 % pour la pyrolyse flash. Un rendement énergétique plus complet sur l'ensemble du procédé doit prendre en compte l'énergie nécessaire au chauffage du réacteur et au pré-séchage de la biomasse. Bien que peu de données réelles soient disponibles, à partir des travaux réalisés sur les unités existantes, des bilans énergétiques montrent cependant que la combustion des sous-produits (gaz et charbon) permet de rendre le procédé globalement autonome.

5.1.5 Les huiles de pyrolyse (bio-huiles)

5.1.5.1 Composition chimique

Les huiles de pyrolyse se présentent typiquement sous la forme d'un liquide brun foncé teinté de rouge ou vert suivant la nature de la matière première et la présence de particules microscopiques de carbone.

Elles contiennent plusieurs centaines de composés chimiques dans des proportions très variables, depuis des composés à faible poids moléculaire jusqu'à des composés plus complexes à haut poids moléculaire. Dans leur composition, entrent typiquement des acides organiques, des sucres, des alcools, des aldéhydes et des cétones, mais aussi des phénols et des gaïacols, des furanes, des composés méthoxylés, des hydrocarbures mono- et polyaromatiques, ainsi que des hydrocarbures aromatiques azotés. La composition en 12 familles chimiques de 13 huiles issues des procédés de pyrolyse opérationnels à ce jour a été déterminée [63]. On constate une grande variabilité de la composition des huiles, avec pour une même famille des variations pouvant aller de 1 à 5. De même, il est intéressant de signaler que quel que soit le procédé de pyrolyse, lente ou rapide et la matière première, feuillus, culture énergétique ou résineux, toutes les familles chimiques sont représentées. À noter que les composés poly-aromatiques (HAP), très toxiques, sont dans des concentrations très faibles.

Les bio-huiles sont des matrices complexes qui nécessitent généralement des fractionnements préalables et plusieurs techniques analytiques parallèles pour couvrir la large gamme de constituants. Malgré les nets progrès dans les méthodes analytiques, basées pour la plupart sur des méthodes chromatographiques, il reste une proportion non négligeable de constituants non identifiés. Il existe une fraction organique non soluble dans l'eau, appelée lignine pyrolytique, dont la composition est encore mal connue mais dont la structure laisse penser qu'elle proviendrait de la lignine partiellement convertie. La connaissance intégrale de leur composition reste donc à parfaire.

5.1.5.2 Les caractéristiques physico-chimiques et les qualités des huiles de pyrolyse

Étant donné la complexité chimique des huiles, il est courant d'en déterminer les plus importantes propriétés physico-chimiques, dont la connaissance est nécessaire pour l'usage potentiel de ces produits. Celles-ci représentent de bons critères de comparaison avec les combustibles traditionnels. Les principales propriétés d'une huile produite à partir de bois sont résumées dans le tableau 5.3.

Les bio-huiles ont une composition élémentaire proche de la celle de la biomasse. Elles se caractérisent par une forte teneur en oxygène, contrairement aux combustibles liquides classiques tels que le gazole. Cette teneur en oxygène total des huiles est due à la fois à la présence d'eau et des composés oxygénés organiques.

Le pouvoir calorifique est logiquement comparable à celui du bois sec, étant donné la proximité de leurs compositions élémentaires. En revanche, il est faible, comparativement à celui des combustibles fossiles, du fait du relativement faible rapport C/O.

La masse volumique des huiles, d'environ 1,2 kg/litre, est très élevée comparée à celle des combustibles liquides classiques. Cette particularité, ajoutée à leur pouvoir calorifique, confirme que les huiles permettent de densifier le contenu énergétique de la biomasse. Il faut noter que cette propriété a par ailleurs des conséquences directes sur la conception des équipements nécessaires à l'utilisation de ces combustibles, et en particulier des pompes.

Les huiles de pyrolyse se caractérisent par leur teneur importante en eau, qui peut varier de 15 à 30 %. Elles forment, dans ces proportions, une phase liquide stable et homogène. Au-delà de 30 %, une séparation de phases est généralement constatée [2, 13]. Ainsi, ce liquide n'est complètement miscible ni avec l'eau, ni avec des carburants dérivés du pétrole.

Tableau 5.3 Caractéristiques des huiles de pyrolyse, comparées à celles des carburants conventionnels.

		Biomasse	**Huiles de pyrolyse**	**Gazole**	**Fioul lourd**
Masse volumique	Kg/m^3 à 15 °C	550	1 220	850	960
Composition	% C	50	48,5	86,3	86,1
	% H	6	6,4	12,8	11,8
	% O	44	42,5	–	–
	% S	–	–	0,9	2,1
Viscosité	cSt à 50 °C		13	2,5	350
Point d'éclair	°C		66	70	100
Point de congélation	°C		– 27	– 20	21
Cendres	% en masse	< 5	0,13	< 0,01	0,03
Soufre	% en masse	–	0	0,15	2,5
Eau	% en masse	20-60	20,5	0,1	0,1
PCI	MJ/kg	18	17,5	42,9	40,7
Acidité	pH	–	3	–	–

La viscosité des combustibles liquides est un facteur important dans la plupart des applications qui nécessitent des opérations de pompage. Celle des huiles de pyrolyse peut varier de 25 cSt jusqu'à plus de 1 000 cSt, selon la teneur en eau, la quantité de composés légers et le temps de stockage de l'huile.

La teneur en cendres ou en matières solides en suspension (fines particules de charbon ou de sable), que l'on retrouve dans les huiles en proportions variables selon le type de procédé, constitue indiscutablement une des plus fortes contraintes pour leur utilisation directe, s'ajoutant à des problèmes de corrosion, notamment. Ces matières en suspension ont également un rôle catalytique et, selon leurs natures, elles affectent la stabilité des huiles en provoquant leur polymérisation. Des filtres céramiques hautes températures semblent donner de bons résultats pour la filtration des particules, mais au détriment du rendement en huile.

Par ailleurs, après avoir été collectées, les huiles de pyrolyse ne peuvent plus être vaporisées. En effet, au-delà de 80 °C, elles forment rapidement un résidu solide carboné d'environ 50 % en masse et un distillat contenant des produits primaires et secondaires en plus de l'eau. Cette instabilité thermique rend impossible toute opération de distillation sur les huiles. Ces dernières sont, en outre, photo et thermolabiles.

5.1.5.3 Environnement et sécurité

La perspective d'une production à grosse échelle de bio-huiles implique qu'elles devront répondre aux normes en vigueur relatives à l'environnement et à la santé, notamment en vue de leur manutention, transport ou stockage. Il est donc important de relever l'influence des huiles sur la flore et la faune, sa toxicité ainsi que sa durée de vie.

Différents tests de toxicologie ont été réalisés dans le cadre du projet européen BIOTOX : éco-toxicité, toxicité et biodégradabilité [63-64]. Les résultats des tests montrent que, quels que soient le procédé de production et la matière première, les huiles :

- ne sont pas toxiques par ingestion (tests sur animaux),
- ont une concentration en polyaromatiques (HAP), cancérogènes, inférieure à 10 ppm,
- ne présentent pas d'éco-toxicité pour la faune et la flore ; pour la flore, il a été relevé un effet fertilisant à faible concentration, inhibiteur à haute concentration, mais il n'a pu être déterminé si ce dernier effet était dû à un effet toxique des huiles,
- possèdent une meilleure biodégradabilité que les hydrocarbures lourds (indice compris entre 32 et 50 %, contre 24 %),
- ont un effet mutagène : pour chaque huile, au moins une souche de bactéries sur les cinq testées est positive au test selon les réglementations internationales.

L'étude a montré que les huiles sont aptes au transport, voire bénéficient d'un comportement environnemental moyen en cas d'incident, notamment en ce qui concerne leur biodégradabilité. Suite à cette étude, les conditions de sécurité pour la manutention et le transport ont été définies. Des fiches MSDS ont notamment été produites. Bien que les huiles soient non explosives, leur transport requiert une classification comme produit dangereux, justifiée par la présence, même en faibles quantités, de produits volatils. Une démarche de normalisation a donc été entreprise de façon à référencer les bio-huiles comme produit spécifique et renforcer les moyens de contrôle de leur qualité.

5.1.6 Les voies possibles d'utilisation des huiles de pyrolyse

Au cours des vingt dernières années, plusieurs laboratoires et sociétés dans le monde ont étudié différentes utilisations potentielles des huiles de pyrolyse. La majorité de ces études ont été menées à l'échelle pilote pour trois applications principales : comme combustible dans les chaudières et les turbines à gaz, comme carburant dans les moteurs Diesel et comme intermédiaire de production de biocarburants. La voie de valorisation chimique a également motivé de nombreuses recherches à l'échelle de démonstration, voire commerciale. Cette dernière voie ne sera cependant pas abordée dans ce chapitre.

5.1.6.1 La combustion dans les foyers de chaudières

Les chaudières de petite puissance sont très répandues pour la production de chaleur et d'électricité à usage domestique ou industriel. Bien que moins efficaces que les moteurs et turbines, elles ont l'avantage de pouvoir être alimentées par une gamme très large de combustibles solides et liquides, notamment de type fioul domestique ou fioul lourd.

Les essais menés sur la combustion en chaudière des huiles de pyrolyse ont mis en évidence certains points critiques qui portent généralement sur la viscosité des huiles, leur acidité et leur instabilité. Cela se traduit principalement par des difficultés de manutention, de conception des atomiseurs, du comportement à l'allumage, de la stabilité de la flamme ainsi que par la présence de polluants à l'émission dans les fumées de combustion. Ainsi, à l'inverse du fioul domestique, l'utilisation des huiles de pyrolyse nécessite un préchauffage de la ligne d'alimentation, et ceci jusqu'au réservoir de stockage, afin de diminuer leur viscosité. La température de préchauffage est comprise entre 40 et 90 °C suivant les brûleurs employés et reste limitée pour empêcher la dégradation par polymérisation des huiles.

Les problèmes d'encrassement des lignes et des systèmes d'atomisation ont été résolus par des innovations techniques comme l'emploi de filtres à particules, l'agrandissement du diamètre des trous d'atomisation, l'ajout de solvant tel que l'éthanol, l'emploi de mélange comburant air/vapeur [65] ou l'utilisation d'atomiseur fonctionnant sous pression (entre 5 et 10 bar) [66]. Cette dernière solution semble être la plus prometteuse en raison de sa simplicité d'utilisation et de son faible coût.

L'acidité des huiles, enfin, nécessite la conception de certains éléments en acier inoxydable (pompes, atomiseurs...) pour éviter des phénomènes de corrosion.

En ce qui concerne les modes de fonctionnement des chaudières, aucune modification n'est à noter en régime établi par rapport à une chaudière fonctionnant avec un combustible conventionnel. Pour les phases d'allumage et d'arrêt des chaudières quelques précautions doivent être prises tels qu'un préchauffage initial de l'installation pour permettre l'auto allumage des huiles de pyrolyse dans la chambre de combustion, ou la purge des circuits d'alimentation en huiles en phase d'arrêt (classiquement par injection d'éthanol) afin d'éviter tout phénomène de cokéfaction qui se traduirait par l'encrassement des atomiseurs, et par la présence de particules carbonées solides dans les fumées.

Enfin, au niveau des émissions polluantes, il ressort que les émissions en NO_X, comprises entre 140 et 300 ppm, occasionnées par la combustion des huiles de pyrolyse sont généralement inférieures à celles obtenues par des carburants conventionnels. La température de flamme plus faible et la présence d'oxygène dans les huiles de pyrolyse sont deux éléments qui pourraient expliquer cette diminution des teneurs en NO_X. Les teneurs en CO sont, quant à elles, généralement supérieures à celles obtenues avec des combustibles conventionnels mais restent compatibles avec les réglementations en vigueur ; elles sont comprises entre 30 et 50 ppm.

5.1.6.2 L'utilisation directe dans les moteurs Diesel et Stirling

Les moteurs Diesel constituent une voie plus intéressante pour la production d'électricité que celle utilisant le cycle vapeur, les rendements de production étant plus élevés (jusqu'à 45 %). Toutefois, les spécifications portant sur la qualité des combustibles sont plus contraignantes et sont variables en fonction des contraintes des moteurs.

L'utilisation des huiles pour ces applications est techniquement faisable mais elle présente certains problèmes propres à la nature particulière de ce combustible [67, 68]. Ainsi, la corrosion des systèmes en contact avec les huiles tels que pompes et injecteurs a rapidement été identifiée comme problématique. Parallèlement, des réactions de cokéfaction des huiles dans les circuits d'alimentation occasionnent des problèmes non résolus d'obstruction périodique des injecteurs. Plus spécifiquement, les moteurs fonctionnant à haut régime nécessitent des vitesses d'auto-allumage élevées non compatibles avec les huiles de pyrolyse. L'ajout d'additifs coûteux, améliorant l'indice de cétane, s'est avéré nécessaire pour ce type d'applications.

Dans des travaux plus récents [69] où les mêmes problèmes sont apparus en termes de corrosion, le moteur a développé une efficacité thermique moyenne de 35 %, comparable pour tous les carburants testés. L'auto-inflammation a été améliorée en préchauffant l'air à une température d'au moins 55 °C. Cette température doit être portée à 130 °C si l'on désire atteindre des caractéristiques d'auto allumage identiques à celles du gazole.

Enfin, en termes d'émission de polluants, les analyses réalisées sur les fumées indiquent des teneurs en particules, hydrocarbures totaux, CO et NO_x, toujours supérieures aux valeurs obtenues avec le gazole conventionnel. Mais la filtration haute température des huiles permet d'améliorer sensiblement les caractéristiques de combustion (réduction du délai d'inflammation et de la cokéfaction) du fait de la réduction des masses moléculaires [69].

Plus récemment, des essais ont été conduits en Allemagne sur des moteurs Stirling dans une unité CHP de 25 kW, démontrant que les émissions étaient compatibles avec les standards de l'époque. Les rendements électriques et thermiques restent perfectibles (50-60 %) [70].

5.1.6.3 La combustion dans les turbines à gaz

Les turbines à gaz sont utilisées pour une gamme très large d'applications, les 2 principales étant la génération industrielle d'électricité et l'aéronautique. La combustion des huiles de pyrolyse dans des turbines à gaz a été étudiée à différentes échelles sur des turbines de puissances respectives de 40 KWe, normalement alimentées en kérosène, et de 2,5 MWe, normalement alimentées en gazole [71].

Dans les deux cas, la formation de dépôts sur la surface des chambres de combustion et des teneurs élevées de particules dans les fumées traduisent la difficulté d'utilisation des huiles dans une turbine à gaz. Des modifications sont nécessaires sur les turbines de façon à limiter ces effets ainsi que les problèmes de corrosion acide ou alcaline.

Orenda Aerospace Corporation (Canada) affiche la meilleure expérience sur des turbines de grosses puissances, avec une technologie acceptant des qualités limitées de combustibles. Cette société a noué un partenariat avec Dynamotive pour faire fonctionner une unité de 2,5 MWe à partir des huiles produites à West Lorne [72].

5.1.6.4 L'utilisation indirecte dans la filière biocarburants

L'opportunité offerte par la pyrolyse rapide de convertir, avec un rendement énergétique plutôt favorable, des solides hétérogènes en un liquide homogène et facilement transportable, a indiscutablement constitué le facteur le plus déterminant, à l'origine des travaux des années 1980 sur cette technologie. Elle permettait, en effet, d'entrevoir une solution technique intéressante à la substitution de produits pétroliers par de la biomasse lignocellulosique dans le secteur des transports.

Il existe deux voies possibles pour produire, à partir des huiles de pyrolyse, des carburants utilisables dans le secteur des transports : l'hydrocraquage ou la gazéification suivie d'une synthèse de type Fischer-Tropsch ou méthanol.

A. Les procédés d'hydrocraquage catalytiques

Ces procédés ont pour objectif d'éliminer complètement ou partiellement l'oxygène contenu dans les huiles de pyrolyse qui est la cause de nombreuses caractéristiques indésirables, à commencer par l'instabilité chimique. Ces traitements fournissent des résultats très significatifs allant de la stabilisation des huiles à l'élaboration de carburants de haute qualité [73]. Les traitements chimiques et catalytiques de désoxygénation complète des huiles de pyrolyse, pour la production de carburants utilisables dans le secteur des transports, ont été étudiés depuis les années 1980.

L'hydrotraitement s'effectue par une opération thermique à haute température, à haute pression d'hydrogène et en présence de catalyseurs. Il en résulte l'élimination complète de l'oxygène contenu dans les huiles et l'hydrogénation/hydrocraquage des molécules les plus lourdes avec production de vapeur d'eau. Les conditions opératoires et les catalyseurs utilisés sont généralement identiques à ceux employés dans le raffinage des coupes pétrolières (Co/Mo ou Ni/Mo, soufrés sur support alumine). Néanmoins, en raison de risques de polymérisation, un hydrotraitement modéré est préalablement effectué à faible température (250 °C) avant l'hydrotraitement en soi (450 °C) [74].

Le craquage catalytique en phase vapeur permet, quant à lui, une désoxygénation par déshydratation et par décarboxylation à l'aide de catalyseurs de type zéolites. À 450 °C et à pression atmosphérique, il en résulte la production majoritaire d'hydrocarbures et de gaz comme CO et CO_2 et de la vapeur d'eau [75]. Si la faisabilité technique de cette voie de traitement n'a pas encore été entièrement démontrée, le faible rapport molaire H/C dans des huiles impose une limitation des rendements de conversion. Dans tous les cas, la désactivation rapide des catalyseurs a des conséquences sur le coût de traitement des huiles, ce qui rend ces filières peu compétitives par rapport à l'utilisation de carburants pétroliers [76].

Au regard des difficultés rencontrées dans les procédés de désoxygénation complète des huiles, une seconde approche consiste en un traitement partiel afin d'aboutir à la stabilité chimique des huiles, permettant alors leur transport puis l'alimentation des moteurs à combustion interne. Dans ces conditions, l'hydrotraitement est effectué dans des conditions opératoires plus douces puisque seule l'hydrogénation des doubles liaisons carbone est réalisée. L'oxygène peut être éliminé partiellement des huiles lors du traitement thermique. L'utilisation de catalyseurs à base de charbons actifs permet de réduire de façon sélective les dépôts de coke [77].

Des performances intéressantes ont également été obtenues avec des catalyseurs au palladium dans des conditions opératoires douces (pression en hydrogène faible, inférieure à 0,3 MPa) [75]. Le craquage en phase vapeur a également été étudié dans ces conditions avec notamment l'emploi de catalyseurs de type zéolites sous forme basique, au lieu des formes acides, et avec injection de vapeur. Les résultats obtenus ont mis en évidence une désoxygénation partielle des huiles et une augmentation du rendement en produits hydrocarbonés [78].

D'autres voies de production de carburants hydrocarbonés sont à l'étude à partir des huiles de pyrolyse comme le traitement catalytique en réacteur à lit fixe rempli de K_2SO_4 sur alumine pour la production d'éthers acryliques méthyliques (MAE). Ces produits pourraient être employés dans les carburants pour l'amélioration de l'indice d'octane [79].

B. La gazéification des huiles (voire de slurries)

C'est l'autre voie possible pour la production d'un gaz de synthèse composé principalement d'hydrogène et de monoxyde de carbone (voir 5.3), ces gaz pouvant servir de réactifs pour la synthèse par voie catalytique de méthanol ou de biocarburants semblables au gazole, via la synthèse Fischer-Tropsch (voir 5.4). Cette voie est dérivée de la voie BTL par gazéification directe de la biomasse.

Le passage par un intermédiaire liquide pour la mise en œuvre industrielle de cette filière de biocarburants se justifie surtout par les quantités de ressources nécessaires à la rentabilisation économique (de l'ordre de 2 à 3 Mt de biomasse par an) de la voie Fischer-Tropsch. Dès lors, le recours à un approvisionnement très diversifié paraît inéluctable et pourrait nécessiter une étape de pré-conditionnement et d'homogénéisation de cette biomasse avant sa conversion.

Outre les avantages en termes d'approvisionnement et de densification énergétique déjà abordés, la pyrolyse flash pourrait permettre de s'affranchir de difficultés technologiques propres à la gazéification directe (voir 5.3) : alimentation des gazéifieurs par une charge facilement pulvérisable, dans une enceinte sous pression, et sous forme d'un produit plus standardisé et plus souple de mise en œuvre, selon des spécifications techniques relativement précises définies par le marché et le procédé de conversion mis en œuvre.

Conclusion

Aujourd'hui, la grande majorité des unités de pyrolyse flash en fonctionnement sont des unités de R&D, avec quelques autres à un stade de démonstration, pré-commercial. Les informations disponibles sur ces installations et leurs réelles performances sont peu ou pas accessibles.

La pyrolyse rapide présente deux avantages principaux par rapport aux autres voies de conversion thermochimique de la biomasse. Le premier, le plus important, concerne le découplage possible entre la production et l'utilisation. En effet, il est possible d'implanter une unité de production d'huile dans une zone où la ressource est abondante afin de minimiser les coûts de transport de la matière première et de bénéficier de l'effet d'échelle sur les investissements liés à l'unité de transformation des huiles en biocarburants.

Le deuxième avantage concerne la versatilité de la technologie qui, selon les conditions opératoires, permet d'orienter la réaction vers le liquide, le solide ou le gaz et ainsi de séparer ou de concentrer des fractions indésirables (matières minérales) dans une des phases.

Au niveau technologique, les procédés qui sont proposés par quelques fournisseurs ont atteint un niveau de maturité satisfaisant et très proche les uns des autres en termes de rendement et de qualité d'huile. Si le nombre de réalisations reste encore faible dans le monde, notamment en ce qui concerne les installations industrielles, le procédé en lui-même n'est pas en cause. Le manque de débouchés pour les huiles, ayant une grande hétérogénéité, limite le nombre d'unités de démonstration.

En termes d'applications, les premiers essais réalisés sur des moteurs pour la génération d'électricité ont montré que, moyennant des modifications mineures, ces derniers étaient susceptibles de fonctionner convenablement avec des huiles de pyrolyse. Cette application est certainement la plus prometteuse pour la pyrolyse. L'utilisation de ces huiles en turbine à gaz est plus limitée au regard du niveau technologique actuel.

Les problèmes qui restent à résoudre pour une application directe des huiles sont encore nombreux et sont liés essentiellement à leurs caractéristiques physico-chimiques et à la variabilité de leur composition en fonction des types de procédés et des matières premières employées. Les perspectives d'aboutir à une maîtrise suffisamment fine de la mise en œuvre, pour orienter la réaction vers une composition définie sont, à notre sens, extrêmement faibles. De même, la fraction solide contenue dans les huiles (sable de fluidisation, cendres et fines de charbon) est encore problématique pour toutes applications énergétiques.

La co-valorisation chimique, qui est souvent présentée comme la solution devant permettre de rentabiliser les installations, grâce à la forte valeur ajoutée escomptable sur certaines molécules, est à relativiser. En effet, d'une part, les marchés concernés sont des marchés de niche et une seule installation serait en mesure de saturer le marché mondial, du moins à des niveaux de prix attractifs. Ensuite, ce marché est déjà, pour une part, satisfait par des procédés plus conventionnels. Enfin, parce que le caractère thermolabile des huiles se prête mal à la distillation, à moins de conduire à une utilisation immédiate, la pyrolyse perd dans ce cas ses atouts majeurs.

L'option qui semble la plus prometteuse concerne la gazéification des huiles et/ou du charbon végétal pour la production d'un gaz de synthèse converti ensuite en méthanol ou en hydrocarbures par synthèse Fischer-Tropsch. La qualité telle que définie jusqu'alors (composition chimique stable et homogène, reproductibilité...) devient secondaire par rapport aux rendements de conversion. L'objectif principal consiste alors, à partir d'un potentiel diversifié en différents types de biomasse, y compris les déchets, à approvisionner une unité centralisée de gazéification avec une matière première aux propriétés physiques bien repérées.

5.2 LA TORRÉFACTION

5.2.1 Les enjeux de la torréfaction

La plupart des technologies prometteuses de transformation thermochimique de la biomasse en vue d'applications avancées comme la production de biocarburants ou d'hydrogène nécessitent généralement une alimentation en produits finement divisés, ce qui ne pose pas de problème particulier dans le cas du charbon (80 µm) ou dans le cas de liquide pulvérisable. Dans le cas de la biomasse, la structure fibreuse et élastique du matériau complique l'atomisation du produit ; un broyage direct submicronique est possible mais extrêmement coûteux en énergie. De plus, les particules obtenues présentent une faible sphéricité (forme globalement allongée), ce qui rend leur fluidisation difficile et complique alors l'injection de la biomasse par voie sèche dans un gazéifieur à flux entraîné.

Des solutions optimisées doivent être recherchées pour permettre une préparation de la biomasse, en facilitant sa division pour l'obtention d'une poudre fine, homogène et facilement fluidisable et en augmentant sa concentration énergétique.

Parmi les techniques de préparation envisagées, la torréfaction a été peu explorée depuis des études menées dans les années 1970, mais elle présente des caractéristiques intéressantes qui pourraient en faire la solution de référence. En effet, la torréfaction :

- est un procédé thermique doux (entre 200 et 300 °C) sous atmosphère inerte (azote, CO_2, vapeur d'eau, gaz de torréfaction) ne nécessitant pas de développements technologiques complexes et d'apports énergétiques importants (séchage poussé), inconvénients de la pyrolyse rapide,

– produit presque exclusivement du solide avec une perte masse et une perte énergétique limitées (rendements massiques et énergétiques supérieurs, évoluant entre 78-95 % et 83-97 %, en fonction des températures et des temps de séjour). Il n'est donc pas utile de gérer la production du gaz pour limiter les pertes en matières, un des inconvénients de la pyrolyse lente,
– produit un solide facilement broyable du fait de la forte chute de ses propriétés mécaniques (frein majeur au développement de son application dans le domaine du bois d'œuvre), à teneur en humidité faible et contrôlée car le produit est hydrophobe,
– est un traitement qui dégrade partiellement les fibres de la biomasse lignocellulosique (principalement à cause de la décomposition des hémicelluloses). La poudre obtenue après broyage présente un caractère fibreux moins marqué et une granulométrie plus fine que les poudres de bois non traité, ce qui améliore le comportement à la fluidisation.

Cependant, le procédé de torréfaction n'a pas que des avantages. En effet, il ne modifie pas fondamentalement la composition de la biomasse ; par rapport à la pyrolyse, il homogénéise dans une moindre mesure les produits, l'hétérogénéité des sources d'approvisionnement étant probablement partiellement conservée.

La concentration massique énergétique subie par la ressource est de l'ordre de 10 à 20 %, voire 30 %, inférieure au cas des huiles de pyrolyse rapide. L'effet d'une décentralisation possible existe donc dans une moindre mesure. Cependant, la faible résistance mécanique du produit peut être éventuellement mise à profit pour envisager sa densification via la production de granulés à faible coût énergétique et donc envisager son transport sur de plus grandes distances et retrouver les avantages du découplage.

Si la torréfaction n'est pas en soi un procédé nouveau et a fait l'objet de nombreuses études dans le passé, c'est l'application finale visée, à savoir un mode de préparation simple et énergétiquement intéressant, permettant d'injecter tous types de biomasses dans les procédés de co-combustion ou de gazéification en pression, qui doit favoriser son développement. La plupart des recherches menées aujourd'hui ont surtout pour objectif d'accroître le périmètre d'utilisation des biomasses lignocellulosiques [84] par le développement d'une chaîne de préparation de la biomasse par torréfaction, suivie d'un broyage et d'une densification éventuelle, avant l'injection du produit dans un réacteur de gazéification par exemple [85].

5.2.2 Les mécanismes fondamentaux de la torréfaction

La torréfaction de la biomasse est une pyrolyse ménagée, qui s'effectue dans un intervalle de températures comprises entre 200 et 300 °C, avec pour objectif de produire un combustible présentant de meilleures caractéristiques énergétiques. Ce traitement est caractérisé par une absence partielle ou totale d'agents oxydants tel que l'oxygène de l'air et correspond à une phase initiale de la pyrolyse qui vise à produire un combustible solide. Le facteur qui différencie la torréfaction de la carbonisation vient du caractère globalement endothermique des réactions qui apparaissent pour des températures inférieures à 300 ºC. Au-delà, les réactions deviennent exothermiques pour aboutir à la formation de charbon. Ainsi, le bois torréfié est un produit intermédiaire entre le bois anhydre et le charbon. Durant la torréfaction, des modifications chimiques, notamment des liaisons intermoléculaires (pontages chimiques entre les constituants du bois, réticulation de la matière lignocellulosique), confèrent au matériau une meilleure stabilité dimensionnelle, au détriment de ses propriétés mécaniques, dont sa résilience. La perte de masse peut atteindre 30 à 40 % sous forme d'émissions gazeuses (vapeur d'eau et composés organiques volatils) représentant une perte du contenu énergétique initial de 10 %.

Les principaux phénomènes physico-chimiques, qui ont lieu durant la torréfaction, sont reportés dans la figure 5.10.

Pour chacun des composés, la zone (A) représente la phase de séchage. Lorsqu'on augmente la température, on déplace les réactions vers les zones (C) et (D) qui représentent respectivement les phases de dépolymérisation/recondensation et de dévolatilisation/carbonisation des polymères formés précédemment. La zone (E), qui peut être assimilée au début de la pyrolyse lente, correspond à une intense dévolatilisation et à la carbonisation des composés formés en (D). Les propriétés des lignines, et en particulier la température de transition

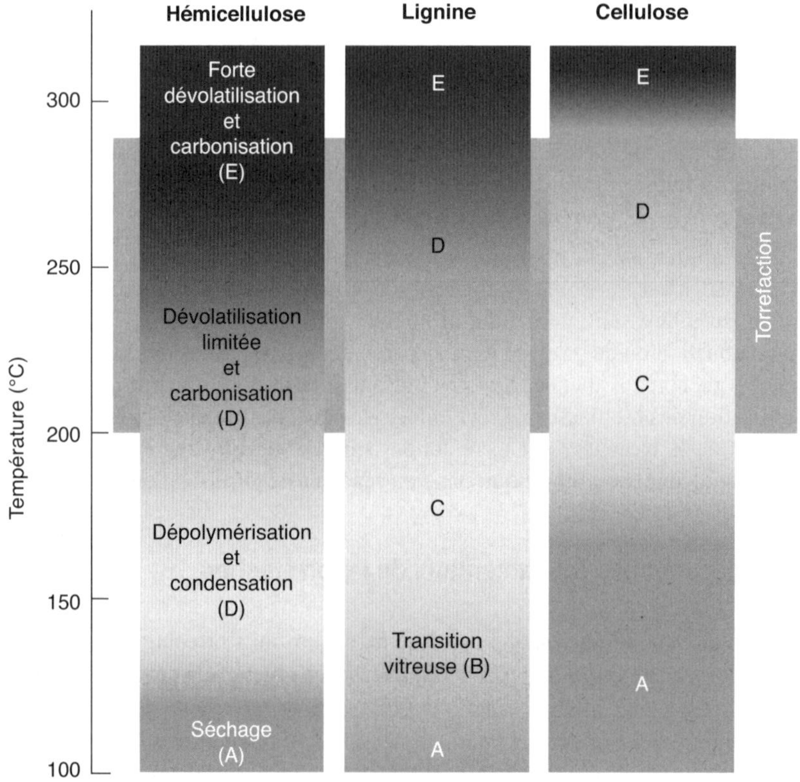

Figure 5.10

Phénomènes physico-chimiques intervenant durant le traitement thermique de torréfaction [86].

vitreuse, seraient proportionnellement corrélées à leur degré de condensation, les phases de transition fluctuant entre 170 et 190 °C dans la zone (B) [87]. En général, les hémicelluloses sont les polymères les plus réactifs, suivis par les lignines et la cellulose [88].

Les travaux portant sur la modélisation de la torréfaction du bois sont plus rares que ceux sur la pyrolyse et donnent des résultats mitigés ([89]-[92]). Généralement développés pour prédire le comportement global du bois, ces modèles ne permettent pas de décrire de façon précise les mécanismes réactionnels et l'évolution des principaux constituants du bois durant la pyrolyse basse température, à l'exception du modèle de Rousset *et al.* [93].

5.2.3 Les procédés

Le bois torréfié a, tout d'abord, été envisagé comme substitut au charbon de bois. Les recherches se sont accélérées de façon plus marquée pour une utilisation bois d'œuvre depuis les années 1985-1990, surtout en France, en Finlande et aux Pays-Bas, où elles ont donné naissance à une nouvelle famille de technologies : procédé ThermoWood® (VTT, Finlande), procédé Plato® (Plato International BV, Pays-Bas), procédé OHT (Oil Heat Treatment) (Menz Holz GmbH, Allemagne), procédé de rétification® (New Option Wood SA, France), procédé Perdure® (PCI Industries inc., Québec), procédé Prodéo (Avenches, CH), etc.

Si, à ce jour, les propriétés des bois traités à haute température dans des fours pilotes de petites dimensions sont relativement bien connues, nous pouvons nous interroger sur les caractéristiques réelles des bois traités dans les fours industriels. En effet, suite à la multiplication des projets de traitement thermique et à leur développement industriel, toutes les sociétés nouvellement créées et impliquées dans ce domaine se sont trouvées confrontées à de nombreux problèmes techniques liés à la reproductibilité et à l'homogénéité du traitement en tout point de la charge traitée. Entre la définition des conditions opératoires optimales et le procédé industriel, les sauts technologiques ont souvent été mal appréhendés. En dépit de plusieurs études disponibles, il reste difficile de garantir le gain sur les propriétés recherchées et de mettre en vis-à-vis les pertes sur les qualités que l'on voudrait préserver. Ce constat montre que des études fondamentales sont encore nécessaires pour appréhender précisément les traitements adéquats.

Les procédés industriels pour la production de biomasse torréfiée à finalité énergétique sont quasi inexistants ou du moins non disponibles commercialement. Depuis le regain d'intérêt suscité par l'enjeu du pré-conditionnement en vue d'une combustion et/ou d'une gazéification, de nouveaux concepts sont apparus mais n'ont jamais dépassé le stade du pilote de démonstration [94].

Durant les années 1980, une usine de démonstration a été construite et mise en opération par la compagnie Pechiney. L'usine utilisait du bois susceptible d'être utilisé comme substitut du coke pour l'électrométallurgie. Les tests ont été très concluants sur le plan technique (figure 5.11). Les aspects économiques ont été par contre beaucoup plus négatifs et devaient conduire à la fermeture des deux usines implantées en France dont celle de Péchiney à Laval de Serre d'une capacité de 20 000 t/an au début des années 1990. Les procédés alors développés (continu pour Péchiney, discontinus pour Vicarb ou Fages Haberman) avaient pour objectif de maximiser le rendement. Le bois torréfié venait en substitution, dans les fours

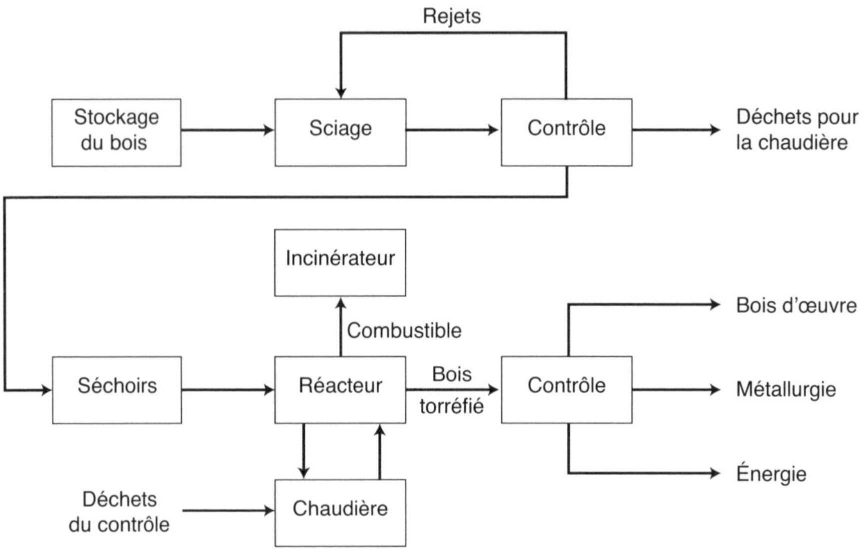

Figure 5.11

Schéma conceptuel du procédé Pechiney (France) [95].

électriques, d'un mélange réducteur constitué principalement de charbon de bois. Ses caractéristiques physico-chimiques telles que la bonne résistance mécanique à l'écrasement et surtout son hydrophobicité en faisaient un réducteur de toute première qualité.

La société Transnational Technology Stubbing a développé un procédé de torréfaction continu, « *Airless Torrefaction* », à partir d'un procédé de séchage breveté, « *Airless drying* » (figure 5.12) [96]. Le séchage à sec et la torréfaction utilisent la vapeur surchauffée comme moyen de chauffage. Cette vapeur est créée uniquement à partir de l'humidité contenue dans la biomasse. Selon ses concepteurs (Airless Systems), elle offre des temps de séchage très rapides et fonctionne à haute efficacité énergétique. En 2003, ce procédé continu a permis de torréfier 20 tonnes de bois sous forme de *chips*, qui ont été livrées à une usine thermoélectrique en Hollande pour des tests de co-pulvérisation et de co-combustion avec du charbon. Le mélange bois torréfié/charbon s'est avéré efficace [97]. À notre connaissance, il n'y a pas eu depuis de nouvelle expérimentation à partir de ce procédé.

C'est ECN en Hollande qui a plus récemment relancé, en Europe, l'intérêt de la torréfaction de la biomasse lignocellulosique pour des applications énergétiques, avec pour objectif, la co-combustion de bois torréfié en centrale électrique. Un projet de laboratoire appelé « *TOP Process* » est en cours d'élaboration et devait donner lieu à un projet pilote en 2008 [98]. Ce procédé combine la torréfaction et la densification en deux étapes au lieu d'une seule. Contrairement au procédé Pechiney qui utilisait un échangeur, le procédé hollandais est basé sur un contact direct avec des gaz chauds. Les gaz proviennent de la torréfaction

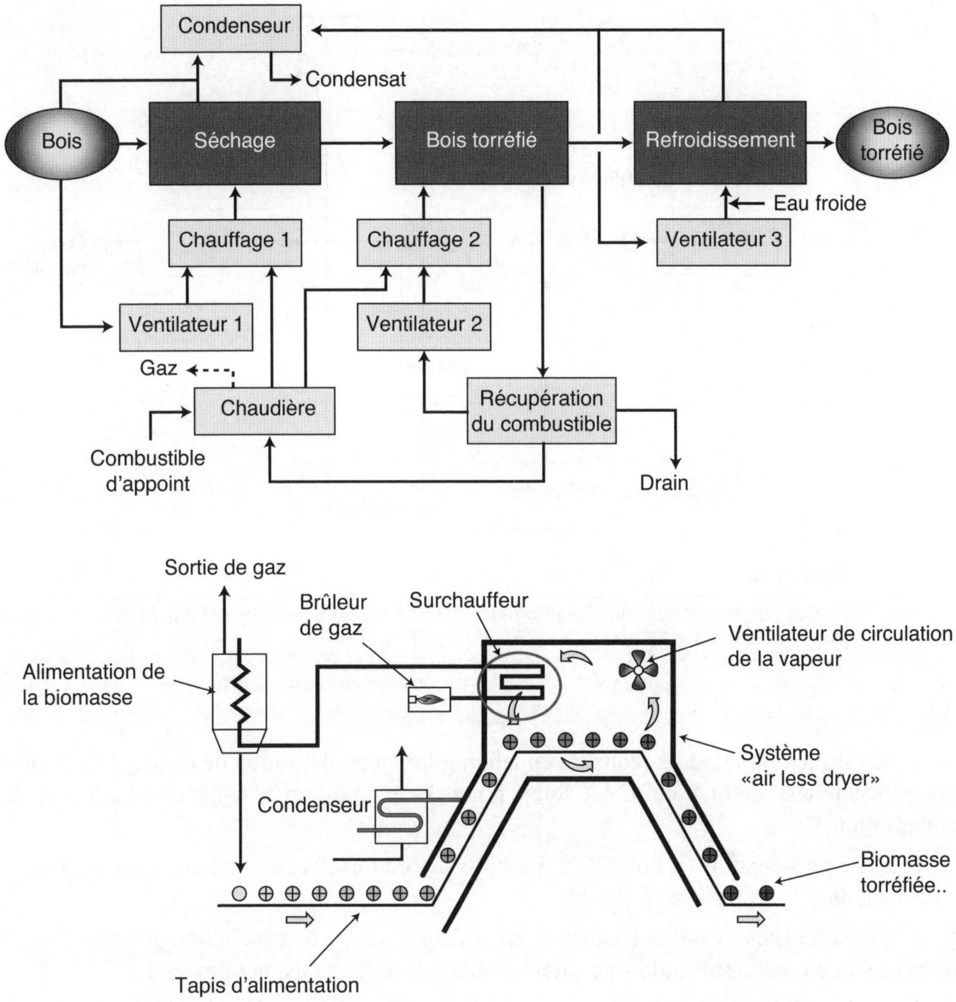

Figure 5.12

Schéma conceptuel de la technologie développée par Trans Technology (EU) et détails du système « *Air less dryer* ».

elle-même et sont re-pressurisés et réchauffés après chaque cycle. L'énergie nécessaire au pré-séchage et à la torréfaction est produite par la combustion des gaz de pyrolyse. Lorsque l'énergie n'est pas suffisante pour entretenir le procédé, d'autres sources énergétiques externes peuvent être utilisées (fioul, gaz). Le réacteur, exclusivement réservé à la torréfaction pour un meilleur contrôle des températures et de la pression, fonctionne selon le principe des lits en mouvement (figure 5.13).

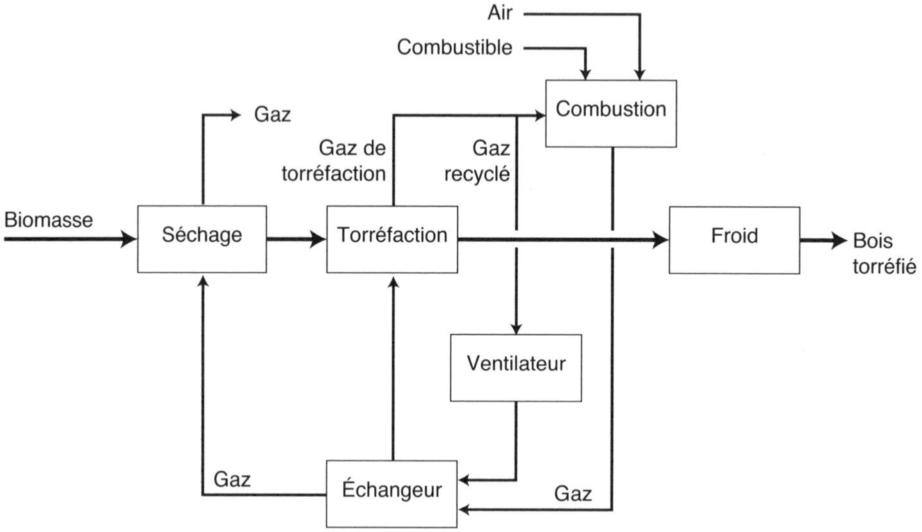

Figure 5.13

Schéma de la torréfaction. Technologie « *TOP Process* » développée par ECN [98].

Basée sur les expériences réalisées en laboratoire, la modélisation de ce procédé montre une efficacité énergétique de 92 %, soit 4 points de plus qu'un système conventionnel de pelletisation.

Il existe plusieurs brevets relatifs à des procédés de torréfaction de bois, dont les principaux sont dans les références [99-108].

D'autres sociétés travaillent actuellement à l'adaptation à la torréfaction de technologies industrielles sur des applications de calcination ou de traitements thermiques.

La société CMI (Cockerill Maintenance & Ingénierie) est un industriel belge qui possède la technologie NESA de four à étages ou à soles multiples.

Ce type de four est constitué d'une série de plateaux superposés à l'intérieur desquels la biomasse s'écoule de plateau en plateau par gravité et circule sur les plateaux par un système de balais rotatifs qui amène la charge vers des lumières. Le four est doté d'un équipement tournant. La température de chaque plateau est régulée par des brûleurs placés en périphérie : un profil thermique vertical peut, en théorie, être imposé dans le four. La technologie est principalement utilisée pour des traitements thermiques entre 400 et 900 °C (calcination).

La société américaine Wyssmont est spécialisée dans le design et la fabrication de sécheurs industriels, notamment dans les secteurs de la chimie, de la pharmacie, des industries du minéral et alimentaires. La technologie est présente sur le marché depuis 75 ans.

Leur technologie Turbo-Dryer® consiste dans un empilement de plateaux tournant autour d'un axe vertical (figure 5.14). La charge est introduite sur le plateau supérieur.

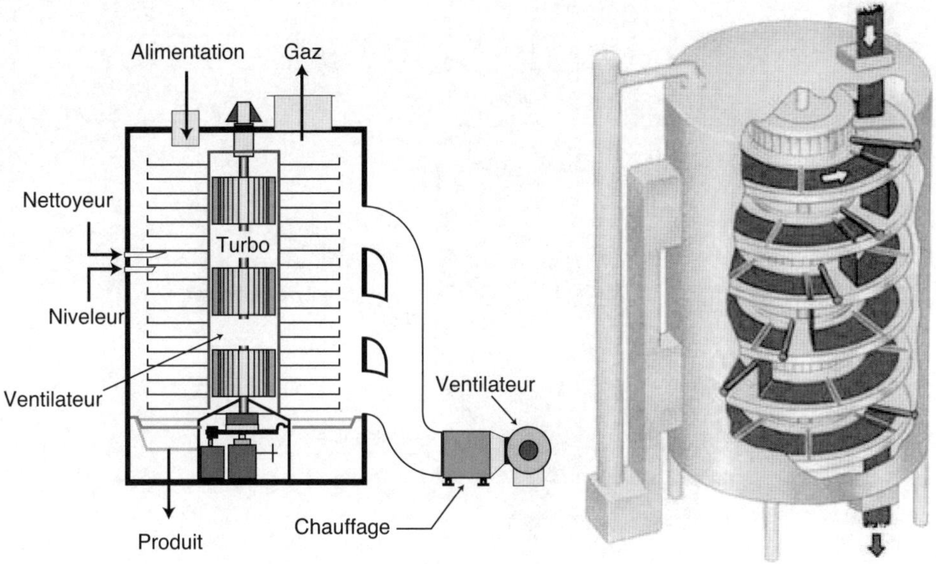

Figure 5.14

Technologie Turbo-Dryer.

À chaque révolution, le matériau tombe sur le plateau suivant grâce à un racleur. Le lit est brassé pendant sa chute puis nivelé par un système de bras fixe. Le chauffage du four se réalise par circulation d'air ou de gaz chauds, assurée par des ventilateurs internes situés dans l'axe du four. Le séchage et la torréfaction ont lieu dans le même réacteur. L'atmosphère neutre du four est assurée par le dégagement de la vapeur d'eau lors de la phase de séchage, avec un appoint de vapeur ou d'azote si nécessaire.

Le groupe Torftech licencie et fournit la technologie du réacteur cyclone Torbed® (marque enregistrée groupe Mortimer Technology Holdings Ltd), utilisée dans de nombreuses industries : industrie alimentaire, de production de catalyseurs, de minerais et production d'énergie à partir de biomasse, déchets et autres combustibles solides.

La technologie Torbed® a été développée par Polow Energy Systems, aux Pays-Bas, et elle peut s'appliquer au séchage, à la combustion, à la gazéification et au traitement des gaz.

Parmi les variantes proposées de cette technologie, c'est l'*Expanded Bed Reactor* (EBR) qui est utilisée pour la torréfaction. Dans l'EBR, la vitesse des gaz chauds est assez élevée pour que toutes les particules de biomasse du lit soient entraînées dans un vortex tournant à l'intérieur du réacteur (figure 5.15). Les particules sont séparées par la force centrifuge jusqu'à la paroi externe, avant de retomber à la base du réacteur, générant un lit toroïdal diffus. La partie inférieure du lit est soumise à de fortes vitesses et, par conséquent, à de forts taux de transfert de masse et de chaleur.

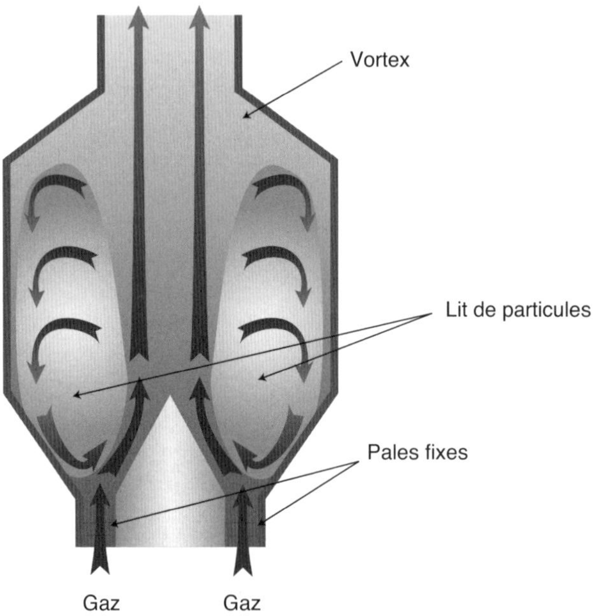

Figure 5.15

Schéma du réacteur Torbed.

La technologie Torbed a été adaptée en 2007 par Polow aux conditions de la torréfaction, pour la production des pellets de biomasse torréfiée. Les biomasses visées sont multiples mais principalement de la paille, des résidus du riz et du bois. La température de traitement définie se situe entre 250 et 350 °C.

Les plaquettes forestières sont d'abord séchées, puis elles sont introduites dans le torréfacteur, lequel comprend 3 étages de traitement (figure 5.16). Les gaz de torréfaction sont brûlés dans une chaudière pour apporter une partie de la chaleur nécessaire au séchage et à la torréfaction.

5.3 LA GAZÉIFICATION

La gazéification est la transformation thermique et chimique d'un matériau solide (charbon, biomasse…) en présence d'un réactif gazeux (oxygène, vapeur d'eau…) à la différence de la pyrolyse (ou thermolyse) qui est un processus thermique réalisé en l'absence de gaz de réaction (voir 5.1). L'objectif de la gazéification est la conversion du solide en un mélange gazeux, appelé gaz de synthèse ou « *syngas* », contenant principalement les espèces H_2,

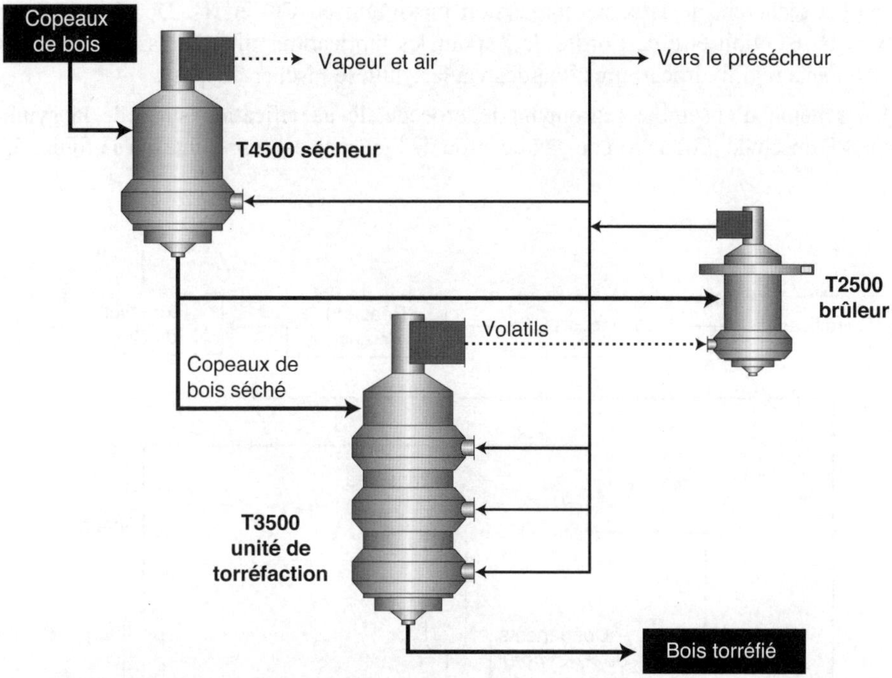

Figure 5.16

Technologie Torbed pour la torréfaction.

CH_4, CO, CO_2, H_2O dans des proportions dépendant du procédé dont les performances sont fonction à la fois des caractéristiques du solide à transformer et de l'utilisation finale du gaz de synthèse. Le mélange gazeux obtenu peut, en effet, être utilisé pour différentes applications dont les principales sont les suivantes :

- la combustion moteur pour la traction automobile, avec pour exemple le gazogène De Lacotte ;
- la combustion en vue de la cogénération d'électricité et de chaleur. Le rendement de conversion en électricité est amélioré, par rapport à la combustion simple de la biomasse, par l'augmentation de la température des gaz de combustion. Ce rendement peut atteindre 40 % du PCI de la biomasse [109] ;
- la synthèse de biocarburants (voir 5.5). L'intérêt réside alors dans le fait que la gazéification permet la valorisation de tous les composants de la biomasse lignocellulosique en carburants tels que le méthanol, le diméthyléther (DME) ou les hydrocarbures obtenus par la synthèse Fischer-Tropsch.

Pour la combustion, le gaz de synthèse peut contenir du méthane (CH_4) et des composés plus lourds, alors que la synthèse de biocarburants impose des contraintes supplémentaires puisqu'est recherché le taux de conversion maximum en CO et H_2. De plus, le rapport molaire H_2/CO doit être de l'ordre de 2, pour les fabrications ultérieures de méthanol, de DME ou encore d'hydrocarbures liquides via la synthèse Fischer-Tropsch.

Un schéma d'ensemble regroupant le procédé de gazéification suivi de la synthèse Fischer-Tropsch de production de gazole et/ou de kérosène est représenté sur la figure 5.17.

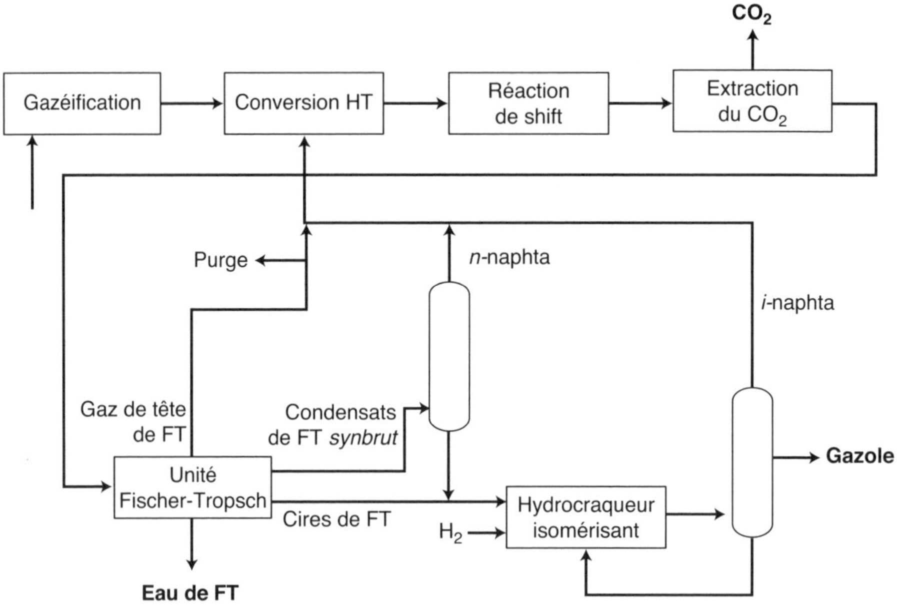

Figure 5.17

Schéma d'ensemble du procédé de gazéification associé au procédé de synthèse Fischer-Tropsch.

Le gaz, obtenu après gazéification et conversion à haute température, contient majoritairement le mélange $CO+H_2$. Le rapport H_2/CO est ajusté lors de la réaction de gaz à l'eau. Les impuretés du mélange sont éliminées ainsi que le CO_2 présent, lors de l'étape de purification avant d'être envoyé vers l'unité Fischer-Tropsch qui va essentiellement produire du gazole et du kérosène mais aussi des espèces gazeuses (gaz de tête) et du naphta. Ce dernier peut être valorisé dans l'industrie chimique mais il peut être également recyclé, en même temps que les gaz de tête vers l'étage de conversion haute température ou bien vers une unité de reformage à la vapeur pour une synthèse additionnelle de CO et H_2. Ce recyclage du naphta et des gaz de tête permet d'augmenter sensiblement le rendement global de fabrication de gazole et de kérosène.

5.3.1 Les réactions chimiques et les contraintes thermodynamiques pour la production du gaz de synthèse

5.3.1.1 Les principales réactions

D'un point de vue scientifique, la gazéification est une réaction hétérogène endothermique entre un solide et un gaz réactif. D'un point de vue pratique, les réactions de gazéification n'interviennent de façon notable qu'après que la biomasse ait été décomposée par pyrolyse en gaz (voir 5.1) et en un produit solide à forte concentration en carbone. En première approximation, et pour saisir les grandes tendances réactionnelles, il suffit donc de considérer les principales réactions sur le carbone comme réactions hétérogènes. Les réactions sont rassemblées ci-dessous avec l'enthalpie de réaction ΔH, en prenant comme référence le carbone à l'état graphite et l'eau à l'état vapeur. Suivent ensuite les réactions homogènes en phase gazeuse.

Réactions hétérogènes :

$C + O_2 \rightarrow CO_2$ $\Delta H = -393$ kJ/mol

$C + {}^1/_2\, O_2 \rightarrow CO$ $\Delta H = -110$ kJ/mol

$C + H_2O \Leftrightarrow CO + H_2$ $\Delta H = +131$ kJ/mol

$C + CO_2 \Leftrightarrow 2\,CO$ $\Delta H = +172$ kJ/mol

$C + 2\,H_2 \Leftrightarrow CH_4$ $\Delta H = -75$ kJ/mol

Réactions homogènes :

$CO + {}^1/_2\, O_2 \rightarrow CO_2$ $\Delta H = -283$ kJ/mol

$H_2 + {}^1/_2\, O_2 \rightarrow H_2O$ $\Delta H = -241$ kJ/mol

$CO + H_2O \Leftrightarrow CO_2 + H_2$ $\Delta H = -41$ kJ/mol
(réaction dite de « shift » ou de « gaz à l'eau »)

$CO + 3\,H_2 \Leftrightarrow CH_4 + H_2O$ $\Delta H = -206$ kJ/mol

Globalement, le gaz de pyrolyse et le carbone en présence d'oxygène et de vapeur d'eau réagissent pour former un mélange de CO, CO_2, H_2, H_2O et CH_4. Ces espèces peuvent subséquemment réagir entre elles en phase gazeuse. La production de CO et H_2 par réaction du carbone avec la vapeur d'eau ou avec le CO_2 est fortement endothermique. L'obtention d'un gaz de synthèse riche en CO et H_2 nécessite donc un apport important d'énergie. Cet apport d'énergie est le plus facilement réalisé par une combustion partielle de la masse carbonée en présence d'un ajout d'oxygène ou d'air. La conséquence incontournable en sera une transformation partielle de la biomasse en gaz de combustion CO_2 et H_2O qui seront perdus pour la synthèse de biocarburant et qu'il faudra, de plus, séparer du gaz de synthèse.

5.3.1.2 Représentation de la biomasse et réaction idéale de gazéification à la vapeur

La biomasse sèche peut être représentée par une molécule modèle ayant la composition approximative moyenne de la biomasse : $C_6H_9O_4$. Il est assez remarquable de constater que la composition des différents types de biomasse s'éloigne relativement peu de cette moyenne [110].

La chaleur de combustion pour le bois sec à pression constante (PCI) varie de 15,5 MJ/kg à 19 MJ/kg. Cette dispersion prend en compte la variabilité des données de la littérature, essentiellement due à la diversité des essences végétales considérées. De par sa teneur élevée en résines, le bois de pin affiche une valeur supérieure, de l'ordre de 21 MJ/kg. L'enthalpie standard de formation de la biomasse a été déterminée [111] à partir des données de la littérature : $\Delta_f = -6{,}1 \pm 1{,}5$ MJ/kg.

À partir de la formule chimique approximative de la biomasse, la transformation idéale de gazéification avec un rapport massique H_2O/biomasse sèche de l'ordre de 25 %, devrait s'effectuer selon l'équation théorique suivante :

$$C_6H_9O_4 + 2\ H_2O \rightarrow 6\ CO + 6{,}5\ H_2$$

On remarquera, dès à présent, que le rapport molaire H_2/CO obtenu par cette réaction idéale est de l'ordre de 1, donc très inférieur au rapport molaire H_2/CO nécessité par la synthèse de carburants. La teneur du gaz en hydrogène sera augmentée via la réaction du gaz à l'eau qui permet de modifier le ratio H_2/CO. L'enthalpie de réaction endothermique associée à la réaction idéale est de + 4,8 ± 1,5 MJ/kg de biomasse sèche.

5.3.1.3 Réactions à l'équilibre de la gazéification à la vapeur d'eau

La figure 5.18 montre les résultats de calculs obtenus en termes de composition du gaz produit à l'équilibre en fonction de la température, à pression atmosphérique. Les calculs ont été effectués en utilisant la base CHON tirée de la banque COACH de Thermodata (Bank 00 version 06-00) et le logiciel de minimisation de l'énergie de Gibbs GEMINI [112]. On observe que les produits de la réaction idéale (6 CO et 6,5 H_2) ne sont obtenus qu'à une température supérieure à environ 1 000 °C à pression atmosphérique. En dessous de 1 000 °C, le gaz contient CO_2, H_2O et CH_4 en proportions non négligeables, qui augmentent encore lorsqu'on tient compte des déséquilibres réactionnels. La transformation en CO et H_2 ne pourra pas être totale en dessous de 1 000 °C, à pression atmosphérique. L'effet de la pression est assez facile à prévoir puisque, selon le principe de Le Chatelier, une augmentation de pression, à température constante, ira dans le sens d'une diminution du nombre de moles de gaz produites et se traduira par une augmentation de la production de méthane. Par ailleurs, la réaction étant endothermique, une augmentation de température favorisera la formation de CO et H_2. Si l'on veut produire préférentiellement CO et H_2 dans un dispositif sous pression, il faudra donc compenser l'augmentation de pression par une augmentation de température. Cet effet peut-être chiffré à l'aide de calculs thermodynamiques. À 10 bar par exemple, la température minimale nécessaire pour une transformation complète en CO et H_2 est de 1 300 °C.

La chaleur sensible associée au chauffage du gaz de synthèse idéal jusqu'à 1 000 °C est de l'ordre de + 2,5 MJ/kg de biomasse sèche. L'énergie totale à dépenser, calculée à partir de l'équation théorique à 1 000 °C, sera donc de l'ordre de 2,5 + 4,8 ± 1,5 MJ/kg, soit + 7,3 ± 1,5 MJ/kg de biomasse sèche. Cette dépense en énergie représente environ 40 % de la chaleur de combustion (PCI) de la biomasse sèche.

Comme les réactions endothermiques de production de CO et H_2 n'interviennent de façon notable qu'après que la biomasse ait été décomposée par pyrolyse vers 500 °C (voir 5.1), l'essentiel de l'énergie est donc à fournir à température élevée au-dessus de

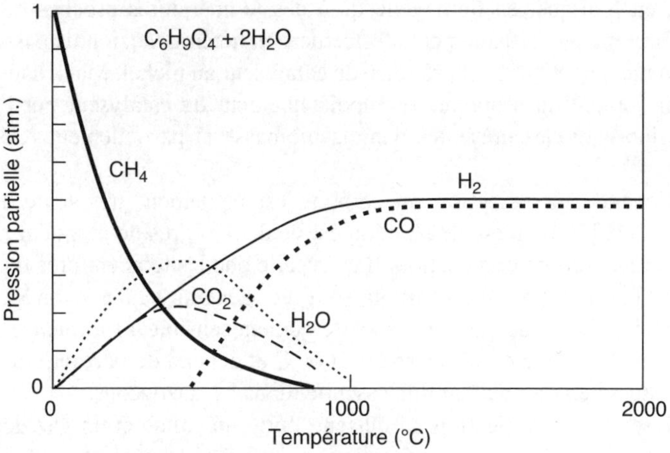

Figure 5.18

Évolution de la composition du gaz à l'équilibre en fonction de la température pour la réaction de gazéificatioin à la pression atmosphérique.

500 °C. Les calculs thermodynamiques montrent en effet que l'énergie associée à la pyrolyse est, en comparaison, relativement faible puisque de l'ordre de + 0,7 ± 1,5 MJ/kg de biomasse sèche, la pyrolyse pouvant même être exothermique. Conséquence importante au niveau du procédé : seule une faible fraction de l'énergie thermique disponible à température inférieure à 500 °C, qui provient du réacteur de *gas shift* ou encore du réacteur de synthèse de carburant liquide, placés en aval du *process* de conversion thermochimique de la biomasse, pourra être recyclée dans un réacteur de pyrolyse et de gazéification.

Pour augmenter le rapport molaire H_2/CO, il sera possible d'accroître le rapport massique H_2O/biomasse en entrée du réacteur pour favoriser la réaction de *gas shift*. Cependant, l'approche thermodynamique montre que, pour passer d'un rapport molaire H_2/CO de 1 à 1,5 (à 1 000 °C et 1 bar), il faut augmenter le rapport massique H_2O/biomasse en entrée de 25 à 75 %. En contrepartie, l'excès de vapeur d'eau entraîne une dépense d'énergie supplémentaire pour élever la température de cette masse de vapeur. Il n'est donc pas forcément intéressant de réaliser la réaction de *gas shift* à haute température dans le réacteur de gazéification.

Par ailleurs, une augmentation de la concentration en oxygène en entrée de réacteur entraîne une diminution du rapport molaire H_2/CO et l'utilisation d'air entraîne, d'une part, une dépense d'énergie supplémentaire liée au chauffage et à la compression de l'azote inerte et, d'autre part, la formation d'oxydes d'azote NO_x qu'il faudra éliminer.

5.3.1.4 Éléments de déséquilibres réactionnels

Les éléments cinétiques disponibles dans la littérature montrent que :

– la cinétique de vaporeformage du méthane, sa transformation en CO + H_2 en présence de vapeur d'eau, est très lente en homogène en dessous de 1 000 °C. La réaction ne se produit, en pratique, en homogène qu'à des températures proches de 1 500 °C. Le vaporeformage du méthane peut s'effectuer, en hétérogène, à plus basse température, par exemple vers 800 °C en présence de catalyseur au nickel. Mais, dans ce cas, il faudra tenir compte du problème d'empoisonnement du catalyseur par l'ensemble des espèces inorganiques présentes dans la biomasse et partiellement relâchées dans le gaz,

- la cinétique de gazéification du carbone est également très lente en dessous de 1 000 °C [113]. La vitesse de réaction est de deux ordres de grandeur plus faible que celle des réactions de combustion. Il en résulte que les températures dans les installations de gazéification du charbon sont en général égales, voire supérieures, à 1 200 °C. La vitesse de réaction est extrêmement sensible à l'influence de la température lorsque celle-ci est inférieure à 1 200 °C et dépend de la réactivité du solide carboné. Cette réactivité joue un rôle essentiel dans les gazogènes,
- la pyrolyse et la gazéification produisent, outre un solide et un gaz de synthèse, des goudrons en quantité d'autant plus importante que la température de transformation est faible. Entre 20 et 30 % de la biomasse sèche peuvent être transformés en goudrons vers 500 °C. Cette quantité peu être réduite à quelques % vers 850 °C, soit environ 10 g/Nm^3 de gaz produit. Cette valeur est à comparer aux 0,01 à 0,1 g/Nm^3 maximum admissibles pour une application cogénération et aux 0,0001 g/Nm^3 maximum admissibles pour une utilisation du gaz dans un procédé de synthèse Fischer-Tropsch de biocarburant liquide. Ces chiffres montrent la nécessité de mettre en place des dispositifs d'élimination des goudrons pour résoudre ce problème majeur dans la conception de procédés de gazéification.

5.3.1.5 Les procédés autothermiques et allothermiques

L'apport d'énergie nécessaire pour la gazéification à la vapeur est plus facilement réalisé par une combustion partielle de la masse carbonée en présence d'un ajout d'oxygène ou d'air. Les procédés, utilisant la combustion partielle d'une partie de la biomasse pour transformer l'autre partie en gaz de synthèse, sont désignés sous le terme de procédés autothermes ou autothermiques. Ce fonctionnement implique une perte d'éléments carbone et hydrogène, sous forme de CO_2 et de H_2O qui ne seront pas valorisés en carburants.

Une autre alternative consisterait à remplacer cette combustion partielle par un apport d'énergie externe. Un apport d'environ 40 % du PCI de la biomasse entrante permettrait de doubler la production de carburant (voir 5.3.3). Ces procédés sont qualifiés de procédés allothermes ou allothermiques.

5.3.1.6 La réaction de gazéification à l'hydrogène

L'originalité du procédé HYNOL, qui met en œuvre cette réaction [114], réside dans le fait que l'on cherche à produire CH_4, et non CO et H_2 dans le réacteur de gazéification. L'intérêt serait [115] que cette gazéification n'exigerait pas d'apport d'énergie, ce qui est toujours difficile à réaliser dans une technologie de lit fluidisé. Tout l'apport d'énergie serait alors concentré au niveau du deuxième étage, celui de reformage gaz, où s'effectue, dans un deuxième temps, la transformation du CH_4 en H_2 et CO. Dans ce procédé, du gaz naturel est ajouté au gaz de synthèse dans l'étage de reformage qui fonctionne à 1 000 °C et qui produit un excès d'hydrogène qui peut être ensuite recyclé dans le premier étage de gazéification. L'approche thermodynamique montre que la conversion du carbone est plus difficile en présence d'hydrogène qu'en présence d'eau. Elle nécessite une forte teneur en hydrogène, une pression élevée de l'ordre de 30 bar et une température relativement basse, d'environ 500 °C, pour obtenir une conversion efficace sur le plan thermodynamique. À 500 °C, il est probable que les effets cinétiques seront très importants et le calcul à l'équilibre thermodynamique ne constitue qu'une référence de tendance. Il est également probable que soient produits beaucoup de goudrons, même si ceux-ci ne constituent peut-être pas un problème majeur dans la mesure où ils peuvent être transformés dans le deuxième étage, qui opère à haute température. Le problème peut se situer au niveau de la transformation de la biomasse à haute pression et à basse température en présence d'hydrogène. En effet, malgré un excès d'hydrogène important, il pourrait se produire un engorgement du réacteur dû à l'accumulation de carbone.

5.3.2 Procédés industriels

5.3.2.1 Généralités

Les dispositifs de gazéification de la biomasse sont dérivés des procédés développés pour la gazéification du charbon [113]. Pour l'essentiel, ils sont décrits dans la figure 5.19 [116] et se classent dans les différentes catégories suivantes :

- les lits fixes co- ou contre-courant,
- les lits fluidisés,
- les lits fluidisés circulants,
- les réacteurs à flux entraînés (ou en courant fluide).

Ce paragraphe décrit les principaux types de réacteurs, les problèmes génériques liés à leur mise en œuvre et les caractéristiques des gaz produits.

Un inventaire des sociétés ayant étudié les différentes technologies est présenté dans le tableau 5.4.

Tableau 5.4 Récapitulatif des sociétés ayant étudié les différentes technologies de gazéification.

Technologie de gazéification	Sociétés
Lits fixes à contre-courant	Wellman [117], Volund [118], Bioneer [119]
Lits fixes à co-courant	DTU [120], TKE [121], Biomass Engineering [122] Fluidyne [123], De Lacotte [122]
Lits fluidisés bouillonnants	EPI [121], Carbona [124], ASCAB [121]
Lits circulants	FICFB [126], Lurgi [124], Foster Wheeler [121]
Lits circulants à double corps	Ferco Battelle [127]
Réacteurs à flux entraîné	Texaco [128], Choren [129a], Future Energy [125] Lurgi MPG, Shell, Uhde [129b]

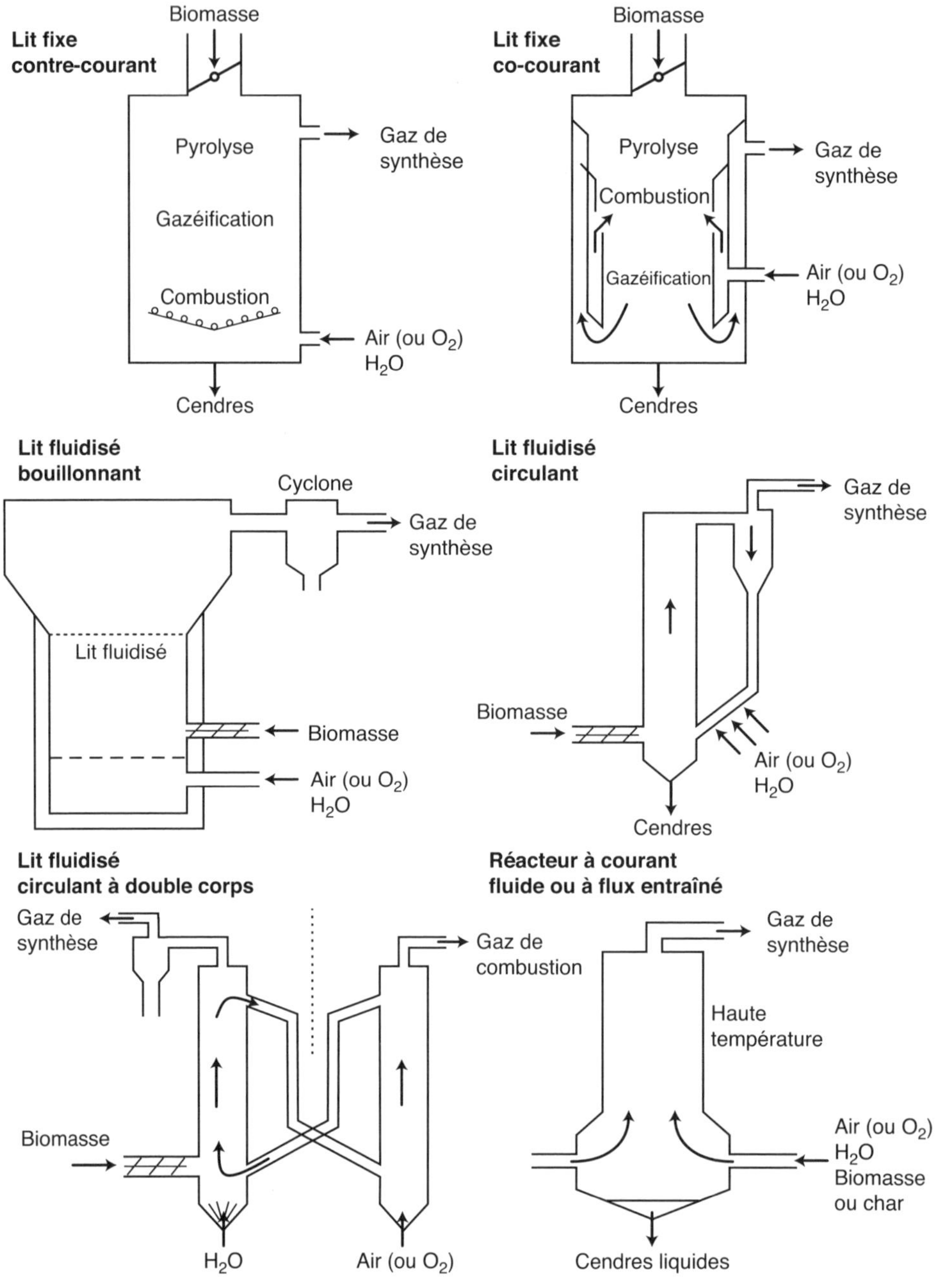

Figure 5.19

Les principaux types de réacteurs de gazéification.

5.3.2.2 Les principaux types de réacteurs

A. Les lits fixes à contre-courant (*Updraft*)

Dans les lits fixes à contre-courant, le solide se déplace lentement vers le bas d'un réacteur vertical où sont introduits les réactifs gazeux. On rencontre, du bas vers le haut, tout d'abord une zone dans laquelle les réactions de combustion prédominent et la température est élevée (~ 1 200 °C) puis une zone dans laquelle se produisent les réactions de réduction avec la production de CO et H_2 et où la température diminue. Les gaz s'échappent en traversant la zone supérieure de pyrolyse. Les cendres sont évacuées en partie inférieure. La technologie est simple, fiable et éprouvée pour des particules solides de taille uniforme et sans fines. Cet agencement favorise la production d'un gaz sale à basse température avec un fort taux de présence de goudrons (de l'ordre de 100 g/Nm^3), ce qui limite son utilisation à la combustion. Il semblerait que ce type de technologie soit limité à des débits de biomasse sèche de l'ordre de 4 t/h de biomasse (20 MWth). Le procédé Lurgi, adapté à la gazéification du charbon, va jusqu'à une production de 100 MWth.

B. Les lits fixes à co-courant (*Downdraft*)

Dans les lits fixes à co-courant, le solide se déplace lentement vers le bas dans un réacteur vertical où les réactifs gazeux sont introduits par le haut et/ou latéralement (les agencements peuvent être assez variables). Les réactions ont lieu, pour l'essentiel, dans une zone limitée. Les gaz de réaction quittent le réacteur par le bas à haute température. La technologie est simple, fiable et éprouvée pour des particules solides de taille à peu près uniforme d'environ 5 mm. Le gaz produit est assez propre avec une faible concentration en goudrons de quelques g/Nm^3. En raison de problèmes d'instabilités (apparition de passages préférentiels d'écoulement de gaz, *channelling*) la technologie semble limitée à un débit biomasse de l'ordre de 500 kg/h (2,5 MWth).

C. Les réacteurs à lits fluidisés bouillonnants (*Bubbling Fluid Bed*)

Dans les réacteurs à lits fluidisés bouillonnants, la biomasse pré-séchée est entraînée dans un lit fluidisé par les gaz réactifs introduits en partie inférieure. Le lit fluidisé est constitué d'un matériau de fluidisation inerte (sable) ou avec effet catalytique (olivine, dolomite…). Du fait de l'intensité du mélange, la température dans le lit est uniforme et facile à contrôler. La teneur du gaz produit en CO et H_2 augmente avec la température du lit, qui est cependant limitée par des contraintes technologiques (matériau du réacteur) et par le risque d'agglomération du lit, lié à la fusion des cendres. En pratique, cette température ne dépasse guère 950 °C dans les applications actuelles et se situe le plus souvent autour de 700 °C à 850 °C. Les cendres sont extraites avec les particules agglomérées, ce qui nécessite un traitement et le remplacement du matériau de fluidisation. Le taux de goudrons dans le gaz est moyen, de l'ordre de 10 g/Nm^3. La technologie est relativement éprouvée et la limite en taille semble se situer autour de 10 à 15 t/h de biomasse (~ 75 MWth).

D. Les lits circulants (*Circulating Fluid Bed*)

La biomasse pré-séchée est introduite dans un lit fluidisé circulant, dans lequel la recirculation s'effectue par une « jambe descendante ». Le gaz de synthèse est séparé de l'écoulement solide en partie supérieure du réacteur. Cette technologie permet d'augmenter la vitesse de circulation, donc les cinétiques des réactions. Elle présente par ailleurs les mêmes avantages et contraintes que la technologie de lit fluidisé bouillonnant. Compte tenu de la complexité accrue, la technologie ne présenterait un intérêt économique que pour les débits de biomasse élevés (15 t/h ou plus).

E. *Les lits circulants à double corps (***Twin Fluid Beds***)*

La technologie des lits circulants à double corps est une extension de celle dite à lit circulant. Un système de recirculation permet d'assurer, dans le circuit de retour, le mélange du matériau de fluidisation et de charbon de bois dans un réacteur séparé dans lequel s'effectue la combustion du solide résiduel. Ce système permet de séparer les gaz de combustion des gaz de synthèse. Le matériau recirculant devient alors un caloporteur qui transfère l'énergie de combustion vers le réacteur de gazéification. La température dans le réacteur de gazéification se situe aux alentours de 800 °C à 900 °C comme pour les technologies lit fluidisé ou lit circulant. La température dans le réacteur de combustion ne dépasse guère 950 °C à 1 000 °C pour des raisons technologiques et de risques d'agglomération. Ce faible écart de température entre le réacteur de gazéification et le réacteur de combustion (100 °C à 150 °C) impose un débit important de recirculation du caloporteur. En pratique, le débit masse de recirculation du matériau de fluidisation sera égal à plusieurs dizaines de fois le débit de biomasse sèche. Ce type d'installation est assez complexe et ne serait viable, économiquement, que pour des débits importants (> 10 t/h de biomasse).

F. *Les réacteurs à courant fluide ou flux entraîné (***Entrained Flow***)*

La matière, liquide ou solide, broyée finement (~ 100 µm) est injectée à vitesse élevée, en suspension dans un mélange de gaz de pyrolyse et de gaz réactifs, contenant de la vapeur d'eau, de l'oxygène (ou air) dans le réacteur. La zone réactionnelle (flamme) peut être portée à température élevée (1 300 °C à 2 000 °C). À ces niveaux de température, les réactions sont très rapides, de l'ordre de quelques secondes, favorisant la formation de CO et H_2 ainsi que le vaporeformage du méthane et la destruction des goudrons. Les cendres passent nécessairement à l'état liquide. Une fraction des particules de cendres fondues est récupérée par sédimentation sur les parois du réacteur, ou peut être plus ou moins séparée du courant gazeux par séparation inertielle. Une partie du solide carboné peut être entraînée par le gaz.

Cette technologie permet de supprimer les problèmes posés par l'utilisation d'un matériau de fluidisation et de favoriser la production de CO et H_2 ainsi que le reformage du méthane et la destruction des goudrons. En contrepartie, elle requiert, pour que la cinétique de réaction soit suffisamment rapide, la nécessité d'injecter la biomasse sous forme de très fines particules (100 à 200 µm). Ce type de réacteur implique un prétraitement coûteux de la biomasse. Différentes préparations peuvent être envisagées :

- préparation par pyrolyse lente : la biomasse peut être préalablement pyrolysée dans un réacteur séparé. Le gaz de pyrolyse est séparé du solide carboné résiduel (*char*). Ce solide carboné, broyé finement, est ensuite injecté à vitesse élevée, en suspension dans un mélange de gaz de pyrolyse et de gaz réactifs (contenant de la vapeur d'eau, de l'oxygène (ou air)) dans le réacteur ;
- préparation par torréfaction : le broyage très fin de la biomasse ligneuse coûte très cher en énergie. Un moyen de diminuer le coût énergétique du broyage est de rendre

les particules mécaniquement fragiles. Ceci serait possible par l'intermédiaire d'une torréfaction préalable. Les recherches sont en cours dans ce domaine. Le traitement de torréfaction entraîne cependant une perte de matière ;

- préparation par pyrolyse rapide ou pyrolyse « flash » (voir 5.1) : la biomasse est préalablement soumise à une pyrolyse par chauffage rapide à température intermédiaire (~ 500 °C). Cette pyrolyse est suivie d'une trempe rapide des gaz de pyrolyse. Cette technique permet d'obtenir un mélange liquide (aussi appelé « pétrole vert ») et un solide carboné. Le solide peut aisément être broyé finement et mélangé au liquide pour obtenir un « *slurry* ». Ce « *slurry* » est transportable et peut assez facilement être pompé et injecté dans le réacteur. Ce procédé pose cependant un certain nombre de problèmes liés à une perte de matière significative (entre 15 et 30 %) et à des problèmes de contrôle des propriétés des mélanges (risque de séparation de phases, acidité, viscosité élevée...).

La technologie de réacteur à flux entraîné requiert aussi un soin particulier au niveau de la conception des parois du réacteur haute température et de celle des échangeurs de récupération de la chaleur sensible du gaz.

Cette technologie est utilisée pour la gazéification du charbon [129] avec des unités de ~ 500 MWth.

5.3.2.3 Caractéristiques de gaz de synthèse

Les valeurs de PCI des mélanges gazeux obtenus en sortie de gazéifieur sont indiquées dans le tableau 5.5.

Tableau 5.5 Valeurs de PCI du gaz de synthèse.

Gazéifieur	Gaz réactif	PCI *syngas* (MJ/Nm^3)
Oxydation partielle	Air	~ 7
Oxydation partielle	Oxygène	~ 10
Combustion séparée (double corps)	Vapeur d'eau	~ 15

Les compositions typiques des gaz sont données dans le tableau 5.6 [130].

5.3.2.4 Problèmes génériques liés aux technologies de gazéification de la biomasse

Les problèmes génériques à résoudre, liés aux technologies de gazéification de la biomasse, sont de plusieurs ordres :

- alimentation régulière à fort débit d'un solide dans un réacteur sous pression,
- obtention d'un gaz de synthèse débarrassé des goudrons et autres impuretés,
- agglomération des lits fluidisés due essentiellement à la teneur en cendres de la matière première,
- corrosions engendrées par la présence d'éléments minéraux dans la biomasse.

Tableau 5.6 Compositions des gaz de synthèse.

Gazéifieur	FERCO BATTELLE	Carbona	FICFB
Type	Lit circulant double corps	Lit Fluidisé	Lit Circulant
Gaz réactif	Vapeur d'eau	Air	Vapeur d'eau
Matériau de fluidisation	Olivine	Sable	Sable siliceux
Biomasse	Bois	Bois	Bois
Composition du gaz (vol. %)			
H_2	26,2	21,7	31,5
CO	38,2	23,8	22,7
CO_2	15,1	9,4	27,4
N_2	2	41,6	2,8
CH_4	14,9	0,1	11,2
C_2+	4	1	4

A. Alimentation en biomasse solide

Dans certains cas, il est intéressant de pouvoir réaliser la gazéification dans un réacteur sous pression, dans la mesure où la diminution de taille entraîne une diminution significative des investissements. Par ailleurs, en réalisant la gazéification sous pression, il ne sera pas nécessaire de comprimer le gaz pour réaliser les réactions de *gas shift* ou de synthèse de carburant, ce qui représente une économie d'énergie intéressante. Mais cela pose un problème délicat d'introduction de la biomasse solide dans le réacteur sous pression.

Les technologies existantes d'introduction du solide sont, pour la plupart, basées sur des systèmes de convoyage par vis sans fin et/ou l'utilisation de sas intermédiaires (*lock hopper*). Ces techniques présentent de nombreux problèmes liés aux bouchages, à l'usure, au blocage de pièces d'étanchéité, à l'introduction de gaz inertes comme l'azote, entraînant des coûts de maintenance élevés.

Une manière de résoudre le problème pourrait résider dans une transformation préliminaire de la biomasse en un liquide combustible par pyrolyse flash (voir 5.1) [131].

B. Génération et destruction de goudrons

Comme décrit précédemment, la gazéification produit des goudrons qui sont entraînés dans le gaz, en quantité variable selon le procédé utilisé. Par exemple, les procédés à lit fixe ou à lit fluidisé décrits auparavant produisent un gaz contenant entre 1 g/Nm^3 et 100 g/Nm^3 de goudrons. La tolérance aux goudrons pour les réactions de synthèse étant très faible (~ 0,0001 g/Nm^3), il est nécessaire d'éliminer ces goudrons. Ceci représente un point clé pour les procédés de gazéification de la biomasse.

Les goudrons générés par la gazéification ont fait l'objet de très nombreuses études ; une classification a été proposée [132] en fonction de caractéristiques réfractaires croissantes, en goudrons primaires, secondaires et tertiaires (voir figure 5.20), ainsi que des listes typiques de goudrons que l'on retrouve dans le gaz pour les différentes technologies de gazéification.

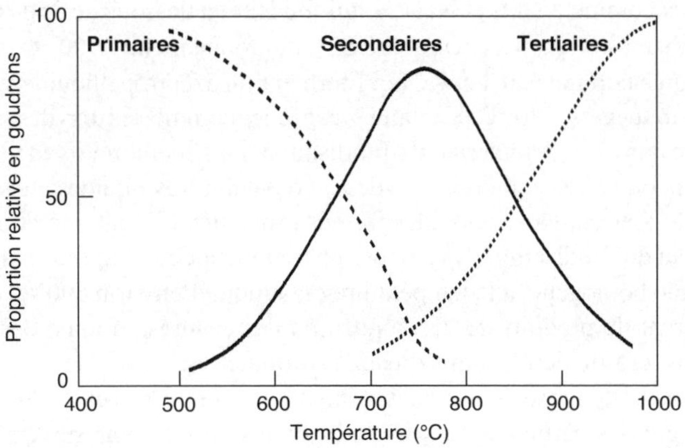

Figure 5.20

Genèse des différentes classes de goudrons en fonction de la température.

Lorsque la température augmente (au-dessus de 800 °C), ne subsistent pratiquement plus que des goudrons tertiaires formés d'hydrocarbures mono-aromatiques tels que benzène et toluène et d'Hydrocarbures Aromatiques Polycycliques (HAP) tels que naphtalène, anthracène, etc. Ces espèces chimiques disparaissent aux températures élevées (1 300 °C à 1 500 °C), l'une des plus réfractaires étant le naphtalène.

De très nombreux travaux ont été effectués sur les technologies de destruction des goudrons [132] [133]. L'émission de goudrons peut être réduite à la source en utilisant dans le réacteur de gazéification un matériau de fluidisation capable de catalyser la conversion des goudrons. Il a ainsi été montré que des matériaux naturels comme l'olivine [$(Mg,Fe_2)SiO_4$] ou la dolomite [$CaMg(CO_3)_2$] ont un effet catalytique [134]. Des catalyseurs métalliques à base de Ni [135] ont été développés. L'un des problèmes rencontrés est la désactivation du catalyseur due aux interactions avec les composés inorganiques contenus dans la biomasse comme le soufre.

Ces catalyseurs peuvent également être utilisés dans des lits secondaires placés en aval du gazéifieur.

En prenant en compte ces différents éléments liés à l'utilisation de catalyseurs dans des réacteurs de gazéification dont la température de sortie est inférieure à 1 000 °C, la teneur en goudrons pourrait être réduite à une valeur de l'ordre de 0,1 g/Nm^3.

Une élimination plus complète pourra s'effectuer après refroidissement du gaz, par lavage à basse température au niveau de l'étage de traitement du gaz.

C. Agglomération des lits fluidisés

Le phénomène d'agglomération des lits fluidisés est lié aux réactions physico-chimiques entre les cendres et le matériau de fluidisation [136] [137]. Les cendres contiennent des espèces ayant une basse température de fusion comme :

– des oxydes fondant entre 500 °C et 1 000 °C : Na_2O, K_2O, PbO, MnO, B_2O_3,

- des nitrates comme KNO_3 et $NaNO_3$ qui fondent en dessous de 350 °C,
- des phosphates comme $Cu(PO_3)_2$ et KPO_3 qui fondent entre 700 °C et 1 000 °C,
- des chlorures comme NaCl et KCl qui forment un azéotrope liquide vers 650 °C alors que KCl fond vers 770 °C. Certaines espèces, comme les oxydes et les chlorures, peuvent réagir avec le matériau de fluidisation, en général un oxyde, pour former des eutectiques ou autres composés oxydes ou oxychlorures liquides à basse température, dès 500 °C. Les composés liquides formés provoquent l'agglomération des particules de matériau de fluidisation. Il y aurait apparemment deux régimes d'agglomération :
  - un régime homogène, à la température maximum d'environ 800 °C où les particules s'entourent de produits de décomposition des cendres, la taille des particules pouvant ainsi croître de 200 μm à quelques millimètres,
  - un régime hétérogène, à plus haute température, entre 800 et 1 000 °C où il y a création de grosses particules au sein du lit fluidisé. Ce régime se verrait auto-accéléré dans la mesure où les grosses particules entraînent l'existence de points chauds entraînant eux-mêmes une augmentation de l'agglomération.

Pour une température et une composition de cendres données, certains matériaux de fluidisation, comme la silice SiO_2, formeront une masse de composés liquides plus importante que d'autres matériaux plus réfractaires et plus fragiles, comme MgO ou CaO. Ceci explique la meilleure résistance à l'agglomération de composés oxydes comme la dolomite.

On notera qu'il ne sera pas possible d'extraire les espèces à bas point de fusion des eutectiques et autres composés formés avec le matériau de fluidisation.

D. Corrosion

Les problèmes de corrosion des structures métalliques existent essentiellement dans les zones de hautes températures (tuyauteries, dispositifs de filtration, échangeurs...). Ils sont dus à la présence, dans la biomasse et donc dans le gaz de synthèse, d'espèces inorganiques volatiles, en particulier des chlorures (NaCl, KCl, HCl), des sulfures (H_2S) et quelques métaux (Na, K, Hg...) [138]. Les mécanismes de corrosion sont complexes et dépendent de très nombreux paramètres, en particulier de la pression et de la température locale. Le développement d'aciers spéciaux résistants est un enjeu technologique important pour le fonctionnement des gazéifieurs.

E. Traitement des gaz

La biomasse renferme de nombreux éléments autres que C, H et O. Même si leur concentration est faible (de l'ordre de 1 % dans le bois), ces éléments représentent une charge importante à éliminer, puisqu'elle peut représenter jusqu'à 500 kg/h pour une usine traitant 50 t/h de bois. Cette élimination est rendue complexe par l'étendue du spectre des éléments présents et leur importante variabilité en fonction de la nature de la biomasse utilisée. Le tableau 5.7 donne une idée de l'ensemble des éléments présents et de leurs concentrations.

Dans un gazéifieur, ces éléments vont se recombiner chimiquement entre eux ainsi qu'avec l'hydrogène, l'oxygène et le carbone, pour se retrouver sous différentes formes telles que des carbonates et des oxydes réfractaires.

Une partie des alcalins se retrouve sous forme de cendres mélangées au matériau de fluidisation ou entraînées sous forme de particules et d'aérosols par le gaz de synthèse, qu'il faudra éliminer par filtration. Les oxydes et chlorures à bas points de fusion peuvent

Tableau 5.7 Ordres de grandeur des concentrations en éléments inorganiques dans la biomasse sèche.

Espèces et éléments	Masse par kg de biomasse sèche	Élément	Masse par kg de biomasse sèche	Élément	Masse par kg de biomasse sèche
Cendres ($CaCO_3$, SiO_2...)	~ 10 g				
N	~ 1 g	Ba	~ 14 mg	Na	10 à 50 mg
S	~ 0,1 g	Cr	~ 5 mg	Ni	~ 5 mg
Cl	50 à 100 mg	Fe	~ 50 mg	P	~ 100 mg
F	~ 3 mg	K	~ 0,5 à 1 g	Pb	~ 1 mg
Al	~ 50 mg	Mg	~ 500 mg	Sb	~ 50 mg
As	~ 1 mg	Mn	~ 50 mg	Zn	~ 5 mg

s'agglomérer avec le matériau de fluidisation. À haute température (> 800 °C), les carbonates peuvent se décomposer en oxydes.

Les espèces mineures gazeuses dominantes dans le gaz de synthèse réducteur sont H_2S et HCl, mais on trouvera aussi des espèces comme ZnS, NaCl, KCl, qui peuvent condenser au-dessus de 400 °C et provoquer des phénomènes de corrosion, comme peuvent le faire, à pression élevée, certaines espèces chlorées.

Ces espèces solides, gazeuses ou condensables, seront éliminées par la mise en place de dispositifs assez complexes de nettoyage du gaz [139].

5.3.3 Les rendements [1]

5.3.3.1 Approche générale du problème des rendements

Le rendement massique dépend fortement du type de carburant produit. Ceci est tout simplement lié au fait que le contenu énergétique est variable d'un carburant à l'autre. Cependant, la production de carburant est directement liée au rendement énergétique. On peut donc

1. *Rendement carbone* : proportion d'atomes de carbone d'origine biomasse se retrouvant dans le carburant de type gazole produit.
Rendement hydrogène : masse d'hydrogène produite rapportée à la masse maximale d'hydrogène pouvant être produite à partir de la biomasse sèche. Cette dernière valeur représente environ 17,5 % de la masse de biomasse sèche.
Rendement masse : masse de **carburant équivalent gazole** produite par unité de masse de biomasse sèche à l'entrée du procédé. Un rendement carbone de 100 % correspond à un rendement masse en gazole d'environ 58 % (ce chiffre constitue donc le rendement masse maximum).
Rendement énergie usine : somme des énergies utilisables (carburant, électricité...) produites rapportées à la somme des énergies entrantes (biomasse, électricité, gaz naturel...).
Rendement énergie primaire : ce rendement prend aussi en compte le rendement de production des énergies entrantes, par exemple le rendement de production de l'électricité utilisée dans le procédé.

penser que le rendement énergétique constitue une base suffisante pour comparer les procédés en termes de production de carburant. En fait, si le rendement masse de production de carburant est effectivement proportionnel au rendement énergétique pour les procédés autothermiques, et ce quel que soit le type de carburant produit, et parce que la biomasse constitue l'essentiel de l'énergie entrante, il n'en va pas de même pour les procédés allothermiques pour lesquels il est nécessaire de distinguer les rendements masse et énergie. La comparaison des différents procédés est faite en prenant comme base commune le même type de carburant fabriqué, dans le cas présent le gazole issu de la synthèse Fischer-Tropsch. Les détails de cette synthèse sont présentés en 5.5. Le cas de la production d'hydrogène est aussi abordé.

Les rendements ne dépendent pas uniquement de la technologie de gazéification mais aussi des choix faits dans le cadre global du procédé intégré, tant dans les étapes amont (utilisation directe de la biomasse ou des produits issus de la pyrolyse lente ou encore de la pyrolyse rapide) que dans celles en aval, particulièrement pour ce qui concerne le devenir des sous-produits venant de la synthèse Fischer-Tropsch, tels que les gaz de tête et les naphtas. Les gaz de tête peuvent être brûlés et fournir une partie de l'énergie nécessaire au fonctionnement de l'unité industrielle. Les naphtas peuvent être valorisés séparément. Ces produits peuvent être recyclés et transformés totalement ou partiellement en CO et H_2 (figure 5.17).

5.3.3.2 Principaux points du procédé permettant une augmentation du rendement de production de carburant

Les principaux points du procédé permettant une augmentation du rendement de production de carburant correspondent aux postes sur lesquels des pertes importantes sont apparentes. Il s'agit tout particulièrement :

- du poste gazéification autotherme où l'énergie de gazéification de la biomasse est apportée par une combustion partielle de cette dernière. Cette combustion consomme jusqu'à 40 % de l'inventaire initial en carbone et hydrogène,
- du poste d'adaptation du rapport H_2/CO où l'on transforme une partie du CO du *syngas* en hydrogène par la réaction du gaz à l'eau (*Water-Gas Shift)* afin d'atteindre une valeur du rapport H_2/CO de l'ordre de 2, nécessaire pour la synthèse de carburant. Dans cette réaction, une partie du carbone de la biomasse est perdue sous forme de CO_2 et ne pourra être transférée dans le carburant final,
- du poste de synthèse Fischer-Tropsch qui génère, en sus des carburants, du naphta et des gaz (appelés « gaz de tête »). Comme il a été dit précédemment, ces produits peuvent être valorisés séparément ; mais le carbone stocké dans ces produits n'est alors pas valorisé dans le carburant.

La recherche d'une augmentation significative du rendement de production de carburant passe donc par la recherche de solutions technologiques alternatives pour ces différents postes. L'enjeu est important puisque le rendement masse de production de carburant d'un procédé autothermique standard n'est que de l'ordre de 15 % (i.e. 150 kg de gazole pour 1 tonne de biomasse sèche) alors que le rendement théorique maximum est de l'ordre de 58 % (selon la composition initiale de la biomasse).

Différentes solutions technologiques peuvent être envisagées :

- pour remplacer la combustion partielle de la biomasse dans le réacteur, en apportant de l'énergie de l'extérieur. Ces dernières années, plusieurs pistes ont été explorées dans ce sens :
  - apport d'énergie électrique, par exemple par injection d'un gaz plasmagène à haute température dans le réacteur à flux entraîné,
  - injection d'hydrogène ou de méthane dans un réacteur à flux entraîné. Les calculs montrent alors que la réaction de combustion consomme essentiellement l'hydrogène injecté et non le carbone de la biomasse qui sera presque entièrement transformé en CO en sortie de réacteur,
- pour éviter la réaction du gaz à l'eau, en apportant un appoint d'hydrogène en amont du réacteur de synthèse de carburant,
- pour éviter la perte de carbone dans les gaz de tête ou dans les naphtas, en reformant tout ou partie de ces produits en CO et H_2.

La mise en œuvre de ces solutions permettrait alors de multiplier par un facteur de l'ordre de 3 le rendement masse d'un procédé autothermique classique, qui atteindrait des valeurs de l'ordre de 45 %.

On notera également que ces technologies permettraient finalement de stocker aussi bien l'électricité que l'hydrogène dans un carburant, ne posant pas de problèmes de stockage, de distribution et ne nécessitant pas de modification des moteurs des véhicules actuels.

5.3.3.3 Calculs de rendements pour différentes options de procédés

On discute ci-dessous, avec plus de détails, les divers rendements (masse, énergies, carbone, hydrogène) qui sont attendus pour différentes options de procédés.

Les résultats présentés sont issus de calculs.

Le tableau 5.8 décrit les rendements carbone et hydrogène calculés pour différents procédés. Il apparaît ainsi que les rendements carbone des procédés autothermiques sont faibles, inférieurs à 30 %. Un apport d'énergie externe, par exemple sous forme d'électricité injectée dans le gazéifieur ou dans l'étage haute température de reformage du gaz ou encore sous forme d'un apport d'hydrogène, permet d'augmenter sensiblement ces rendements.

Le tableau 5.9 présente les rendements masse de production de gazole ainsi que les rendements énergétiques. Les résultats montrent bien l'augmentation du rendement masse de production de gazole grâce à l'apport d'énergie externe. Le rendement masse passe d'un peu moins de 20 % en fonctionnement autothermique à environ 40 % en fonctionnement allothermique. En se basant sur une disponibilité annuelle en France de 50 Mt de biomasse, la production de biocarburant liquide pourrait s'établir, en faisant fi d'autres usages (production d'éthanol ou énergie sous forme de vapeur ou d'électricité), entre 7,5 Mtep par la voie autothermique et 15 à 22 Mtep grâce à l'apport d'énergie externe, valeur significative par rapport à la consommation annuelle française de carburant.

Les rendements énergétiques associés à la production d'hydrogène sont supérieurs aux rendements énergétiques de production de gazole, du fait des pertes liées à la synthèse Fischer-Tropsch.

L'optimisation des procédés ne dépend pas uniquement des choix technologiques mais également des aspects économiques et environnementaux.

Tableau 5.8 Gazéification de la biomasse et synthèse de carburant liquide ou production d'hydrogène. Évolution (calculée) du rendement Carbone (Def 1) ou Hydrogène (Def 2) en fonction des sources d'énergie utilisées pour les différents étages du procédé (A : auto-thermique ; E : apport externe).

Gazéification à 850 °C	Rectification HT (1 300 °C)	Ajustement de la composition du gaz pour carburant	Rendement carbone (%)	Rendement hydrogène (%)
Procédé Lit fluidisé				
A (oxygène ou air)	–	A (réaction *gas shift*)	***11 à 18***	***28-45***
A (oxygène ou air)	A (oxygène)	A (réaction *gas shift*)	***18 à 25***	
A (oxygène ou air)	E (électricité)	A (réaction *gas shift*)	***25 à 31***	***51 à 68***
A (oxygène ou air)	E (électricité)	E (complément H_2)	***31 à 40***	
E (chaleur HTR)	E (électricité)	E (complément H_2)	***40 à 65***	
Procédé Flux entraîné autothermique				
A(oxygène)		A (réaction *gas shift*)	***18 à 22***	
Procédé Flux entraîné allothermique				
E (électricité)		A (réaction *gas shift*)	***46 à 65***	
E (électricité)		E	***60 à 95***	***80 à 95***

Tableau 5.9 Gazéification de la biomasse et fabrication de gazole Fischer-Tropsch. Évolution (calculée) des rendements carbone (Def1), masse gazole (Def 3) et énergie (Def 4) en fonction des sources d'énergie utilisées pour les différents étages du procédé (A : auto-thermique ; E : apport externe).

Gazéification	Rectification HT	Ajustement de la composition du gaz pour carburant	Rdt masse gazole (%)	Rdt carbone (%)	Rdt énergie usine (%)	Rdt énergie primaire (%)
Procédé Lit fluidisé						
A (oxygène ou air)	–	A (réaction *gas shift*)	***7 à 11***	***11 à 18***	***20 à 26***	***20 à 26***
A (oxygène ou air) + recirculation FT	E (électricité)	A (réaction *gas shift*)	***15 à 19***	***25 à 31***	***31 à 37***	***20 à 26***
Procédé Flux entraîné autothermique						
A(oxygène)		A (réaction *gas shift*)	***11 à 13***	***18 à 22***	***28 à 34***	***28 à 34***
A (oxygène) recirculation FT		A (réaction *gas shift*)	***16 à 20***	***27 à 33***	***39 à 45***	***39 à 45***
Procédé Flux entraîné allothermique						
E (électricité) sans recirculation FT		A (réaction *gas shift*)	***16 à 20***	***27 à 33***	***31 à 37***	***19 à 25***
E (électricité) recirculation FT		A (réaction *gas shift*)	***34 à 38***	***56 à 63***	***48 à 54***	***25 à 30***
E (hydrogène dans le réacteur) ; recirculation FT		E (apport H_2)	***45 à 50***	***77 à 86***	***53 à 57***	***30 à 33***

5.3.4 Aspects technico-économiques

Un schéma détaillé d'une chaîne complète de production de biocarburants à partir de biomasse lignocellulosique est représenté sur la figure suivante (figure 5.21) [140].

Cette chaîne comprend le prétraitement de la charge, le procédé de gazéification suivi d'une étape de purification/conditionnement du gaz avant la synthèse Fischer-Tropsch de production de gazole et/ou de kérosène.

En première étape, la biomasse brute est séchée puis subit une étape de prétraitement de façon à rendre possible son introduction sous pression dans un gazéifieur à flux entraîné et fonctionnant sous oxygène pur. Le coût d'une unité de distillation d'air est largement compensé car la présence d'azote dans le gaz de synthèse présente deux inconvénients majeurs :

- augmentation de la taille et donc du coût de l'ensemble des étapes de traitement aval,
- diminution de l'activité des étapes catalytiques, (Fischer-Tropsch, *Water-Gas Shift*) par dilution des espèces réactives.

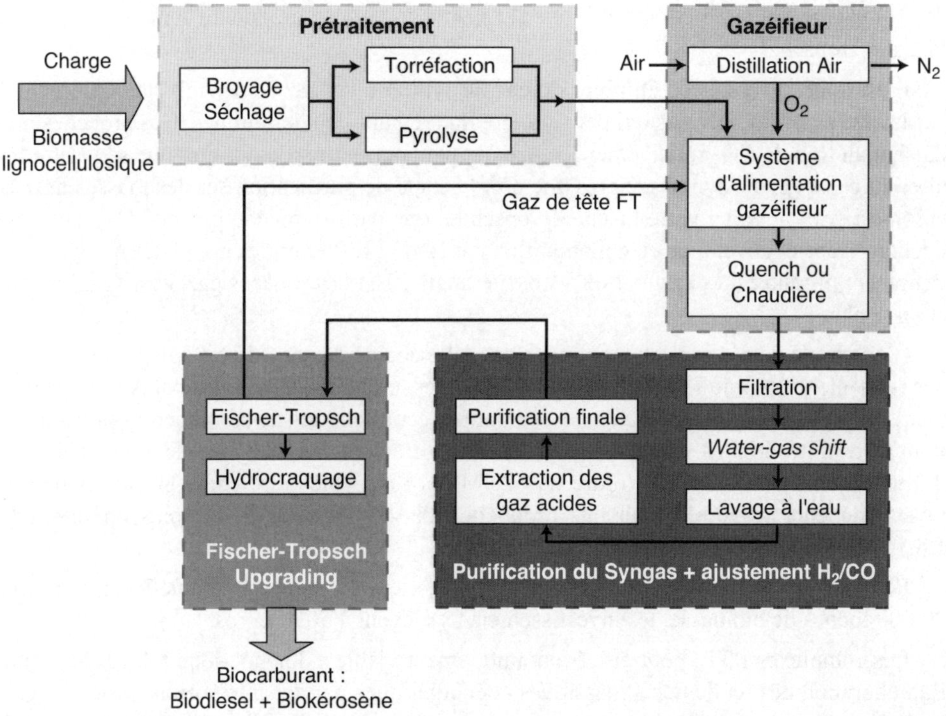

Figure 5.21

Schéma détaillé d'une chaîne complète de production de biocarburants à partir de biomasse.

Le gaz, obtenu après gazéification et conversion à haute température, contient majoritairement le mélange CO+H_2. Afin de diminuer sa température, il peut passer dans une chaudière de récupération pour produire de la vapeur haute pression ou encore subir une étape de quench à l'eau qui présente l'avantage de réaliser un premier lavage des particules solides entraînées, appelées aussi cendres volantes, tout en abaissant sa température à la valeur du point de rosée (200-250 °C selon la pression du réacteur de gazéification). De plus, ce dispositif permet au gaz de synthèse de se saturer en eau dans des proportions proches de celles requises par la réaction de « *Water-Gas Shift* ».

Une étape de filtration permet de s'assurer de l'élimination de toutes particules solides qui pourraient entraîner des bouchages des lits catalytiques placés en aval. Le rapport H_2/CO est ensuite ajusté à 2 environ lors de la réaction de gaz à l'eau. Un lavage à l'eau permet d'éliminer les composés halogénés (HCl, HBr, HF...) ainsi que l'ammoniaque.

La biomasse lignocellulosique contient des traces de soufre qui se trouvent principalement sous forme d'H_2S après gazéification. Les composés soufrés en général, et H_2S en particulier, sont des poisons bien connus des catalyseurs Fischer-Tropsch. Par ailleurs, une quantité importante de CO_2 a été générée lors de l'étape de gazéification puis par la réaction de *Water-Gas Shift*. Ce composé inerte joue un rôle néfaste de diluant lors de la synthèse Fischer-Tropsch.

Il est donc nécessaire d'éliminer du gaz de synthèse les gaz acides tels que CO_2 et H_2S par lavage avec des solvants qui peuvent être du méthanol ou des amines. Ces procédés produisent un flux de CO_2 relativement pur ce qui peut permettre d'envisager une séquestration ultérieure. Le gaz de synthèse après une ultime étape de purification sur des masses de captation est envoyé vers l'unité Fischer-Tropsch tel que par exemple le procédé Gasel^{TM} sous licence Axens et développé en collaboration par ENI et IFP Energies nouvelles qui va essentiellement produire du gazole et du kérosène, mais aussi des espèces gazeuses (gaz de tête) et du naphta.

L'ensemble de ces aspects montre qu'une telle chaîne de procédé est complexe, présente des rendements massique et énergétique peu élevés, ce qui conduit à des coûts d'investissement et d'opérations considérables. Les données économiques ne sont encore qu'estimées. Pour une unité dont la capacité de production serait de 200 000 t/an de BTL, les coûts d'investissement seraient de l'ordre de 670 M$ [140a]. Une autre étude [140b] évalue les investissements à 850 M$ pour une production de 480 000 t/an et les coûts opératoires à 1,8 $/gallon d'équivalent carburant.

Pour une unité de démonstration (Choren β), capable de traiter annuellement environ 70 000 tonnes de biomasse, les investissements s'élèvent à 50 M euros.

Les complexes BTL, pour être économiquement viables, doivent donc relever le défi de l'amélioration des rendements massiques et énergétiques par des intégrations procédés et la levée de verrous technologiques mais aussi de jouer sur l'effet de taille pour diminuer le coût de revient du produit final. En effet, l'augmentation de la capacité de telles usines permet de diminuer la part liée à l'amortissement de l'investissement dans le coût de transformation.

Arrive alors la problématique de la disponibilité et de la mobilisation de biomasse. En effet, la biomasse lignocellulosique est une ressource, par nature, dispersée. La mobilisation de quantités importantes, de l'ordre du million de tonnes par an, n'est pas sans poser des problèmes logistiques.

Par ailleurs, le coût d'accès à la biomasse est fortement impacté par le coût du transport. Au-delà d'un certain rayon d'approvisionnement, les coûts et l'impact environnemental lié au transport des grandes quantités de biomasse sur de longues distances peuvent s'avérer rédhibitoires.

Une manière de dépasser cette difficulté est la flexibilité des complexes BTL vis-à-vis des charges (bois, paille, cultures énergétiques), de façon à exploiter au mieux un bassin d'approvisionnement donné. Cette flexibilité est un challenge technologique en soit car les biomasses présentent des caractéristiques physico-chimiques et compositionnelles très différentes. L'impact sur l'étape de prétraitement et de purification du gaz de synthèse sera considérable.

Une autre solution technique permettrait de résoudre l'ensemble de ces contraintes. Elle a recours au *co-processing* de biomasse et de charges fossiles.

L'apport de charges fossiles en co-gazéification permet :

- d'avoir des unités industrielles de taille suffisante pour bénéficier d'un effet d'échelle minimal tout en utilisant des quantités de biomasse compatibles avec un approvisionnement pérenne, économique et peu impactant sur l'environnement (transport),
- de pallier la variabilité saisonnière (en quantité et en qualité) de la biomasse,
- de valoriser de la biomasse dans des régions où la ressource ne serait pas mobilisable de façon rentable.

5.3.5 Aspects environnementaux

L'étude européenne [140c] révèle des gains importants en termes de consommation d'énergie fossile, de l'ordre de 95 % pour la filière BTL à partir de matières lignocellulosiques. Les gains en émissions de gaz à effet de serre, exprimées en grammes de CO_2 équivalent, devraient atteindre 87 %.

5.3.6 Les unités de démonstration existantes et les besoins en recherche et développement

Il existe, au niveau industriel, des procédés de production de carburants par gazéification du charbon (Exemple : Société Sasol). Les réacteurs de gazéification de la biomasse ont, jusqu'à présent, été essentiellement développés pour des applications en cogénération (Varnamo, Battelle, FICFB, PRME...). Toutefois, certaines installations visaient déjà la production de carburants, comme l'unité de démonstration ASCAB de Clamecy en France, qui a fonctionné durant la fin des années 1980. La baisse des prix du pétrole, survenue à cette époque, avait alors entraîné le ralentissement, sinon l'arrêt de ces projets. Les développements ont repris depuis quelques années.

La société Choren a développé un gazéifieur à flux entraîné combinant préparation de la charge et gazéification : la biomasse est envoyée dans un premier étage de gazéification à basse température (NTV) pour être convertie en une fraction charbonneuse et en gaz. Le gaz est ensuite envoyé au brûleur du réacteur de gazéification à flux entraîné haute température (Carbo V) dans lequel un quench chimique est réalisé à l'aide de la fraction charbonneuse (figure 5.22).

Une unité pilote de 1 MWth (Alpha plant) a été opérée à Freiberg (Allemagne). Une unité de démonstration de 45 MWth (Bêta plant) a ensuite été construite sur le même site à Freiberg sur la base des données acquises sur l'unité pilote. Cette unité est actuellement en phase de démarrage.

La société suédoise Chemrec, spécialisée dans la gazéification de liqueur noire, un co-produit de l'industrie papetière, a développé un réacteur de gazéification en flux entraîné pressurisé opérant à température modérée (1 000 °C). Ce réacteur fonctionne à une température plus basse que la température de fusion des cendres. La protection de la paroi interne est assurée par un revêtement réfractaire. Chemrec a construit un pilote de démonstration de 3 MWth en 2005 à Pitea (Suède), sur un système pressurisé (30 bar), utilisant de l'oxygène pur. À la fin de 2007, ce pilote avait fonctionné pendant plus de 3 600 heures (figure 5.23).

L'objectif de Chemrec est de construire une unité de démonstration de ~ 50-60 MWth dans une usine de pâte à papier pour démontrer la faisabilité de la production de bio-DME (Diméthyl Ether).

Lurgi et FZK (ForschungsZentrum Karlsruhe) ont développé BIOLIQ. Ce concept est basé sur une approche décentralisée : collecte et première transformation à l'échelle locale de la biomasse en une huile par pyrolyse puis gazéification et production de méthanol à

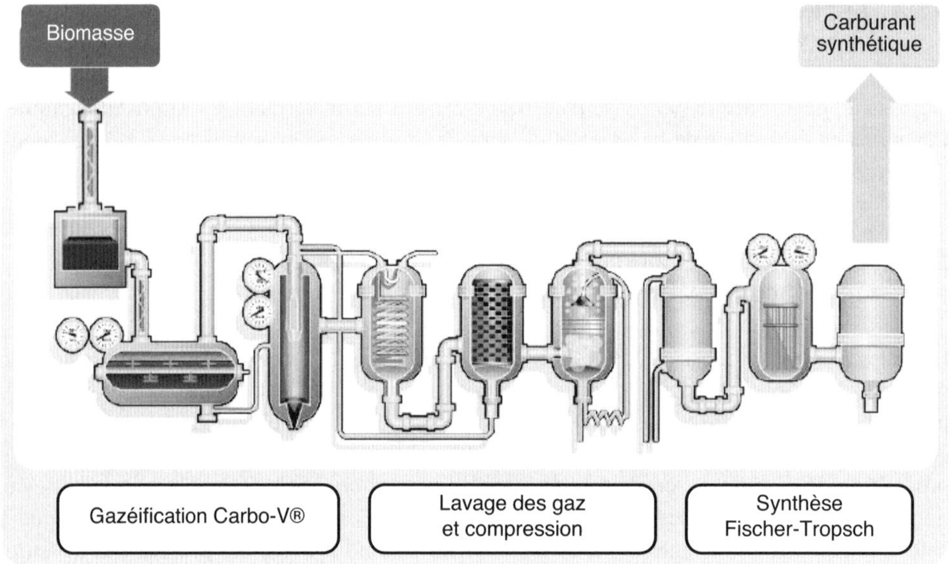

Figure 5.22

Schéma du système Choren Carbo V.
Source : CHOREN Industries GmbH.

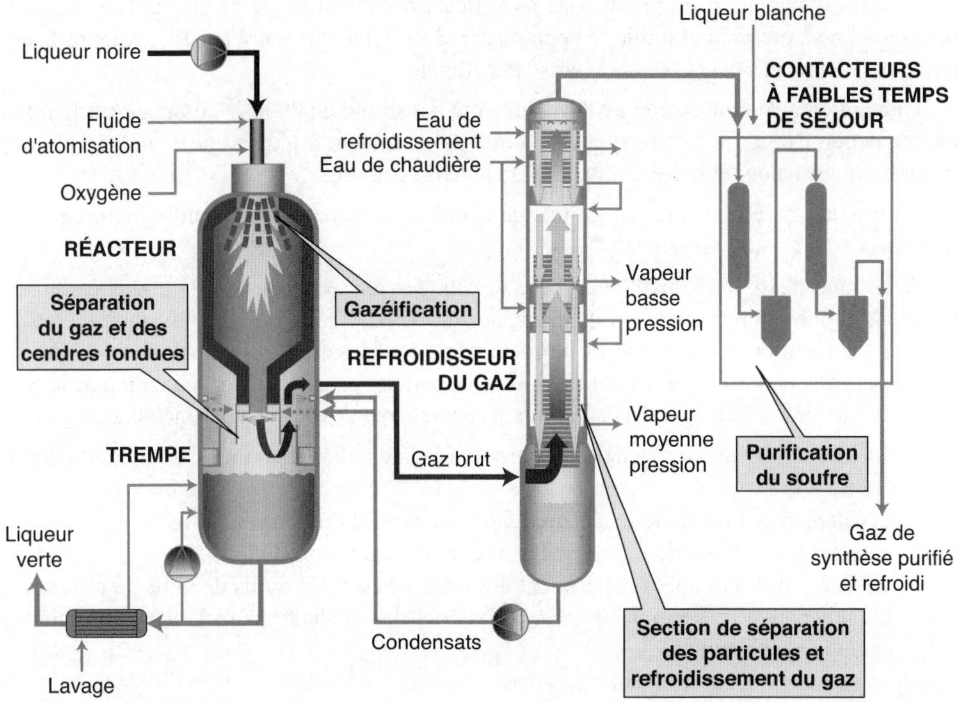

Figure 5.23

Réacteur Chemrec.
Source : d'après Chemrec.

l'échelle régionale ou gazéification et synthèse Fischer-Tropsch de carburants dans une approche centralisée. Le projet BIOLIQ comporte quatre étapes successives permettant à terme la démonstration du concept (figure 5.7) :

- BIOLIQ 1 : une étape de pyrolyse rapide (fast or flash pyrolysis) décentralisée,
- BIOLIQ 2 : une étape de gazéification/synthèse,
- BIOLIQ 3 : une étape d'épuration du gaz de synthèse et la synthèse de méthanol,
- BIOLIQ 4 : une étape de production de carburants, soit à partir de méthanol (MtSynfuels, bio-DME) ou par synthèse Fischer-Tropsch.

La technologie de base choisie pour réaliser la pyrolyse est basée sur le réacteur LR-mixer (LR = Lurgi Rührgas). Après broyage fin, la biomasse est portée à 500 °C pendant quelques secondes à l'aide d'un caloporteur solide (sable, billes d'acier). La fraction organique liquide et la phase solide sont mélangées sous forme d'un *slurry*. Ce *slurry* injecté sous pression alimente alors le réacteur de gazéification (*Multipurpose Gasifier* de Lurgi).

Le développement d'un procédé de gazéification allothermique en lit fluidisé circulant opérant à basse pression et faible température (~ 850 °C) a été assuré par l'Université Technique de Vienne (TUV) et commercialisé par Repotec.

Une unité de démonstration de 8 MWth a été construite en 2000 à Güssing (Autriche) et opérée depuis 2002. Le gaz de synthèse alimente un moteur à gaz et une chaudière pour la génération de chaleur et d'électricité pour la ville de Güssing.

Ce type de gazéifieur produit un gaz de synthèse contenant une quantité importante de méthane (> 10 % mol) (figure 5.24).

Après une phase de recherche de base (cinétiques réactionnelles à haute température et pressions variables : reformage du méthane, destruction des goudrons, gazéification du résidu carboné ; comportement des espèces inorganiques : condensation, corrosion, aérosols, purification des gaz), le développement et l'industrialisation des procédés de gazéification de la biomasse en vue de la fabrication de biocarburants passent par des étapes de démonstration pour :

- adapter des technologies déjà existantes [141] aux charges biomasses (Gazéification, AGR, WGS),
- développer des technologies dédiées aux chaînes BTL (Torréfaction),
- valider la faisabilité de l'enchaînement complexe de procédé,
- valider, par des données expérimentales obtenues sur des outils de taille significative, les schémas d'intégration *process* définis par des évaluations technico-économiques et environnementales.

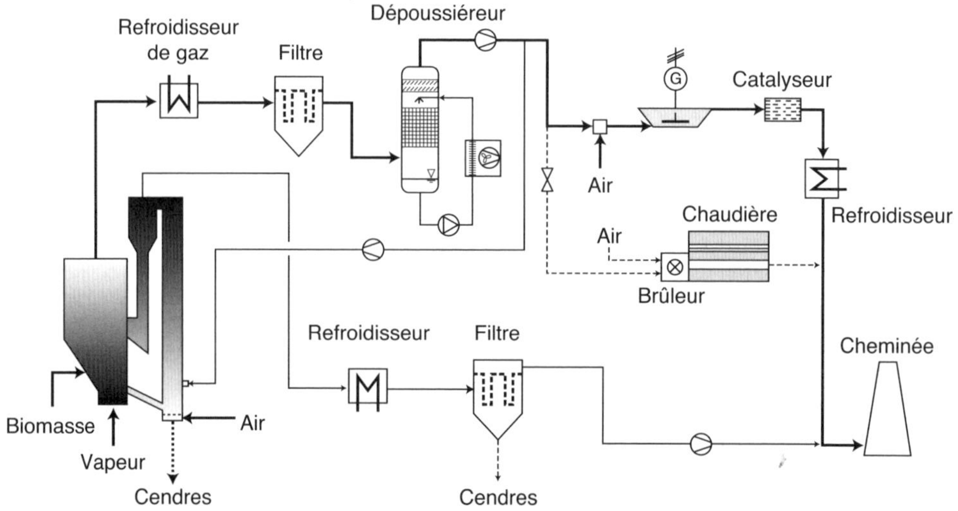

Figure 5.24

Diagramme de l'unité de démonstration de Güssing.

Source : d'après International Slovak Biomass Forum, Bratislava, 9-10/02/2004. Markus Bolhàr-Nordenkampf, Hermann, Hofbauer, Institute of Chemical Engineering, Vienne (Autriche).

5.3.7 Conclusion

Les technologies de gazéification de la biomasse sont très proches des technologies industrielles déjà mises en œuvre pour le charbon. La biomasse pose cependant des problèmes spécifiques liés à sa collecte, à sa préparation, ainsi qu'au traitement des minéraux. Pour la biomasse, différentes briques technologiques existent pour la mise en œuvre d'un procédé autothermique mais il manque l'expérience industrielle de fonctionnement d'un procédé intégré.

L'intérêt de cette technologie réside dans le fait qu'elle ouvre de nombreuses options procédés qui permettent d'adapter la même technologie à différentes ressources (charbon (CTL), pétroles lourds, biomasse (BTL), gaz naturel (GTL), voire déchets organiques) tout en permettant d'envisager l'utilisation de divers appoints (électricité, hydrogène, gaz naturel) pouvant augmenter significativement le rendement de production de carburant de synthèse. Par ailleurs, différents types de carburants peuvent être produits (diméthyléther, gazole, kérosène, méthanol et même hydrogène).

Finalement, les procédés évolués permettraient de stocker électricité et hydrogène dans un gazole liquide qui ne poserait pas de problème de stockage, de distribution et ne nécessiterait pas de modification des moteurs actuels.

5.4 LA LIQUÉFACTION DIRECTE OU CONVERSION HYDROTHERMALE

Plusieurs stratégies sont *a priori* possibles pour produire des carburants liquides à partir de biomasse lignocellulosique : gazéification suivie de la fabrication d'un carburant à partir du gaz de synthèse, pyrolyse afin de produire des huiles utilisables après amélioration de leurs caractéristiques physico-chimiques et enfin liquéfaction directe. On conçoit, en effet, que si l'objectif est de produire un carburant liquide, il peut être plus simple et donc plus efficace économiquement de fabriquer directement un composé liquide puis d'en améliorer les propriétés plutôt que de passer par un intermédiaire. Ce paragraphe est consacré aux seuls procédés de liquéfaction directe de la biomasse, c'est-à-dire aux traitements de conversion hydrothermale. Ceux-ci font intervenir deux réactions principales : la solvolyse ou décomposition par dissolution, et l'hydrogénolyse ou décomposition par hydrogénation. Ces deux réactions interviennent le plus souvent simultanément.

5.4.1 Le principe et les conditions opératoires

Le principe de la liquéfaction directe consiste à mettre en solution la biomasse sous forme divisée dans un solvant aqueux ou organique pouvant présenter un caractère donneur d'hydrogène et en jouant sur les différents paramètres opératoires que sont la température, la pression totale, la pression partielle en gaz réducteur, la présence de catalyseur, afin de produire un liquide organique présentant une teneur en oxygène réduite et un ratio H/C proche de celui des hydrocarbures.

Bien entendu, comme dans tout procédé de conversion thermochimique, la liquéfaction directe de la biomasse conduit à un mélange de produits réactionnels dont les proportions respectives dépendent des conditions opératoires : composés organiques liquides, gaz légers (H_2, CO, CO, CH_4), et résidus solides (résidus minéraux, carbone). De nombreuses études ont porté sur l'influence des conditions opératoires sur la liquéfaction directe de la biomasse et particulièrement de la sciure de bois [142].

La température optimale se situe entre 250 °C et 450 °C. En deçà de 250 °C, les cinétiques réactionnelles sont trop lentes et au-delà les phénomènes de dégradation thermique l'emportent sur les réactions de solvolyse et d'hydrogénolyse. Les conditions de pression sont variables en fonction des procédés mais la liquéfaction se fait en général sous une pression totale de 150 à 200 bar. Il peut être intéressant de travailler sous atmosphère réductrice (H_2, CO ou mélange CO/H_2) pour favoriser, par exemple, l'hydrogénation des coupes produites.

Le solvant le plus employé pour effectuer la liquéfaction directe est l'eau. Des solvants organiques comme les coupes aromatiques pétrolières, les solvants organiques oxygénés, les crésols ont également été utilisés. Un des paramètres qu'il est essentiel de prendre en compte, est la viscosité du mélange réactionnel qui doit rester pompable à la température de réaction.

Parmi les nombreux catalyseurs qui ont été évalués en liquéfaction directe, les plus intéressants sont les métaux alcalins et alcalino-terreux sous forme de carbonate et notamment le carbonate de sodium. Les catalyseurs métalliques d'hydrogénation à base de nickel, cobalt, molybdène peuvent également être utilisés si l'hydrogénolyse doit être plus poussée.

5.4.2 Les procédés

Les premiers travaux de mise au point de procédés de liquéfaction directe ont commencé dans les années 1920, mais c'est surtout après les deux chocs pétroliers, et à l'initiative du Bureau des Mines américain, que des progrès techniques significatifs ont permis la réalisation des premiers pilotes de liquéfaction d'une taille préindustrielle. Plusieurs procédés, dont plus particulièrement des procédés utilisant des solvants pétroliers pour dissoudre la biomasse, ont ainsi été mis au point par des compagnies pétrolières.

La société Mobil a, par exemple, déposé des brevets de production de carburants liquides par liquéfaction directe de la biomasse [143] et testé son concept à l'échelle du prototype. Le procédé consiste à former un « *slurry* » en mélangeant de la sciure avec une coupe pétrolière distillant entre 230 et 600 °C et à chauffer ce mélange pendant environ 1 heure à une température comprise entre 250 et 275 °C. On obtient alors un combustible qui présente la viscosité d'un fioul lourd à température ambiante. Le taux de conversion du bois peut approcher les 100 % si l'on inclut les différents produits réactionnels possibles. Ce procédé est adapté à la production de combustible pour alimenter les centrales thermiques et présente l'avantage de fonctionner à la pression atmosphérique sans catalyseur. Il fonctionne bien avec des solvants comme les résidus aromatiques issus de l'unité de FCC. En revanche, le combustible résultant doit être filtré à chaud afin d'en éliminer les particules solides en suspension. Ce procédé n'a pas connu d'applications industrielles, les débouchés pour ce type de combustible n'étant pas économiquement intéressants.

Les récents développements dans le domaine de la liquéfaction ont porté sur les possibilités d'utiliser l'eau comme solvant. Outre les avantages environnementaux, la conversion de la biomasse, notamment de celle qui a une teneur en eau élevée, en milieu eau supercritique présente de nombreux avantages. En effet, dans des conditions de température et de pression supérieures aux valeurs critiques de l'eau (374 °C, 221 bar), la réaction des composés organiques avec l'eau est favorisée d'un point de vue cinétique. De nombreux développements récents portent sur cette technologie qui, malgré l'étape réactionnelle qui a lieu en milieu liquide, s'apparente plutôt à un procédé de gazéification lorsque la température est supérieure à 374 °C. Lorsque cette dernière est inférieure à 374 °C, la conversion est plutôt orientée vers la synthèse de produits de haut poids moléculaire [144].

Un procédé intéressant est le procédé HTU® (Hydrothermal Upgrading) développé par le centre de recherche TNO-MEP aux Pays-Bas en collaboration avec d'autres universités néerlandaises (figure 5.25). Continuation de développements effectués par Shell dans les années 1980, ce procédé de liquéfaction de la biomasse consiste à faire réagir la biomasse en milieu aqueux à température et pression élevées. Un des avantages du procédé serait son efficacité pour diminuer la teneur en oxygène de la biomasse de 40-50 % à 10-15 %, par déshydratation pour produire de l'eau et par décarboxylation pour former du gaz carbonique. La composition des produits issus du procédé HTU correspondrait à celle donnée dans le tableau 5.10. La phase aqueuse obtenue contient 50 à 100 % des sels de la charge en biomasse ainsi que des composés organiques hydrophiles comme l'acide acétique, le méthanol, l'acétone… La phase huile ou *biocrude* est obtenue après séparation de la phase aqueuse. Elle a un pouvoir calorifique relativement élevé, de l'ordre de 30-35 MJ/kg, plus élevé que celui de l'huile issue des procédés de pyrolyse rapide. Sa composition élémentaire moyenne est la suivante : C 75-82 %, H 6-8 %, O 10-18 %. Ce *biocrude* pourrait être utilisé comme combustible pour produire de l'électricité ou hydrotraité pour améliorer et rapprocher ses caractéristiques de celles du gazole [145].

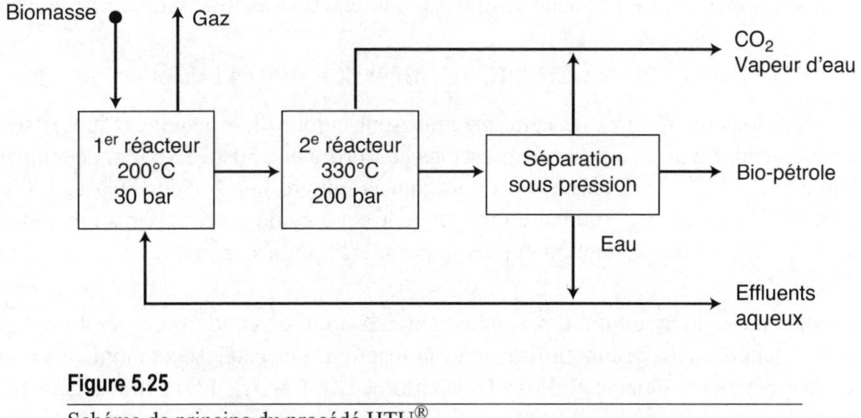

Figure 5.25

Schéma de principe du procédé HTU®.

Tableau 5.10 Composition des effluents issus du procédé HTU®.

Produits	% poids
Biocrude	
Fraction PM [a] 760	7,5
Fraction PM 500	10,0
Fraction PM 380	17,5
Fraction PM 260	12,5
Équivalent méthyl-n-propyléther	2,5
CO_2	25
Méthanol	5
Éthanol	3,5
Eau	16,5

[a] *PM : poids moléculaire.*

5.5 LES CARBURANTS LIQUIDES ET L'HYDROGÈNE PRODUITS À PARTIR DU GAZ DE SYNTHÈSE ISSU DE LA BIOMASSE

Les gaz de synthèse issus de la transformation par voie thermochimique de la biomasse peuvent servir de matière première à l'élaboration de carburants liquides, tels que le méthanol, le diméthyléther et le BTL, et à la production d'hydrogène.

Ce paragraphe décrit successivement les différentes réactions de synthèse de ces composés ainsi que leurs propriétés en tant que carburants.

5.5.1 Synthèse du méthanol [146], [147], [148], [149]

La synthèse du méthanol à partir de *syngas* est une réaction exothermique. Elle se déroule selon l'équation principale suivante :

$$CO + 2H_2 \Leftrightarrow CH_3OH \qquad \Delta H298°K = -\,90{,}64 \text{ kJ/mol}$$

Les conditions opératoires de cette réaction sont aujourd'hui nettement moins sévères qu'elles n'étaient. En effet, à partir de pressions de l'ordre de 250 à 350 bar et de températures allant jusqu'à 350 °C, les températures pratiquées aujourd'hui sont de 180 à 270 °C et les pressions de l'ordre de 75 à 100 bar en moyenne. Ceci a évidemment permis une réduction substantielle du coût de production depuis la première synthèse commerciale de cet alcool en 1923 par BASF.

La principale innovation qui a permis la généralisation de conditions opératoires moins sévères provient des catalyseurs utilisés pour la réaction. Les catalyseurs employés initialement étaient composés de zinc et d'oxyde de chrome (Zn/Cr_2O_3). Très actifs et sélectifs, ils avaient également la propriété de mieux résister au soufre, un élément important de la composition du *syngas* produit, en particulier à partir de charbon.

C'est l'amélioration des procédés de purification du gaz de synthèse qui a été décisive et a permis de renouveler l'intérêt pour les catalyseurs à base de cuivre, plus actifs, bien que plus sensibles aux impuretés. La meilleure activité du catalyseur à base d'oxyde de cuivre par rapport à son concurrent à base d'oxyde de zinc et de chrome permet, grâce à un fonctionnement à des conditions opératoires moins sévères, une meilleure rentabilité économique globale. En effet, avec les catalyseurs à base de cuivre, les équipements utilisés sont moins importants et la consommation d'énergie de l'unité industrielle réduite. De plus, une température plus basse réduit la quantité et la variété des co-produits, simplifiant ainsi la purification finale du méthanol. La dernière unité fonctionnant à haute pression et haute température a fermé au milieu des années 1980. Aujourd'hui, les catalyseurs employés dans les nouvelles unités construites sont tous à base de cuivre.

Ces progrès ont notamment été réalisés par la société JM (ex Imperial Chemical Industries), qui a commercialisé la première unité industrielle en 1970 à Taiwan.

Le procédé à basse pression utilise un réacteur adiabatique dans lequel le gaz de synthèse froid est injecté à travers les lits fixes de catalyseur. Les phases successives de chauffage et refroidissement conduisent à des rendements moyennement élevés, mais la simplicité et la fiabilité en font un procédé encore prédominant.

Il convient cependant de souligner que la production de méthanol est aujourd'hui majoritairement réalisée en utilisant le gaz naturel comme charge initiale, avec un gaz de synthèse produit relativement plus propre que dans le cas où l'on utiliserait la biomasse lignocellulosique comme matière première. Dans ce dernier cas, le gaz de synthèse fabriqué peut alors contenir des goudrons, des cendres, des poussières, des composés alcalins, des halogènes ou même du soufre, impuretés qu'il est nécessaire d'éliminer.

D'autres réactions secondaires ont également lieu, qui sont les suivantes :

$$CO_2 + 3H_2 \Leftrightarrow CH_3OH + H_2O \qquad \Delta H298°K = -\ 49{,}67 \text{ kJ/mol}$$

$$CO + H_2O \Leftrightarrow CO_2 + H_2 \qquad \Delta H298°K = -\ 90{,}64 \text{ kJ/mol}$$

Ces différentes réactions font qu'il existe un optimum pour le rapport molaire des différents gaz présents dans le « *syngas* », défini comme suit : $(nH_2\text{-}nCO_2)/(nCO + nCO_2)$. Pour la production de méthanol, le rapport stœchiométrique idéal est de 2.

Les principaux vendeurs de licence de procédés de production de méthanol sont ICI (aujourd'hui JM) déjà cité, Lurgi et Mitsubishi Gas Chemical (MGC). Mais, il existe bien sûr d'autres vendeurs de technologie, parmi lesquels peuvent être cités : Acid Amine Technologie, AO Giap, Badger/Shaw, Forskningsparken A/S, Jacobs Engineering, Haldor Topsoe, Kellogg, Brown & Root, Linde AG, Methanol Casale, Polimex-Cekop chemical Ltd, Stauffer, Uhde.

Les parts de marché des principaux acteurs pour ce qui est de la production de méthanol sur la période 1999-2003 sont respectivement de 61 % pour JM, 27 % pour Lurgi, 8 % pour MGC, 3 % pour Kellogg et 1 % pour les autres [1].

Le méthanol a été utilisé comme un carburant automobile depuis les années 1920, où il a concurrencé l'éthanol et le pétrole. Dans les années 1940, c'est dans l'aviation qu'il est

1. *Source* : SRI (Stanford Research Institute).

utilisé en raison du surcroît de puissance qu'il pouvait procurer durant les phases de décollage et de montée. Mais, c'est surtout suite au choc pétrolier des années 1970 qu'il est envisagé en mélange dans les essences. Enfin, à partir des années 1990, avec l'apparition des carburants sans plomb, le méthanol a principalement été utilisé sous la forme de MTBE. Ce dernier produit permet d'éviter un grand nombre d'inconvénients techniques liés à l'utilisation du méthanol pur : démixtion du mélange méthanol/essence en présence de trace d'eau et accroissement de la volatilité du mélange méthanol/essence. L'usage du méthanol sous sa forme MTBE est aujourd'hui menacé.

Le méthanol a également été envisagé comme source d'hydrogène pour alimenter des systèmes de piles à combustible avec production d'hydrogène embarquée à bord du véhicule. Cette option, un temps défendue par Daimler-Chrysler, est aujourd'hui de moins en moins envisagée, ceci d'autant plus que l'US DOE vient de décider de stopper les programmes de recherche sur la production embarquée d'hydrogène.

Les principaux producteurs de méthanol sont Methanex (Canada), SABIC (Arabie Saoudite), Methanol Holding Trinidad (Trinidad) et Celanese (États-Unis) qui possèdent à eux quatre près de 40 % du marché. Methanex est le leader avec 20 % de part de marché.

La plupart des unités de production de méthanol, le plus souvent situées près des marchés qu'elles alimentent, sont aujourd'hui de tailles relativement réduites, de l'ordre de 30 000 à 150 000 t/an. De ce fait, ces nouvelles unités utilisent un gaz naturel à un prix élevé qui peut représenter jusqu'à 75 % du coût final du produit. Les cours du méthanol, qui ont varié ces dernières années entre 100 et 250 €/t en Europe, sont ainsi très dépendants de ceux du gaz naturel.

Un renversement de tendance s'opère actuellement qui vise, d'une part, à rapprocher les sites de production des zones où le gaz naturel est bon marché (typiquement entre 0,5 à 1 $/ MMBTU) et, d'autre part, à augmenter de manière très significative les tailles des unités à environ 750 000 tonnes/an, capacité des unités en fonctionnement en Arabie Saoudite et au Qatar. Certains projets de plus de 3 Mt ont même été étudiés, comme celui annoncé récemment au Qatar.

5.5.2 Synthèse du diméthyléther

Le diméthyléther (ou DME) est souvent évoqué comme carburant alternatif. Gazeux à pression et température ambiante, utilisé aujourd'hui comme solvant ou comme propulseur pour certains aérosols, le DME peut être décrit comme un GPL pour moteur Diesel. Il est non toxique et non cancérigène. Son temps de demi-vie est seulement d'une journée : il se décompose ensuite en eau et en dioxyde de carbone. Sa combustion est par ailleurs « propre » puisque, comparativement au gazole, les émissions de NO_x, CO et particules sont réduites de manière significative.

Le DME est aujourd'hui essentiellement produit par déshydratation du méthanol, selon la réaction suivante (avec un catalyseur à base d'aluminosilicate) :

$$2\ CH_3OH \Leftrightarrow CH_3OCH_3 + H_2O$$

Le catalyseur employé pour cette réaction est à base d'aluminosilicate.

Une nouvelle voie de production de DME est en cours de développement à partir du gaz de synthèse. L'équation générale de la réaction est la suivante :

$$3H_2 + 3CO \Leftrightarrow CH_3OCH_3 + CO_2$$

Cette équation bilan est en fait le résultat de la combinaison de la synthèse du méthanol, de la déshydratation du méthanol et de la réaction dite de « *Water-Gas Shift* » Les principales réactions représentatives de ce processus sont les suivantes :

$$4H_2 + 2CO \Leftrightarrow 2CH_3OH \quad (1)$$

$$2CH_3OH \Leftrightarrow CH_3OCH_3 + H_2O \quad (2)$$

$$CO + H_2O \Leftrightarrow CO_2 + H_2 \quad (3)$$

Une quatrième réaction a également lieu :

$$CO_2 + 3H_2 \Leftrightarrow CH_3OH + H_2O \quad (4)$$

La réaction (3) est très lente durant le processus. Seules la synthèse du méthanol et la déshydratation du méthanol ont lieu. En conséquence, les produits finaux sont le DME, le CO_2 et l'eau. Mais, usuellement les réactions (3) et (4) ont lieu simultanément et, dans les conditions d'équilibre, la formation de CO_2 a toujours lieu.

Le catalyseur de synthèse du DME consiste en un mélange des catalyseurs de synthèse du méthanol (oxydes de cuivre, zinc, aluminium) et de déshydratation du méthanol (aluminosilicate). Des travaux de recherches sont actuellement en cours pour en optimiser la composition.

Le DME est également un produit intermédiaire dans un procédé mis au point durant les années 1980 par la société Mobil Oil visant à convertir le méthanol en essence. Ce procédé est désigné par l'acronyme MTG pour « *Methanol To Gasoline* ».

La réaction globale s'écrit : $nCH_3OH \Rightarrow (–CH_2–)n + nH_2O$.

En fait, cette synthèse fait d'abord intervenir une réaction de déshydratation du méthanol en DME. L'éther est ensuite transformé en biradical : CH_2 sur un catalyseur à base de zéolithes ZSM5 selon la réaction suivante :

$$CH_3OCH_3 \Rightarrow 2 : CH_2 + H_2O$$

Les biradicaux donnent ensuite naissance à des oléfines et à des mélanges d'hydrocarbures de toutes familles.

$$n\,(:CH_2) \Rightarrow (–CH_2–)\,n$$

Les effluents hydrocarbonés contiennent 60 à 80 % de produits liquides (fraction C_5+) et 20 à 40 % de gaz. Il ne se forme pas d'hydrocarbures lourds supérieurs à C10. La teneur en aromatiques est comprise entre 25 et 45 %, ce qui représente un problème pour un certain nombre de marchés. Ce procédé a fait l'objet d'une implantation industrielle en Nouvelle-Zélande en 1987, mais l'unité qui a appartenu à Méthanex a été démantelée depuis.

5.5.3 Le méthanol et le MTBE carburants [150], [151]

Le méthanol a déjà été fréquemment utilisé comme carburant dans les moteurs à essence et même jusqu'en 1940 comme additif dans les moteurs d'avion à piston. De 1970 à 1990 environ, le méthanol fut ajouté de façon banalisée dans les essences aux États-Unis principalement et dans quelques pays européens, notamment en Allemagne. La teneur maximale autorisée avait été fixée à 3 % en volume par la Directive européenne 85/5 36/EEC. Aux États-Unis, cette addition de méthanol était limitée à 5 % en volume.

5.5.3.1 Les caractéristiques du méthanol

Les caractéristiques de ces deux composés ainsi que d'autres produits oxygénés comme l'alcool tertiobutylique (TBA) ou le TerAmylMéthylEther(TAME), l'éthanol et l'ETBE, sont indiquées dans le tableau 5.11.

Tableau 5.11 Les caractéristiques de différents produits organiques oxygénés.

Caractéristiques	Méthanol	Éthanol	TBA	ETBE	MTBE	TAME
Masse volumique à 15,5 °C (kg/m^3)	796	794	792	750	746	750
Température d'ébullition (°C)	64,7	78,3	82,8	72,8	55,3	86,3
PVR à 37,8 °C (bar)	0,32	0,16	0,12	0,40	0,54	0,10
Chaleur de vaporisation (kJ/kg)	1 100	854	510	321	337	310
Rapport stœchiométrique	6,4	8,95	11,1	12,1	11,7	12,1
PCI massique (kJ/kg)	19 937	26 805	32 560	35 880	35 200	36 500
PCI volumique (kJ/l)	15 870	21 285	25 790	26 910	26 260	27 375
Indice d'octane RON	126	120	113	117	118	114
Indice d'octane MON	96	99	100	101	101	100
Indice de cétane	0 à – 3	5	< 0	< 0	< 0	< 0

Le faible pouvoir calorifique du méthanol, inférieur d'environ 50 % à celui de l'essence, entraîne une augmentation de la consommation du véhicule.

Les indices d'octane élevés font que le méthanol est un bon carburant potentiel pour les moteurs à allumage commandé. Sa forte chaleur de vaporisation est un paramètre à ne pas négliger lors du démarrage et de l'utilisation à froid.

Alors que la pression de vapeur du méthanol est plus faible que celle des essences, la valeur mesurée du mélange est notablement augmentée, du fait que le méthanol forme des azéotropes avec les composés légers des essences. Cet accroissement de la tension de vapeur peut atteindre 150 à 200 mbar après l'addition de 2 à 3 % de méthanol, pour se stabiliser ensuite et même décroître pour des ajouts de méthanol dépassant 15 %.

L'existence de traces d'eau dans les carburants est susceptible de provoquer la démixtion du mélange essence-méthanol. Ce phénomène peut être évité par l'addition d'un co-solvant comme le TBA.

La tenue mécanique de certains matériaux employés dans les circuits de distribution et d'alimentation peut être altérée par la présence de méthanol dans le carburant, mais ces problèmes sont résolus grâce à l'utilisation de nouvelles formulations de polymères.

D'autres expérimentations ont été menées, principalement aux États-Unis, avec des mélanges à 85 ou 90 % de méthanol, désignés respectivement par les appellations M85 ou M90 [152]. Les véhicules après adaptation, par exemple, du taux de compression, après mise en place de matériaux résistant à la présence de méthanol et modification du circuit d'admission développent de bonnes performances. Le mélange M85 permet de réduire les émissions de certains polluants tels que le CO et les HC mais s'accompagne d'une augmentation importante de celles de formaldéhyde.

Toutes ces tentatives d'utilisation du méthanol ont été progressivement abandonnées au bénéfice de la filière MTBE qui s'est développée, à partir du milieu des années 1980, de façon concomitante avec la suppression progressive des dérivés du plomb dans les essences.

5.5.3.2 Les caractéristiques du MTBE

Comme mentionné dans le tableau 5.11, les indices d'octane du MTBE sont élevés. À la différence du méthanol, le MTBE mélangé avec de l'essence n'entraîne pas d'augmentation de la tension de vapeur et ne provoque pas de phénomènes de démixtion en présence de traces d'eau. Il permet aussi de réduire les émissions de CO et d'HC.

Cependant, l'emploi de MTBE dans les carburants est remis en cause aux États-Unis depuis le début des années 2000, pour des raisons liées à la protection de l'environnement (voir chapitre 1).

5.5.4 Le DME-carburant

5.5.4.1 Les caractéristiques du DME

Certaines des propriétés du DME sont regroupées dans le tableau 5.12. Le DME est un gaz incolore à température ambiante, très inflammable dans l'air, avec une odeur proche de celle de l'éther. Sa pression de vapeur est de 0,6 Mpa à 25 °C. Il peut être liquéfié sous une pression de 5 bar à la température ambiante. Il peut être transporté et stocké sous forme liquide, de la même façon que le GPL. Le DME n'est pas corrosif pour les métaux mais c'est un excellent solvant de nombreux élastomères, notamment ceux utilisés dans les circuits alimentant en carburant les moteurs Diesel conventionnels.

Il contient de l'oxygène et aucune liaison carbone-carbone, limitant ainsi sérieusement les possibilités de formation de particules carbonées pendant la combustion. Son indice de cétane élevé est compris entre 55 et 60, selon les sources.

Du point de vue de la sécurité, le DME se situe au même niveau que le GPL ou le gazole. Les aspects liés à la toxicité et à son impact environnemental potentiel ont été évalués par

Tableau 5.12 Les principales caractéristiques du DME.

Propriétés	DME	Diesel	GNL
Formule	CH_3OCH_3		CH4
T ébullition (°C)	– 25	150-380	– 162
Densité à 20 °C(kg/m^3)	660	800-840	420
PCI MJ/kg	28,4	42,5	49,4
Indice de cétane	55-60	40-55	
T auto-inflammation [a] (°C)	350 [b]	206 [c]	732

[a] *Avec de l'air à 0,1 Mpa.*
[b] *On trouve aussi dans la littérature une valeur de 235 °C.*
[c] *n-cétane.*
Source : IFP Energies nouvelles.

plusieurs sociétés et par des organismes gouvernementaux, principalement en raison de son utilisation comme substitut des CFC dans les bombes aérosols [153]. Les conclusions de ces études font ressortir que le DME ne présente pas ou peu de risques de toxicité et que son impact environnemental est très limité.

5.5.4.2 L'utilisation du DME dans les moteurs Diesel

Le circuit carburant et le réservoir doivent être adaptés pour prendre en compte les propriétés physiques du DME (densité, viscosité, volatilité...), très différentes de celles du gazole [154].

Son pouvoir lubrifiant est trop limité pour les systèmes d'injection. C'est pourquoi il est nécessaire de lui ajouter des additifs de lubrification. Les alcools à longues chaînes ainsi que les acides gras avec une longueur de chaîne comprise entre C_{15} et C_{22} pourraient remplir ce rôle [155].

A. *Impact sur la combustion*

De nombreuses études ont été menées afin de caractériser la forme du jet et le déroulement de la combustion. Globalement, elles ont montré que le DME se vaporise très rapidement et qu'il n'y a pas formation de suies, même temporairement au cours de la combustion. L'auto-allumage se produit dans la partie basse du spray, alors que la température au niveau du nez de l'injecteur est faible en raison de la chaleur latente de vaporisation de DME.

Le DME semble un carburant prometteur dans le cas des moteurs HCCI, du fait que l'auto-allumage peut se produire sur une large gamme de richesses [156].

B. *Impact sur les émissions*

Plusieurs études s'accordent pour établir que les moteurs alimentés avec du DME ne produisent quasiment pas de particules [157].

Concernant les émissions de NO_x et d'HC, les résultats obtenus sont contradictoires et varient fortement selon les réglages des moteurs. Il est toutefois admis qu'en retardant l'avance à l'injection le niveau d'émission de NO_x est généralement comparable à celui généré par le gazole et que les rejets d'HC, contenant peu de HAP et de mono-aromatiques, peuvent être réduits en utilisant un catalyseur d'oxydation.

Quant aux émissions de CO, elles sont plus fortes avec le DME, comparativement au gazole [158].

C. Compatibilité avec les matériaux

Le DME est connu pour entraîner la détérioration des élastomères. À titre d'exemple, il a été constaté que le PTFE (Teflon), employé dans les joints, est rendu friable en raison des variations brusques et répétées de température, créées par la vaporisation du DME, entraînant alors une perte d'étanchéité. Les meilleurs joints seraient métalliques pour autant que le métal utilisé ne produise pas d'étincelles.

Il existe encore un risque de fuite par les injecteurs sous haute pression, une fois le moteur coupé. Cependant, tout indique que ces fuites seraient négligeables.

5.5.5 Synthèse Fischer-Tropsch [159], [160]

La synthèse Fischer-Tropsch (du nom des deux chimistes allemands Hans Fischer et Franz Tropsch qui ont découvert et étudié cette réaction durant les années 1920) vise à fabriquer, à partir de gaz de synthèse, un carburant de type gazole constitué d'un mélange d'hydrocarbures de différentes longueurs de chaîne carbonée. Jusqu'au début des années 1990, les procédés mettant en œuvre cette réaction ont surtout été implantés dans les pays en situation de rupture d'approvisionnement en pétrole comme, par exemple, l'Allemagne durant la Seconde Guerre mondiale ou l'Afrique du Sud durant la période de l'embargo, sous le régime de l'apartheid. Dans les deux cas, le carburant de synthèse a été produit à partir de charbon, notamment par la Société Sasol en Afrique du Sud. Au début des années 1990, la société Shell a relancé l'intérêt pour cette filière en construisant, en Malaisie, une unité utilisant comme matière première du gaz naturel. Aujourd'hui, de nombreux projets sont envisagés, mais toujours dans le cadre de la valorisation de réserves de gaz naturel.

Suite à la production de *syngas*, l'hydrogène et le monoxyde de carbone introduits dans l'unité Fischer-Tropsch réagissent exothermiquement pour former des radicaux alkyles et de l'eau selon l'équation suivante :

$$2H_2 + CO \Leftrightarrow -CH_2- + H_2O, \Delta H298°K = -165 \text{ kJ/mole}$$

Des molécules d'eau alors formées réagissent également de manière exothermique avec le CO, selon la réaction (3) déjà évoquée, en présence d'un catalyseur à base de Fe.

Mais, la principale réaction qui s'opère concerne les radicaux alkyles qui réagiront dès leur apparition pour former, dans un environnement catalytique à base de fer ou de cobalt, des chaînes hydrocarbonées de types oléfinique et paraffinique selon un processus proche de la polymérisation. La réaction globale peut alors être représentée par les équations suivantes :

$$n(2H_2 + CO) \Leftrightarrow CnH_2n + nH_2O \text{ (réaction catalysée par le fer)}$$

$$(2n+1)H_2 + nCO \Leftrightarrow CnH_2n + 2 + nH_2O \text{ (réaction catalysée par le cobalt)}$$

La catalyse au fer oriente surtout la réaction vers la production d'oléfines, à même d'être utilisées pour la production de détergents synthétiques. En revanche, la catalyse au cobalt employée avec un rapport H_2/CO proche de 2 permet la production de paraffines saturées (CnH_2n+_2) allant de l'éthane au C80H162. De fait, on cherche surtout à avoir une sélectivité allant de C_5 jusqu'à des produits liquides plus lourds avec un maximum de produits dans l'intervalle allant de C_{10} à C_{20}, c'est-à-dire avec un intervalle de distillation de 180 à 360 °C, semblable à celui d'un gazole.

Les chaînes hydrocarbonées de type paraffinique au-delà de C_{20} étant des cires solides à température ambiante, une opération de craquage isomérisant est en général nécessaire. Afin d'obtenir le maximum de carburant Diesel, on met en œuvre une unité d'hydrocraquage catalytique. Cette dernière unité a, par ailleurs, la propriété d'induire une isomérisation des chaînes hydrocarbonées linéaires en chaînes ramifiées dont les températures de solidification sont abaissées et les indices de viscosité augmentés.

Le Diesel ainsi produit est de grande qualité puisqu'il ne contient pas de soufre, d'azote, de métaux, ni d'aromatiques. Il possède de plus un indice de cétane élevé de l'ordre de 70-75 (à comparer à des valeurs de l'ordre de 50 pour des gazoles commerciaux). Ces propriétés en font un carburant de choix pour les véhicules Diesel d'aujourd'hui et de demain, notamment parce que son emploi permet une réduction notable des émissions de polluants par comparaison à un gazole classique (voir chapitre 3).

Il est à noter que les principaux produits désirés lors de la mise en œuvre d'un procédé Fischer-Tropsch sont les carburants pour le secteur des transports routiers et le plus souvent pour les moteurs Diesel. Néanmoins, les unités Fischer-Tropsch ne peuvent pas, à l'heure actuelle, produire uniquement du gazole, auquel lui sont toujours associés du naphta et du kérosène. Selon les conditions de fonctionnement utilisées, la distribution des produits en sortie d'unité est respectivement de 25 à 60 % pour le gazole, 25 à 50 % pour le kérosène et de 15 à 25 % pour le naphta. Suivant les marchés visés, le produit privilégié sera soit le kérosène, soit le gazole. Le carburant obtenu à partir du charbon est désigné par l'acronyme CTL (Coal-to-Liquids), à partir de gaz par GTL (Gas-to-Liquids) et à partir de biomasse par BTL (Biomass-to-Liquids).

Le début des années 2000 aura marqué un véritable tournant pour le développement industriel du GTL, avec l'annonce de grands projets. Ainsi, Sasol (société nationale Sud-Africaine), associée à Chevron depuis juin 1999, annonçait en 2001 les premiers accords au Qatar et au Nigeria pour la construction d'unités industrielles de production de GTL. Shell signait un protocole avec l'Égypte en 2000 et annonçait 2 ans plus tard le lancement d'un projet au Qatar. De son côté, ExxonMobil signait avec ce même pays une lettre d'intention qui allait déboucher en 2004 sur un accord.

De cette prolifération d'annonces, deux points méritent d'être retenus :

- après l'usine en Malaisie (15 000 b/j), Shell construit au Quatar une nouvelle unité de GTL (140 000 b/j) qui est prévue de démarrer en 2011-2012,
- Sasol a construit, en 2008, toujours au Qatar, une unité de 35 000 b/j, dont la capacité devrait être augmentée progressivement à 150 000 b/j.

5.5.6 Le BTL-carburant

Le BTL présente des caractéristiques équivalentes à celles du GTL qui en font un carburant bien adapté aux exigences des moteurs Diesel. En effet, les coupes d'hydrocarbures obtenues sont majoritairement composées de n-paraffines, exemptes d'aromatiques et de composés soufrés. Ainsi, ces coupes ont un indice de cétane élevé, supérieur à 70, qui leur confère des performances avantageuses en carburation, notamment en termes de rejets de polluants. Comme le montrent les figures 5.26 et 5.27, leur utilisation permet de réduire, comparativement au gazole, les émissions de CO de plus de 50 %, celles de HC de l'ordre de 50 % et celles de particules de 20 à 50 %, selon les technologies des moteurs utilisées. Concernant les rejets d'oxydes d'azote, peu d'effets sont observés, voire un léger accroissement.

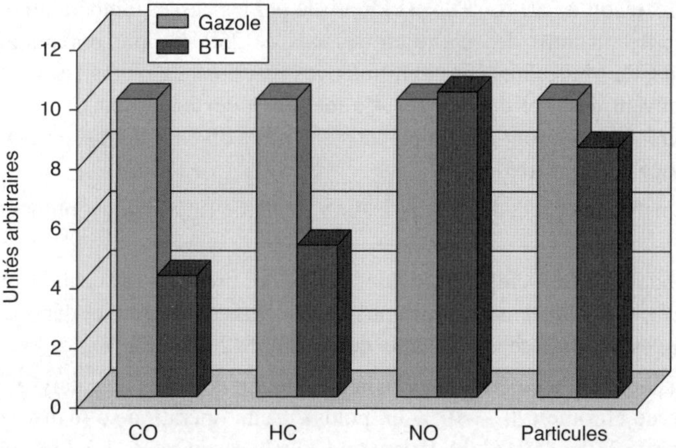

Figure 5.26

Les émissions d'un véhicule équipé d'un système d'injection Common Rail.

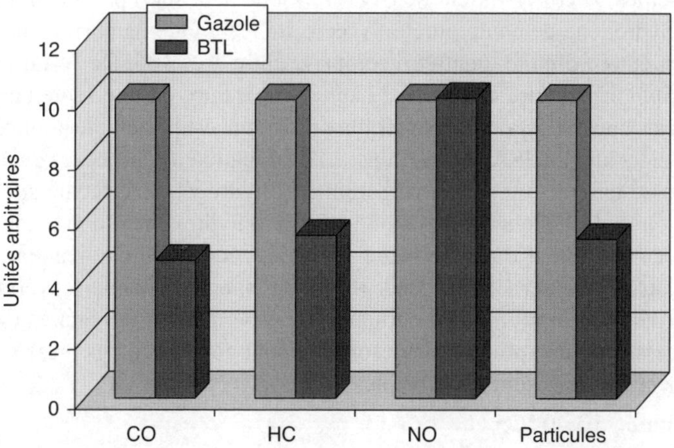

Figure 5.27

Les émissions d'un véhicule muni d'injecteurs pompe.

5.5.7 La production d'hydrogène [149]

Suite à la production de gaz de synthèse, la fabrication d'hydrogène peut être amplifiée via la réaction de « *Water-Gas Shift* ». L'hydrogène ainsi obtenu devra ensuite être purifié.

La réaction est légèrement exothermique (ΔH298°K = – 41 kJ/mole) et plus ou moins complète selon qu'elle est effectuée en 1 ou 2 étapes. La façon d'opérer sera aussi dépendante de la nature du procédé de purification de l'hydrogène. Si la conversion du CO doit être quasi-totale, deux étapes de « *shift* » seront réalisées après avoir refroidi au préalable le mélange gazeux jusqu'à 350 °C. Elle est favorisée par les basses températures et un excès de vapeur d'eau ; il faut ainsi descendre en dessous de 250 °C pour obtenir une conversion quasi totale du CO. Mais, dans ces conditions, les réactions de méthanation et de formation de carbone peuvent aussi se développer. Le recours à des catalyseurs actifs et sélectifs est donc obligatoire. Ceux-ci sont généralement sensibles à divers poisons, particulièrement aux composés halogénés et soufrés.

Suivant la nature du procédé de purification finale de l'hydrogène, on opérera en une ou deux étapes.

La conversion basse température s'effectue en présence de catalyseurs constitués d'oxyde de cuivre (15-30 % poids), promus par de l'oxyde de zinc et déposés sur alumine. La température est, pour la seconde étape, de l'ordre de 200 à 250 °C.

La conversion haute température évite la production de coke. Le catalyseur est à base de fer et d'oxyde de chrome (90 %-10 % en poids). Cette opération se réalise à des températures de l'ordre de 350 à 450 °C. La teneur en CO à la sortie est de 1 à 3 % vol.

Le gaz final contient de 0,1 à 0,4 vol. % de CO rapporté au gaz sec.

L'étape de purification finale consiste à séparer l'hydrogène du CO_2 puis à éliminer les traces des dernières impuretés. Cette étape peut être réalisée par adsorption sélective sur tamis moléculaires par PSA (*Pressure Swing Absorption*) ou par méthanation. Dans les installations modernes, le convertisseur de CO est usuellement suivi par une unité PSA afin de produire de l'hydrogène de haute pureté. Avec cette technique de purification, la teneur en CO, requise en entrée d'unité, peut être comprise entre 1 et 3 %. De ce fait, la réaction de « *Water-Gas Shift* » peut être effectuée à haute température en une seule étape. Toutefois, dans certains cas, une conversion à température moyenne est préférable pour réduire le CO à 1 % volume. La technique PSA conduit ainsi à l'élimination des procédés de conversion traditionnels à basse température. La purification de l'hydrogène s'effectue sur le gaz obtenu après conversion du CO. Ce gaz contient 65 à 70 % d'hydrogène. Le procédé de séparation sur tamis moléculaire utilise du charbon activé ou des zéolithes qui retiennent le CO, le CO_2 et le CH_4 et laissent passer l'hydrogène. Ils fonctionnent de manière cyclique, selon des cycles d'adsorption/désorption, cette dernière phase permettant la régénération de l'adsorbant. Les processus d'adsorption et de désorption sont conduits à des pressions différentes. Les conditions opératoires sont les suivantes :

- température : 5 à 40 °C,
- pression : optimum vers 3,5-4 bar.

Le taux de récupération de l'hydrogène à partir du gaz de synthèse est compris entre 85 et 90 % et la pureté de l'hydrogène atteint 99,9 %.

La purge du PSA, qui contient du CH_4, du CO, de l'H_2 (10 à 15 %) et du CO_2, a un pouvoir calorifique non négligeable. C'est pourquoi elle est souvent utilisée comme combustible dans le four du réacteur de production de *syngas*.

La purification par méthanation conduit à de l'hydrogène purifié à 97-98 %, à moins qu'elle ne soit suivie d'une séparation cryogénique du méthane et de l'azote afin d'augmenter la pureté. Dans cette voie, une partie de l'hydrogène est consommée pour la conversion poussée du CO. Pour limiter cette consommation, il est nécessaire de procéder à une conversion élevée du CO en deux étapes (à haute température – teneur résiduelle en CO de 1 à 3 % volume – puis à basse température – teneur résiduelle en CO de 0,3 à 0,8 % volume).

La voie méthanation s'effectue via une première étape de décarbonatation suivie d'une seconde étape de méthanation du CO et du CO_2 résiduels.

L'étape de décarbonatation consiste en une séparation chimique du CO_2 par absorption liquide (procédés aux éthanolamines ou aux carbonates). Le CO_2 restant ne représente plus que 0,005 % à 0,1 % volume. La seconde étape de méthanation du CO et d'élimination du CO_2 résiduel est effectuée avec un catalyseur au nickel, selon les réactions suivantes :

$$CO + 3H_2 \Leftrightarrow CH_4 + H_2O \qquad \Delta_{298°K} = -206 \text{ kJ/mol}$$

$$CO_2 + 4H_2 \Leftrightarrow CH_4 + 2H_2O \qquad \Delta_{298°K} = -162 \text{ kJ/mol}$$

Ces deux réactions sont pratiquement totales en dessous de 300 °C.

Les teneurs finales en CO et CO_2 sont alors inférieures à 0,001 %. Le taux de récupération de l'hydrogène à partir du gaz de synthèse est d'environ 98 %.

5.5.8 Polygénération carburant/électricité

Dans l'ensemble des procédés décrits ci-dessus, il est possible de récupérer les gaz à faibles contenus énergétiques (4 à 10 MJ/Nm^3) qui peuvent être valorisés par exemple pour la production d'électricité. Les turbines à combustion commerciales ayant du mal à fonctionner avec des combustibles à si faible contenu énergétique, elles doivent être adaptées ou utilisées en co-combustion, par exemple avec du gaz naturel. De plus, si un système à cycle combiné est utilisé, la vapeur générée peut être réemployée dans le procédé.

Cette coproduction carburant/électricité est pour l'instant relativement peu industrialisée car elle entraîne un surcoût d'investissement non négligeable et nécessite un débouché proche pour l'électricité générée.

RÉFÉRENCES

[1] Bridgwater AV (2003). Renewable Fuels and Chemicals by Thermal Processing of Biomass, Chemical Engineering Journal, **91**, 2-3, pp 87-102.

[2] Bridgwater AV, Meier D and Radlein D (1999) An Overview of Fast Pyrolysis of Biomass, Organic Geochemistry, 30, pp 1479-1493.

[3] Benabdallah B, Carré J, Khennas S, Vergnet LF and Ossoukaii P (1994) Guide Biomasse-Energie, Academia éd. Collection Etudes et Filières, Québec.

[4] Antal Jr MJ, Croiset E, Dai X, DeAlmeida C, Shu-Lai Mok W and Norberg N (1996) High-Yield Biomass Charcoal, Energy & Fuels, 10, pp 652-658.

[5] Bridgwater AV (1996) Thermal Biomass Conversion and Utilisation – Biomass Information System, European Commission report AIR1-92-8006.

[6] Mock W S-L and Antal MJ (1983) Effects of Pressure on Biomass Pyrolysis. I Cellulose Pyrolysis Products, Thermochim. Acta., pp 155-164.

[7] Antal MJ, Varhegyi G and Jakab E (1998) Cellulose Pyrolysis Kinetics : Revisited, Industrial and Engineering Chemistry Research, 37 (2), pp 1267-1275.

[8] Richard JR and Antal MJ (1994) Thermogravimetric Studies of Charcoal Formation from Cellulose at Elevated Pressures, in Advances in : *Thermochemical Biomass Conversion*, Bridgwater AV Ed., Blanchie Academic and Professional, London, **2**.

[9] Girard P, Numazawa S, Mouras S and Napoli A (1999) Products Formed under Pressurized Pyrolysis, *in : Proceedings of the 4th Biomass Conference of the Americas, California États-Unis*, pp 1161-1167.

[10] Antal Jr MJ and Gronli M (2003) The Art, Science, and Technology of Charcoal Production, Ind. Eng. Chem. Res., 42, pp 1619-1640.

[11] Diebold JP (1980) Ablative Pyrolysis of Macroparticles of Biomass, *in : Proceedings of the Specialists Workshop on the Fast Pyrolysis of Biomass*, Copper Mountain, CO, SERI/CP-622-1096, Solar Energy Research Institute, Golden, CO, Octobre, p 237.

[12] Lédé J, Panagopoulos J, Li HZ and Villermaux J (1985) Fast Pyrolysis of Wood : Direct Measurement and Study of Ablation Rate, *in : Fuel*, 64, pp 1514-1520.

[13] Bridgwater AV and Peacocke GVC (2000) Fast Pyrolysis Processes for Biomass, *Renewable and Sustainable Energy Reviews,* 4, pp 1-73.

[14] Henrich E, Dinjus E, Koegel A, Raffelt K, Stahl R and Weirich F (2004) A Two Stage Process for Synfuel from Biomass, *in : Proceedings of the 2nd World Conference on Biomass and Energy, Industry and Climate Protection*, Rome, Italy, 10-14 May.

[15] Antal Jr MJ (1983) Biomass Pyrolysis : A Review of the Literature Part I – Carbohydrate Pyrolysis, Advances in Solar Energy, Boër KW and Duffie JA, 1, Plenum Press, p 61.

[16] Kilzer FJ and Broido A (1965) Speculations on the Nature of Cellulose Pyrolysis, Pyrodynamics, 2, p 151.

[17] Evans RJ and Milne TA (1987) Molecular Characterization of the Pyrolysis of Biomass I : Fundamentals, Energy and Fuels, 1, p 123.

[18] Evans RJ and Milne TA (1985) Applied Mechanistic Studies of Biomass Pyrolysis, *in : Proceedings of the Biomass Thermochemical Conversion*, Contractors Meeting, Minneapolis, Minnesota, 15-16/10/85, p 57.

[19] Shafizadeh F (1985) Pyrolytic Reactions and Products of Biomass, *in : Fundamentals of Thermochemical Biomass Conversion*, Overend RP, Milne TA and Mudge LK (Eds), Elsevier Applied Science Publishers, New York, pp 183-218.

[20] Soltes EJ and Elder TJ (1981) Pyrolysis, in Organic Chemicals from Biomass, Goldstein IS (Ed), CRC Press, Boca Raton, Florida, pp 96-100.

[21] Antal Jr MJ (1985) Biomass Pyrolysis : A review of the Literature, Part II – Lignocellulose Pyrolyse, Advances in Solar Energy, Boër KW and Duffie JA, 2, Plenum Press, p 175.

[22] Milne TA (1979) Pyrolysis – The Thermal Behaviour of Biomass Below 600 °C, *in : A Survey of Biomass Gasification*, Vol II, SERI TR-33-239, Juillet, pp 95-132.

[23] Nunn TR, Howard JB, Longwell JP and Peters WA (1985) Product Composition and Kinetics in the Rapid Pyrolysis of Milled Wood Lignin, Ind. Eng. Chem. Prod. Res. Dev., 24, p 844.

[24] Napoli A, Van de Steene L, Rousset P and Girard P (2001) Pressured Pyrolysis of Wood for High Quality Charcoal Production, 1st International Congress on Biomass for Metal Production & Electricity Generation, Belo Horizonte Brazil, October.

[25] Diebold JP (1994) A Unified, Global Model for the Pyrolysis of Cellulose, Biomass and Bioenergy, **7**, 1-6, pp 75-85.

[26] Diebold JP, Czernik S, Scahill JW, Philips SD and Feik CJ (1994) Hot-gas Filtration to Remove Char from Pyrolysis Vapours Produced in the Vortex Reactor at NREL, Biomass Pyrolysis Oil.

[27] Shafizadeh F, Furneaux RH, Cochran TG, Scholl JP and Sakai YJ, (1979) Appl. Polym. Sci., 23, pp 3525-3539.

[28] Antal Jr MJ, and Varhegyi G (1995) Cellulose Pyrolysis Kinetics : The Current State of Knowledge, Ind. Eng. Chem. Res., **34**, 3, pp 703-717.

[29] Lede J, Blanchard F *et al.* (2002) Radiant Flash Pyrolysis of Cellulose Pellets : Products and Mechanisms Involved in Transient and Steady State Conditions, Fuel, **81**, 10, pp 1269-1279.

[30] Boutin O, Ferrer M *et al.* (1998), Radiant Flash Pyrolysis of Cellulose-Evidence for the Formation of Short Life Time Intermediate Liquid Species, Journal of Analytical and Applied Pyrolysis, **47**, 1, pp 13-31.

[31] Lédé J, Diebold JP *et al.* (1997) The Nature and Properties of Intermediate and Unvaporized Biomass Pyrolysis Materials, Developments in Thermochemical Biomass Conversion, E. A. V. B. a. D. G. B. Boocock, Blackie Academic and Professional, pp 27-42.

[32] Wooten JB, Seeman JI *et al.* (2004) Observation and Characterization of Cellulose Pyrolysis Intermediates by C13 CPMAS NMR. A New Mechanistic Model, Energy & Fuels, **18**, 1, pp 1-15.

[33] Demirbas A and Demircioglu G (2000) Mechanisms Of Carbonization, Gasification, Pyrolysis, Extraction, and Liquefaction of Lignin from Biomass, Reviews in Process Chemistry and Engineering, 3, pp 175-189.

[34] Boronson M L, Howard JB *et al.* (1989) Heterogeneous Cracking of Wood Pyrolysis Tars Over Fresh Wood Char Surface, Energy & Fuels, 3, pp 735-740.

[35] Raveendran K, Ganesh A *et al.* (1996) Pyrolysis Characteristics of Biomass and Biomass Components, Fuel, **75**, 8, pp 987-998.

[36] Koufopanos CA, Maschio G *et al.* (1989) Kinetic Modelling of the Pyrolysis of Biomass and Biomass Components, Canadian Journal of Chemical Engineering, 67, pp 75-84.

[37] Svenson J, Pettersson JBC *et al.* (2004) Fast Pyrolysis of the Main Components of Birch Wood, *Combustion Science and Technology*, 176, pp 977-990.

[38] Müller-Hagedorn M, Bockborn H *et al.* (2003) A Comparative Kinetic Study On The Pyrolysis Of Three Different Wood Species, *Journal of Analytical and Applied Pyrolysis*, 68-69, pp 231-249.

[39] Piskorz JR, Scott D and Czernik S (1989). Pretreatment of Wood and Cellulose for Production of Sugars by Fast Pyrolysis, J. Anal. Appl. Pyrolysis, 16, pp 127-142.

[40] Pakdel H and Roy C (1991) Liquid Hydrocarbons from Vacuum Pyrolysis and Gasification of Wood, *Energy and Fuel*, 5, pp 427-436.

[41] Cuevas A, Reinoso C and Scott DS (1995) Pyrolysis Oil Production and its Perspectives, *in : Proc. Power Production from Biomass* II, Espoo, Mars (VTT).

[42] Mc Lellan – Wellman Process Engineering Limited (1998) PyNe Newsletter n° 7, November, pp 4-15.

[43] Dynamotive Press Release, October 3 (2000).

[44] BioOil Production at Dynamotive's Guelph Plant (2007), ThermalNet Newsletter, n° 5 ; September, Aston University, UK.

[45] Thamburaj R (2000) Fast Pyrolysis of Biomass for Green Power Generation, *in : Proceedings of the 1st World Conference on Biomass for Energy and Industry*, Sevilla, Espagne, pp1519-1524.

[46] PyNE (1997) Newsletter N° 4, September, Aston University, UK.

[47] Rossi C and Graham RG (1997) Fast Pyrolysis at ENEL, *in : Kaltschmitt MK and Bridgwater AV, Editors, Biomass Gasification and Pyrolysis : State of the Art and Future Prospects, CPL Press*, pp 300-306.

[48] Underwood G (1992) Commercialization of Fast Pyrolysis Products, *in : Biomass Thermal Processing,* Eds. Hogan E, Robert J, Grassi G and Bridgwater AV, CPL Press, pp 226-228.

[49] Gust S, Niemien JP, Nyronen and Foestera TM (2003) Liquefied Wood Fuel Pilot Plant *in* : *Pyrolysis and Gasification of Biomass and Waste*, CPL Press, January, pp 169-174.

[50] Prins W and Wagenaar BM (1997) *in : Biomass Gasification and Pyrolysis*, Eds. Kaltschmitt MK and Bridgwater AV, CPL Press, pp 316-326.

[51] Wagenaar BM, Venderbosch RH, Carrasco J, Strenziok R and Van der Aa BJ (2001) Rotating Cone Bio-oil Production and Applications, *in : Progress in Thermochemical Biomass Conversion,* Ed. Bridgwater AV, Blackwell, Oxford, UK.

[52] http://www.btgworld.com/technologies/pyrolysis.html

[53] Henrich E, Dinjus E, Koegel A, Raffelt K, Stahl R and Weirich F (2004) A Two Stage Process for Synfuel from Biomass, 2nd World Conference on Biomass and Energy, Industry and Climate Protection, 10-14 May, Rome, Italy.

[54] Raffelt K, Henrich E, Koegel A, Stahl R, Steinhardt J and Weirich F (2004) Stable Slurries from Biomass Pyrolysis Products for Entrained Flow Gasification, 2nd World Conference on Biomass and Energy, Industry and Climate Protection, 10-14 May, Rome, Italy.

[55] Stahl R, Henrich E, Koegel A, Raffelt K, Steinhardt J, Weirich F and Dinjus E (2004) Pressurised Entrained Gasification of Slurries from Biomass, 2nd World Conference on Biomass and Energy, Industry and Climate Protection, 10-14 May, Rome, Italy.

[56] Schöll S, Klaubert H and Meier D (August 2004) Bio-oil from a New Ablative Pyrolyser, International Conference, Science in Thermal and Chemical Conversion of Biomass, Victoria, Canada.

[57] Pyne Newsletter (2001) Issue 12, September.

[58] Lédé J (2000) The Cyclone : a Multifunctionnal Reactor for the Fast Pyrolysis of Biomass, Ind. Eng. Chem. Res., **39**, 4, pp 893-903.

[59] Broust F (2003) Le cyclone : un réacteur multifonctionnel. Application à la pyrogazéification et à la pyroliquéfaction de la biomasse, Thèse de l'INPL (Nancy, France).

[60] Bramer EA and Brem G (2002), A Novel Technology for Fast Pyrolysis of Biomass : Pyros Reactor, *in : 12th European Conference and Technology Exhibition on Biomass for Energy, Industry and Climate Protection*, Amsterdam, NL.

[61] Bramer EA, Holthuis MR and Brem G Development of a Cyclonic Reactor with Internal Particle Filter for the Flash Pyrolysis of Biomass.

[62] Yang J, Blanchette D, de Caumia B and Roy C (2001) Modelling, Scale-up and Demonstration of a Vacuum Pyrolysis Reactor, *in : Progress in Thermochemical Biomass Conversion*, Ed. Bridgwater AV, Blackwell, Oxford, UK.

[63] Girard P, Blin J, Bridgwater AV and Meier D (2004) An Assessment of Bio-oil Toxicity for Safe Handling and Transportation, *Science in Thermal and Chemical Biomass Conversion*, Vancouver Island, Canada, September.

[64] Bridgwater A V and Hogan EN (1996) Bio-oil Production and Utilization, *in : Proceedings of the 2nd EU-Canada Workshop on Thermal Biomass Processing*, CPL Press.

[65] Barbucci P, Costanzi F, Ligasacchi S, Mosti A, Rossi C (1995) Bio-fuel Oil Combustion in a 0.5 MW Furnace, *in : Proceedings of the Second Biomass Conference of the Americas,* NREL, Golden CO 80401, CP-200-8098, pp 1110-1120.

[66] Gust S (1997) Combustion Experiences of Flash Pyrolysis Fuel in Intermediate Size Boilers, *Developments in Thermochemical Biomass Conversion* (AV Bridgwater and DGB. Boocock, Eds.), Blackie Academic and Professional, London, pp 481-488.

[67] Solantausta Y, Nylund NO and Gust S (1994) Use of Pyrolysis Oil in a Test Diesel Engine to Study the Feasibility of a Diesel Power Plant Concept, Biomass and Bioenergy, 7, pp 297-306.

[68] Leech J (1997) Running a Duel Fuel Engine on Pyrolysis oil, *in : Biomass Gasification and Pyrolysis, State of the Art and Future Prospects,* Kaltschmitt M, Bridgwater A, (Eds), CPL Press, Newbury, UK.

[69] Shihadeh AL (1998) Rural Electrification from Local Resources : Biomass Pyrolysis Oil Combustion in a Direct Injection Diesel Engine, D.SC. Thesis, Department of Mechanical Engineering, MIT.

[70] Bandi A and Baumgart F (2001) Stirling Engine with Flox® Burner Fuelled with Flash Pyrolysis Liquid, *in : Progress in Thermochemical Biomass Conversion* ; Bridgwater AV Ed ; Blackwell Science, Oxford, pp 1459-1467.

[71] Ardy PL, Barbucci P, Benelli G, Rossi C and Zanforlin S (1995) Development of Gas Turbine Combustor Fed with Bio-fuel Oil, *in : Proceedings : Second Biomass Conference of the Americas,* NREL, Golden CO 80401, CP-200-8098, pp 429-438.

[72] Pyne Newsletter, 18, April, (2005).

[73] Maggi R and Elliott D (1997) *in : Developments in Thermochemical Biomass Conversion,* Bridgwater A and Boocock D, Eds., Blackie Ac. And Prof., pp 575-588.

[74] Laurent E and Delmon B (1994) *in : Biomass for Energy and Industry*, Hall D, Grassi G and Scheer H, Eds., Ponte Press, Bochum, pp 177-181.

[75] Chang C and Silvestri A (1997) *J. of Catalysis*, 47, p 29.

[76] Bridgwater A (1998) *in : Biomass for Energy and Industry*, Kopetz H, Weber T et al, Eds., CARMEN, pp 268-271.

[77] Centeno A, David O, Vanbellinghen C, Maggi R, Delmon B (1997) *In : Developments in Thermochemical Biomass Conversion*, Brigdwater AV and Boocock DGB, Eds Blackie Academic and Professional, London, pp 589-601.

[78] Williams P, Nugranad N (1998) *In : Biomass for Energy and Industry*, Kopetz H, Weber T *et al.*, Eds, Carmen, pp 1589-1592.

[79] Samolada M, Vasalos J (1998) *In : Biomass for Energy and Industry*, Kopetz H, Weber T *et al.*, Eds ; Carmen, pp 1716-1719.

[80] Arias B *et al.* (2008) Influence of Torrefaction on the Grindability and Reactivity of Woody Biomass, Fuel Processing Technology.

[81] Govin A, Guyonnet R, Repellin V and Rolland M (2008) Effect of Torrefaction on Grinding Energy Requirement : First Results on Spruce. World Bioenergy Conference, Jonkoping, Sweden, 27-29 may 2008.

[82] Bergman PCA *et al.* (2005) Torrefaction for Entrained-flow Gasification of Biomass. ECN, 2005.

[83] Bergman PCA *et al.* (2005) Torrefaction for Biomass Co-firing in Existing Coal-Fired Power Stations. ECN, 2005.

[84] Bridgeman TG, Jones JM *et al.* (2007) Torrefaction of Reed Canary Grass, Wheat Straw and Willow to Enhance Solid Fuel Qualities and Combustion Properties, Fuel, **5**, 41.

[85] Prins MJP, Janssen FJJG (2006) More Efficient Biomass Gasification via Torrefaction, Energy, 31, pp 3458-3470.

[86] Bergman PCA, Boersma AR *et al.* (2005) Torrefaction for Biomass Co-firing in Existing Coal-fired Power Stations “BIOCOAL”, Petten, Netherlands, Energy Research Centre of the Netherlands (ECN), 45.

[87] Baumberger S, Dole P *et al.* (2002) Using Transgenic Poplars to Ellucidate the Relationship between the Structure and the Thermal Properties of Lignins, *Journal of Agricultural and Food Chemistry*, **50**, 8, pp 2450-2453.

[88] Inari G N, Petrissans M *et al.* (2007) Chemical Reactivity of Heat-treated Wood, *Wood Science & Technology*, 41, pp 157-168.

[89] Felfli F, Luengo C *et al.* (1998) A Numerical Model for Biomass Torrefaction, *European conference*, 10th, Wurzburg, Germany.

[90] Bonhke I (1993) Étude expérimentale et théorique des traitements thermiques du bois, *Caractérisation physico-mécanique des bois traités*, Saint-Étienne, École nationale Supérieure des Mines de Saint-Étienne, p 205.

[91] Rahjohnson J R, Guyonnet R *et al.* (1994) Experimental Study and Modelling of the Wood Retification Process, *Automatic Control of Food and Biological Process.*, J J Bimbenet, E Dumoulin and G, Trystam, Elsevier Science BV, pp227-235.

[92] Younsi R, Kocaefe D *et al.* (2006) Transient Multiphase Model for the High-Temperature Thermal Treatment of Wood, AIChe. Journal, **52**, 7, pp 2340-2349.

[93] Rousset P, Perré P *et al.* (2006) Selection of a Micro-particle Wood Pyrolysis Model for Use in a Macroscopic Transport Model, Annals of Forest Science, 63, pp 213-219.

[94] Arcate J (2002) Marchés et technologies pour le bois torréfié en 2002, Bois Énergie, 6.

[95] Bergman PCA and Kiel JHA (2005) Torrefaction for Biomass Upgrading, *14th European Biomass Conference & Exhibition*, Paris, France.

[96] Lipinsky ES, Arcate JR *et al.* (2002) Enhanced Wood Fuels via Torrefaction, Fuel Chemistry Division Preprints, 47(1).

[97] Weststeijn A (2004) First Torrefied Wood Successfully Cofired with Coal, Biomass Pyrolysis Network, 12.

[98] Mitchell P, Kiel J *et al.* (2007) A Foresighting Study into the Business Case for Pellets from Torrefied Biomass as a New Solid Fuel, All Energy 07, Aberdeen.

Brevets

[99] IFP Energies nouvelles FR2910489 WO200893012

[100] RUMPLER DE102007010696

[101] BIO 3D APPLICATIONS FR2903177 WO200800960

[102] TORR COAL TECHNOLOGY WO2007145507

[103] G & A INDUSTRIEANLAGEN GMBH DE202007013672

[104] PAOLUCCIO JOHN US2007266623

[105] BERGMAN PETER CHRISTIAAN ALBER STICHTING ENERGIE NL1030864 WO200778199

[106] JESCHAR RUDOLF WASSMANN KURT DE10317084

[107] HOCHREITER JOHANN DE19932822

[108] BERLIN CONSULT GMBH DE3721006

[109] Värnamo Demonstration Plant, the Demonstration Programme. Sydkraft Publication, Berlings Skogs, Trelleborg 2001.

[110] Robert PH Caractéristiques physico-chimiques de la biomasse ligneuse. De la forêt aux chaufferies à bois à alimentation automatique. IDF.

[111] Boissonnet G and Seiler JM (2002) Approche thermodynamique des transformations de la biomasse. Rapport CEA-R-6025.

[112] Chevalier PY, Generino G (1992) Thermodynamic Data and Calculation Code adapted to the Molten Core Concrete Interactions. *Proc. of the Second OECD (NEA) CSNI Specialist Meeting on Molten Core Concrete Interactions*, Karlsruhe, Germany, 1-3 April, NEA/CSNI/R(92)10.

[113] Loison R (1983). Gazéification du charbon. Les Techniques de l'Ingénieur J 5 410.

[114] Unnasch S (1996) Hynol Process Engineering. EPA-600/-96-006.

[115] Norbeck JN and Johnson K. Evaluation of a Process to Convert Biomass to Methanol Fuel NRMRL-RTP-202.

[116] Bridgewater AV (2003) Renewable Fuels and Chemicals by Thermal Processing of Biomass. Chemical Engineering Journal 91, pp 87-102.

[117] Wellman : http://www.berr.gov.uk/files/file14930.pdf

[118] Ansaldo Volund : www.**volund**.dk/

[119] Bioneer : http://www.ieabioenergy.com/media/18_AR1999Task20colour.pdf

[120] DTU : voir Inventaire des installations.

[121] Inventaire des installations et caractéristiques : http://gi.grensy.info/installations

[122] Biomass Engineering : http://www.supergen-bioenergy.net/…/

[123] Fluidyne : http://www.fluidynenz.250x.com

[124] Carbona : www.forestprod.org/smallwood04patel.pdf

[125] Future Energy/Siemens : www.coal.org/userfiles/File/**Siemens**

[126] FICFB : Rauch *et al.* (2004) "Steam Gasification of Biomass at CHP Plant in Guessing –Status of the Demonstration Plant" 2nd World Conference and Technology Exhibition on Biomass for Energy, Industry and Climate Protection, 10-14th May 2004, Rome, Italy.

[127] Ferco/Battelle : Preliminary Operating Results from the Battelle/Ferco Gasification Demonstration Plant in Burlington, Vermont, États-Unis. http://www.fercoenterprises.com/downloads/seville.pdf

[128] Texaco : Texaco Gasification Process : US Environmental Protection Agency, EPA 540/R-94/514a.

[129a]Choren : http://www.choren.de/

[129b]Uhde-PRENFLO™ process : http://www.uhde.eu/competence/technologies/gas/techprofile.en

[130] Bain RL (2004) Biomass Gasification Overview DOE/NREL January.

[131] Bridgewater AV and Hagen EN (1996) Bio-oil Production and Utilization. Proceedings of the 2nd EU-Canada Workshop on Thermal Biomass Processing. CPL Press.

[132] Milne TA, Abatzoglou N and Evans RJ (1998) Biomass Gasifier « Tars » : Their Nature, Formation, and Conversion NREL/TP-570-25357.

[133] Sutton D, Kelleher B and Ross JRH (2001) Review of Literature on Catalysts for Biomass Gasification. Fuel Processing Technology, 73, pp 155-173.

[134] Donnot A, Magne P and Deglise X (1991) Experimental Approach to the Catalyzed Cracking Reaction of Tar from Wood Pyrolysis. Journal of Analytical and Applied Physics, 21, pp 265-280.

[135] Rapagna S, Provendier H, Petit C, Kiennemann A and Foscolo PU (2002) Development of Catalysts Suitable for Hydrogen or Syngas Production from Biomass Gasification. Biomass and Bioenergy 22, pp 377-388.

[136] Olofsson G, Ye Z, Bjerle I and Anderson A (2002) Bed Agglomeration Problems in Fluidized Bed Biomass Combustion. Industrial and Engineering Chemistry Research **41**, 12.

[137] Lin W and Dam-Johansen K (1999) Agglomeration in Fluidised Bed Combustion of Biomass – Mechanisms and Co-firing with Coal. Proc. 15th International Conference of Fluidized Bed Combustion. Savannah, Georgia. May 16-19.

[138] Baker W (2004) High Temperature Corrosion in Gasifiers, Materials Research, **7**, 1, pp 53-59.

[139] Boerrigter H, Calis HP, Slort DJ and Bodenstaff H (2004) Gas Cleaning for Integrated Biomass Gasification and Fischer-Tropsch Systems 2nd World Conference on Biomass for Energy, Industry and Climate Protection, Rome, Italy, 10-14 May.

[140] Bournay L, Viguié JC, Babe C and Quignard A (2009) Biomass and Coal-to-Liquid BTL/CTL/B-XTL, Présentation aux Entretiens technologiques d'IFP Energies nouvelles, 09/12/2009.

[140a]Duplan JL and Viguié JC (2007) Biomass-to-Liquids : the Future of BTL, BTL Workshop London, 1st November 2007.

[140b]Wright MM and Brown RC (2007) Biofuels Bioprod. Bioref., 1, pp 49-56.

[140c]Well-to-Wheels Analysis of Future Automotive Fuels and Powertrains in the European Context. Concawe, Eucar, JRC, Well-to-Wheels Report, March 2007, http://ies.jrc.ec.europa.eu/WTW

[141] Coda B, Cieplik MK, de Wild PJ and Kiel J (2007) Slagging Behaviour of Wood Ash under Entrained-Flow Gasification Conditions, Energy and Fuels 21, pp 3644-3652.

[142] Barth T (2002) Optimising Reaction Conditions Relative to Product Slates in Aqueous Pressurised Pyrolysis of Biomass and Waste Samples, Pyrolysis and Gasification of Biomass and Waste, Proceedings of an Expert Meeting, Ed. A.V. Bridgwater, Strasbourg.

[143] Liquefaction of Solid Carbonaceous Material. US Patent 4 052 292.

[144] Kruse A and Gawlik A (2003) Biomass Conversion in Water at 330-410 °C and 30-50 MPa. Identification of Key Compounds for Indicating Different Chemical Reaction Pathways, Ind. Eng. Chem. Res., 42, pp 267-279.

[145] Goudriaan F and Peferoen DGR (1990) Liquid Fuel from Biomass via a Hydrothermal Process, Chem. Eng. Sc. **45**, 8, pp 2729-2734.

[146] Ladebeck J (1993) Improve Methanol Synthesis. Hydrocarbon Processing International Edition **72**,3, pp 89-91.

[147] Pavone A (Décembre 2003) Mega Methanol Plants, PEP SRI Consulting, Menlo Park, Californie.

[148] Nexant Chemsystems (Décembre 2004), Methanol 03/04-4, Nexant Chemsystems, White Plains, New York.

[149] Hamelinck CN and Faaij APC (Septembre 2001) Future Prospects for Production of Methanol and Hydrogen from Biomass, Université d'Utrecht, Pays-Bas.

[150] Guibet JC (1997) Carburants et moteurs. Technologies. Énergie. Environnement **2**. Éditions Technip, Paris, pp 608-625.

[151] Dumon R, Guibet JC and Portas JY (1984) Le méthanol – Réalités et perspectives. Éditions Masson, Paris, pp126-171.

[152] Gorse RA *et al.* (1992). The Effects of Methanol/gasoline Blends on Automobile Emission SAE 920327.

[153] DuPont (2000) Robust Summary For Dimethyl Ether, DuPont Submission to the US EPA, October 11, 2000. http://www.epa.gov/opptintr/chemrtk/dimethr/c12794b.pdf

[154] McCandless JC and Li S (1997) Development of a Novel Fuel Injection System (NFIS) for Dimethyl Ether – and Other Clean Alternative Fuels. SAE 970220.

[155] [Ho Teng, MacCandless JC and Schneyer JB (2002) Viscosity and Lubricity of (Liquid) Dimethyl Ether – an Alternative Fuel for Compression Ignition Engines, SAE 2002 – 01 – 06862.

[156] Shudo T, Ono Y and Takahashi T (2002) Influence of Hydrogen and Carbon Monoxide on HCCI Combustion of Dimethyl Ether, SAE 2002 – 01 – 2828.

[157] Kajitan S, Chen ZL, Konno M and Ree KT (1997) Engine Performance and Exhaust Characteristics of Direct Injection Diesel Engine Operated with DME, SAE 972973.

[158] Kapus P and Cartellieri W (1995) ULEV Potential of a DI/TCI Diesel Passenger Car Engine Operated on Dimethyl Ether, SAE 952754.

[159] Tijmensen MJA, Faaij APC, Hamelinck CN and van Hardeveld MRM (2002) Exploration of the Possibilities for Production of Fischer-Tropsch Liquids and Power via Biomass Gasification, Biomass and Bioenergy, 23, pp 129-152.

[160] Path PL and Dayton DC (December 2003) Preliminary Screening – Technical and Economic Assessment of Synthesis Gas to Fuels and Chemicals with Emphasis on the Potential for Biomass-Derived Syngas, NREL, Golden Colorado, États-Unis, NREL/TP-510-34929.

6

La transformation de la biomasse lignocellulosique par voie biochimique. La production d'éthanol et d'ABE [1]

D. Ballerini, F. Monot

Plusieurs voies de transformation biologique de la biomasse lignocellulosique sont décrites dans ce chapitre. La production d'éthanol est très avancée, comme la fermentation acétono-butylique, tandis que la synthèse d'éthanol à partir du gaz de synthèse n'en est qu'au stade de la recherche en laboratoire.

6.1 LA PRODUCTION D'ÉTHANOL

Si la production d'éthanol à partir du saccharose des plantes sucrières ou de l'amidon des plantes amylacées est un procédé mature et utilisé au stade industriel, la production de cet alcool à partir des matières premières lignocellulosiques se heurte encore à des verrous technico-économiques. Cependant, cette filière est assurément la plus intéressante du point de vue environnemental et elle permettrait d'assurer, à faible coût, un approvisionnement à grande échelle d'éthanol. Elle offre également comme avantage de pouvoir valoriser des résidus de plantes alcooligènes comme les bagasses de canne à sucre, les rafles de maïs ou la paille de blé. Supportés par cet enjeu, les efforts de la R&D sont conséquents et visent à améliorer l'ensemble du procédé, notamment les étapes-clés que sont le prétraitement, l'hydrolyse de la cellulose en sucres fermentescibles et la conversion des pentoses issus des hémicelluloses en éthanol.

6.1.1 La composition des substratscomposition des substrats

La biomasse lignocellulosique peut être considérée comme composée essentiellement par la paroi cellulaire des plantes. Celle-ci est subdivisée en paroi primaire et paroi secondaire. La paroi primaire, d'épaisseur moyenne de 0,1 à 0,2 µm, est prépondérante chez les cellules

1. ABE : Acétone – Butanol – Éthanol.

jeunes et contient une forte proportion d'hémicelluloses. La paroi secondaire, beaucoup plus épaisse, située à l'intérieur de la paroi primaire, est divisée en 3 couches : S1, la plus proche de la paroi primaire, de 0,1 à 0,3 µm d'épaisseur ; S2, de 1 à 5 µm d'épaisseur ; S3, de 0,1 µm d'épaisseur qui entoure le lumen. Dans ces 3 couches, les fibrilles de cellulose sont orientées différemment et lignines et l'hémicellulose sont étroitement liées entre elles et aux fibrilles de cellulose. Les cellules pariétales sont associées entre elles par la lamelle moyenne de 0,5 à 2 µm d'épaisseur constituée presque exclusivement de lignines.

La cellulose est un homopolymère linéaire constitué d'unités D-glucopyranose liées entre elles par des liaisons β,1-4 (figure 6.1). Chaque résidu glucose est positionné à 180° par rapport au résidu adjacent, si bien que l'unité de base est en fait le cellobiose, constitué de 2 molécules de glucose. Le degré de polymération (DP) peut varier de 100 à 14 000. Pour le bois, le DP moyen est d'environ 10 000. Les chaînes de cellulose s'associent entre elles pour former des micro-fibrilles rigides et insolubles, de 3 à 4 nm d'épaisseur chez les végétaux supérieurs. Ces chaînes sont parallèles et forment des domaines cristallins très ordonnés dans lesquels s'intercalent des zones amorphes.

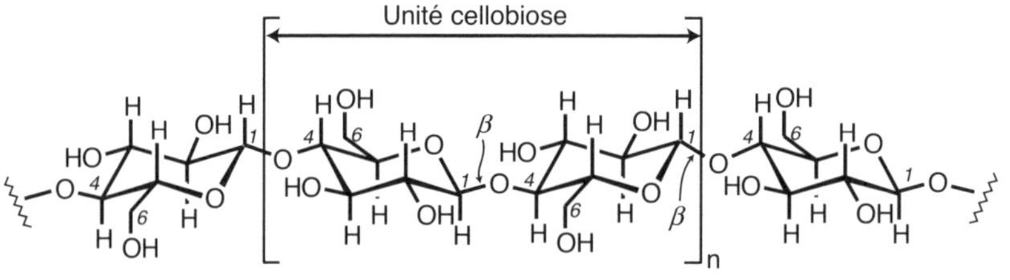

Figure 6.1

Structure chimique de la cellulose.

Les hémicelluloses sont des hétéropolysaccharides complexes, linéaires ou ramifiés, de faible DP (150 à 200), dont les constituants principaux sont des pentoses (sucres en C5 comme le xylose et l'arabinose), des hexoses et des acides uroniques (dérivés des sucres par oxydation de la fonction alcool primaire). Les principales chaînes sont des xylanes et des glucomannanes. Les groupements hydroxyle secondaire sont parfois substitués par des groupements acétyle.

Les lignines sont les constituants essentiels de l'espace intercellulaire. Ce sont des polymères fortement réticulés, formés essentiellement par condensation de trois alcools aromatiques, l'alcool *p*-coumarylique, l'alcool coniférylique et l'alcool sinapylique (figure 6.2). Le contenu en unités phénylpropane correspondantes, respectivement *p*-hydroxyphényles (H), guaïacyles (G) et syringyles (S), ainsi que les liaisons interunités et groupements phénol libres sont très dépendants des types de biomasse (bois tendres, bois durs et graminées) qui présentent donc des structures et organisations des lignines différentes [1].

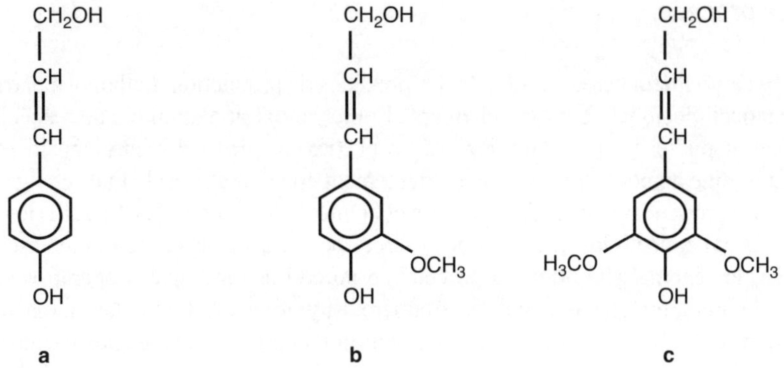

Figure 6.2

Principaux constituants des lignines.

Les trois polymères constitutifs de la paroi végétale sont intimement associés entre eux, formant une matrice rigide. Les interactions entre ces trois polymères sont fonction du type de cellule végétale et de la maturité de la plante.

La composition des matériaux lignocellulosiques est variable (tableau 6.1). La cellulose est le constituant le plus important, représentant entre 35 et 50 % de la matière sèche. La teneur en hémicelluloses dépend beaucoup du végétal considéré et la composition de ces hémicelluloses est elle-même très variable. Par exemple, le glucomannane est le principal constituant des hémicelluloses de conifères qui contiennent, de ce fait, peu de pentoses à la différence des pailles de blé dont les hémicelluloses sont essentiellement des xylanes. Ces variations de composition ont des incidences sur l'ensemble du procédé, que ce soit sur l'efficacité du prétraitement et de l'hydrolyse de la cellulose et des hémicelluloses ou sur la nature des sucres fermentescibles et des molécules inhibitrices des processus fermentaires libérées.

Tableau 6.1 Composition de végétaux ligno-cellulosiques (% matière sèche).

Végétal	Lignine	Cellulose	Hémicellulose dont :	xylose	arabinose	mannose
Pin	27-29	38-42	20-24	4-7	0-1	7-12
Peuplier	20-24	40-49	16-27	13-18	0,5-2	2-8
Paille de blé	15-23	30-43	22-50	18-24	2-3	0-1
Rafles de maïs	12-17	35-41	20-27	15-22	0-3	0-1
Bagasse de canne à sucre	11-25	38-40	23-34	21-24	0-3	0-1

Les variations observées pour un même végétal sont dues à la diversité des méthodes de détermination employées, des espèces étudiées et de leur maturité au moment du prélèvement.

6.1.2 Le procédé

Longtemps cantonnés à des études R&D, les procédés de production d'éthanol à partir de biomasse lignocellulosique font actuellement l'objet d'extrapolation à des échelles plus conséquentes : pilote ou démonstration. Les procédés intègrent plusieurs considérations de base : i) la lignine ne peut être fermentée directement en éthanol [1], ii) la matrice lignocellulosique doit être prétraitée pour rendre cellulose et hémicelluloses hydrolysables, iii) les fractions cellulosiques et hémicellulosiques sont des sources potentielles de sucres fermentescibles. Par conséquent, le schéma générique du procédé comprend les principales opérations unitaires suivantes : le prétraitement de la matière première, l'hydrolyse, la fermentation éthanolique et la séparation de l'éthanol du moût de fermentation (figure 6.3). Les étapes de fermentation des hexoses et la récupération de l'éthanol par distillation/rectification/déshydratation sont identiques à celles des procédés déjà éprouvés de production d'éthanol à partir des plantes sucrières et céréalières qui sont détaillés dans le chapitre 2. Les procédés développés actuellement sont des variantes de ce schéma, fonction des options choisies pour les opérations unitaires et des flux de cellulose, hémicellulose et lignine (paragr. 6.1.2.6).

Figure 6.3

Schéma générique de la production d'éthanol ex-BLC (biomasse lignocellulosique).

6.1.2.1 Le prétraitement

Nous ne traiterons pas ici du conditionnement du végétal proprement dit qui consiste généralement en un broyage des matériaux fibreux, par exemple en copeaux pour le bois, pour le rendre transportable sur des tapis roulants, mais du traitement nécessaire pour rendre la cellulose accessible à l'hydrolyse. Cet objectif peut être atteint de plusieurs manières : en abaissant la teneur en lignine et hémicellulose du substrat solide à traiter, en augmentant la porosité de la matrice, en diminuant la cristallinité de la cellulose ou en augmentant sa surface spécifique. En fonction du type de prétraitement, ces actions peuvent être conjuguées et s'accompagnent fréquemment d'une modification de la structure des lignines. Les principales contraintes techniques de cette étape sont d'éviter la perte ou la dégradation des sucres et de limiter la formation de produits inhibiteurs ainsi que les rejets et consommations excessives d'énergie. De nombreuses techniques de prétraitement ont été étudiées et proposées (tableau 6.2). Dans ce tableau, pour des raisons de clarté, nous avons fait une distinction entre procédés chimiques et physico-chimiques bien que, dans tous les cas, il y a une combinaison de phénomènes physiques et chimiques. Ce distinguo s'appuie davantage sur la terminologie du traitement. En dépit d'une abondante littérature sur le sujet, il est difficile de

1. Un cas particulier est le passage par une conversion thermochimique en gaz de synthèse fermenté ensuite en éthanol. Cette option est traitée dans la partie 6.2.

faire un classement de l'efficacité des prétraitements, d'une part, pour des questions méthodologiques car la mesure de l'efficacité est souvent basée sur un taux d'hydrolyse enzymatique lui-même fonction des conditions de mise en œuvre (concentrations en substrat et enzymes, temps d'action, agitation…) et qui fait abstraction de la présence de composés toxiques pour les micro-organismes fermentaires, d'autre part, en raison de la forte dépendance de la matière première considérée.

Tableau 6.2 Principaux procédés de prétraitement.

Procédés physiques	Prétraitement mécanique Pyrolyse
Procédés physico-chimiques	Thermohydrolyse Explosion à la vapeur Explosion à la vapeur en conditions acides AFEX et ARP Explosion au CO_2
Procédés chimiques	Prétraitement à l'acide dilué Prétraitement à l'acide phosphorique concentré Prétraitement alcalin Procédés Organosolv Prétraitement avec liquides ioniques Oxydation chimique Oxydation biologique

A. Prétraitements physiques

a) Prétraitements mécaniques

Ces traitements visent essentiellement à augmenter les surfaces accessibles et ainsi favoriser l'hydrolyse ultérieure. Par ailleurs, ils réduisent le DP de la cellulose et des lignines et la cristallinité de la cellulose. Ils consistent en un broyage mécanique intense jusqu'à obtention de fragments de taille inférieure à 2 mm. La consommation d'énergie nécessaire est dépendante de la matière première, notamment de son degré de siccité, mais reste trop élevée pour que ce mode de prétraitement soit utilisé à grande échelle [2].

b) Pyrolyse

À des températures inférieures à 300 °C, la décomposition de la cellulose en produits volatils et liquides est limitée et le produit solide obtenu peut être ensuite hydrolysé en sucres par hydrolyse acide douce avec des rendements de l'ordre de 80 à 85 % [2]. La présence d'oxygène ou de chlorure de zinc améliorerait les vitesses de réaction.

B. Prétraitements physico-chimiques

a) Thermohydrolyse

La thermohydrolyse encore appelée prétraitement LHW pour « Liquid Hot Water » consiste en une cuisson à l'eau de la biomasse sous forte pression. Le procédé est en général discontinu et la température de chauffage est de 200-230 °C (voir 5.3). Le temps de cuisson est le plus souvent de 15 à 60 minutes. Cette technique peut conduire à une solubilisation complète des hémicelluloses et partielle de la lignine (20 à 50 %). Elle permettrait également une augmentation de la taille des pores de la matrice lignocellulosique et une diminution de l'indice de cristallinité de la cellulose, favorisant ainsi l'hydrolyse enzymatique ultérieure. Des taux de solubilisation des hémicelluloses compris entre 80 et 100 % et des taux d'hydrolyse enzymatique supérieurs à 90 % ont été obtenus au stade laboratoire [3]. Il est généralement admis que l'acide acétique libéré pendant l'hydrolyse des hémicelluloses agit comme catalyseur pendant le prétraitement.

Une installation pilote capable de traiter 1 t/h de paille de blé et comprenant 3 étapes a été opérée en continu dans le cadre du projet européen IBUS [4]. Dans le premier réacteur, la paille est imprégnée d'eau pendant 20 minutes à 80 °C. Lors de la seconde étape, les hémicelluloses sont extraites par chauffage à des températures de l'ordre de 170 à 180 °C pendant une quinzaine de minutes et les fibres subissent un dernier traitement pendant 3 minutes avec circulation à contre courant d'eau chauffée à 195 °C. Ce dernier passage conditionne les fibres pour une meilleure hydrolyse. Des ratios eau/paille élevés favorisent l'extraction des hémicelluloses et limitent leur dégradation mais ont un effet contraire sur la susceptibilité à l'hydrolyse de la fraction cellulosique obtenue.

La thermohydrolyse présente de nombreux attraits :

- taux de solubilisation des pentoses et digestibilité enzymatique de la cellulose prétraitée élevés,
- pas d'ajout de réactifs chimiques,
- absence de produits inhibiteurs,
- peu de rejets,
- concentration de biomasse élevée (> 100 g/l).

b) Explosion à la vapeur

Ce traitement, parfois dénommé auto-hydrolyse, consiste à chauffer rapidement le substrat (160 à 260 °C) par injection de vapeur saturée à haute pression (10 ou 50 bar), à le maintenir à la température désirée pendant un temps variant de quelques secondes à quelques minutes, puis à l'amener à pression atmosphérique par une détente brutale. Le procédé a été mis en œuvre en discontinu (procédé Iotech) ou en continu (procédé Stake) à des échelles importantes. Les paramètres d'action sont la température, le temps d'action, la concentration en matières sèches et le conditionnement préalable du matériau (taille des copeaux dans les cas de bois, par exemple). Cette technique conduit à une hydrolyse partielle des hémicelluloses catalysée par l'acide acétique libéré ainsi qu'à une transformation de la lignine et une destruction importante de la structure de la matrice lignocellulosique.

L'hydrolyse des hémicelluloses est obtenue en combinant soit haute température et faible temps d'action (270 °C – 1 min), soit plus faible température et temps d'action plus long (190 °C – 10 min). Cependant, avec ce procédé, la solubilisation des hémicelluloses, qui est obtenue quand l'hydrolyse a conduit à l'obtention de monosaccharides et d'oligosaccharides de très faible DP, n'est pas maximale. Par ailleurs, le rendement d'hydrolyse enzymatique de la cellulose obtenue après explosion à la vapeur reste le plus souvent en deçà de

50 %. Enfin, cette technique conduit à la formation de produits inhibiteurs issus de la dégradation des sucres ou des lignines et est peu efficace avec les bois tendres.

c) Explosion à la vapeur en conditions acides

La plupart de ces inconvénients disparaissent lorsque l'explosion à la vapeur est pratiquée en conditions acides douces, par exemple en présence de H_2SO_4 ou de SO_2, qui permettent d'opérer à des températures plus basses (150 à 200 °C contre 250 °C en absence du catalyseur). De cette manière, il peut y avoir hydrolyse totale et solubilisation des hémicelluloses, amélioration du rendement de la cellulolyse enzymatique ultérieure et une minimisation de la production de composés inhibiteurs. L'explosion à la vapeur (16 bar, 2,5 min) de bois de peuplier imprégné par du H_2SO_4 0,1 N permet de récupérer 90 % du glucose potentiel et 60 % des pentoses [5]. Les pertes de matières sèches, souvent dues à l'évaporation de produits volatils lors la décompression, ne dépassent pas 10 % (furfural et acide acétique essentiellement). L'explosion à la vapeur en présence de SO_2 (gazeux) permettrait une meilleure pénétration du réactif au sein de la matrice lignocellulosique et serait un des rares prétraitements efficaces sur les bois de résineux. Cependant, il y aurait des pertes de réactif et la toxicité ainsi que la volatilité du SO_2 peuvent rendre son utilisation industrielle délicate. Outre son efficacité, notamment en conditions acides, l'explosion à la vapeur présente, comme autres avantages, une demande en énergie modérée, de faibles quantités de rejets, une simplicité de mise en œuvre en batch, une faible consommation de réactifs chimiques et une bonne adaptation aux particules de grande taille (copeaux de bois).

À titre d'exemple, des taux d'hydrolyse enzymatique des glucanes de 92 % et des xylanes de 80 % ont été obtenus sur du saule explosé après imprégnation dans 0,5 % d'H_2SO_4 pendant 90 min. [6]. Les principaux inconvénients résident dans la dégradation possible de sucres et composés phénoliques en produits toxiques et la difficulté à l'extrapolation à grande échelle, notamment pour des procédés continus.

d) Procédé AFEX (« Ammonia Fiber Explosion »)

Dans ce procédé, la matière lignocellulosique est mise en contact avec de l'ammoniaque liquide (5 à 15 % en solution aqueuse) à haute température et sous pression. La pression est ensuite brutalement réduite afin d'exploser le substrat et d'évaporer l'ammoniac. C'est une variante de l'explosion à la vapeur, mais la température y est plus faible (50 à 90 °C) et le temps de séjour plus long (typiquement 30 min). Il n'y a pas de formation de produits inhibiteurs. Les hémicelluloses sont peu solubilisées. Ce type de prétraitement est peu efficace sur les substrats ligneux et serait plus adapté aux plantes herbacées et résidus agricoles pour lesquels de bons taux d'hydrolyse de la cellulose ont été obtenus même avec de faibles concentrations d'enzymes [7]. Les concentrations d'ammoniac utilisées ont été abaissées de façon sensible (0,2-0,8 kg/kg m.s. au lieu de 1 à 2 kg/kg m.s. initalement [8]) et la récupération et le recyclage poussé de celui-ci suggèrent que, dans certaines conditions, le procédé soit économiquement viable [9].

Un autre procédé basé sur l'ammoniaque consiste à faire percoler une solution d'ammoniaque (5 à 15 %) sur de la biomasse à température élevée (en général 150 à 180 °C), puis de séparer et recycler l'ammoniaque dans l'effluent (procédé ARP pour *Ammonia Recycle Percolation*). Ces conditions favorisent la délignification de la biomasse et permettent de faire une hydrolyse efficace à faible dose d'enzymes [10]. Un point clé du procédé est la réduction des apports en eau. Une variante consiste à imprégner la biomasse dans l'ammoniaque (procédé SAA pour *Soaking in Aqueous Ammonia*) [11].

e) Explosion au CO_2

C'est une autre variante de l'explosion à la vapeur dans laquelle le CO_2 est utilisé comme catalyseur. Le procédé a été testé avec une bonne efficacité (pression de 5,62 Mpa, 4 kg CO_2/kg m.s.) mais n'a jamais connu de développement conséquent [2].

C. Procédés chimiques

a) Prétraitement à l'acide dilué

Ce type de prétraitement est effectué de préférence en présence d'acide sulfurique ou d'acide chlorhydrique dilué en proportion de 0,5 à 3 % par rapport à la matière sèche de substrat. Deux méthodes sont utilisées : une première à haute température (> 160 °C), continue, qui convient pour les faibles charges en matières sèches (5 à 10 %) et une seconde méthode, discontinue, réalisée à température modérée (< 150 °C), utilisable pour des concentrations en matières sèches comprises entre 10 et 40 %. Plus la température est élevée, plus la perte en matières sèches est importante. Les temps de séjour sont dépendants de la température utilisée, par exemple 10 s à 200 °C en réacteur piston et 30 min à 120 °C dans des réacteurs à percolation.

Cette technique permet une hydrolyse des hémicelluloses en monomères et augmente notablement la digestibilité de la cellulose (des rendements d'hydrolyse enzymatique supérieurs à 90 % ont été obtenus dans certains cas) bien que le degré de cristallinité de la cellulose ne soit pas modifié. Une partie de la lignine serait également solubilisée. Il a été observé qu'au-dessus de 130 °C, en particulier en conditions acides, la lignine se dispersait sous forme de gouttelettes pour ensuite se déposer de façon non uniforme sur la biomasse résiduelle et gêner l'action des enzymes [12].

Cette technologie est efficace sur de nombreux substrats. Son coût est souvent estimé un peu supérieur à celui de l'explosion à la vapeur. À haute température, les sucres forment des composés furaniques inhibiteurs (furfural à partir de pentoses, hydrométhylfurfural – HMF – à partir des hexoses). Ce procédé impose un traitement de neutralisation du résidu acide à la chaux, générant du sulfate de calcium peu valorisable. Cette technique est envisagée dans un procédé NREL (National Renewable Energy Laboratory) [13]. Dans celui-ci, la matière lignocellulosique est tout d'abord mise en contact avec de la vapeur basse pression à 100 °C. L'acide sulfurique concentré est ensuite ajouté de façon à obtenir une concentration finale de 0,5 %. Le contact avec le substrat se fait à co-courant pendant 10 min à une température de 190 °C, la teneur en solides étant de 22 %. Après refroidissement en mode flash qui permet d'enlever 60 % du furfural et de l'HMF, les phases solide et liquide sont séparées. La phase liquide est neutralisée par un excès de chaux, puis passée sur une résine échangeuse d'ions afin d'éliminer l'acide acétique issu des hémicelluloses, l'acide sulfurique et les autres produits inhibiteurs restant. Cette phase liquide est ensuite mélangée à la phase solide pour la saccharification enzymatique.

Outre la formation de produits inhibiteurs déjà évoquée, les principales limitations au procédé sont la corrosivité des réactifs et en corollaire la nécessité d'utiliser des matériaux coûteux, le besoin de neutraliser la solution prétraitée avant hydrolyse et la formation associée de sels, sources de rejets.

b) Prétraitement à pH contrôlé

À l'inverse du précédent, ce prétraitement va chercher à limiter la chute de pH à des valeurs supérieures à 4 [14]. Dans ces conditions (eau et température), le traitement est proche de la thermohydrolyse, mais le pH y est contrôlé afin d'éviter l'hydrolyse des hémicelluloses en monomères susceptibles de se dégrader. Il permet une diminution de la cristallinité de la cellulose et une plus faible association de la lignine à la cellulose.

c) Prétraitement en milieu alcalin

Ces traitements conduisent à une solubilisation significative de la lignine et d'une partie des hémicelluloses, à une libération des groupements acétyles et à un gonflement des fibres de cellulose ainsi rendues beaucoup plus accessibles aux enzymes. Le DP et l'indice de cristallinité de la cellulose sont parfois diminués. Les traitements à la soude (8 à 12 % de NaOH par rapport à la matière sèche, 80 à 120 °C, 30 à 60 min) s'accompagnent d'une perte importante de la matière sèche lignocellulosique (30 à 35 %), nécessitent lavage et neutralisation du résidu solide ainsi qu'un recyclage de la soude et, de ce fait, sont onéreux et moins intéressants que les traitements à la chaux. Ils apparaissent mieux appropriés aux résidus agricoles, moins ligneux que les bois. Du « corn stover » prétraité avec 7,5 % de chaux par rapport à la biomasse pendant 4 heures à 120 °C perd environ 40 % de la lignine initiale et le taux d'hydrolyse atteint 88 % avec des temps d'action longs et des charges en enzymes relativement élevées [15].

d) Procédé Organosolv

Issu de l'industrie papetière, ce procédé consiste à solubiliser et extraire la lignine et les hémicelluloses dans un solvant organique (en général méthanol ou éthanol). Un catalyseur acide (HCl ou H_2SO_4) est souvent ajouté en faible quantité. L'évaluation de ce procédé a été effectuée sur du bois tendre en utilisant une solution aqueuse d'éthanol à 40-60 %, un rapport liquide-bois compris entre 7 à 10, un temps de réaction de 30 à 60 min et une température de 200 °C. Le taux d'hydrolyse de la cellulose est supérieur à 90 % et la lignine obtenue est de haute pureté [16]. Dans ces procédés, le solvant doit être extrait (par évaporation) puis recyclé. La nécessité de recycler le solvant à 100 % est un frein au développement de ce procédé. Il permet néanmoins la récupération quasi totale de la lignine qui pourrait ainsi être valorisée indépendamment. L'utilisation de fluides supercritiques et de liquides ioniques à la place des solvants organiques habituels a également été proposée. Dans ce dernier cas, c'est la capacité de liquides ioniques comme le BMIMCl (chlorure de 1-butyl-3-méthylimidazolium) à dissoudre la cellulose qui est exploitée [17].

e) Prétraitement à l'acide phosphorique

Ce traitement met à profit la dissolution de la cellulose dans des solutions d'acide phosphorique concentré (> 81 %) à basse température (50 °C). La cellulose est rendue amorphe et donc plus réactive et l'utilisation de températures modérées empêche toute dégradation des sucres. Après 30 à 60 minutes de réaction, cellulose et hémicellulose sont précipitées par ajout d'acétone alors que la lignine est solubilisée. Après lavage à l'eau, l'acide phosphorique est d'abord précipité par addition de carbonate de calcium, puis régénéré par addition d'acide sulfurique. Ce procédé permet la séparation des différentes fractions et l'obtention d'une cellulose facile à hydrolyser [18]. Il a été testé avec succès sur « corn stover », peuplier hybride et *switchgrass*, mais est inefficace sur le pin Douglas.

f) Procédés d'oxydation

Dans les procédés d'oxydation chimique, notamment l'ozonolyse ou l'oxydation humide, la lignine et, dans une moindre mesure, les hémicelluloses sont dégradées alors que la cellulose reste intacte. L'ozone a été testé sur des substrats comme la paille de blé, les bagasses de canne à sucre ou les bois de pin et de peuplier avec une augmentation sensible de la digestibilité enzymatique.

Les principaux avantages de ces traitements sont une délignification efficace, la limitation de la production de composés inhibiteurs et la température de réaction peu élevée pour l'ozonolyse. Dans ce dernier cas cependant, de grandes quantités d'ozone sont nécessaires, rendant le procédé trop onéreux.

g) Procédés biologiques

Des procédés de délignification mettant en œuvre des enzymes de type peroxydase ou des champignons lignolytiques tels que *Phanerochaete chrysosporium* ont été proposés [19]. Leur utilisation est, pour l'instant, restée limitée au stade laboratoire. Les principaux inconvénients sont le coût des enzymes lignolytiques dans le premier cas et la lenteur des réactions dans le second.

En conclusion, le procédé de prétraitement universel et idéal n'existe pas [20]. Les technologies *a priori* les plus attrayantes sont la thermohydrolyse, le prétraitement à l'acide dilué et l'explosion à la vapeur, l'AFEX auxquelles s'ajoutent depuis peu le prétraitement à l'acide phosphorique et le prétraitement Organosolv qui ont tous deux comme autre attrait de permettre un fractionnement de la matière lignocellulosique en ses polymères constitutifs. La thermohydrolyse semble efficace et minimise la formation de produits de dégradation. Elle est développée au stade pilote. Le prétraitement à l'acide dilué a longtemps été l'option dominante. Il améliore la digestibilité enzymatique de la cellulose, permet une bonne hydrolyse des hémicelluloses sans formation excessive de produits de dégradation des sucres. L'explosion à la vapeur, notamment après imprégnation de la matière lignocellulosique par de l'acide sulfurique dilué, est également attrayante pour les mêmes raisons. Son extrapolation à grande échelle pour des procédés continus reste néanmoins problématique pour le traitement de produits peu denses comme les pailles de céréales. Le choix du prétraitement (et des conditions opératoires) est fortement dépendant du substrat utilisé. En outre, les techniques proposées utilisent souvent des étapes de pressage et de lavage, consommatrices d'énergie et d'eau, et se doivent d'être optimisées en essayant d'intégrer au mieux tous ces flux pour des raisons économiques et environnementales évidentes. Une étude technico-économique comparative de cinq types de prétraitement, acide dilué, thermohydrolyse, AFEX, ARP, traitement à la chaux, réalisés sur un même substrat, en l'occurrence du « *corn stover* », et utilisant les mêmes conditions d'hydrolyse, de fermentation et d'analyse a montré que ces prétraitements donnaient lieu à peu de différence en termes de coût [21]. Les prétraitements *a priori* les moins onéreux voient leur coût monter quand sont inclus les recyclages des catalyseurs ou la récupération de l'éthanol en milieu très dilué. En fait, selon certaines estimations, le prétraitement représenterait environ 20 % du coût de l'éthanol et son amélioration nécessite une approche intégrée tant est fort l'impact des autres opérations unitaires [22].

6.1.2.2 L'hydrolyse

Du fait de sa structure, sa cristallinité et son association avec la lignine et les hémicelluloses encore présentes même après l'étape de prétraitement, l'hydrolyse de la cellulose en monomères fermentescibles (glucose) est une opération difficile qui peut être réalisée par deux méthodes : hydrolyse chimique catalysée par un acide ou hydrolyse enzymatique.

A. L'hydrolyse chimique

L'hydrolyse par acide dilué ne nécessite en général pas d'autre prétraitement qu'un conditionnement [3]. Elle a lieu en deux étapes afin d'optimiser la libération des sucres des hémicelluloses, d'une part, de la cellulose, d'autre part. La première étape est semblable au prétraitement par acide dilué et permet de digérer les hémicelluloses et de solubiliser les sucres qui en sont issus. Après séparation, la fraction solide est soumise à une nouvelle hydrolyse. Des étapes de neutralisation et de précipitation du sel formé sont nécessaires. Différents types de réacteurs peuvent être utilisés, à percolation, à co-courant ou piston. Le NREL a décrit les conditions d'utilisations suivantes : 3 minutes à 190 °C en présence de 0,7 % d'acide sulfurique pour la première étape, 3 minutes à 215 °C en présence de 0,4 % d'acide sulfurique pour la seconde. Les rendements d'hydrolyse sont de 89 % pour le mannose, 82 % pour le galactose et 50 % pour le glucose. Ce procédé a été développé en coopération avec BCI (BC International Corporation). Dans certains cas, les conditions de la seconde étape sont plus sévères : 240 °C à 2 % d'acide sulfurique. Une technologie d'hydrolyse flash (< 2 s, 260-280 °C, 0,5-1 % d'H_2SO_4) mise au point par le CIEMAT (Centre de recherche sur l'Énergie, l'Environnement et la Technologie du ministère de la Recherche espagnol) conduirait à des taux de récupération de glucose supérieurs (70-80 %).

L'hydrolyse par l'acide concentré est généralement plus efficace quand elle combine deux étapes : une première étape de décristallinisation de la cellulose rendue complètement amorphe par rupture des liaisons hydrogène inter-chaînes, une seconde étape d'hydrolyse par de l'acide dilué [23]. Dans certains cas, une étape préliminaire de prétraitement par de l'acide dilué est effectuée afin de séparer les hémicelluloses avant la décristallinisation.

Ces procédés d'hydrolyse ont été développés aux États-Unis par Arkenol et le Masada Resource Group en vue de la production d'éthanol à partir de matière première lignocellulosique. Dans le procédé Arkenol, la décristallinisation de la cellulose est obtenue par l'addition d'acide sulfurique à 70-77 % au substrat qui a été séché jusqu'à 10 % d'humidité. L'acide est ajouté de façon à obtenir un ratio acide/(cellulose + hémicellulose) égal à 1,25 tout en maintenant la température inférieure à 50 °C. De l'eau est ensuite ajoutée pour diluer l'acide à 20-30 % et l'ensemble est chauffé à 100 °C pendant 1 heure. Après pressage, les solides résiduels sont soumis à une deuxième hydrolyse et les sucres et l'acide de la fraction soluble sont séparés dans une colonne de chromatographie. Les sucres seraient récupérés à 98 % et la perte en acide dans le jus sucré est inférieure à 3 %. Le recyclage poussé de l'acide est une condition indispensable pour que ce procédé soit économiquement viable. Par ailleurs, l'utilisation d'acide concentré requiert des réacteurs résistant à la corrosion.

B. L'hydrolyse enzymatique

L'hydrolyse de la cellulose par des enzymes est souvent la voie préconisée pour l'obtention des sucres fermentescibles pour les raisons suivantes :

- les résultats de la plupart des évaluations économiques sont en faveur de l'hydrolyse enzymatique comparée à l'hydrolyse chimique,
- elle génère peu d'effluents à traiter et pas de problème de corrosion,
- elle présente des perspectives d'amélioration beaucoup plus grandes que l'hydrolyse chimique qui a fait l'objet de travaux depuis plusieurs dizaines d'années.

Dans la nature, la biodégradation de la cellulose est essentiellement réalisée par des micro-organismes (eubactéries et champignons) et elle a lieu aussi bien en aérobiose (par exemple, à la surface du sol) qu'en anaérobiose (par exemple, dans le rumen animal) [24]. Parmi les bactéries cellulolytiques figurent des bactéries appartenant aux genres *Ruminococcus*, *Clostridium*, *Cellulomonas*, *Thermonospora*, *Streptomyces*. Bien que certaines bactéries, comme *Clostridium thermocellum*, produisent des cellulases ayant une activité spécifique (vitesse d'hydrolyse par unité massique de protéines) élevée, leurs capacités de production et leurs taux de croissance sont trop faibles pour envisager leur utilisation au stade industriel. Les champignons cellulolytiques appartiennent à différents genres : *Aspergillus*, *Schizophyllum*, *Penicillium*, *Trichoderma*...

Parmi ceux-ci, *Trichoderma reesei* a probablement été l'espèce la plus étudiée pour la production de cellulases [24]. En effet, elle est capable de sécréter des concentrations importantes de cellulases très actives et elle a fait l'objet d'utilisation industrielle. De plus, outre des cellulases, *T. reesei* produit des hémicellulases qui participent au processus d'hydrolyse des parois végétales. Du point de vue du procédé, il est nécessaire, dans un premier temps, de récupérer les enzymes produites par ce champignon dans le milieu de culture et éventuellement de les conditionner avant leur mise en œuvre en hydrolyse.

Celle-ci s'effectue par simple mise en contact du matériau prétraité avec la solution enzymatique en assurant l'homogénéité de la suspension et en maintenant les conditions optimales qui sont, pour les cellulases de *T. reesei*, une température de 40-50 °C et un pH entre 4,5 et 5. Le temps d'action est fonction de la quantité d'enzymes ajoutées et de leur activité ainsi que de la concentration en substrat. En fait, il semble que les optimums de température et de pH dépendent non seulement de l'enzyme mais aussi du substrat du fait de la nature multi-enzymatique des mélanges enzymatiques utilisés [25]. Pendant l'hydrolyse enzymatique, les sucres réducteurs sont produits, sous formes d'oligomères d'abord, de cellobiose ensuite, et finalement de glucose. Les produits solubles issus de l'hydrolyse enzymatique, principalement le cellobiose et le glucose, ont un effet inhibiteur important sur l'activité des enzymes cellulolytiques [26]. Les produits de dégradation des sucres et de la lignine formés lors des prétraitements, par exemple par explosion à la vapeur, pourraient également avoir un effet négatif, cependant limité, sur les enzymes cellulolytiques [27].

Le coût des utilités et réacteurs nécessaires à l'hydrolyse enzymatique est faible. À l'heure actuelle, le recyclage des enzymes est rarement envisagé car celles-ci restent majoritairement adsorbées sur le résidu solide riche en lignine. Le coût des cellulases est relativement élevé et ce poste est souvent estimé être le plus onéreux dans la production d'éthanol à partir des matériaux lignocellulosiques. De ce fait, de gros efforts sont consacrés à la connaissance du mécanisme de la cellulolyse enzymatique en vue de son amélioration. En effet, il s'agit d'un processus complexe d'action de protéines solubles sur un substrat insoluble et récalcitrant et dont la compréhension reste incomplète.

6.1.2.3 La production des enzymes et leur mode d'action

A. Cellulases et cellulolyse

a) Les systèmes enzymatiques

Les enzymes impliquées dans la dégradation de la cellulose, appelées communément cellulases, sont soit sécrétées dans le milieu (cas essentiellement des champignons), soit associées à la surface externe des micro-organismes formant des systèmes complexes appelés cellulosomes (cas des bactéries anaérobies).

Les cellulases ont d'abord été classées selon leur mode d'action catalytique. Elles sont maintenant aussi classées selon leur structure, comme toutes les enzymes agissant sur les sucres [28]. Il existe trois types d'activités enzymatiques cellulolytiques complémentaires pour l'hydrolyse totale de la cellulose :

- les endoglucanases (EG) ou 1,4-β-D-glucane-4-glucanohydrolases (EC 3.2.1.4) qui coupent la cellulose aléatoirement au niveau des zones amorphes de la cellulose générant de nouvelles extrémités de chaînes,
- les exoglucanases, comprenant les 1,4-β-glucane glucanohydrolases (EC 3.2.1.74) ou cellodextrinases et les 1,4-β-glucane cellobiohydrolases (EC 3.2.1.91) ou cellobiohydrolases (CBH), qui agissent de façon processive sur les extrémités libres des chaînes de cellulose, libérant du glucose pour les glucanohydrolases ou du cellobiose pour les cellobiohydrolases,
- les β-glucosidases ou β-glucoside glucohydrolases (EC 3.2.1.21) qui hydrolysent les cellodextrines solubles et le cellobiose en glucose.

Les systèmes cellulolytiques sont des systèmes multi-enzymatiques possédant ces trois types d'action, étant ainsi capables de dégrader totalement la cellulose (figure 6.4).

La plupart des cellulases ont une structure modulaire comprenant plusieurs domaines structuraux et fonctionnels. Le modèle « domaine catalytique – domaine d'accrochage à la cellulose » ou CBM pour « Carbohydrate Binding Module » est le plus souvent rencontré pour les systèmes excrétés. L'organisation des cellulosomes est particulière avec l'existence des domaines dockérine ou fibronectine III qui se lient à des domaines cohésine de la protéine charpente (« scaffoldine ») (figure 6.5) [29]. Les CBM facilitent l'hydrolyse de la cellulose en assurant l'ancrage du site catalytique sur le substrat. Leur rôle est particulièrement important pour l'initiation de l'action des cellobiohydrolases et leur processivité. Ils sont localisés aux extrémités de la protéine. Les CBM interviendraient aussi dans la déstructuration des fibrilles de cellulose. Ils sont souvent uniformes avec une face hydrophile et une face hydrophobe. Il existe également un bras de liaison entre le site catalytique et le CBM constitué de fragments fortement glycosylés pour les cellulases fongiques et particulièrement riches en certains acides aminés comme la proline, la thréonine et la sérine (figure 6.6) [30].

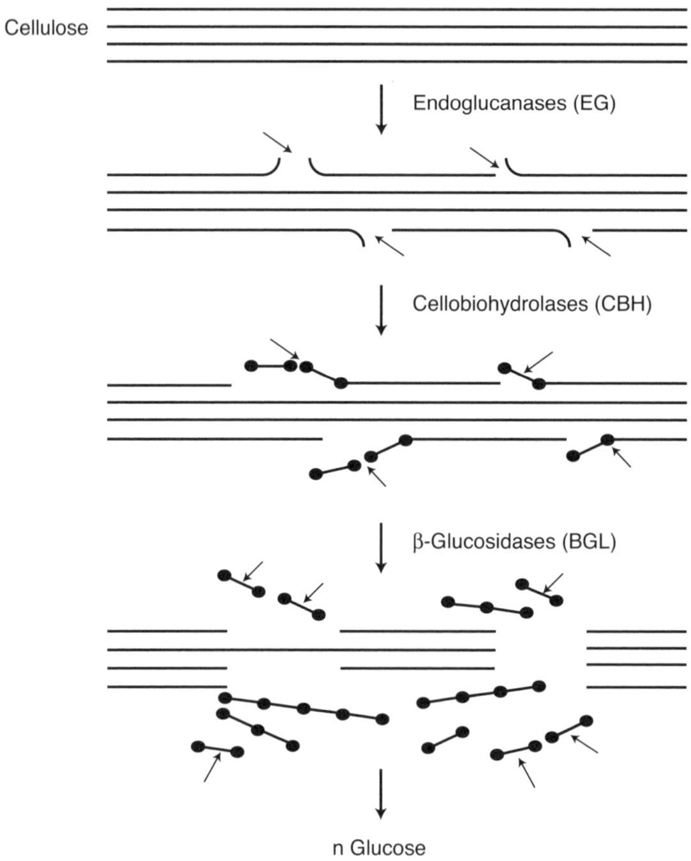

Figure 6.4

Mode d'action des cellulases sur les fibrilles de cellulose.

Les sites catalytiques ont une configuration en crevasse pour les endoglucanases et en tunnel pour les cellobiohydrolases afin de permettre le déplacement de l'enzyme le long de la chaîne de cellulose. Chez *Trichoderma reesei,* le tunnel de la CBH1 a une taille de 50 Å et celui de la CBH2 une taille de 50 Å. Le mécanisme réactionnel est une catalyse acide-base à partir de deux résidus catalytiques de l'enzyme : un acide, donneur de protons, et une base nucléophile. En fonction de la distance entre les deux sites catalytiques, le mécanisme de l'hydrolyse conserve ou inverse la configuration anomérique du carbone glycosylé. Ainsi, en raison de la taille du tunnel, il est conservateur pour CBH1 et inverseur pour CBH2. Les micro-organismes cellulolytiques possèdent plusieurs enzymes cellulolytiques de type endo et exo afin de pouvoir agir sur les zones amorphes et cristallines, d'être actifs envers des substrats divers et de s'adapter aux changements qui adviennent à la chaîne de cellulose au cours de sa dégradation.

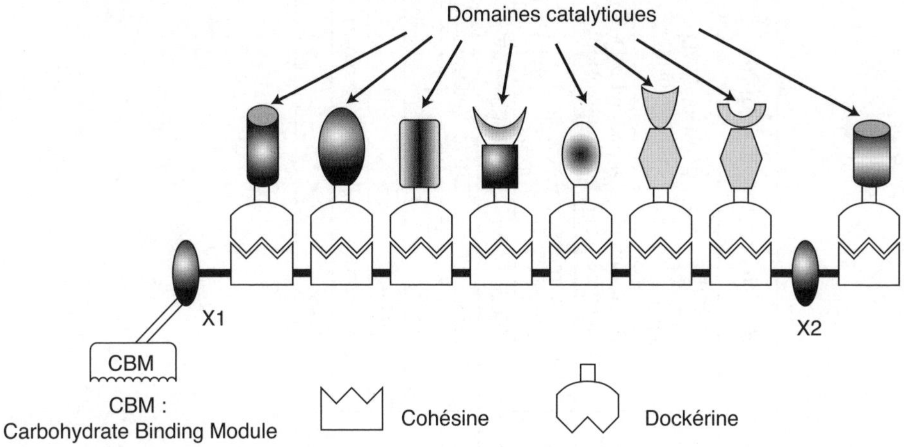

Figure 6.5

Structure du cellulosome de *Clostridium cellulolyticum*.

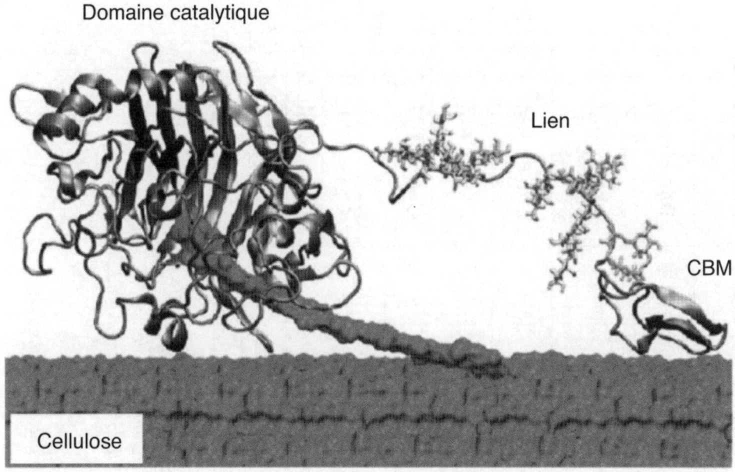

Figure 6.6

Structure de CBH1 et mode d'action sur un substrat cellulosique.

Source : Beckham GT, Matthews JF, Bomble YJ, Bu L, Adney WS, Himmel ME, Nimlos MR, Crowley MF. "Identification of Amino Acid Responsible for Processivity in a Family 1 Carbohydrate-Binding Module from a Fungal Cellulase, J. Phys. Chem. B, 114, pp. 1447-53 (2010) – ACS Publications.

Ainsi, le complexe cellulolytique sécrété par *Trichoderma reesei* contient notamment deux CBH, cinq endoglucanases et deux β-glucosidases (tableau 6.3). Les neuf enzymes appartiennent à huit classes structurales différentes. La même diversité est rencontrée chez

Tableau 6.3 Quelques caractéristiques des cellulases connues de *T. reesei*.

Enzyme	Mw [a] (kDa)	Nb AA [b]	% (w/w) [c]	Domaines [d]	pI [e]	Mécanisme réactionnel [f]	Spécificité	K_M [g] (µM)
CBH1/Cel7A	65	513	60	CM + CBM	4,65	Conservation	Extrémité réductrice cellulose	48 (méthyl β-D-cellotétraoside)
CBH2/Cel6A	58	471	20	CM + CBM	5,11	Inversion	Extrémité non réductrice	4 (méthyl β-D-cellotétraoside)
EG1/Cel7B	55	459	10 à 20	CM + CBM	4,71	Conservation	Zones amorphes cellulose	113 (cellotétraose)
EG2/Cel5A	44*	418		CM + CBM	4,97	Conservation	idem	356 (cellotétraose)
EG3/Cel12A	25	234		CD	6,69	Conservation	idem	230 (cellotétraose)
EG4/Cel61A	35*	344		CM+CBM	5,29	Inconnu	idem	ND
EG5/Cel45A	23	242		CM + CBM	4,21	Inversion	idem	ND
BGL1/Cel3A	80	744	1		6,38		cellobiose	1 250 (cellobiose)
BGL2/Cel1A	52*	466			5,33		cellobiose	

[a] *Masse moléculaire (* = Mw théorique).*
[b] *Nombre d'acides aminés.*
[c] *Pourcentage en masse par rapport aux cellulases totales.*
[d] *CM : « Catalytic module » ; CBM : « Cellulose Binding module ».*
[e] *Point isoélectrique théorique.*
[f] *Conservation ou Inversion de l'anomérie.*
[g] *Constante de Michaelis (substrat précisé entre parenthèses).*
ND : non déterminé.

les hémicellulases de *T. reesei*. En fait, une étude génomique a montré l'existence, chez *T. reesei*, d'un mélange d'activités de dégradation de la biomasse beaucoup plus complexe et qui comprendrait 2 cellobiohydrolases, 8 endoglucanases, 7 β-glucosidases, 4 xylanases, 1 β-xylosidase, 2 acétyl xylane estérases, 2 arabinofuranosidases, 1 β-mannanase, 5 galactosidases, une swollénine et deux protéines de fonction inconnue [31]. Si l'on se réfère aux cellulases connues (tableau 6.3), on constate que les CBH représentent à elles seules 80 % (en poids) du cocktail enzymatique de *T. reesei* alors que les β-glucosidases sont sous-représentées. Un tel déséquilibre apparent peut en fait refléter une optimisation du processus d'hydrolyse enzymatique, la faiblesse de certaines activités enzymatiques spécifiques pouvant être compensée par la forte proportion de celles-ci dans le mélange enzymatique produit. Il est cependant souvent avancé que le faible taux de β-glucosidases est une des principales lacunes des cellulases de *T. reesei*, tout au moins pour une saccharification *in vitro*, et ce d'autant plus que les β-glucosidases de *T. reesei* sont inhibées par le glucose, ce qui n'est pas le cas d'autres β-glucosidases comme celles d'*Aspergillus*. Le séquençage du génome des deux principaux champignons producteurs d'enzymes, *A. niger* et *T. reesei*, a été récemment publié [32, 33]. Il est notable que la taille de ces 2 génomes soit proche, environ 34 Mb. Le génome de *T. reesei* présente comme particularité d'être le plus pauvre en gènes codant des cellulases et hémicellulases parmi tous les autres champignons de génome connu capables d'hydrolyser les polysaccharides des parois végétales. Par ailleurs, l'analyse de son génome n'explique pas sa forte capacité de sécrétion de protéines.

b) Synergie des activités cellulolytiques

Outre la complémentarité de leurs actions pour réaliser une hydrolyse totale de la cellulose, les cellulases présentent de fortes synergies, c'est-à-dire que leur activité lors d'une mise en œuvre en commun est supérieure à la somme de leurs activités individuelles. Quatre formes de synergie ont été décrites : une synergie endo-exo entre endoglucanases et exoglucanases ; une synergie exo-exo entre exoglucanases agissant aux extrémités réductrices des chaînes de cellulose et celles agissant aux extrémités non-réductrices ; une synergie entre les exoglucanases et les β-glucosidases qui hydrolysent le cellobiose, produit final inhibiteur des cellobiohydrolases ; et une synergie intramoléculaire entre domaines catalytiques et CBM.

Dans le cas des cellulases, les mesures d'activité sont délicates du fait de la diversité des substrats utilisables. Des celluloses cristallines pures sont disponibles (coton, papier fibre, Avicel) mais elles sont souvent physiquement hétérogènes et ne peuvent être utilisées que pour évaluer l'activité d'un système cellulolytique complet. L'activité papier filtre (ou UPF), exprimée en vitesse d'apparition des sucres réducteurs, est souvent utilisée. Les celluloses amorphes ou solubles telles que les carboxyméthylcelluloses (CMC) sont également souvent employées mais elles ne reflètent pas les activités des exoglucanases. Les oligomères de faible poids moléculaire telles que les cellodextrines, solubles, peuvent également être utilisés. Les substrats chromogènes ou fluorogènes comme le *p*-nitrophényl-β-D-cellobioside dans lesquels des composés colorés ou fluorescents sont liés au carbone anomérique du glucose sont pratiques pour des études d'activités particulières.

L'action hydrolytique des cellulases sur la cellulose pure est complexe et fonction de plusieurs paramètres clés comme la cristallinité de la cellulose, son degré de polymérisation et l'aire accessible. De nombreux modèles quantitatifs visant à décrire l'hydrolyse enzymatique de la cellulose ont été développés et classés en non mécanistiques, semi mécanistiques, basés sur la fonction et basés sur la structure [34]. Dans le cas d'un substrat lignocellulosique prétraité, d'autres facteurs interviennent, notamment la présence des autres constituants comme les hémicelluloses et lignines, qui vont avoir un effet direct sur l'accessibilité des enzymes à la cellulose et un effet indirect sur l'adsorption non spécifique des cellulases, bien connu pour les lignines. Le rôle important de l'accessibilité est aussi vrai pour les cellulases en complexes [35].

B. Synthèse des cellulases

a) Génétique

Chez *T. reesei*, comme chez la plupart des autres champignons, les gènes codant pour les cellulases sont répartis au hasard dans le génome, chaque gène possédant ses propres éléments de régulation. Il est, en revanche, notable que les promoteurs des gènes *cbh1*, *cbh2*, *eg1* et *eg2*, qui codent pour les enzymes CBHI, CBH2, EGI, EGII, ont des sites de fixation à des protéines régulatrices identiques. Les gènes bactériens des cellulases sont chromosomiques et groupés en cluster chez *Cl. cellulolyticum* ou répartis sur le génome chez *C. thermocellum*.

b) Régulation

La synthèse de protéines par les organismes vivants est soumise à des mécanismes de régulation. Chez *T. reesei*, la production des cellulases est régulée par des processus d'induction et de répression, induction liée à la présence de substrats, en l'occurrence la cellulose, répression par les sources de carbone facilement assimilables telles que le glucose via des mécanismes de répression catabolique [36]. En réalité, l'induction n'est pas occasionnée par la cellulose elle-même qui ne peut entrer dans la cellule mais par des produits solubles résultant de son hydrolyse comme les cellodextrines et le cellobiose. Pour ce faire, il y a donc une expression constitutive, mais de faible niveau, de cellulases, même en l'absence de cellulose, qui sont ensuite produites en quantité abondante en présence de produits de dégradation. En réalité, les mécanismes d'induction semblent compliqués. Ainsi le sophorose, dimère de molécules de glucoses unies par des liaisons β-1-2 qui peut être produit par une transglycosylation catalysée par une β-glucosidase, est un inducteur très puissant. D'autre part, le rôle inducteur du cellobiose est complexe puisqu'il inhibe les cellulases. Les hémicellulases sont également des enzymes inductibles. La production des cellulases de *T. reesei* est régulée au niveau transcriptionnel [37], c'est-à-dire au niveau du passage de l'ADN à l'ARNm, par l'intermédiaire de facteurs de transcription (ACEI et ACEII) qui se lient à l'ADN au niveau des promoteurs. Cette expression est coordonnée pour les gènes *cbh1*, *cbh2*, *eg1*, *eg2* et *eg5* car ce sont les mêmes facteurs de transcription qui interviennent. En revanche, les mécanismes par lesquels le sophorose et les autres régulateurs (inducteurs et répresseurs) stimulent l'expression de ces facteurs ne sont pas encore totalement élucidés.

La répression catabolique s'effectue aussi au niveau transcriptionnel chez *T. reesei*, via la protéine CRE1. La synthèse de CRE1 est réprimée en présence de glucose. Des souches de *T. reesei* insensibles à la répression catabolique ont été obtenues par les techniques classiques de mutagenèse, par exemple les souches RUT C30 de Rutgers ou CL 847 de la société CAYLA.

c) Production en réacteur

Les mécanismes complexes de régulation de la synthèse de cellulases nécessitent des mises en œuvre particulières pour leur production en réacteur. L'emploi de souches non sensibles à la répression catabolique et de substrats inducteurs solubles et utilisables à grande échelle comme le lactose a permis d'obtenir des productions importantes : 40 g l^{-1} de protéines extracellulaires par *T. reesei* CL847 selon un procédé développé par IFP Energies nouvelles [38]. Dans ce procédé, la fermentation se déroule en deux phases, une première phase en batch de production de cellules de *T. reesei*, une seconde phase d'alimentation en fed-batch de l'inducteur (lactose) à une vitesse évitant son accumulation dans le milieu (figure 6.7). Des productions de cellulases supérieures à 20 000 unités papier filtre (UPF) par litre de fermenteur ont été obtenues dans les réacteurs de 30 m^3 en 150 heures de fermentation.

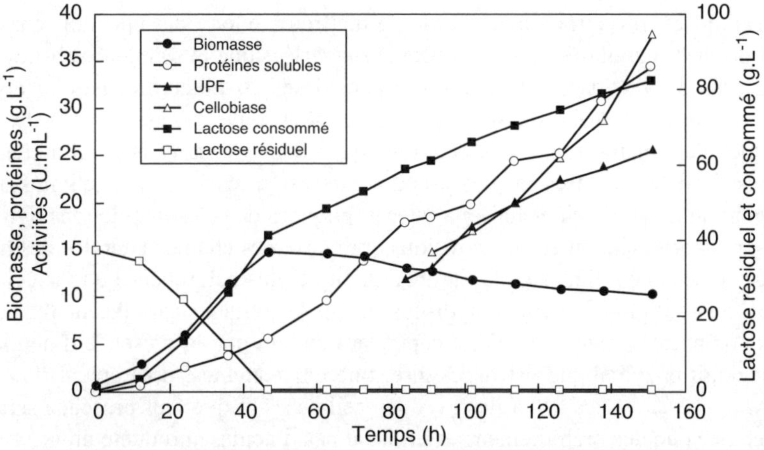

Figure 6.7

Cinétique de production de cellulases par Trichoderma reesei CL-847 par fermentation sur lactose.

d) Voies d'amélioration

Comme nous l'avons évoqué plus haut, l'hydrolyse enzymatique coûte cher, notamment du fait du coût des enzymes. À l'heure actuelle, des quantités de cellulase de l'ordre de 10 à 15 UPF/g de cellulose permettent une hydrolyse efficace de substrats prétraités. Cependant, les temps d'hydrolyse sont relativement longs (48 à 72 h). Les efforts actuels visent à diminuer le coût de production des cellulases et à augmenter leur activité spécifique. Concernant la production, celle-ci est déjà importante (au moins supérieure à 40 g.l^{-1} de protéines extracellulaires) et les progrès concerneraient surtout les productivités ou les coûts liés à la fermentation. Des études plus spécifiques liées à sa physiologie en relation avec son pouvoir de sécrétion sont en cours [39 ; 40]. De gros moyens sont consacrés à l'amélioration des activités cellulolytiques [41] : surexpression de β-glucosidases souvent limitantes [42], obtention de cellulases plus actives par construction rationnelle ou par évolution dirigée (méthodes combinatoires) [43], à la levée de l'inhibition par le cellobiose et le glucose, à l'obtention de cellulases plus actives et/ou plus stables à haute température [44], à une utilisation optimale des structures complexes de type cellulosomes [45] et à la recherche d'autres cellulases (mise à profit de la biodiversité). Selon le NREL, le coût de l'hydrolyse enzymatique serait de 0,119 $/l éthanol [13] mais, selon des communiqués de presse, il aurait été diminué d'un facteur 10, voire 20 suite aux résultats obtenus par Genencor International et Novozyme, les deux plus grosses sociétés productrices d'enzymes industrielles, qui bénéficient de financements importants, émanant de l' US DOE et de l'USDA, depuis 2000 sur ce sujet. Les voies ayant conduit à ces progrès ne sont pas encore connues.

C. Les autres enzymes de dégradation des matières lignocellulosiques

a) Les hémicellulases

En fonction du mode de prétraitement et de son efficacité sur l'hydrolyse et la solubilisation des hémicelluloses, il pourra s'avérer utile de mettre en œuvre des cocktails enzymatiques contenant des hémicellulases. Celles-ci sont aussi variées que le sont leur substrat : endo- et exo-xylanases, β-xylosidases, α-arabino-furanosidases, α-glucuronidases, acetyl xylane estérases, mannanases, galactosidases. Ces activités sont souvent présentes dans les mélanges enzymatiques des micro-organismes cellulolytiques dont *T. reesei* [46]. D'autres enzymes comme des férulate estérases ou des *p*-coumarate estérases sont des activités auxiliaires requises pour attaquer certaines liaisons ester impliquées dans les interactions lignine-hémicelluloses, plus précisément entre les résidus arabinose des chaînes latérales des hémicelluloses et les acides phénoliques de la lignine. Quoique plus hétérogènes que la cellulose, les hémicelluloses sont plus facilement hydrolysées que la cellulose car elles ne forment pas de structures compactes cristallines. Il est cependant certain que la présence d'hémicellulases dans le cocktail enzymatique est nécessaire, que ces enzymes, notamment des xylanases [47], peuvent présenter des synergies avec les cellulases et que leur présence sera d'autant plus recherchée que des prétraitements n'utilisant pas d'acides auront été utilisés.

b) Les ligninases

Les autres enzymes qui peuvent être intéressantes sont les ligninases. Celles-ci sont classées en trois catégories : les lignines peroxydases, les peroxydases Mn-dépendantes et les laccases (monophénol oxydases). Elles sont produites essentiellement par des champignons comme les basidiomycètes de la pourriture blanche et par quelques actinomycètes. Parmi les principaux champignons lignolytiques, on peut citer *Phanerochaete chrysosporium*, *Phlebia radiata*, *Pycnoporus cinnabarinus*, *Coriolus versicolor*. De la même façon que les hémicellulases, mais apparemment avec une moindre ampleur, les ligninases pourraient améliorer le rendement d'hydrolyse de la cellulose dans le cas de certaines matières lignocellulosiques et de certains prétraitements.

6.1.2.4 La fermentation éthanolique

Une fois la cellulose hydrolysée en glucose, celui-ci est fermenté de la même façon que le glucose issu de l'amidon. Il demeure des problèmes spécifiques à l'utilisation de matériaux lignocellulosiques comme substrat initial tels que la fermentation des pentoses en éthanol, la présence de composés toxiques et inhibiteurs issus des hémicelluloses et de la lignine, la possibilité d'effectuer l'hydrolyse enzymatique et la fermentation en une seule étape.

A. La fermentation éthanolique des pentoses

a) Levures

Alors que *Saccharomyces cerevisiae*, la traditionnelle levure de boulangerie dont certaines souches sont utilisées industriellement pour la fermentation alcoolique, ne peut utiliser le xylose comme source de carbone, d'autres espèces de levures peuvent convertir le xylose en éthanol [48]. Les espèces les plus efficaces sont *Pichia stipitis*, *Candida shehatae*, *Pachysolen tannophilus*. Cependant, ces levures présentent de nombreux points faibles : performances fermentaires sensiblement inférieures à celles de *S. cerevisiae* sur glucose (tableau 6.4), inhibition par l'éthanol à partir de concentrations de l'ordre de 3 à 5 % (poids/poids), forte sensibilité aux inhibiteurs présents dans les hydrolysats tels que l'acide acétique. Ces

Tableau 6.4 Production d'éthanol à partir de xylose.

Souche	Rendement (g produit/g xylose)		Productivité ($g.l^{-1}.h^{-1}$)	Référence
	Éthanol	Xylitol		
Candida shehatae				
ATCC 22 984	0,39		0,56	Wayman et Pareckh, 1985
NRRL Y 12856	0,45		0,29	Slininger *et al.*, 1985 [a]
Pachysolen tannophilus				
RL 171	0,28		0,28	Woods et Millis, 1985
NRRL Y 2460	0,25		0,13	Slininger *et al.*, 1985 [b]
Pichia stipitis				
CBS 5776	0,45		0,34	Tran et Chambers, 1986
NRRL Y 7124	0,43		0,18	Linko *et al.*, 1986
FPL-Shi-21 [a]	0,46	0	0,13	Shi *et al.*, 1999
Saccharomyces cerevisiae				
TMB 3001 [b]	0,31	0,29	0,20	Jeppsson *et al.*, 2002
TMB 3255 [c]	0,41	0,05	0,04	Jeppsson *et al.*, 2002
H158 - pXks [b]	0,20	0,03	0,03	Johansson *et al.*, 2001
1400 (pLNH32) [b]	0,30	0,08	0,33	Ho *et al.*, 1998
H2684 [d]	0,31	0,35		Verho *et al.*, 2003
FPL-YSX3P [c]	0,29	0,46	0,11	Jin *et al.*, 2002
F12	0,26	0,40		Sonderegger *et al.*, 2004 [e]
E. coli				
K011 [a]	0,53		1,3	Ohta *et al.*, 1991 [a]
FBR05 [a]	0,43			[f]
Klebsiella oxytoca M5A1 [a]	0,48		2	Ohta *et al.*, 1991 [b]
Zymomonas mobillis 8b [a]	0,47			[f]

[a] *Souche mutée.*

[b] *Souche recombinée possédant les gènes XYL1, XYL2 et XKS1 (voir texte).*

[c] *Souche recombinée identique à [b], + mutation du gène de la glucose-6-P-déshydrogénase.*

[d] *Souche recombinée identique à [c], + surexpression du gène de la glycéraldéhyde-3-P-déshydrogénase.*

[e] *Souche recombinée ayant intégré XR/XDH/XK.*

[f] *[De Hahn-Hägerdal et Pamment, 2004].*

limitations et contraintes constituent des barrières à leur utilisation industrielle. Elles ont néanmoins été abondamment étudiées pour leurs potentialités et pour caractériser leurs voies d'utilisation du xylose dans la perspective d'utiliser leurs gènes pour la construction de nouvelles souches de *S. cerevisiae* capables d'utiliser ce sucre.

b) Bactéries

Le xylose est convertible en éthanol par plusieurs espèces de bactéries thermophiles comme *Thermoanaerobacter ethanolicus*, *Clostridrium thermohydrosulfuricum* ou par des souches modifiées de *Bacillus stearothermophilus* [3]. Ces souches ont été testées expérimentalement soit seules, soit en co-culture avec *Clostridium thermocellum*, mais leur utilisation se heurte à de nombreuses limitations : un faible rendement en éthanol, la production de co-produits (acétate), le besoin en facteurs de croissance, la forte sensibilité aux inhibiteurs et la faible tolérance à l'éthanol. Des bactéries mésophiles comme *Escherichia coli* et *Klebsiella oxytoca* ou *K. planticola* sont également capables de fermenter les pentoses. De bonnes productions d'éthanol ont été obtenues avec des souches d'*E. coli* chez lesquelles les gènes *pdc* (pyruvate dicarboxylase) et *adh* (alcool déshydrogénase) de *Zymomonas mobilis* ont été introduits (par exemple la souche K011). Les restrictions à l'utilisation de ces souches comme la production d'acides organiques, les besoins nutritionnels (vitamines et facteurs de croissance) et la forte sensibilité aux inhibiteurs présents dans les hydrolysats et aux teneurs élevées en éthanol sont des points qui ont été travaillés. Des améliorations notables ont été obtenues pour certains d'entre eux : forte expression des gènes *pdc* et *adh* pour orienter le flux de carbone vers la production d'éthanol, obtention de mutants résistants à l'éthanol, délétion du gène de la fumarate réductase à l'origine de la formation de succinate, conduite de fermentation en milieux contaminés. Des productivités supérieures à 1 $g.l^{-1}.h^{-1}$ ont été obtenues sur des hydrolysats réels avec des rendements compris entre 80 à 92 % du rendement théorique en éthanol mais avec des productions faibles en éthanol, de 27 à 35 $g.l^{-1}$.

Des souches modifiées de *Klebsiella oxytoca* et *planticola* ont également été construites par transfert des mêmes gènes (*pdc* et *adh*) et de bonnes performances ont été obtenues (46 $g.l^{-1}$ d'éthanol avec un rendement de 0,48 $g.g^{-1}$ xylose et une productivité de 2 $g.l^{-1}.h^{-1}$). *Klebsiella oxytoca* présente l'avantage d'être capable d'utiliser un large spectre de substrats : des disaccharides tels que le cellobiose, des trisaccharides et tétrasaccharides. Cependant, l'utilisation de souches du genre *Klebsiella* se heurte à l'existence de nombreuses souches pathogènes au sein de ce genre et à la mauvaise perception qui en résulte.

Enfin, des souches de *Zymomonas mobilis*, bactérie connue pour ses bonnes performances en fermentation éthanolique, ont été rendues capables d'utiliser le xylose après clonage des gènes d'*E. coli* codant pour la xylose isomérase, la xylulokinase, la transcétolase et la transaldolase qui interviennent dans le métabolisme des pentoses (cf. section B). La souche recombinante CP4 (p285) obtenue donne de bonnes performances : 88 % du rendement théorique et une productivité de 1,04 $g.l^{-1}.h^{-1}$ sur hydrolysat de tige de maïs. Les propriétés propres à *Z. mobilis* comme la bonne tolérance à l'éthanol et aux inhibiteurs font de ces souches modifiées des micro-organismes de fort intérêt qui ont été retenues par le NREL dans certains de leurs schémas de procédé de production d'éthanol. Notons enfin que des souches capables d'utiliser l'arabinose ont également été construites par modification génétique ; notamment *Z. mobilis* 206c (p28301) contenant plusieurs plasmides portant les gènes codant pour l'utilisation du xylose et de l'arabinose.

B. La construction génétique de nouvelles souches de Saccharomyces

Compte tenu des avantages liés à l'utilisation de *Saccharomyces cerevisiae*, de nombreux travaux ont été, et sont toujours, consacrés à l'obtention de souches de *S. cerevisiae* capables de convertir xylose et arabinose en éthanol [48]. Il existe une voie d'utilisation de sucres en C5 chez *S. cerevisiae* qui la rend capable d'assimiler le xylulose ; c'est la voie des pentoses phosphates ou PPP (pour « Pentose Phosphate Pathway ») décrite dans la figure 6.8 avec ses connections avec la glycolyse qui est la voie classique d'utilisation de sucres comme le glucose [65].

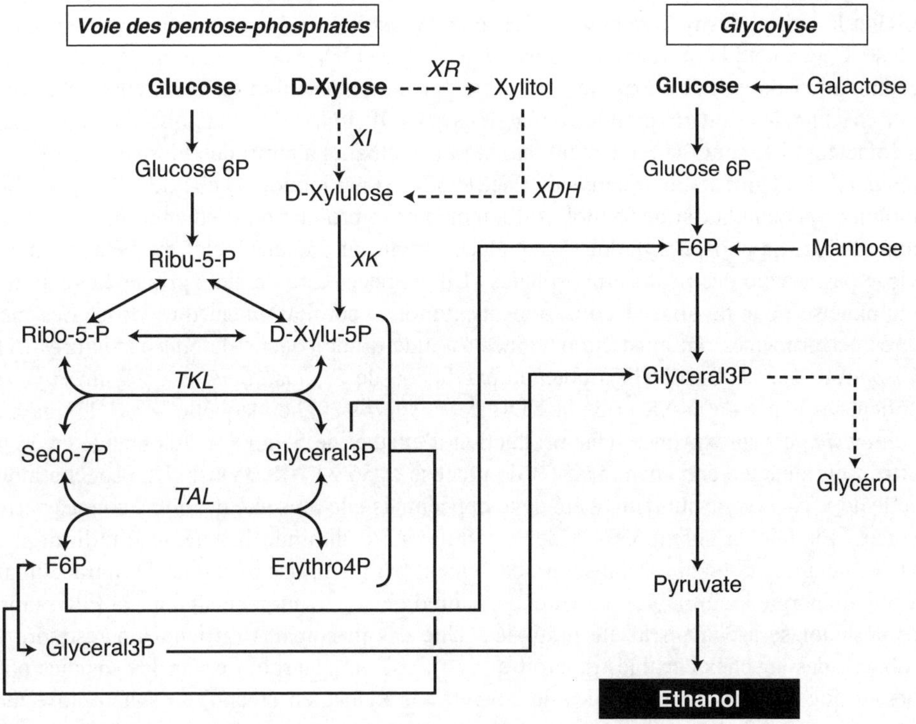

Figure 6.8

Voies métaboliques de production d'éthanol à partir de glucose et de xylose.

Les premiers essais d'insertion du gène de la xylose isomérase (XI) chez *S. cerevisiae* se sont révélés infructueux, échec d'abord attribué à l'origine bactérienne (*E. coli*, *Bacillus subtilis, Lactobacillus pentosus, Clostridium thermosulfurogenes*) de ce gène et à un repliement inapproprié de la protéine au sein de la levure. La production hétérologue de XI bactérienne active a cependant pu être récemment obtenue en utilisant la xylose isomérase de *Thermus thermophilus*. Les problèmes liés, d'une part, aux différences de température optimale entre *T. thermophilus* et *S. cerevisiae* et, d'autre part, à l'inhibition par l'éthanol ont été amoindris en modifiant le gène de la xylose isomérase par évolution dirigée. Récemment, un gène de XI d'origine fongique a été trouvé chez une souche de *Pyromyces* et a été introduit avec succès chez *S. cerevisiae*. Cette enzyme est fortement inhibée par le xylitol. Une souche de *S. cerevisiae* haploïde ayant de bonnes performances sur xylose a d'abord été obtenue puis améliorée par « evolutionary engineering » résultant ainsi dans des souches recombinantes capables d'utiliser glucose et xylose [66]. Ces souches haploïdes ne sont cependant pas assez robustes pour un usage industriel. Plus récemment, l'expression fonctionnelle d'une nouvelle xylose isomérase bactérienne issue de *Clostridium phytofermentans* chez *S. cerevisiae* ouvre de nouvelles perspectives [67].

L'introduction des gènes de la levure *Pichia stipitis* codant pour la xylose réductase (XR) et la xylitol déshydrogénase (XDH) chez *S. cerevisiae* ont permis une croissance sur xylose. Cependant, la production d'éthanol est faible et il y a accumulation de xylitol. Cette accumulation de xylitol s'explique en partie par un déséquilibre en cofacteurs nécessaires pour chacune de ces deux premières réactions ($NADPH/NAD^+$). Cette différence de besoin en cofacteur abaisserait le rendement maximum en éthanol à partir de xylose de 0.51 $g.g^{-1}$ à 0,46 $g.g^{-1}$. L'augmentation relative de l'activité XDH par rapport à celle de la XR permet de diminuer l'accumulation de xylitol et d'augmenter la production d'éthanol qui reste néanmoins faible. La phosphorylation du xylulose est en fait une étape clef du métabolisme du xylose par la voie des pentose-phosphates et il est nécessaire de surexprimer le gène de la xylulokinase pour favoriser l'utilisation du xylitol et corollairement du xylose. Les meilleures performances ont ainsi été obtenues à l'aide d'une souche de *Saccharomyces* (*Saccharomyces* sp. 1400 pLNH33) obtenue par fusion de *S. diastaticus* et de *S. uvarum*, qui contient les gènes de la XR et de la XDH de *P. stipitis* et chez laquelle la xylulokinase de *S. cerevisiae* est surexprimée. Une production d'éthanol de 50 $g.l^{-1}$ a été obtenue en 36 h à partir d'un mélange contenant 53 $g.l^{-1}$ de glucose et 56 $g.l^{-1}$ de xylose. Une souche industrielle de *S. cerevisiae* similaire a été developpée mais elle présente de moins bonnes performances. En fait, la surexpression de la xylulokinase diminue la vitesse d'utilisation du xylose, notamment en anaérobiose, probablement par un épuisement en ATP intracellulaire (forme d'énergie assimilable). La surexpression d'enzymes intervenant dans la PPP comme la transaldolase a également été pratiquée. Une des principales difficultés à résoudre est d'obtenir des souches capables de croître sur xylose en anaérobiose. Or, les souches obtenues jusqu'à présent sont capables de convertir le xylose en éthanol en anaérobiose mais elles nécessitent de l'oxygène pour croître sur xylose. Un autre point concerne le transport de xylose à l'intérieur de la cellule qui fait intervenir des transporteurs de nature protéique identiques à ceux utilisés pour le transport du glucose. Il y a alors compétition pour ces deux substrats avec une affinité préférentielle pour le glucose.

Le tableau 6.5. rassemble quelques-uns des principaux résultats obtenus avec des souches de levure modifiées pour assimiler les pentoses. En dépit du nombre des résultats obtenus, il apparaît que la construction de souches de levure génétiquement modifiées capables de convertir efficacement le xylose et l'arabinose en éthanol est un objectif difficile car il requiert de modifier les flux métaboliques de la levure et ses équilibres redox et énergétiques. Les principales avancées ont été obtenues de façon incrémentale mais de nouvelles techniques, comme l'étude du transcriptome à l'aide de puces à ADN qui permettent de visualiser l'expression de plusieurs milliers de gènes, devraient conduire à une meilleure compréhension des modifications engendrées par chaque changement ou incorporation d'un gène et ainsi à mieux cibler les améliorations à apporter. En effet, la co-production de xylitol, les faibles vitesses de production d'éthanol, les besoins en oxygène sont les principaux problèmes rencontrés chez les souches recombinantes obtenues jusqu'à présent. Par ailleurs, l'utilisation de souches industrielles ayant un profil génétique souvent très différent des souches de laboratoire est à favoriser. S'il est clair que le problème est complexe et qu'il sera nécessaire de pouvoir contrôler les taux d'expression de nombreux gènes, les avancées récentes sont réelles et substantielles [73], [41].

C. Le problème des inhibiteurs

Les inhibiteurs présents dans les hydrolysats proviennent i) de la dégradation des sucres en furfural et hydroxyméthyl furfural eux-mêmes dégradables en acides formique et lévulinique, ii) de groupements présents dans les hémicelluloses (acétyls libérés sous forme d'acide acétique), iii) de la lignine (aldéhydes, acides, alcools phénoliques). Leur présence dépend de la nature du matériau lignocellulosique initial et des conditions de son prétraitement. Leur concentration est aussi fonction des taux de recirculation des eaux dans le *process*. Les effets de ces inhibiteurs ont été étudiés sur *S. cerevisiae*, *Z. mobilis* et *E. coli*. Les études effectuées sur *E. coli* ont montré que la toxicité est due à des effets conjugués plutôt qu'à des effets isolés, que le furfural inhibe les enzymes de la glycolyse et que les composés aromatiques sont plus toxiques que les furanes. Les acides comme l'acide acétique agissent sur le pH intracellulaire des micro-organismes producteurs d'alcool. La sensibilité aux inhibiteurs est très variable d'une souche à l'autre, même au sein d'une même espèce.

Les micro-organismes, notamment *S. cerevisiae*, peuvent dégrader certains inhibiteurs. Par exemple, le furfural peut être oxydé en acide furoïque. En anaérobiose, le furfural, le 5-hydroxyméthyl furfural, la vanilline, l'hydroxybenzaldéhyde et le syringaldéhyde sont réduits par *S. cerevisiae*. Il est possible d'obtenir des micro-organismes peu sensibles à ces inhibiteurs par adaptation successive. Une autre possibilité est de construire des souches tolérantes par introduction d'un gène, par exemple de laccase qui oxyde certains inhibiteurs aromatiques.

Enfin, des procédés de détoxification des hydrolysats, par exemple par passage sur résines échangeuses d'ions, par entraînement à la vapeur d'eau, par excès de base ou par traitement enzymatique, ont été proposés. Ils entraînent cependant des surcoûts importants et la recherche de souches tolérantes est actuellement un axe privilégié.

D. La fermentation et l'hydrolyse simultanées

a) Le procédé SSF

Le procédé SSF (pour « Simultaneous Saccharification and Fermentation ») consiste à effectuer l'hydrolyse enzymatique et la fermentation éthanolique en une seule étape. Les principaux avantages de la SSF sont :

- la diminution des investissements en supprimant les opérations nécessaires à l'hydrolyse enzymatique effectuée au préalable,
- l'absence d'inhibition des cellulases par le glucose qui est consommé par les micro-organismes fermentaires au fur et à mesure de son apparition. Il en résulte souvent une augmentation des taux et vitesses d'hydrolyse et des productivités globales en éthanol.

Tableau 6.5 Production d'éthanol à partir de mélange glucose-xylose ou sur hydrolysats ligno-cellulosiques.

Souche	Substrat	Rendement en éthanol ($g.g^{-1}$)	Éthanol ($g.l^{-1}$)	Productivité ($g.l^{-1}.h^{-1}$)	Référence
E. coli KO11	Hydrolysat d'hémicellulose de bagasse (100 g/L xylose)	0,49		0,37 [a]	b
	Hydrolysat de pin (20 g/L xylose, 15 g/L glucose)	0,42	31	1,53	Barbosa *et al.*, 1992
C. shehatae	Hydrolysat d'orge entier (54 g/L xylose, 126 g/L glucose)	0,48	84	1,16	Wayman et Pareckh, 1985
Pichia stipitis	Hydrolysat de peuplier (28 g/L xylose, 64 g/L glucose)	0,45	41	0,85	Pareckh *et al.*, 1986
S. cerevisiae TMB 3400	Hydrolysat d'épicéa (6 g/L xylose, 32 g/L hexoses)	0,43		0,25 [a]	b
	Hydrolysat de paille de blé (9% Water Insoluble solids)	0,36	38	0,38	Olofsson *et al.*, 2008
	Hydrolysat de bagasse de canne à sucre (35 g/L glucose, 32 g/L xylose)	0,30	27	0,27	Rudolf *et al.*, 2008
S. cerevisiae 424A	Mélange de sucres (70 g/L glucose, 40 g/L xylose)	0,43	46	1,55	Sedlak et Ho, 2004
S. cerevisiae 424A	Hydrolysat de fibres de maïs (40 g/L xylose, 42 g/L glucose, 21 g/L arabinose)	0,44	30	0,62	Sedlak et Ho, 2004

[a] *Productivité spécifique* ($g.g^{-1}.h^{-1}$).
[b] *[De Hahn-Hägerdal et Pamment, 2004].*

Par ailleurs, les risques de contamination microbienne de l'hydrolysat riche en glucose sont amoindris. Ce type de procédé peut être utilisé aussi bien avec des levures qu'avec des bactéries comme *Z. mobilis*.

Les principaux inconvénients de la SSF sont la différence des températures optimales de l'hydrolyse enzymatique (50 °C) et de la fermentation éthanolique (30 à 35 °C) et l'impossibilité de recycler les levures, en raison de la présence de la lignine insoluble.

Certaines souches de *Saccharomyces ceverisiae* sont capables de croître à 37 °C et certaines souches de *S. pombe* à 41 °C. Des souches de levure appartenant au genre *Kluyveromyces* sont capables de fermenter le glucose à des températures comprises entre 32° et 45 °C [74]. Leurs performances et leurs propriétés sont relativement proches de celles de *S. cerevisiae*.

Il apparaît que les gains apportés pour la SSF, notamment du point de vue économique, justifient l'étude de ce type de procédés [75]. Par ailleurs, la SSF semble appropriée aux souches de *S. cerevisiae* capables de convertir les pentoses. Il reste à optimiser certains aspects, notamment la concentration en matière sèche initiale qui est encore trop faible pour obtenir des concentrations élevées d'éthanol [76].

b) La conversion microbienne directe (« Direct Microbial Conversion » ou « Consolidated BioProcessing »)

Ce type de procédé vise à utiliser un même micro-organisme pour la production d'enzymes et donc l'hydrolyse de la cellulose et pour la conversion des sucres obtenus – hexoses et pentoses – en éthanol [77].

Une première possibilité est d'utiliser des micro-organismes cellulolytiques et de favoriser la conversion des sucres en éthanol. Par exemple, *Clostridium thermocellum* est une bactérie anaérobie cellulolytique thermophile capable de produire de l'éthanol à partir de glucose. Elle formerait moins de co-produits que les autres bactéries thermophiles et serait active à des concentrations relativement élevées en substrats. Cependant, ses performances et ses difficultés de culture à grande échelle en milieu dépourvu de facteurs de croissance et de vitamines ont pour l'instant freiné ses applications. D'autres obstacles potentiels sont l'existence d'outils génétiques performants nécessaire pour bloquer les voies de formation de co-produits et les déséquilibres énergétiques du métabolisme engendrés par ces blocages. Un autre micro-organisme anaérobie thermophile envisagé est *Thermoanaerobium saccharolyticum* dont la souche modifiée ALK2 a donné des productions de 37 $g.l^{-1}$ d'éthanol sur un mélange glucose-xylose [78]. Cette souche, hémicellulolytique, pourrait être utilisée en combinaison avec *C. thermocellum* dans un procédé thermophile.

Une autre possibilité est de transférer des gènes codant pour des cellulases chez les micro-organismes alcooligènes, *Z. mobilis*, *E. coli* ou *S. cerevisiae*. Pour avoir un mélange cellulolytique actif, il est généralement nécessaire d'avoir au moins deux cellobiohydrolases, une attaquant les extrémités réductrices de la cellulose, une autre attaquant les extrémités non réductrices, une endoglucanase et une β-glucosidase et qu'au moins une des CBH ait une CBM. L'expression hétérologue de cellulases chez *Z. mobilis* a rarement été décrite hormis celle d'une endoglucanase d'*Erwinia chrysanthemi* et d'une cellulase d'*Acetobacter xylinum*. Des résultats plus prometteurs ont été obtenus avec l'expression des mêmes cellulases chez *E. coli* ou *K. oxytoca*. Ces travaux restent encore loin de l'application. De nombreux gènes de cellulases, aussi bien d'endoglucanases, de celliobiohydrolases ou de β-glucosidases d'origine bactérienne ou fongique ont été clonés et exprimés chez *S. cerevisiae*. Les protéines exprimées sont souvent hyperglycosylées et de taille hétérogène et donc peu actives. Par ailleurs, les faibles taux de sécrétion de protéines hétérologues constituent un frein à l'utilisation de *S. cerevisiae* comme levure-hôte pour le clonage de gènes étrangers. Ces deux points font, à l'heure actuelle, l'objet de travaux de recherche [79]. En fait, la voie DMC qui est une voie très attrayante a fait de nombreux progrès ces dernières années et certains envisagent une industrialisation à moyen terme (société Mascoma).

6.1.2.5 L'utilisation de la lignine

Dans la grande majorité des schémas de procédé de production d'éthanol à partir de biomasse lignocellulosique, la lignine est récupérée puis traitée et transformée en vapeur pour servir de source d'énergie. Les quantités de lignine récupérées suffisent largement à fournir la chaleur nécessaire aux différentes étapes consommatrices de vapeur et d'énergie, notamment le prétraitement et la distillation. Cette possibilité d'utilisation de la lignine rend ces procédés auto-suffisants et améliore le bilan en CO_2 de la filière.

Avec certaines matières premières, comme le bois, il est possible d'obtenir des quantités de lignine en excès. Leur valorisation comme source d'énergie (électricité ou chaleur) qui peut être distribuée localement est sérieusement envisagée.

Il existe évidemment d'autres valorisations de la lignine, *a priori* plus rémunératrices, essentiellement après transformation (résines, colles, matières premières pour la chimie fine). Cependant, ces voies de valorisation sont loin d'assurer l'utilisation de toute la lignine associée à la production d'éthanol – carburant et restent, pour l'instant, marginales.

6.1.2.6 Les différents schémas de production

À partir du schéma de procédé générique (figure 6.3) et des diverses possibilités que nous avons évoquées, différents schémas de procédé ont été envisagés (figure 6.9). Les choix sont souvent dépendants des substrats à traiter. Nous ne citerons ici que les procédés qui font l'objet de développement réel.

Le procédé le plus souvent mis en avant par le NREL combine un prétraitement à l'acide dilué en co-courant, un traitement de détoxification avant une fermentation et hydrolyse enzymatique simultanée (appelée SSCF pour « Simultaneous Saccharification and Co-Fermentation ») par une souche de *Zymomonas mobilis* modifiée pour utiliser les pentoses. Ce procédé est très bien détaillé et les unités ont été dimensionnées, notamment dans le cas d'utilisation de rafles de maïs et de bois de peuplier comme matière première.

Le procédé BCI utilise une hydrolyse acide en 2 étapes, déjà décrite ci-dessus. La fermentation du xylose est effectuée par une souche modifiée d'*E. coli* et est indépendante de la fermentation du glucose.

Le procédé préconisé par IFP Energies nouvelles et Iogen, notamment à partir de paille de blé, fait intervenir un prétraitement (explosion à la vapeur ou cuisson) en conditions acides dilués, une hydrolyse enzymatique séparée, suivie d'une séparation de la lignine avant fermentation.

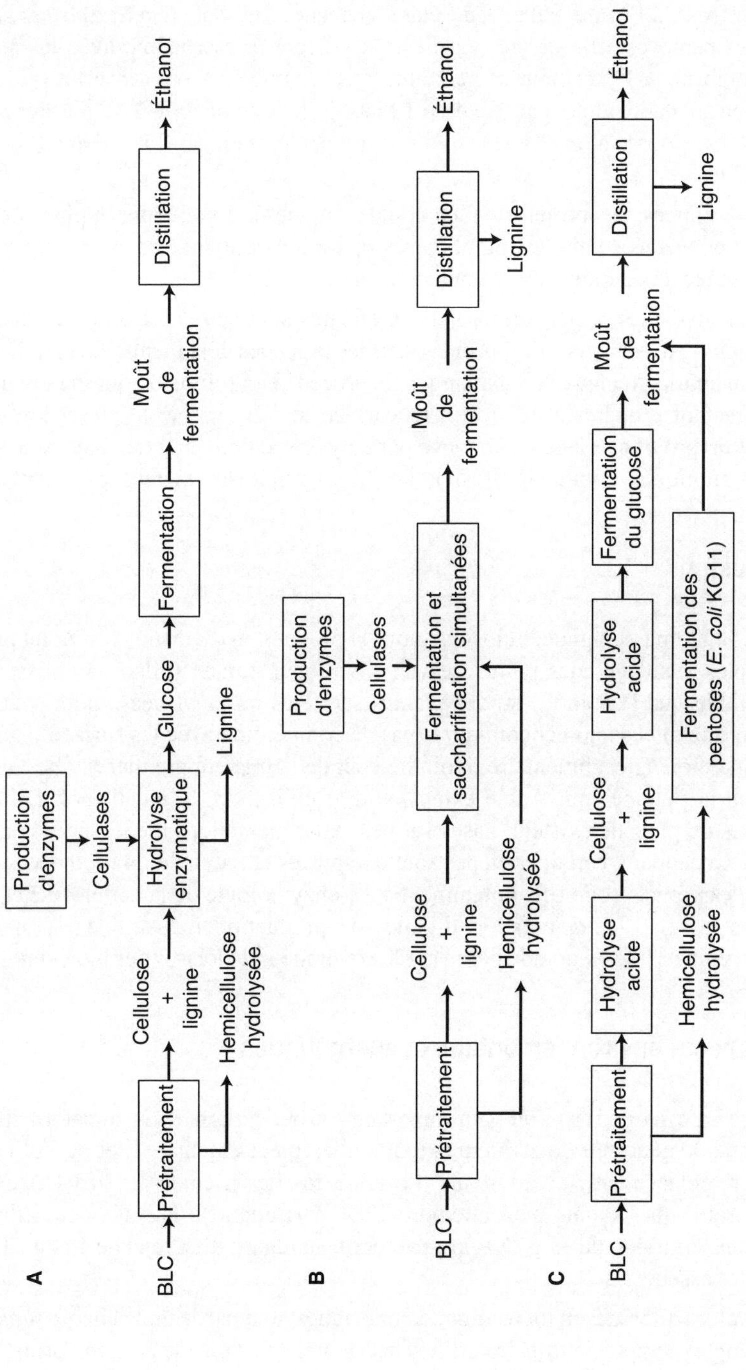

Figure 6.9
Les différents schémas de procédé de production d'éthanol à partir de biomasse lignocellulosique.

Le procédé décrit par Etek considère le bois comme matière première. Il diffère du schéma précédent par un prétraitement par acide dilué sans explosion à la vapeur et une SSF.

Ces procédés sont, à l'heure actuelle, à l'état d'ébauches. Ils sont en général basés sur une fermentation des pentoses efficace, ce qui n'est pas encore le cas, même avec les souches modifiées disponibles. À l'exception de ce point, tous ces procédés ont été testés ou sont en cours d'opération au stade pilote, par exemple 1 t/jour pour le pilote NREL, 3,5 t/jour pour le pilote Iogen, 2 t/jour pour le pilote Etek, le pilote utilisé par le passé par IFP Energies nouvelles pouvant traiter 2 t/h.

Ces dernières années, des projets de plus grande ampleur ont vu le jour et plusieurs configurations sont envisagées dans les nombreuses opérations qui sont en cours, notamment aux États-Unis grâce aux actions très volontaristes du DOE.

Sans être exhaustif, les principaux projets américains sont ceux de Dupont-Danisco, de Verenium, de POET, d'Abengoa. En Europe, outre les procédés déjà mentionnés, il faut citer Biogasol au Danemark, Abengoa à Salamanque, le procédé Dong Inbicon qui intègre un prétraitement permettant d'opérer à des fortes teneurs en matière sèche, le projet Futurol en France ainsi qu'un projet néerlandais annoncé par Royal Nedalco. D'autres pays sont également fortement impliqués, comme le Brésil et la Chine (projet Novozymes, par exemple).

6.1.3 Conclusion

L'utilisation de la biomasse lignocellulosique pour la production d'éthanol-carburant présenterait de multiples avantages des points de vue environnementaux (bilan en émissions de CO_2 plus favorable que l'éthanol issu des plantes sucrières ou amylacées, valorisation des co-produits et déchets) et socio-économiques (pas de compétition avec les surfaces agricoles à usage alimentaire ou agro-alimentaire, moindre coût de la matière première). C'est assurément la solution la plus pérenne à une extension de l'utilisation du bioéthanol. Différents schémas et livres de procédé existent, basés sur des expérimentations menées à des échelles représentatives. Cependant, certaines étapes sont complexes et leur amélioration nécessite de progresser sur des aspects cognitifs, notamment sur l'enzymologie de la cellulolyse et sur la physiologie des levures. L'implantation d'unités de production industrielle est un enjeu majeur dont l'avenir repose en grande partie sur les retombées de l'essor des biotechnologies.

6.1.4 Les aspects environnementaux et énergétiques

En termes de gaz à effet de serre, un gain important est obtenu lors de la transformation de matières lignocellulosiques en biocarburants (particulièrement en éthanol) et de l'utilisation de ceux-ci en remplacement de carburants d'origine fossile. L'étude JRC/EUCAR/CONCAWE [80] montre que ce gain peut atteindre 78 % par rapport à la référence carburants pétroliers, soit une émission de 36 g CO_2/km parcouru, au regard d'un rejet de 164 g CO_2/km parcouru avec les essences.

Pour cette valorisation des matières lignocellulosiques, une partie de la charge initiale en biomasse est employée pour fournir les utilités nécessaires au procédé de transformation, et notamment la chaleur, permettant ainsi d'obtenir des gains substantiels en termes d'émissions de gaz à effet de serre. Ceci explique que les meilleurs résultats sont atteints avec la canne à sucre, dont la bagasse est utilisée pour fournir de l'électricité et l'énergie thermique nécessaire à l'étape de distillation et à l'évaporation des effluents.

Les gains sont importants pour ce qui concerne les consommations d'énergie fossile, comme indiqué dans l'étude mentionnée ci-dessus. Ils sont de l'ordre de 76 %, avec une consommation de 0,51 MJ/km parcouru, comparativement à une valeur de 2,16 MJ/km parcouru dans le cas des essences. Il est généralement recommandé d'installer une unité de production d'énergie à partir de biomasse, mais aussi à partir des effluents solides ligneux et des effluents liquides concentrés après évaporation [81a]. Dans ce dernier cas, la valorisation énergétique de ces résidus compenserait largement les dépenses en énergies thermique et électrique nécessitées par la fabrication d'éthanol ex biomasse, évaluées à 16,4 MJ et 1 kW par litre d'éthanol. Les étapes du procédé les plus consommatrices d'énergie sont celles de concentration des vinasses et de distillation, du fait des faibles teneurs en alcool obtenues au cours de la fermentation [81b].

6.1.5 Les aspects économiques

Plusieurs études effectuées aux États-Unis et en Suède sont présentées dans ce paragraphe. Elles donnent, certes avec des différences marquées entre elles, une idée des coûts d'investissement et opératoires, ainsi que des prix de fabrication de l'éthanol à partir de matières lignocellulosiques.

La première [82a] donne un bon aperçu des calculs économiques réalisés sur une unité de production potentielle de 150 Mgal/an d'équivalent essence, à partir de différents substrats. Les prix des matières premières sont de 2,12 $/boisseau de maïs et 50 $/ t pour la biomasse cellulosique. Les CAPEX, estimés en $/baril/jour, s'élèveraient à 13 000 pour le maïs (grain) et à 76 000 pour la matière lignocellulosique, tandis que les coûts opératoires seraient respectivement de 1,22 $ et 1,76 $ par gallon d'équivalent essence.

D'autres sources de données existent. À partir d'une étude NREL [82b], il ressort que, pour une unité de 75 000 t/an d'éthanol fabriqué à partir de « corn stover », les investissements sont de 136 M$, avec un coût de production de 1,5 $/gal. À titre comparatif, les investissements s'élèvent à 28 M$ pour une unité de même taille fabriquant de l'éthanol à partir de grains de maïs, avec un coût de 0,88 $/gal. d'éthanol produit.

Une autre étude [82c] du NREL, réalisée avec l'appui du DOE, explicite les coûts obtenus pour une unité capable de traiter 2 000 t/jour de biomasse (à un prix de 35 $/t) et dont la capacité de production d'éthanol serait de 205 000 t/an. Les coûts totaux d'investissement s'élèveraient à 198 M$ et les prix de fabrication seraient de 1,07 $/gal. (0,28 $/l).

Une étude suédoise [81a] affiche des coûts d'investissement de 100 M$ pour une unité de 45 000 t/an d'éthanol à partir d'épicéa et de 55 M$ pour une usine de fabrication d'éthanol à partir d'amidon de maïs, de même capacité. Les coûts de production totaux seraient de 0,6 $/l. d'éthanol dont, entre autres, 0,2 $/l pour la matière première, 0,19 $/l pour les investissements, 0,16 $/l pour l'énergie et 0,09 $/l pour les enzymes. Les coûts de fabrication globaux de l'éthanol à partir d'amidon de maïs seraient de 0,57 $/l.

6.1.6 La production d'éthanol de première et de deuxième générations sur le même site industriel

Les producteurs d'éthanol, tant aux États-Unis, au Brésil qu'en Europe, s'impliquent de plus en plus dans le développement des procédés de deuxième génération. Ils visent aussi à une utilisation potentielle d'une partie des installations d'une unité produisant de l'éthanol de première génération pour la fabrication d'éthanol à partir de biomasse lignocellulosique sur le même site.

Cette localisation au même endroit doit permettre de diminuer les coûts d'investissement et de fabrication des produits, dans la mesure où l'intégration des deux procédés est parfaitement optimisée, avec l'emploi du même matériel dans les étapes de distillation, centrifugation, filtration ou fermentation. La figure 6.10 montre les voies possibles d'intégration tant au niveau de l'hydrolyse enzymatique, de la fermentation que de la distillation.

Il est, par ailleurs, généralement reconnu que le procédé utilisant les matériaux lignocellulosiques est excédentaire en énergie, venant de la valorisation de la lignine. Cet excès peut être employé dans le procédé de première génération, toujours énergétiquement déficitaire.

De plus, en combinant les moûts de fermentation avant distillation, permettant ainsi d'avoir une teneur moyenne en éthanol supérieure à celle atteinte à partir de biomasse lignocellulosique, des économies importantes d'énergie peuvent être obtenues au cours de l'étape de distillation, d'une part et lors du traitement des effluents de distillation d'autre part.

Des études de R&D et de modélisation ainsi que des calculs énergétiques et économiques sont effectués actuellement. Un projet est en cours dans le cadre du Fonds dédié Enerbio [83].

6.2 LA PRODUCTION D'ÉTHANOL EX CO + H_2

Avec les procédés de production d'éthanol décrits dans les chapitres précédents, ce ne sont que les sucres et/ou les polysaccharides qui sont transformés en éthanol, quelles que soient les matières premières utilisées, amylacées, saccharifères ou lignocellulosiques.

Dans le cas de la biomasse lignocellulosique, la lignine est avant tout valorisée dans la fourniture d'énergie (électricité et chaleur) alors que seuls les deux autres principaux constituants, la cellulose et les hémicelluloses, produisent, après hydrolyse enzymatique ou chimique, des sucres fermentescibles en éthanol. De ce fait, une partie du carbone de la biomasse ne participe pas directement à la fabrication de biocarburants liquides.

Par la voie thermochimique, le gaz de synthèse, intermédiaire dans la fabrication de carburants liquides de synthèse (voie BTL, Biomass-to-Liquids), est issu de la transformation de l'ensemble de la matière organique, lignine incluse.

Afin d'augmenter les rendements de la conversion biologique de la biomasse lignocellulosique en éthanol, des équipes de chercheurs, dont celles de l'Université d'Oklahoma aux États-Unis et du VTT en Finlande, cherchent à convertir par fermentation le gaz de synthèse, majoritairement composé de CO, CO_2 + H_2, en produits liquides dont l'éthanol.

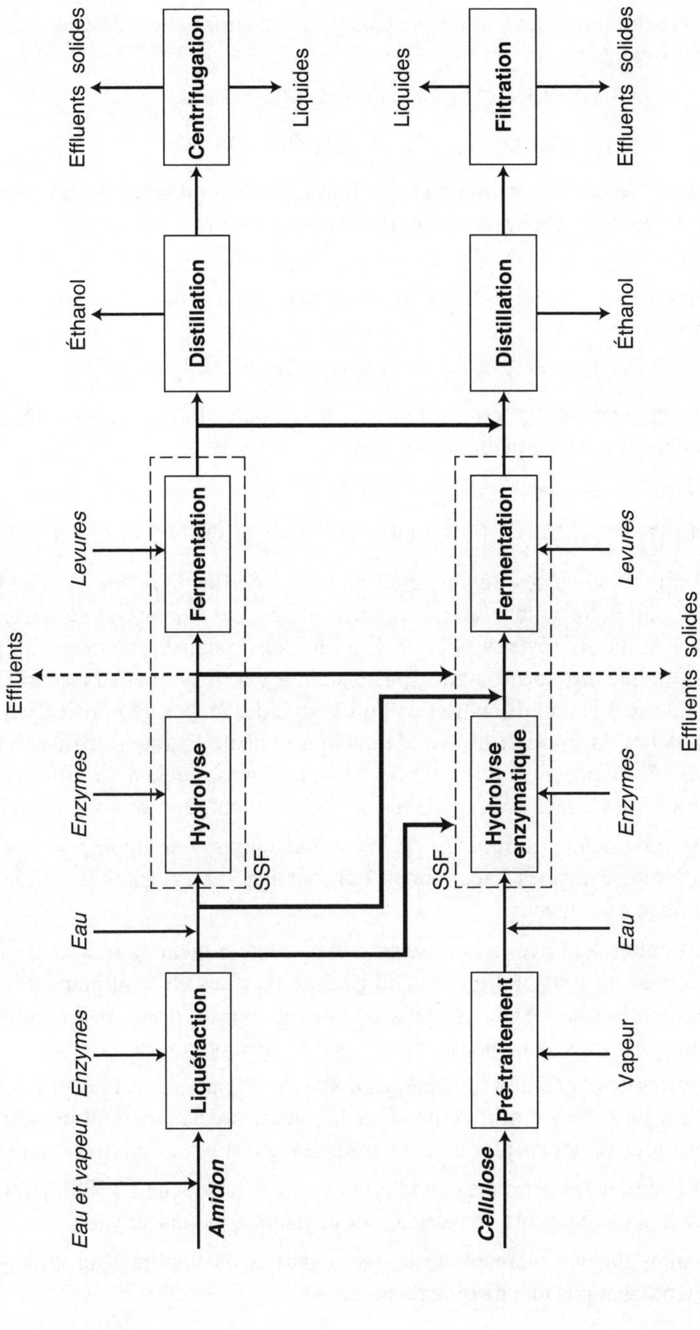

Figure 6.10
Intégration des productions d'éthanol de première et deuxième générations sur un même site.

Il a déjà été démontré, au début des années 1990, que des bactéries anaérobies telles que *Clostridium ljungdahlii* et *Clostridium autoethanogenum* ont les capacités métaboliques de synthétiser de l'éthanol à partir de CO, CO_2, H_2 [84], [85], [86], [87].

Les équations stœchiométriques, qui représentent la transformation du gaz de synthèse en éthanol, sont les suivantes :

$$6\,CO + 3\,H_2O \longrightarrow C_2H_5OH + 4\,CO_2$$

$$6\,H_2 + 2\,CO_2 \longrightarrow C_2H_5OH + 3\,H_2O$$

Avec le monoxyde de carbone comme seule source de substrat carboné, un tiers seulement du carbone issu de la biomasse et venant du CO est converti en alcool.

Avec un mélange équimolaire H_2/CO, ce sont les deux tiers du carbone du CO qui sont théoriquement convertis en éthanol. Le rendement théorique sera très dépendant de la composition du gaz de synthèse :

$$6\,CO + 6\,H_2 \longrightarrow 2\,C_2H_5OH + 2\,CO_2$$

D'autres composés peuvent être co-produits, parmi lesquels l'acide acétique et le butanol, comme décrit dans les deux équations suivantes :

$$4\,CO + 4\,H_2 \longrightarrow 2\,CH_3-COOH$$

$$12\,CO + 12\,H_2 \longrightarrow 2\,CH_3-CH_2-CH_2-CH_2OH + 2\,H_2O + 4\,CO_2$$

Une autre idée directrice de ces travaux était que les spécifications des gaz de synthèse concernant, en particulier, la nature et les concentrations des sous-produits (CH_4, goudrons…) devaient être moins sévères pour la voie de conversion biologique que pour la transformation catalytique en biocarburants, par exemple via la synthèse Fischer-Tropsch. Ce point devait conduire à la simplification de l'ensemble des étapes de purification du gaz de synthèse. Par ailleurs, la dilution du gaz de synthèse par de l'azote, lorsque l'étape de gazéification est opérée en présence d'air, ne constitue pas un obstacle pour la fermentation ultérieure. En revanche, les traces d'oxygène résiduelles peuvent représenter un handicap.

En effet, une des principales contraintes de la conversion par voie biologique est liée au métabolisme des micro-organismes sélectionnés, qui sont anaérobies stricts et qui, de ce fait, ne tolèrent aucune trace d'oxygène.

Deux autres difficultés sont liées à la mise en œuvre de la fermentation, à savoir les problèmes posés par la mise en contact d'un substrat gazeux avec des micro-organismes en suspension dans un milieu liquide. Avec des taux de conversion par passe, assez éloignés de 100 %, la gestion des flux gazeux constitue un des points clé à optimiser.

La deuxième difficulté concerne l'absolue nécessité de travailler en atmosphère anaérobie stricte et en conditions stériles afin de protéger la microflore active, dont les vitesses de croissance sont peu élevées, des risques de contamination par d'autres micro-organismes.

Des résultats d'expériences conduites au laboratoire avec la souche P7 [88], [89] ont été récemment publiés, à partir desquels on relèvera les principaux points suivants :

– une stabilisation du déroulement de la fermentation en continu, sur des périodes courtes, ne dépassant pas une dizaine de jours,

- de faibles concentrations massiques en éthanol, butanol et acide acétique, respectivement égales à 0,16 %, 0,11 % et 0,03 %,
- des taux de conversion atteignant 60 à 70 % des rendements théoriques,
- un taux de croissance cellulaire de l'ordre de 0,03 h^{-1},
- une sensibilité marquée de la conversion biologique aux impuretés contenues dans le gaz de synthèse, qui subsiste après l'élimination partielle des goudrons et des particules en suspension.

À partir de ces résultats préliminaires, il est clair que des progrès importants restent à accomplir avant d'envisager l'extrapolation de cette voie de conversion biologique du gaz de synthèse en éthanol, à l'échelle pilote ou industrielle.

6.3 LA FERMENTATION ACÉTONOBUTYLIQUE

6.3.1 Le principe

La fermentation acétonobutylique (fermentation ABE) [1] qui génère du butanol comme produit principal, de l'acétone et de l'éthanol en plus faible quantité est réalisée par des bactéries « solvantogènes » qui appartiennent au genre *Clostridium* et, plus spécifiquement, au groupe des butyliques telles que les espèces principales *Clostridium acetobutylicum* et *Clostridium beijerinckii*.

Les bactéries de cette espèce forment des bâtonnets droits d'une longueur de 2,5 à 5 µm, munis de cils péritriches qui assurent leur mobilité. Leur métabolisme est strictement anaérobie et leur température optimale de croissance est comprise entre 35 et 37 °C.

La fermentation acétonobutylique des sucres peut être illustrée par les trois équations suivantes qui décrivent la transformation du glucose en butanol, acétone et éthanol. Le dégagement de CO_2 et H_2 contribue à abaisser le rendement en solvants.

$$\underset{\text{Glucose}}{C_6H_{12}O_6} \longrightarrow \underset{n\text{-Butanol}}{CH_3-CH_2-CH_2-CH_2OH} + 2\,CO_2 + H_2O$$

$$C_6H_{12}O_6 + H_2O \longrightarrow \underset{\text{Acétone}}{CH_3-CO-CH_3} + 3\,CO_2 + 4\,H_2$$

$$C_6H_{12}O_6 \longrightarrow \underset{\text{Éthanol}}{2\,CH_3-CH_2OH} + 2\,CO_2$$

À la différence de la fermentation éthanolique, généralement réalisée à l'échelle industrielle avec des levures telles que *Saccharomyces cerevisiae*, la fermentation acétonobutylique, effectuée par des bactéries de l'espèce *Clostridium acetobutylicum*, nécessite d'être conduite en conditions sceptiques et sous atmosphère anaérobie stricte.

---

1. ABE pour acétone-butanol-éthanol.

6.3.2 Historique

C'est Pasteur qui, en 1862, met en évidence pour la première fois, la présence de butanol au cours d'une fermentation de lactate de chaux [90].

Fernbach, à partir de 1910, répond à la question posée par les chimistes qui viennent de mettre au point la synthèse du caoutchouc synthétique par condensation du butadiène obtenue par déshydration du *n*-butanol et qui recherchent des sources d'approvisionnement de cet alcool primaire.

Il met au point un premier procédé de production de butanol par voie fermentaire. Il découvre, à cette occasion, la formation concomitante d'acétone avec les bactéries butyliques et spécialement avec *Clostridium acetobutylicum*. La répartition pondérale de l'acétone et du butanol est de 1 pour 2.

Cette fermentation va rapidement se développer au cours de la Première Guerre mondiale, suite à la demande très forte en acétone qui intervenait dans la fabrication d'un explosif, la cordite. À la demande du gouvernement anglais, Weizmann [1] réussit en 1915 la première production à l'échelle industrielle.

Par la suite, cette production d'acétone et de butanol par voie fermentaire a connu une extension importante, notamment en France, au Japon et aux États-Unis. Pour donner un exemple, l'usine de Peoria dans l'Ilinois aux États-Unis, au plus fort de sa production dans les années 1930 avait une capacité installée de 96 fermenteurs d'au moins 200 m^3 chacun [91].

Les substrats utilisés étaient principalement les farines de maïs et les mélasses de canne à sucre. Les concentrations moyennes en solvant étaient de l'ordre de 18 à 20 g/l. Les moûts de fermentation étaient distillés dans une première colonne qui enrichissait la teneur en solvants des flegmes récupérés jusqu'à environ 50 %. Une deuxième colonne produisait par distillation en discontinu de ces flegmes, les fractions acétone et butanol.

Au début des années 1960, la voie fermentaire a été presque totalement remplacée par la pétrochimie. Seuls quelques pays tels que la Chine et l'Afrique du Sud continuaient d'employer la fermentation acétonobutylique à l'orée des années 1980.

Actuellement, plusieurs unités sont encore en fonctionnement en Chine [92]. Les problèmes physiologiques sous-tendus par la fermentation ABE ont été détaillés dans des articles de synthèse récents [93], [94], [95], [96], [97], [98].

Un regain d'intérêt est apparu dans le courant des années 1980, puis en 2000, du fait du potentiel de ce type de fermentation à convertir l'ensemble des sucres constitutifs de la cellulose et des hemicelluloses contenus dans la biomasse lignocellulosique en produits à usages énergétiques tels que des biocarburants [99], [100], [101].

1. À la question de Llyod George, en charge du Comité des Munitions dans le Cabinet britannique de l'époque qui, pour le récompenser de ses efforts et de ses résultats, lui demandait ce qui lui ferait plaisir, Weizmann aurait répondu que son souhait le plus fort serait de voir de son vivant la création d'un état hébreu. Chaïm Weizmann fut le premier Président de l'État d'Israël de 1949 à 1952.

6.3.3 Les matières premières

Clostridium acetobutylicum a la capacité de fermenter une grande variété de sucres monomères : glucose, lactose, saccharose, xylose, arabinose, ribose, et des polymères comme l'amidon, l'inuline, les dextrines et xylanes.

Les mélasses de canne à sucre et de betteraves ainsi que les farines de céréales ont été les substrats industriels les plus utilisés.

Les pentoses et hexoses issus de l'hydrolyse de la biomasse lignocellulosique peuvent être des sources de carbone intéressantes.

6.3.4 Le procédé

A. Les paramètres de fonctionnement

La chaîne de transfert de l'inoculum est un paramètre qui a une grande influence à la fois sur la cinétique et le rendement de la réaction. Le rapport optimal entre les volumes des réacteurs en série, préfermenteurs et fermenteur de production se situe autour de 5 %. À titre d'exemple, la chaîne d'ensemencement est constituée de 3 réacteurs en série, respectivement de 25 l, 500 l et 10 m^3 pour aboutir à un fermenteur de production de 200 m^3 (photo 6.1).

Photo 6.1

Fermenteurs de production d'ABE sur la plateforme de Soustons.

Le fermenteur vide est stérilisé 1 h à 120 °C et placé sous atmosphère inerte par introduction d'azote durant le refroidissement.

Le milieu de fermentation, avec la source de carbone, est stérilisé en ligne à 140 °C pendant 30 secondes. La concentration initiale en sucres est comprise entre 60 et 70 $g.l^{-1}$.

Le pH oscille entre 5,5 et 6,2. La valeur du pH est importante pour permettre le déclenchement de la production d'ABE après la production initiale d'acides acétique et butyrique (fig. 6.11). La température est maintenue à 35 °C. L'agitation du milieu à l'aide d'une hélice est régulée autour de 100 tours/min.

B. La cinétique de production

Un exemple de cinétique de production d'ABE à partir d'hydrolysats de tiges de maïs est illustré par la figure 6.11 [102].

La fermentation est pratiquement complète en 50 heures environ avec une transformation du xylose plus lente que celle du glucose dont la consommation est totale en moins de 40 heures. Les pentoses sont d'autant mieux assimilés que la concentration initiale en sucres est faible. L'acide acétique initialement présent est en partie consommé et utilisé pour la production de solvants.

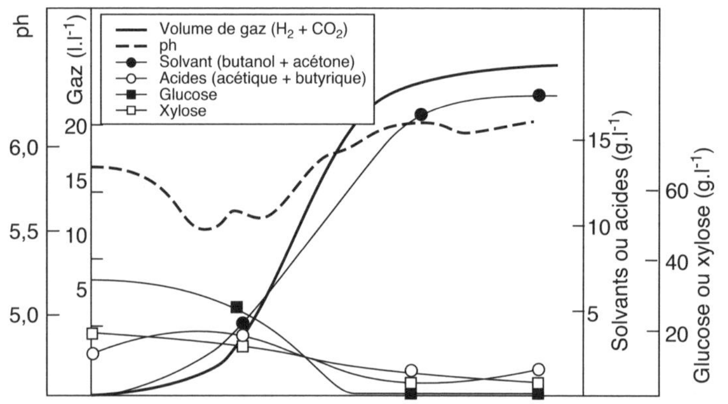

Figure 6.11

Production d'ABE à partir d'hydrolysats de tiges de maïs.

Les tiges de maïs, prétraitées à la vapeur en milieu acide ont été hydrolysées par les cellulases de *Trichoderma reesei*. L'hydrolysat a été neutralisé à la chaux, stérilisé et supplémenté avec 3 $g.l^{-1}$ de $(NH_4)_2\ SO_4$ et 3 $g.l^{-1}$ de liqueur de macération de maïs.

C. Les bilans matière et énergie

Un exemple de bilan matière est présenté dans le tableau 6.6. Il a été réalisé sur un fermenteur de 48 m^3 avec un hydrolysat de rafles de maïs comme source de carbone qui contient de l'acétate à raison de 2,9 $g.l^{-1}$ et des sucres à une concentration initiale de 66,5 $g.l^{-1}$ [103].

La durée de la fermentation est de 46 h, mais le glucose est entièrement consommé après seulement 28 heures. En fin de réaction, 20 % du xylose n'ont pas encore été assimilés. La

Tableau 6.6 Bilan d'une fermentation ABE effectuée à partir de rafles de maïs.

Nature des produits	Concentration finale
Acétone ($g.l^{-1}$)	7,8
Butanol ($g.l^{-1}$)	12,4
Éthanol ($g.l^{-1}$)	0,3
ABE ($g.l^{-1}$)	20,5
Acétate ($g.l^{-1}$)	1,2
Butyrate ($g.l^{-1}$)	0,8
Gaz produits ($CO_2 + H_2$) ($l.l^{-1}$)	31,1
Sucres consommés ($g.l^{-1}$)	59,0
Pentoses résiduels ($g.l^{-1}$)	7,5

concentration d'ABE produit est 20,5 $g.l^{-1}$, avec un rendement pondéral de synthèse, calculé à partir des sucres consommés de 31 %. La productivité de la synthèse d'ABE est de 0,45 $g.l^{-1}.h^{-1}$.

La séparation de l'ABE des vins de fermentation est effectuée par distillation dont le schéma de principe est présenté sur la figure 6.12. La première colonne produit des flegmes enrichis en solvant et des vinasses. Les flegmes sont envoyés dans une deuxième colonne qui sépare en tête l'acétone renfermant encore approximativement 1 % en eau et l'éthanol s'il est présent, et en fond le butanol. La présence sur le côté de cette colonne d'un soutirage latéral et d'un décanteur permet de recycler une phase très riche en eau vers la première colonne et la phase légère riche en acétone et butanol vers la seconde colonne [104].

Les principaux postes de consommation en utilités sont la stérilisation des fermenteurs et la distillation. Les besoins énergétiques par m^3 d'ABE s'élèvent en électricité à 253 kWh et en vapeur à 3,3 tonnes.

D. Les caractéristiques du produit

Le mélange ABE présente un indice d'octane élevé. En mélange avec l'essence, il n'entraîne pas de problème de stabilité en présence de traces d'eau et, dans ces conditions, aucun phénomène de démixtion n'est apparent, comme cela peut être le cas avec l'éthanol.

Dans l'ensemble, il ne présente pas de difficulté d'utilisation sous réserve d'avoir vérifié la tenue des matériaux, des problèmes pouvant apparaître du fait de la présence d'acétone. Il peut encore jouer le rôle de cosolvant du méthanol dans l'essence.

Son pouvoir calorifique de 31,9 MJ/kg est sensiblement supérieur à celui de l'éthanol qui est égal à 26,8 MJ/kg.

Il est miscible au gazole. L'indice de cétane d'un mélange 90/10 (en volume) gazole-ABE est de 49.

E. Les données économiques

Une étude [104] montre qu'en se plaçant dans les conditions brésiliennes, avec les jus de canne à sucre comme substrat carboné, l'investissement d'une unité d'ABE est d'environ

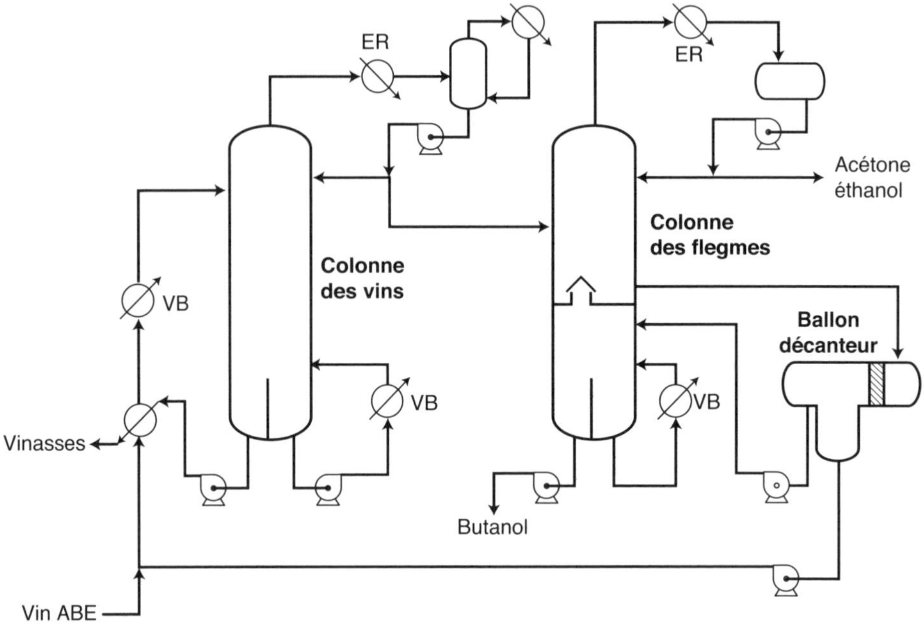

Figure 6.12

Schéma de principe de la distillation ABE.

15 % supérieur à celui d'une unité d'éthanol, traitant la même quantité de canne à sucre, soit 1 600 t/jour. En se fixant un même taux interne de rentabilité de 10,6 % après impôts sur les bénéfices, le prix de vente de l'ABE est de l'ordre de 50 % plus élevé que celui de l'éthanol.

F. Les voies d'amélioration

Le principal handicap de la fermentation ABE réside dans la faible concentration en produits en fin de fermentation (2 % en poids contre 7 à 10 % en poids pour la fermentation éthanolique). Cette limitation est due à l'inhibition du métabolisme de *Clostridium acetobutylicum* par le *n*-butanol.

Plusieurs études montrent que cette inhibition peut être levée en éliminant les solvants au fur et à mesure de leur synthèse par stripping gazeux [105] ou par extraction sélective à travers une membrane à base de silicone, avec l'alcool oléique comme solvant d'extraction [106]. Dans ce dernier cas, 87,2 g. de solvant sont produits par litre de capacité de fermentation installée à partir de 277 g de lactose avec une productivité de 0,2 $g.l^{-1}$ h^{-1}. Des progrès doivent être encore réalisés pour améliorer la sélectivité de la membrane et éviter le passage de l'alcool oléique dans le milieu fermentaire.

RÉFÉRENCES

[1] Lapierre C (1993) Application of New Methods for the Investigation of Lignin Structure, *In : Forage Cell Wall Structure and Digestibility*, HG Jung, DR Bruxton, RD Hatfield, J. Ralph Eds, ASA-CSSA-SSSA, Madison, WI, pp 133-166.

[2] Sun Y, Cheng J (2002) Hydrolysis of Lignocellulosic Materials for Ethanol Production : a Review. Bioresource Technol., 83, pp 1-11.

[3] Ogier JC, Ballerini D, Leygue JP, Rigal L, Pourquié J (1999) Production d'éthanol à partir de biomasse lignocellulosique. Oil & Gas Science and Technology – Revue de l'IFP, Vol. 54, pp 67-94.

[4] Thomsen MH, Thygesen A, Thomsen AB (2008) Hydrothermal Treatment of Wheat Straw at Pilot Plant Scale using a Three-step System Aiming at high Hemicellulose Recovery, High Cellulose Digestibility and Low Lignin Hydrolysis, Bioresource Technol., 99, pp 4221-4228.

[5] Ballerini D, Desmarquest JP, Pourquié J, Nativel F, Rebeller M (1994) Ethanol Production from Lignocellulosics : Large Scale Experimentation and Economics. Bioresource Technol., 50, pp 17-23.

[6] Sassner P, Galbe M, Zacchi G (2006) Bioethanol Production Based on Simultaneous Saccharification and Fermentation of Steam-pretreated Salix at High Dry-matter Content, Enzyme Microb. Technol., 39, pp 756-762.

[7] Teymouri F, Laureano-Perez L, Alizadeh H, Dale B (2005) Optimization of the Anmmonia Fiber Explosion (AFEX) Treatment Parameters for Enzymatic Hydrolysis of Corn Stover. Bioresource Technol., 96, pp 2014-2018.

[8] Schell DJ, Torget R, Power A, Walter PJ, Grohmann K, Hinmann ND (1991) A Technical and Economic Analysis of Acid-Catalysed Steam Explosion and Dilute Sulfuric Acid Pretreatment Using Wheat Straw or Aspen Wood Chips. Appl. Biochem. Biotechnol. 28/29, pp 87-97.

[9] Sendich E, Laser M, Kim S, Alizadeh H, Laureano-Perez L, Dale B, Lynd L (2008) Recent Process Improvements for the Ammonia Fiber Expansion (AFEX) Process and Resulting Reductions in Minimum Ethanol Selling Price. Bioresource Technol., 99, pp 8429-8435.

[10] Yang B, Wyman CE (2008) Pretreatment : the Key to Unlocking Low-cost Cellulosic Ethanol, Biofuels Bioproducts Bioref., 2, pp 26-40.

[11] Kim TH, Taylor F, Hicks KB (2008) Bioethanol Production from Barley Hull Using SAA (soaking in aqueous ammonia) Pretreatment. Bioresource Technol., 99, pp 5694-5702.

[12] Selig MJ, Viamajala S, Decker SR, Tucker MP, Himmel ME, Vinzant TB (2007) Deposition of Lignin Droplets Produced During Acid Pretreatment of Maize Stems Retards Enzymatic Hydrolysis of Cellulose, Biotechnol. Progr. 23, pp 1333-1339.

[13] Wooley R, Ruth M, Glassner D, Sheehan J (1999) Process Design and Costing of Bioethanol Technology : a Tool for Determining the Status and Direction of Research and Development, Biotechnol. Prog. 15, pp 794-803.

[14] Well J, Brewer M, Hendrickson R, Sarikaya A, Ladisch MR (1998) Continuous pH Monitoring During Pretreatment of Yellow Poplar Wood Sawdust by Pressure Cooking in Water, Appl. Biochem. Biotechnol. 70-72, pp 91-111.

[15] Kaar WE, Holtzapple MT (2000) Using Lime Pretreatment to Facilitate the Enzymic Hydrolysis of Corn Stover. Biomass Bioenergy, 18, pp 189-199.

[16] Pan X, Arato C, Gilkes N, Gregg D, Mabee W, Pye K, Xiao Z, Zhang X, Saddler J (2005) Biorefining of Softwoods Using Ethanol Organosolv Pulping : Preliminary Evaluation of Process Streams for Manufacture of Fuel-grade Ethanol and Co-products, Biotechnol. Bioeng., 90, pp 373-481.

[17] Zhu S, Wu Y, Chen Q, Yu Z, Wang C, Jin S, Ding Y, Wu G (2006) Dissolution of Cellulose with Ionic Liquids and its Application : a Mini-review, Green Chem., 8, pp 325-327.

[18] Zhang Y-HP, Ding S-Y, Mielenz JR, Cui JB, Elander RT, Laser M, Himmel ME, McMillan JR, Lynd LR (2007) Fractionating Recalcitrant Lignocellulose at Modest Reaction Conditions, Biotechnol. Bioeng., 97, pp 214-223.

[19] Lee J (1997) Biological Conversion of Lignocellulosic Biomass to Ethanol. J. Biotechnol., 56, pp 1-24.

[20] Mosier N, Wyman C, Dale B, Elander R, Lee YY, Holtzapple M, Ladisch M (2005) Features of Promising Technologies for Pretreatment of Lignocellulosic Biomass, Bioresource Technol., 96, pp 673-686.

[21] Eggeman T, Elander RT (2005) Process and Economic Analysis of Pretreatment Technologies, Bioresource Technol. 96, pp 2019-2025.

[22] Yang B, Wyman CE (2008) Pretreatment : the Key to Unlocking Low-cost Cellulosic Ethanol, Biofuels Bioproducts Bioref., 2, pp 26-40.

[23] Ackerson M, Ziobro M. Gaddy GL (1981) Two-Stage Acid Hydrolysis of Biomass. Biotechnol. Bioeng. Symp. 11, pp 103-112.

[24] Lynd LR, Weimer PJ, van Zyl WH, Pretorius IS (2002) Microbial Cellulose Utilization : Fundamentals and Biotechnology. Microbiol. Molec. Biol. Rev., 66, 3, pp 506-577.

[25] Ortega N, Busto MD, Perez-Mateos M (2001) Kinetics of Cellulose Saccharification by Trichoderma Reesei Cellulases, Int. Biodeter. Biodeg., 47, pp 7-14.

[26] Peri S, Karra S, Lee YY, Karim MN (2007) Modeling Intrinsic Kinetics of Enzymatic Cellulose Hydrolysis, Biotech. Progr., 23, pp 626-637.

[27] Palmqvist E, Hahn-Hegerdal B, Galbe M, Zacchi G (1996) The Effect of Water-soluble Inhibitors from Steam-pretreated Willow on Enzymatic Hydrolysis and Ethanol Fermentation. Enzyme Microb. Technol., 19, pp 470-476.

[28] Coutinho, RM, Henrissat B (1999) Carbohydrate – Active Enzymes Server at URL : http : //afb.cnrs-mrs.fr/cazy/index.html.

[29] Schwarz WH (2001) The Cellulosome and Cellulose Degradation by Anaerobic Bacteria. Appl. Microbiol. Biotechnol, 56, pp 634-649.

[30] Beckham GT, Matthews JF, Bomble YJ, Bu L, Adney WS, Himmel ME, Nimlos MR, Crowley MF (2010) Identification of Amino Acids Responsible for Processivity in a Family 1 Carbohydrate-Binding Module from a Fungal Cellulase. J. Phys. Chem. B. 114, pp 1447-53.

[31] Foreman PK, Brown D, Dankmeyer L, Dean R, Diener S, Dunn-Coleman NS *et al.* (2003) Transcriptional Regulation of Biomass-degrading Enzymes in the Filamentous Fungus *Trichoderma reesei. J Biol Chem* 278, pp 31988-31997.

[32] Pel HJ, de Winde JH, Archer DB *et al.* (2007) Genome Sequencing and Analysis of the Versatile cell Factory *Aspergillus niger* CBS 513.88, Nature Biotech. 25, pp 221-231.

[33] Martinez D, Berka RM, Henrissat B *et al.* (2008) Genome Sequencing and Analysis of the Biomass-degrading Fungus *Trichoderma reesei* (syn. *Hypocrea jecorina*), Nature Biotech. 26, pp 553-560.

[34] Zhang H-YP, Lynd LR (2004) Toward an Aggregated Understanding of Enzymatic Hydrolysis of Cellulose : Noncomlexed Cellulase Systems. Biotechnol Bioeng., 88, pp 797-824.

[35] Fierobe HP, Bayer EA, Tardif C, Czjek M, Mechaly A, Belaich A, Lamed R, Shoham Y, Belaich JP (2002) Degradation of Cellulose Substrates by Cellulosome Chimeras : Substrate Targeting Versus Proximity of Enzyme Engineering, J. Biol. Chem. 277, pp 49621-49630.

[36] Suto M, Tomita F (2001) Induction and Catabolite Repression Mechanisms of Cellulase in Fungi. J. Biosc. Bioeng., 92, pp 305-311.

[37] Aro N, Pakula T, Penttilä M (2005) Transcriptional Regulation of Plant Cell wall Degradation by Filamentous Fungi, FEMS Microbiol. Rev., 29, pp 719-739.

[38] Warzywoda M, Larbre E, Pourquié J (1992) Production and Characterization of Cellulolytic Enzymes from *Trichoderma reesei* Grown on Various Carbon Sources. Bioresource Technol., 39, pp 125-130.

[39] Sticker AR, Mach RL, de Graaf LH (2008) Regulation of Transcription of Cellulases- and Hemicellulases-encoding Genes in *Aspergillus niger* and *Hypocrea jecorina* (*Tricherderma reesei*). Appl. Microbiol. Biotechnol., 78, pp 211-220.

[40] Le Crom S, Schackwitzd W, Pennacchio L, Magnuson JK, Culley DE, Collett JR, Martin J, Druzhinina IS, Mathis H, Monot F, Seiboth B, Cherry B, Rey M, Berka R, Kubicek CP, Baker SE Margeot A (2009) Tracking the Roots of Cellulase Hyperproduction by the Fungus Trichoderma Reesei using Massively Parallel DNA Sequencing Proc. Nat. Acd. Sci. États-Unis.

[41] Margeot A, Hahn-Hägerdal D, Edlund M, Slade R, Monot F (2009) New Improvements for Lignocellulosic Ethanol, Curr. Op. Biotechnol. 20, pp 372-380.

[42] Kovacs K, Megyeri, Szakacs G, Kubicek CP, Galbe M, Zacchi G (2008) Trichoderma Atroviride Mutants with Enhanced Production of Cellulase and β-glucosidase on Pretreated Willow. Enzyme Microbiol. Technol., 43, pp 48-55.

[43] Zhang Y-HP, Himmel ME, Mielenz JR (2006) Outlook for Cellulase Improvement : Screening and Selection Strategies. Biotechnol. Adv., 24, pp 452-481.

[44] Blumer-Schuette SE, Kataeva I, Westpheling J, Adams MWW, Kelly RM (2008) Extremely Thermophilic Microorganisms for Biomass Conversion : Status and Prospects. Curr. Op. Biotechnol., 19, pp 210-217.

[45] Bayer EA, Lames R, Himmel ME (2007) The Potential of Cellulases and Cellulosomes for Cellulosic Waste Management, Curr. Op. Biotechnol., 18, pp 237-245.

[46] Margolles-Clark E, Ilmen M, Penttila M (1997) Expression Patterns of Ten Hemicellulases of the Filamentous Fungus Trichoderma Reesei on Variuos Sources, J. Biotechnol., 57, pp 167-179.

[47] Fierobe HP, Mingardon F, Mechaly A, Belaich A, Rincon MT, Lamed R, Tardif C, Belaich JP, Bayer EA (2005) Action of Designer Cellulosomes Versus Complex Substrates : Controlled Incorporation of Three Distinct Enzymes Into a Defined Tri-functional Scaffoldin. J. Biol. Chem., 280, pp 16325-16334.

[48] Jeffries TW, Jin YS (2004) Metabolic Engineering for Improved Fermentation of Pentoses by Yeasts. Appl. Microbiol. Biotechnol., 63, pp 495-509.

[49] Wayman M, Pareckh SR (1985) Ethanol and Sugar Tolerance of *Candida shehatae*. Biotechnol. Lett., 7, pp 909-912.

[50] Slininger SP, Bothast RJ, Okos MR, Ladish MR (1985) Comparative Evaluation of Ethanol Production by Xylose-Fermenting Yeasts Presented High Xylose Concentration. Biotechnol. Lett., 7, pp 431-436.

[51] Woods MA, Millis NF (1985) Effect of Slow Feedings of Xylose on Ethanol Yield by *Pachysolen tannophilus*. Biotechnol. Lett., 7, p. 679.

[52] Slininger SP, Bothast RJ, Black LT, McGhee JE (1985) Continuous Conversion of D-xylose to Ethanol by Immobilized *Pachysolen tannophilus*. Biotechnol. Bioeng., 24, pp 2241-2251.

[53] Tran AV, Chambers RP (1986) Ethanol Fermentation of Red Oak Acid Prehydrolysate by the Yeast *Pichia Stipitis* CBS 5576. Enz. Microbiol. Technol., 8, pp 439-444.

[54] Linko YY, Hautola H, Uiotila S, Linko P (1986) Alcoholic Fermentation of D-xylose by Immobilized *Pichia stipitis* Yeast. Biotechnol. Lett., 8, pp 47-52.

[55] Shi NQ, Davis B, Sherman F, Cruz J, Jeffries TW (1999) Disruption of the Cytochrome c Gene in Xylose-utilizing Yeast *Pichia stipitis* Leads to Higher Ethanol Production. Yeast 15, pp 1021-1030.

[56] Jeppsson M, Johansson B, Hahn-Hägerdal B, Gorwa-Grauslund MF (2002) Reduced Oxidative Pentose Phosphate Pathway Flux in Recombinant Xylose-utilizing *Saccharomyces cerevisiae* Strains Improves the Ethanol Yield from Xylose. Appl. Environ. Microbiol., 68, pp 1604-1609.

[57] Johansson B, Christensson C, Hobley T, Hahn-Hägerdal B (2001) Xylulokinase Overexpression in Two Strains of *Saccharomyces cerevisiae* also Expressing Xylose Reductase and Xylitol Dehydrogenase and its Effect on Fermentation of Xylose and Lignocellulosic Hydrolysate. Appl. Environ. Microbiol., 67, pp 4249-4255.

[58] Ho NW, Chen Z, Brainard AP(1998) Genetically Engineered *Saccharomyces* Yeast Capable of Effective Co-fermentation of Glucose and Xylose. Appl. Environ. Microbiol., 64, pp 1852-1859.

[59] Verho R, Londesborough J, Penttilä M, Richard P (2003) Engineering Redow Cofactor Regeneration for Improved Pentose Fermentation in *Saccharomyces cerevisiae*. Appl. Environ. Microbiol., 69, pp 5892-5897.

[60] Jin YS, Jones S, Shi NQ, Jeffries TW (2002) Molecular Cloning of XYL3 (D-xylulokinase) from *Pichia stipitis* and Characterization of its Physiological Function. Appl. Environ. Microbiol., 68, pp 1232-1239.

[61] Sonderegger M, Jeppsson M, Larsson C, Gorwa-Grauslund MF, Boles E, Olsson L, Spencer-Martins I, Hahn-Hägerdal B, Sauer U (2004) Fermentation Performance of Engineered and Evolved Xylose-fermenting *Saccharomyces cerevisiae* Strains. Biotechnol. Bioeng., 87, pp 90-98.

[62] Ohta K, Beall DS, Meija JP, Shanmugam KT, Ingram LO (1991) Genetic Improvement of *E. coli* for Ethanol Production : Chromosal Integration of *Zymomonas mobilis* Genes Encoding Pyruvate Decarboxylase and Alcohol Dehydrogenase II. Appl. Environ. Microbiol., 57, pp 893-900.

[63] Hahn-Hägerdal B, Pamment N (2004) Microbial Pentose Metabolism. Appl. Biochem. Biotechnol., Vol. 113-116, pp 1207-1209.

[64] Ohta K, Beall DS, Meija JP, Shanmugam KT, Ingram LO (1991) Metabolic Engineering of *Klebsiella oxytoca* M5A1 for Ethanol Production from Xylose and Glucose. Appl. Environ. Microbiol., 57, pp 2810-2815.

[65a] Zaldivar J, Nielsen J, Olsson L (2001) Fuel Ethanol Production from Lignocellulose : a Challenge for Metabolic Engineering and Process Integration. Appl. Microbiol. Biotechnol, 56, pp 17-34.

[65b] Zaldivar J, Borges A, Johansson B, Smits HP, Villas-Bôas SG, Nielsen J, Olsson L (2002) Fermentation Performance and Intracellular Metabolite Patterns in Laboratory and Industrial Xylose-fermenting *Saccharomyces cerevisiae*. Appl Microbiol Biotechnol. 59, pp 436-442.

[66] Kuyper M, Hartog MMP, Toirkens MJ, Almerig MJH, Winkler AA, Van Dijken JP, Pronk JT (2005) Metabolic Engineering of a Xylose-isomerase-expressing *Saccharomyces cerevisiae* Strain for Rapid Anaerobic Xylose Fermentation, FEMS Yeast Res., 5, pp 399-409.

[67] Brat D, Boles E, Wiedemann B (2009) Functional Expression of a Bacterial Xylose Isomerase in *Saccharomyces cerevisiae*. Appl Environ Microbiol, 75, pp 2304-2311.

[68] Barbosa MFS, Beck MJ, Fein JE, Potts D, Ingram LO (1992) Efficient Fermentation of *Pinus sp.* Acid Hydrolysates by an Ethanologenic Strain of *E. coli*. Appl. Environ. Microbiol., 58, pp 1382-1384.

[69] Parekh SR, Yu S, Wayman M (1986) Adaptation of *Candida shehatae* and *Pichia stipitis* to Wood Hydrolysates for Increased Ethanol Production. Appl. Microbiol. Biotechnol., 25, pp 300-304.

[70] Olofsson K, Rudolf A, Liden G (2008) Designing Simultaneous Saccharification and Fermentation for Improved Xylose Conversion by a Recombinant Strain of *Saccharomyces cerevisiae*. J. Biotechnol., 134, pp 112-120.

[71] Rudolf A, Baudel H, Zacchi G, Hahn-Hägerdal B, Liden G (2008) Simultaneous Saccharification and Fermentation of Steam-pretreated Bagasse Using *Saccharomyces cerevisiae* TMB3400 and *Pichia stipitis* CBS6054. Biotechnol. Bioeng., 99, pp 783-790.

[72] Sedlak M, WY Ho N (2004) Production of Ethanol from Cellulosic Biomass Hydrolysates Using Genetically Engineered *Saccharomyces* Yeast Capable of Cofermenting Glucose and Xylose. Appl. Biochem. Biotechnol., 113-116, pp 403-416.

[73] Hahn-Hägerdal B, Karhumaa K, Fonseca C, Spencer-Martins I, Gorwa-Grauslund MF (2007) Towards Industrial Pentose-fermenting Yeast Strains. Appl Microbiol Biotechnol 74, pp.937-53.

[74] Tomas-Pejo E, Oliva JM, Gonzalez A, Ballesteros I, Ballesteros M (2009) Bioethanol Production from Wheat Straw by Thermotolerant Yeast *Kluyveromyces marxianus* CECT 10875 in a Simultaneous Saccharification and Fermentation Fed-batch Process. Fuel, 88. pp 2142-2147.

[75] Wingren A, Galbe M, Zacchi G (2003) Techno-Economic Evaluation of Producing Ethanol from Softwood : Comparison of SSF and SHF and Identification of Bottlenecks. Biotechnol Prog 19, pp 1109-1117.

[76] Olofsson K, Liden G (2008) A Short Review on SSF – an Interesting Process Option for Ethanol Production from Lignocellulosic Feedstocks. Biotechnol Biofuels, 1, p 7.

[77] Lynd LR, van Zyl WH, McBride JE, Laser M (2005) Consolidated Bioprocessing of Cellulosic Biomass : an Update. Curr. Op Biotechnol. 16, pp 577-583.

[78] Shaw JA, Podkaminer KK, Desai SG, Bardsley JS, Rogers SR, Thorne PG, Hogsett DA, Lynd LR (2008) Metabolic Engineering of a Thermophilic Bacterium to Produce Ethanol at High Yield. Proc. Nat. Acad. Sci. États-Unis, 105, pp 13679-13774.

[79] van Zyl WH, Lynd LR, den Haan R, McBride JE (2007) Consolidated Bioprocessing for Bioethanol Production using *Saccharomyces cerevisiae*. Adv. Biochem. Engin./Biotechnol. 108, pp 205-235.

[80] http://ies.jrc.ec.europa.eu/WTW, Well-to-Wheels Analysis of Future Automotive Fuels and Powertrains in the European Context. Concawe, Eucar, JRC, Well-to-Wheels report, March 2007.

[81a] Wingren A (2005) Ethanol from Softwood. Technico-economic Evaluation for Development of the Enzymatic Process. Department of Chemical Engineering, Lund University, Sweden.

[81b] Wingren A, Galbe M, Zacchi G (2003) Technico-economic Evaluation of Producing Ethanol from Softwood : Comparison of SSF and Identification of Bottlenecks. Biotechnol. Prog., 19, pp 1109-1117.

[82a] Wright MM, Brown RC (2007) Biofuels Bioprod. Bioref., 1, pp 49-56.

[82b] McAloon A, Taylor F, Yee W, Ibsen K, Wooley R (2000) Determining the Cost of Producing Ethanol from Corn Starch and Lignocellulosic Feedstocks. Technical Report NREL/TP-580-28893, October 2000.

[82c] Aden A *et al.* (2002) Process Design Report for Stover Feedstock : Lignocellulosic Biomass to Ethanol Process Design and Economics Utilizing Co-current Dilute Acid Prehydrolysis and Enzymatic Hydrolysis for Corn Stover. Technical Report NREL/TP-510-32438, June 2002.

[83] Zacchi G, Wahlberg O (2009-2011) Technico-economic Evaluation of Combined First and Second Generation Bio-ethanol Production. Projet Enerbio.

[84] Abrini A, Naveau H, Nyns EJ (1994). *Clostridium autoethanogenum,* sp. nov., an Anaerobic Bacterium that Produces Ethanol from Carbon Monoxide. Archives of Microbiology, 161, pp 345-351.

[85] Klasson KT, Ackerson MD, Clausen EC, Gaddy JL (1992). Bioconversion of Synthesis Gas Into Liquid or Gaseous Fuels. Enzyme Microbiology and Technology, 14, pp 602-608.

[86] Tanner RS (2008) Production of Ethanol from Synthesis Gas. *In:* Wall JD, Harwood CS, Demain A (eds) Bioenergy. ASM Press, Washington DC, pp 147-151.

[87] Henstra AM, Sipma J, Rinzema A, Stams AJM (2007) Microbiology of Synthesis Gas Fermentation for Biofuel Production. Current Opinion in Biotechnology 18, pp 200-206.

[88] Rajagopalan S, Datar RP, Lewis RS (2002) Formation of Ethanol from Carbon Monoxide via a New Microbial Catalyst. Biomass and Bioenergy, 23, pp 487-493.

[89] Datar RP, Shenkman RM, Cateni BG, Huhnke RL, Lewis RS (2004). Fermentation of Biomass-Generated Producer Gas to Ethanol. Biotechnology and Bioengineering, 86, 5, pp 587-594.

[90] Brechot P (1982) Fermentation acétonobutylique depuis Pasteur, Fernbach et ses collaborateurs jusqu'au carburol, Colloque Soc. Fr. Microbiol., IFP Energies nouvelles, Rueil-Malmaison, pp 111-122.

[91] Vandecasteele JP, Marchal R (1993) Les bactéries solvantogènes du genre *Clostridium*, pp 489-537, in Microbiologie Industrielle. Les micro-organismes d'intérêt industriel, Ed. J.Y. Leveau, M. Bouix, Collection Sciences et Techniques Agro-Alimentaires – Technique et Documentation Lavoisier, Paris.

[92] Ni Y, Sun ZH (2009) Recent Progress on Industrial Fermentative Production of Acetone-butanol-ethanol by *Clostridium acetobutylicum* in China. Applied Microbiology and Biotechnology 83, pp 415-423.

[93] Dürre P (2008) Fermentative Butanol Production – Bulk Chemical and Biofuel. Annals of the New York Academy of Sciences 1125, pp 353-362.

[94] Rogers P, Chen J-S, Zidwick M (2006) Organic Acid and Solvent Production. Part III; Butanol, Acetone, Isopropanol;1,3- and 1,2-propanediol Production; and 2,3-butanediol Production. *In:* Dworkin M (ed) The Prokaryotes. A handbook on the Biology of Bacteria. 3rd Edition. Springer, New York, États-Unis, pp 672-755.

[95] Paredes CJ, Jones SW, Senger RS, Borden JR, Sillers R (2008) Molecular Aspects of Butanol Fermentation. *In:* Bioenergy. ASM Press, Washington DC, pp 323-334.

[96] Zheng Y-N *et al.* (2009) Problems with the Microbial Production of Butanol. Journal of Industrial Microbiology and Biotechnology 36, pp 1127-1138.

[97] Gheshlaghi R, Scharer JM, Moo-Young M, Chou CP (2009) Metabolic Pathways of *Clostridia* for Producing Butanol. Biotechnology Advances 27, pp 764-781.

[98] Ezeji TC, Blaschek HP (2008) Practical Aspects of Butanol Production. *In:* Wall JD, Harwood CS, Demain A (eds) Bioenergy. ASM Press, Washington DC, pp 335-346.

[99] Zverlov VV, Berezina O, Velikodvorskaya GA, Schwarz WH (2006) Bacterial Acetone and Butanol Production by Industrial Fermentation in the Soviet Union : use of hydrolyzed agricultural waste for biorefinery. Applied Microbiology and Biotechnology 71, pp 587-597.

[100] Sanchez OJ, Cardona CA (2008) Trends in Biotechnological Production of Fuel Ethanol from Different Feedstocks. Bioresource Technology 99, pp 5270-5295.

[101] Nativel F, Pourquié J, Ballerini D, Vandecasteele JP, Renault Ph (1992) The Biotechnology Facilities at Soustons for Biomass Conversion. Int. J. Solar Energy, 11, pp 219-229.

[102] Pourquié J, Vandecasteele JP (1998) Conversion des composés lignocellulosiques par hydrolyse enzymatique et fermentation acétone-butanol. *In:* Biotechnologie. R. Scriban coordonnateur – Editions Technique et Documentation – Lavoisier, Paris, pp 773-792.

[103] Marchal R, Ropars M, Pourquié J, Fayolle F, Vandecasteele JP (1992) Large-Scale Enzymatic Hydrolysis of Agricultural Lignocellulosic Biomass. Part 2 : Conversion into Acetone-Butanol. Bioresource Technology, 42, pp 205-207.

[104] Arlie JP (1985) Etude préliminaire des possibilités d'utilisation pour le Brésil des produits de fermentation acétonobutylique en mélange avec le gas-oil. Rapport IFP Energies nouvelles n° 33252.

[105] Maddox IS, Qureshi N, Roberts-Thomson K (1995) Production of Acetone-Butanol-Ethanol from Concentrated Substrates using *Clostridium acetobutylicum* in an Integrated Fermentation-Product Removal Process. Process Biochem. 30, pp 209-215.

[106] Qureshi N, Maddox IS (2003) Production of Butanol from Concentrated Lactose/Whey Permeate Using *Clostridium acetobutylicum* and Removal by Perstraction. Poster Presentation 3-10, 25th Symposium on Biotechnology for Fuels and Chemicals, Breckenridge, Colorado, May 4-7, 2003.

7

Les autres valorisations énergétiques de la biomasse par voie biochimique

D. Ballerini

Plusieurs filières de valorisation énergétique de la biomasse par voie biochimique existent ou sont en voie de développement. La plus avancée concerne la production de bio-méthane, qui, selon les pays, se développe au stade industriel à un rythme élevé. Le méthane, issu de la fermentation anaérobie des matières organiques, est employé, après purification, comme source d'énergie et comme carburant après avoir été comprimé à 200 bar. Ce biogaz est considéré comme une énergie renouvelable.

Deux autres voies sont en développement, comme la production d'algues et/ou micro-algues à des fins énergétiques, tandis que la synthèse d'hydrogène par voie biologique est toujours au niveau de la recherche, avec de plus en plus d'équipes de chercheurs impliqués dans ce domaine.

Ces trois voies sont présentées ci-après.

7.1 LA FERMENTATION MÉTHANIQUE

7.1.1 L'historique

Le méthane ou « gaz de marais » a été découvert en 1776 par Volta. Sans avoir connaissance de cette découverte, deux autres personnages illustres, pas spécialement reconnus comme scientifiques, Georges Washington, futur premier président des États-Unis et Thomas Paine, publiciste américain d'origine britannique et futur membre de la Convention en France, firent le même type d'observation que Volta en 1783 [1].

En 1787, Lavoisier dénomma ce gaz inflammable sous le terme « gas hidrogenium carbonatrum ».

Il fallut attendre ensuite environ un siècle pour que la formation de méthane soit reconnue comme la résultante d'un processus microbiologique, avec les travaux de Bechamp, un élève de Pasteur, en 1868.

Omelianski et Söhngen en 1906 prouvèrent que les produits issus de la dégradation de la cellulose tels que formate, acétate, butyrate, éthanol et même l'hydrogène et le gaz carbonique constituaient des substrats carbonés pour les bactéries méthanogènes. Les premières installations produisant du méthane à petite échelle datent de cette époque.

En 1920, la production continue de méthane est pour la première fois expérimentée à grande échelle par Imhoff, avant d'être progressivement adaptée à différentes matières premières et optimisée. La situation sur la production de biogaz à partir de biomasse en Allemagne et au Brésil a été décrite récemment [2].

7.1.2 Le principe

La décomposition microbiologique des matières organiques en méthane est un processus anaérobie complexe qui requiert la présence de plusieurs espèces de micro-organismes et qui se déroule en plusieurs phases successives [3]. Un schéma simplifié, présenté sur la figure 7.1, illustre la méthanisation de matières organiques.

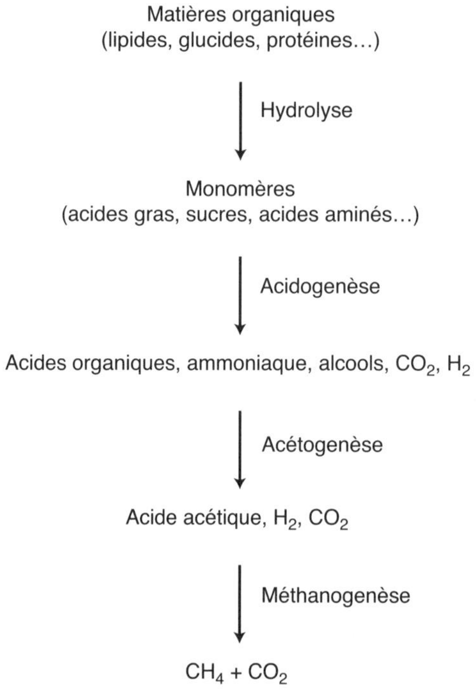

Figure 7.1

Méthanisation de matières organiques.

La première étape consiste en l'hydrolyse des polymères organiques (lipides, cellulose, protéines...) qui sont transformés en monomères par l'action de bactéries hydrolytiques. C'est souvent l'étape limitante du processus global de méthanisation.

Au cours de la phase suivante d'acidogenèse, des acides gras (acides acétique, propionique, butyrique...) et des alcools tels que le méthanol et l'éthanol, généralement accompagnés de gaz carbonique et d'hydrogène, sont synthétisés à partir des monomères issus de l'hydrolyse de la matière organique. L'acidogenèse est effectuée par des cultures mixtes de bactéries anaérobies.

Au cours de l'étape suivante, les produits obtenus lors de l'acidogenèse sont transformés par des bactéries acétogènes en précurseurs de la synthèse du méthane tels que l'acide acétique, l'hydrogène et le gaz carbonique.

Les bactéries acétogènes vivent généralement en symbiose avec les bactéries méthanogènes et sont, comme ces dernières, des micro-organismes anaérobies stricts. Les bactéries méthanogènes fabriquent le méthane lors de la dernière étape du processus, selon les deux équations suivantes :

$$CH_3\,COOH \longrightarrow CH_4 + CO_2$$

$$CO_2 + 4\,H_2 \longrightarrow CH_4 + 2\,H_2O$$

Par la technique de digestion anaérobie, les produits organiques les plus biodégradables sont éliminés pour être transformés en méthane et gaz carbonique. Le résidu solide non biodégradé peut être valorisé en agriculture comme amendement des sols.

Même si la fermentation méthanique est utilisée dans quelques cas et quelques pays pour la production de biocarburants gazeux, c'est cependant avant tout une filière de valorisation énergétique de la biomasse et des déchets (production par cogénération d'électricité et de chaleur).

Les usages biocarburants existent aux États-Unis, en Nouvelle-Zélande et en Suède. Dans ce dernier pays, environ 10 Mm^3 de biogaz sont utilisés dans des moteurs adaptés au gaz naturel, dans des flottes de véhicules municipaux, des autobus et des taxis.

7.1.3 Les matières premières

La méthanisation est bien adaptée au traitement de déchets humides et d'effluents liquides chargés en matières organiques (les eaux usées d'origine domestique, par exemple).

La digestibilité anaérobie des substrats est généralement évaluée par la mesure de la quantité de méthane synthétisée en 50 jours à partir d'une masse de déchets connue.

Les sous-produits de l'élevage d'animaux (fumiers, lisiers de porc...), des industries agro-alimentaires (abattoirs, laiteries, brasseries, poissonneries...), de l'industrie papetière, entre autres sont autant d'exemples de matières premières. D'autres sont constituées des boues de station d'épuration des eaux urbaines.

Généralement, les unités industrielles de méthanisation traitent plusieurs types de matières premières soit de façon successive, soit en mélange.

Une autre caractéristique des matières premières réside dans la très grande variabilité de la charge en matières organiques qui, évaluée en terme de DCO (Demande Chimique en Oxygène), peut varier entre 1 500 et 65 000 mg/l.

La production de méthane peut être encore optimisée et contrôlée à partir des décharges urbaines. La mise en place de nouvelles réglementations environnementales pour la gestion des décharges est à la base du développement de cette nouvelle filière de fabrication de biogaz.

Enfin, l'utilisation de biomasse lignocellulosique sera certainement mise en œuvre à plus long terme.

7.1.4 Les procédés

7.1.4.1 Les paramètres de fonctionnement

La température de réaction est un paramètre important qu'il s'agit de maintenir constante, même si la fermentation méthanique peut se dérouler dans un intervalle de température très large allant de 10 à 70 °C. À l'heure actuelle, il est difficile de discerner une tendance claire dans l'évolution du choix entre les digesteurs fonctionnant en conditions thermophiles et ceux opérant en conditions mésophiles, les deux options conservant chacune leurs défenseurs. Cependant, en opérant à une température comprise entre 50 et 55 °C, les risques d'apparition et de développement de microflores pathogènes sont sensiblement réduits. De plus, avec les bactéries thermophiles, sélectionnées dans ces conditions, les bonnes activités méthanogéniques obtenues permettent d'opérer avec des temps de séjour de la matière première réduits dans les fermenteurs et d'obtenir de faibles volumes de matières solides résiduelles.

Le pH, voisin de la neutralité, est optimal pour la méthanogenèse.

L'accumulation d'acides volatils durant la phase d'acidogenèse entraîne une baisse du pH qui inhibe la méthanogenèse. C'est une des raisons pour lesquelles, dans certaines unités industrielles, l'acidogenèse et la méthanogenèse sont réalisées dans deux réacteurs séparés.

Autre cause d'inhibition des processus biochimiques : la présence de concentrations élevées de métaux lourds dans les matières premières.

L'agitation du milieu réactionnel (agitation mécanique, ou par recirculation d'une partie du biogaz produit), en favorisant le contact entre le substrat et les micro-organismes, va augmenter les vitesses d'hydrolyse et de digestion anaérobie et, de ce fait, diminuer le temps de séjour et les volumes des réacteurs. L'agitation prévient les phénomènes de stratification, en assurant la bonne mise en suspension des matières solides et en évitant le croûtage en surface.

Les temps de séjour pourront être encore diminués, en augmentant la concentration en micro-organismes par des ensemencements en microflore et par le recyclage des boues solides enrichies en micro-organismes actifs.

7.1.4.2 Les technologies

La fermentation en batch est très peu développée, à l'exception des petites installations fonctionnant à l'échelle de la ferme.

Les installations industrielles utilisent la technologie de la fermentation en continu. Comme mentionné précédemment, les réacteurs sont agités et sont régulés en température.

Plusieurs systèmes existent comprenant soit un seul fermenteur, soit un fermenteur équipé d'une subdivision interne en deux parties, la première étant essentiellement dédiée à la prédigestion de la matière organique, soit deux fermenteurs en série, le deuxième étant celui où s'effectue la méthanogenèse.

En sortie de fermentation, les effluents sont envoyés dans un décanteur où les boues résiduelles non digérées et enrichies en micro-organismes sont séparées des lixiviats. Une partie de ces boues est recyclée en tête d'installation. Des systèmes de décantation interne, implantés dans certaines installations, permettent de retenir une partie des boues actives. Leur temps de séjour, plus important que celui de la charge à dégrader, conduit à un enrichissement en microflore et à une augmentation des vitesses de biodégradation.

Pour les déchets dont la teneur en matières sèches n'excède pas 25-30 %, aucun prétraitement n'est nécessaire, sinon un broyage préliminaire qui, en même temps, assure l'homogénéisation du substrat.

Pour des teneurs en matières sèches supérieures à 30 %, un préconditionnement de la charge est souvent nécessaire. Il s'agit généralement d'un broyage-mélangeage-préchauffage avec une partie du lixiviat recyclé.

Les volumes des digesteurs, très variables, peuvent aller de 100 m^3 à plusieurs milliers de m^3.

Les temps de séjour varient entre 10 et 25 jours, en fonction de la charge en matières organiques.

Pour le traitement d'effluents liquides pollués, les temps de séjour sont plus faibles. Ils oscillent autour d'une dizaine de jours.

7.1.4.3 Les performances [4]

Les charges en matières premières (ramenées à 100 % de matières sèches) se situent entre 1,5 et 2 $kg.m^{-3}.j^{-1}$ pour de grosses capacités de réacteur fonctionnant en continu. Calculée par rapport au kg de matières sèches de déchets traités, la production de méthane varie entre 0,5 et 1 m^3.

L'abattement en volume des déchets, comme l'abattement en DCO, se situent aux alentours de 60 %. De plus, les boues solides digérées se prêtent plus facilement à la déshydratation, avant d'être utilisées comme fertilisant, sous réserve de leur acceptation, du fait de leur composition en métaux lourds. Les effluents liquides doivent être purifiés, dans certains cas, par ultrafiltration ou osmose inverse, avant de pouvoir être rejetés.

La composition moyenne du biogaz est présentée dans le tableau 7.1. En plus du CH_4 et du CO_2 qui sont les principaux constituants, la présence d'H_2S et de NH_3 est souvent détectée. Le gaz est généralement saturé en vapeur d'eau. Il renferme aussi des poussières et des traces de H_2, N_2, CO.

Son pouvoir calorifique varie entre 20 et 30 MJ/Nm^3, en fonction de sa teneur en méthane.

Tableau 7.1 Composition moyenne du biogaz.

Constituants	% volume
CH_4	55-75
CO_2	25-45
H_2S	0-1,5
NH_3	0,05

Jusqu'à 50 % du biogaz produit peut être consommé pour fournir l'énergie nécessaire au fonctionnement de l'installation de méthanisation. Ce pourcentage diminue lorsque le taux de siccité des déchets traités augmente, et peut descendre jusqu'à 20 %.

7.1.4.4 La purification du biogaz

Pour son utilisation dans les moteurs ou les turbines à gaz, le biogaz doit être débarrassé d'H_2S dont la concentration finale est impérativement fixée à un seuil inférieur à 1 000 ppm, et asséché afin d'éviter les problèmes de corrosion.

Pour être repris sur le réseau de gaz, plusieurs opérations de purification sont nécessaires :

- élimination des particules solides et des poussières,
- déshydratation par adsorption de l'eau sur alumine activée, gel de silice ou tamis moléculaires,
- élimination des composés soufrés, et des composés halogénés par adsorption sur charbon actif, par exemple,
- élimination du CO_2 par des techniques d'absorption, par séparation sur membrane, ou par la technique PSA « Pressure Swing Adsorption », ou par lavage à l'eau ou au solvant.

Deux types de gaz sont obtenus, l'un pauvre en méthane à faible contenu calorifique, recyclé sur l'installation, l'autre riche en méthane à fort contenu calorifique qui est comprimé avant d'être introduit dans le réseau de gaz.

Pour les usages carburant, les spécifications sont les suivantes :

- CH_4 > 96-97 % volume
- H_2S < 23 mg/Nm^3
- CO_2 < 3 % volume
- H_2O < 32 mg/Nm^3

Le gaz est ensuite comprimé aux alentours de 250 bar.

7.1.4.5 Les aspects économiques

Les principales données, qui sont des moyennes, sont issues de l'article de De Mes *et al.* [4].

Au Danemark, une moyenne des investissements pour des unités de capacité de traitement de déchets voisines de 100 000 t/an s'établit autour de 65 €/t. Ces investissements prennent en compte le transport et le stockage des matières premières, les digesteurs et les unités de cogénération. Pour toute implantation, il est impératif d'avoir un réseau de reprise des résidus solides.

Aux Pays-Bas, les coûts de biogaz produit en grande capacité s'élèvent à 9 €/GJ avec des coûts de traitement de 70-80 € rapportés à la tonne de déchets.

Les coûts de l'électricité fabriquée à partir de biogaz issu de digesteurs anaérobies s'établissent entre 0,1 et 0,22 €/kWh, alors qu'ils décroissent jusqu'à 0,04-0,07 €/kWh pour le gaz issu des décharges.

Si les petites unités, à l'échelle de la ferme, peuvent être économiquement viables, il n'en est pas de même pour les grosses installations qui requièrent des aides financières pour fonctionner.

En France, le coût de production du biogaz épuré, à partir de déchets, est inférieur à 7 cEuros/kWh, et il est compris entre 5 et 15 cEuros lorsque le méthane est fabriqué à partir de lisier. Le prix à la pompe du gaz naturel est de 8 cEuros/kWh [5].

7.1.4.6 Les implantations d'unités industrielles en Europe

L'évaluation du potentiel de production de biogaz en France [5], à l'horizon 2015-2020, aboutirait à 1,4 Mtep obtenus avec des méthaniseurs installés, auxquels s'ajouterait 0,9 Mtep venant de la récupération du méthane généré par l'ensemble des décharges.

Un aperçu des implantations d'une capacité annuelle de traitement supérieure à 2 500 tonnes/an en Europe est présenté dans le tableau 7.2. Comme on peut l'observer, le développement des technologies de méthanisation est variable selon les pays. C'est l'Allemagne, suivie du Danemark et de l'Autriche qui ont les parcs d'unités industrielles les plus importants. L'article de De Baere [6] apporte de plus amples détails sur l'évolution des équipements industriels de méthanisation en Europe. En Suède, la demande en biométhane comme biocarburant est passée ces dernières années, de 2005 à 2009, de 0,2 Mm^3/an à 5 Mm^3/an. La capacité de distribution dans les stations-service va en augmentant, et la flotte de véhicules adaptés à l'usage de biogaz, associé ou non à un autre carburant, se développe.

Une des explications à ces différences entre pays européens réside certainement dans les avantages plus ou moins conséquents accordés, par exemple, pour le prix de reprise de l'électricité générée à partir des unités de méthanisation.

Tableau 7.2 Principales installations industrielles de méthanisation en Europe (capacité de traitement > 2 500 t/an).

Pays	Nombre d'unités	Capacités (tonnes déchets/an)
Autriche	15	2 500-160 000
Allemagne	46	2 500-120 000
Danemark	25	10 000-190 000
Suède	9	3 000-105 000
Pays-Bas	5	10 000-85 000
Italie	4	2 500-300 000
France	1	85 000

Ces prix de reprise sont respectivement de 0,12 €/kWh en Autriche, 0,10 €/kWh en Allemagne et 0,08 €/kWh au Danemark.

7.1.4.7 Avantages – Inconvénients – Voies d'amélioration

La méthanisation des déchets rentre de plus en plus en compétition avec le traitement de compostage. Malgré des coûts d'investissement plus élevés, la méthanisation, qui ne représente encore en Europe que 5 % de la capacité totale de compostage des déchets, tend à se développer pour atteindre jusqu'à 25 % dans certains pays.

Des réductions d'émissions de gaz à effet de serre seraient de l'ordre de 80 % pour l'emploi de méthane issu de la fermentation anaérobie des déchets, en substitution à l'essence.

Parmi les principaux avantages de ce type de procédé, on retiendra les points suivants :

- rusticité,
- possibilité d'arrêts et de redémarrages des installations sans fortes contraintes,
- faible consommation d'énergie,
- investissements moyens pour la méthanisation qui sont toutefois sensiblement augmentés avec la section de purification et de compression des gaz,
- concernant le traitement même des déchets, les procédés anaérobies réduisent le volume des boues en facilitant leur déshydratation ultérieure. Ils éliminent le problème des odeurs et réduisent la teneur en composés organiques et en éléments minéraux tels que N, P, K.

Parmi les inconvénients, on notera :

- les coûts de production du biogaz qui sont encore très élevés,
- les faibles productivités qui entraînent la construction de réacteurs très volumineux (plusieurs milliers de m^3),
- la production d'un gaz renfermant de fortes teneurs en gaz carbonique et des impuretés qu'il faut séparer,
- la production d'effluents solides et liquides non totalement dépollués, pour lesquels il est impératif de trouver des débouchés.

Parmi les voies d'amélioration, toutes celles visant à augmenter la vitesse et l'efficacité du processus de digestion anaérobie doivent être prises en compte, en particulier celles liées au prétraitement de la matière première et à l'hydrolyse des polymères organiques (cellulose, protéines, lipides...) qui, comme déjà mentionné auparavant, constitue l'étape limitante des processus de transformation biochimique.

7.2 LA PRODUCTION D'ALGUES À USAGES ÉNERGÉTIQUES

Les algues : énergie du futur, biocarburants de troisième génération.

Pour beaucoup de personnes, ceci est une affirmation, alors que pour d'autres c'est avant tout une question pour laquelle de nombreux éléments technico-économiques manquent encore afin de pouvoir y répondre le plus sérieusement possible. C'est pourquoi des études ont été réalisées et se poursuivent, à l'heure actuelle, dans les domaines des valorisations énergétique et chimique des algues.

Deux types d'algues sont prises en compte : les macroalgues marines et les microalgues.

7.2.1 Les macroalgues marines

Les macroalgues marines représentent une ressource végétale renouvelable non négligeable. Elles sont récoltées dans de nombreux pays, de par le Monde. En Europe, c'est principalement en France et en Norvège qu'elles sont récupérées, essentiellement comme source d'alginates. En Extrême-Orient, elles sont aussi récoltées en bord de mer, mais elles sont de plus en plus cultivées à grande échelle dans des fermes marines, pour usages alimentaires. En bord de mer, c'est un moyen de réduire les excédents d'engrais venant des cultures terrestres et de diminuer les émissions de gaz carbonique.

Les principales espèces sont *Laminaria* et *Ulva*. Leur récolte en bord de mer est de l'ordre de 1 Mt/an (en matières humides), principalement en Chine et au Chili. Leur récupération dans les fermes marines a atteint 15 Mt/an (matières humides) en 2006, en Chine, aux Philippines, en Corée, Indonésie et au Japon. La productivité de *Laminaria japonica*, estimée en Chine est de l'ordre de 25 tonnes en matières sèches/ha/an [7].

Leur prétraitement consiste en un dessablage et un pressage pour obtenir des teneurs en matières sèches comprises entre 20 et 30 %. Les coûts de production et de récolte des macroalgues est de 200 à 265 euros/tonne de matières sèches en France, alors qu'il n'est que de 165 euros aux Philippines.

La composition moyenne de l'espèce *Laminaria* est la suivante : protéines 12 %, composés sucrés 60 %, lipides 2 % et sels 26 %.

La faisabilité de la production de méthane par fermentation anaérobie des algues a déjà été étudiée. Des projets d'association en mer, d'installations d'éoliennes et de fermes de cultures de macroalgues sont proposés en Allemagne, aux Pays-Bas et aux États-Unis [8].

Il est reconnu que les algues brunes sont plus fermentescibles que les algues vertes et les algues rouges.

La fermentation anaérobie d'une tonne de *Laminaria* humide est en mesure de fournir de 22 à 28 m^3 de méthane. Pour la production de méthane, il est nécessaire d'optimiser le prétraitement des algues et de sélectionner les meilleurs micro-organismes capables de résister à des problèmes de toxicité engendrés par les teneurs élevées en phénols, en sels et en sulfures. Certaines macroalgues peuvent générer, en méthanisation, de grandes quantités d'hydrogène sulfuré, qui peuvent limiter la production de biogaz et créer des problèmes de sécurité. L'évacuation des résidus et des effluents, aussi bien en mer qu'en décharge, pose des problèmes qui doivent être résolus, avant de procéder à leur élimination.

Beaucoup de ces algues renferment des composés sucrés (mannitol, laminarine, cellulose…) qui doivent être hydrolysés chimiquement ou par voie enzymatique, avant de pouvoir être transformés en éthanol par des micro-organismes sélectionnés et résistants aux inhibiteurs tels que ceux cités précédemment. De nouveaux procédés d'hydrolyse et de fermentation éthanolique doivent être mis au point.

En résumé, des possibilités de valorisation énergétique des macroalgues existent, à condition toutefois de réduire de façon importante les coûts de culture et de récolte. La fermentation méthanique est l'application la plus facilement envisageable, avant la fermentation éthanolique qui nécessite l'obtention de sucres fermentescibles.

7.2.2 Les microalgues

Les microalgues peuvent produire des lipides, des sucres, de l'hydrogène et des hydrocarbures, convertibles en biocarburants. De plus, elles peuvent être soumises à la fermentation alcoolique (pour celles riches en glucides) ou à la fermentation méthanique. Elles pourraient être aussi pyrolysées et gazéifiées.

Elles sont cultivables dans différentes qualités d'eau, douce ou salée, dans des bassins ou des photoréacteurs installés sur des terres sans grande valeur et peu ou pas utilisées en agriculture ou sylviculture.

Pour leur croissance, elles utilisent l'énergie solaire, via la photosynthèse, pour convertir le gaz carbonique dans un milieu aqueux en biomasse, en présence d'éléments minéraux azotés et phosphorés. Certaines espèces sont à même de pouvoir se développer en consommant des matières organiques comme les sucres.

Beaucoup d'études ont déjà été réalisées sur la fabrication par voie algale, de produits à haute valeur ajoutée, pour l'alimentation humaine, avec des espèces riches en protéines ayant une bonne distribution en acides aminés, telles que *Spirulina maxima*. L'obtention de pigments issus d'algues cultivées en photobioréacteurs et celle d'un produit riche en acides gras polyinsaturés se développent actuellement. La fabrication de β-carotène à des fins alimentaires, ainsi que pour des usages en cosmétique et pharmacie, est opérée en Israël par la société NBT. Elle est réalisée en bassins ouverts de 0,3 à 0,4 hectare sur une surface totale d'environ 7 ha, avec une espèce *Dunaliella* qui a la particularité de croître dans des eaux salées avec une teneur en sels supérieure à celle de l'eau de mer.

En parallèle, de nombreux travaux ont été effectués essentiellement à l'échelle du laboratoire et, pour certains, au stade de petites installations pilotes afin d'isoler différentes espèces d'algues à partir d'environnements aquatiques diversifiés, en vue de sélectionner les meilleures, au regard de leur croissance et de leur capacité à produire des huiles à des fins énergétiques.

7.2.2.1 Les souches d'algues

De 1979 à 1996, un programme américain, l'ASP (Aquatic Species Program) a été financé par le DOE (Department of Energy) et coordonné par le NREL (National Renewable Energy Laboratory) en vue de la sélection de souches d'algues. L'objectif principal de ce programme concernait la production de biocarburants à partir d'algues riches en lipides [9]. De l'ordre de 3 000 souches ont été sélectionnées, dont 300 espèces majoritairement constituées de diatomées et d'algues vertes. Cette collection de souches est conservée à l'Université de Hawaï. Les souches sont disponibles pour les chercheurs.

Les diatomées (dimensions de 5 microns à 5 mm) renferment des lipides qui sont des composants de réserve énergétique. Elles contiennent une forte teneur en silice dans leur paroi cellulaire ; les carences en silice favorisent l'accumulation intracellulaire de lipides.

Les algues vertes ou *Chlorophytes* sont capables d'accumuler des lipides lorsque leur croissance est limitée par une carence en nitrates. Ce sont les genres *Dunaliella, Chlorella et Scenedesum* qui ont été les plus souvent mis en œuvre dans le but de produire des biocarburants à partir des lipides. Parmi les autres classes d'algues sélectionnées, se trouvent les algues dorées, les haptophytes et les cyanobactéries.

Une des principales leçons à retenir de ce projet concerne les difficultés à maintenir des micro-organismes isolés au laboratoire, dans des installations pilotes en bassins ouverts. En effet, les espèces apparaissant comme prometteuses au laboratoire ne sont pas suffisamment robustes pour s'adapter aux conditions extérieures et résister aux contaminations par des algues présentes sur le site. Il semblerait que la meilleure approche consisterait à développer ces dernières.

7.2.2.2 Rendement et productivité

Les organismes photosynthétiques ont un rendement de capture des photons de 60 % des radiations photosynthétiquement utilisables (RPU) qui ne représentent que 50 % du rayonnement global. Avec un rendement moyen de la biosynthèse de 25 %, l'énergie maximale stockable sous forme de biomasse algale serait de 770 kJ/m^2/jour. En prenant l'hypothèse que 18 kJ sont nécessaires pour la fabrication d'un gramme de matière sèche de biomasse, la productivité maximale serait de 43 g/m^2/j, atteinte seulement en présence de conditions optimales pour la croissance des algues. Une productivité moyenne de 20 g/m^2/j représente un objectif réaliste sur une année de culture, soit 70 tonnes d'algues à 100 % de matières sèches par hectare et par an. Des teneurs intracellulaires en huiles sont souvent annoncées avec des valeurs très variables et parfois irréalistes. Une teneur en masse de 25 %, stable dans la durée, serait une donnée acceptable. Dans ces conditions, la productivité en huiles d'origine algale pourrait atteindre 17,5 t/ha/an, ou approximativement 20 m^3/ha/an (5 300 gallons/ha/an).

La consommation de gaz carbonique est estimée entre 3 et 4 g/g d'algues.

7.2.2.3 La culture de microalgues

Cette culture peut être réalisée dans des bassins ouverts, ou en milieu fermé dans des réacteurs clos. Elle est effectuée sur un mode continu, avec un apport permanent des nutriments et un soutirage continu d'une partie des algues fabriquées.

A. La culture en bassins ouverts

Les bassins ont généralement de grandes surfaces et une faible profondeur d'eau. Ils sont installés dans des excavations recouvertes de membranes plastiques imperméables, ou bien construits avec des parois en béton de faible hauteur, recouvertes ou non de membranes imperméables et facilement nettoyables. Dans l'optique d'optimiser le rendement photosynthétique, il est important d'assurer à chaque cellule algale la quantité de lumière optimale. C'est pourquoi la profondeur en eau est toujours faible, de l'ordre de 15 à 20 cm, afin que la lumière puisse atteindre le fond du bassin. Il est préférable d'assurer une faible agitation du milieu de culture pour permettre une meilleure homogénéisation et un meilleur contact des algues avec la lumière et le CO_2. Généralement, les concentrations en algues sont faibles, entre 1 et 2 g (mat. sèche)/l, permettant ainsi une meilleure diffusion de la lumière dans le bassin.

Les bassins ont différentes formes, rectangulaires ou circulaires. Plusieurs types d'agitation ont été utilisés :

- par l'apport de CO_2 dans des petits puits à l'intérieur du bassin, qui va entraîner la circulation du liquide par un système d'air-lift horizontal [10],
- par des systèmes mécaniques tels que des pales montées sur un axe et plongeant en partie dans le liquide.

Ce système ouvert présente plusieurs avantages :

- extrapolation facile à de grandes surfaces,
- coûts d'investissement, coûts opératoires et de maintenance peu élevés,
- nettoyage très simple,
- technologie disponible,

et différents inconvénients :

- concentration cellulaire faible,
- nécessité de pouvoir disposer de grandes surfaces de terre,
- risque de contamination élevé,
- évaporation de l'eau,
- susceptibilité aux conditions climatiques (orage, averses…) et aux variations de température.

B. La culture en photobioréacteurs

Ces réacteurs ont différentes formes et sont généralement tubulaires avec de faibles diamètres et avec des inclinaisons variables. Ce sont des systèmes qui assurent un bon contrôle de plusieurs paramètres tels que la température, l'homogénéisation du milieu par sa circulation continue dans le réacteur, l'apport de CO_2 et de nutriments minéraux. C'est encore une technologie en cours de développement, qui offre néanmoins plusieurs avantages par rapport aux bassins ouverts :

- une concentration cellulaire plus forte,
- des risques de contamination moindres (mais des opérations de nettoyage plus compliquées), permettant certainement de maintenir une seule espèce d'algue en culture,
- une productivité volumique plus élevée (1,5 g/l/j contre 0,12 g/l/j en bassin ouvert), avec toutefois des productivités rapportées à la surface de terrain occupée, qui se rejoignent,
- une dépendance moyenne vis-à-vis des conditions climatiques.

Le principal inconvénient concerne un point majeur, l'aspect coût, plus élevé tant au niveau des investissements que des coûts opératoires et de ceux de maintenance. Les dépenses énergétiques sont élevées, pour obtenir une bonne circulation du milieu de culture dans la série de tubes composant le réacteur. Le contrôle de la température, nécessaire pendant les périodes de fort ensoleillement, est coûteux du fait des volumes importants d'eau devant circuler sur les parois du réacteur. D'une façon générale, les aspects économiques représentent un handicap, difficile à surmonter lorsque la valorisation énergétique des algues est faible, afin de rester dans des limites raisonnables par rapport à l'énergie fossile.

C. La culture en fermenteurs

Des sociétés telles que Solazyme aux États-Unis et Fermentalg en France cherchent à développer des productions d'algues hétérotrophes, capables de se développer à partir de substrats carbonés comme les sucres. Avec cette technologie, les concentrations cellulaires sont élevées et les coûts d'investissement et opératoires sont modérés. Les risques de contamination sont restreints, dans des conditions de fabrication aseptiques. Le principal élément limitant est l'oxygène. Solazyme a déjà fourni des biocarburants à base d'huiles algales à la société Mercedes.

D. La culture en lagunes

La production d'algues est faite dans le but d'épurer des effluents liquides pollués. Des sociétés néozélandaises utilisent cette technologie dans de grandes lagunes, d'une surface de plusieurs dizaines d'hectares, récupérant les effluents urbains pollués. Les algues hétérotrophes consomment la pollution organique et les éléments minéraux présents dans ces effluents. C'est le cas de la société Aquaflow et du NIWA (Institut national de recherche néozélandais sur l'eau et l'atmosphère) [11].

7.2.2.4 Le procédé global de production d'algues et d'huiles

Après la culture, dont il faut avant tout assurer la stabilité dans le temps, il est nécessaire d'assurer la récolte et la concentration des suspensions d'algues puis l'extraction des huiles et leur transformation en biocarburants.

A. La concentration

La teneur en algues dans le milieu de culture est toujours faible : 1 à 2 g/l dans les bassins ouverts, 3 à 4 g/l en photobioréacteur. Du fait des très petites dimensions des algues et de leur faible concentration, leurs récupération et concentration représentent un problème majeur à résoudre aussi bien d'un point de vue technologique qu'économique, puisque ce poste peut atteindre 30 % du coût de production des algues. Ce processus est souvent envisagé en deux étapes : une préconcentration par floculation ou flottation jusqu'à des teneurs en matières sèches de 1 à 5 %, et une deuxième de concentration par filtration ou centrifugation afin d'aboutir à 15 à 20 % de matières solides, l'eau extracellulaire étant en grande partie éliminée. La floculation par voie chimique a déjà été étudiée. L'addition de composés minéraux est seulement efficace en présence de fortes concentrations de sels tels que : $Al_2(SO_4)_3$, $Fe_2(SO4)_3$, $FeCl_3$, $Ca(OH)_2$. Une des conclusions des travaux de l'ASP (Aquatic Species Program) est de ne pas recommander cette technique, trop coûteuse, et pouvant poser des problèmes lors de l'utilisation des produits ou co-produits dans le domaine alimentaire et lors de l'évacuation des effluents du fait de la présence en grandes quantités de sels métalliques. La floculation avec des polyélectrolytes organiques semble plus réaliste, mais avec un coût non négligeable. Est aussi étudiée la biofloculation de certaines espèces d'algues qui, par exemple dans des conditions limitantes en azote ou en oxygène, forment des agrégats et sédimentent. D'autres techniques, comme l'électrofloculation et la flottation qui permet de récupérer les flocs en surface, sont étudiées.

En seconde étape, la centrifugation serait une technique bien adaptée mais cependant avec des coûts élevés tant en investissement qu'opératoires (fortes dépenses énergétiques), certainement rédhibitoires pour l'option de valorisation énergétique des algues. La filtration serait une meilleure technique moins coûteuse que la centrifugation. Cependant, des problèmes de colmatage des membranes ne sont pas encore totalement résolus.

B. L'obtention des huiles

Faut-il passer par une étape de séchage avant l'extraction des huiles ? Si oui, les dépenses énergétiques vont considérablement augmenter et, par la suite, les coûts. La meilleure solution serait de pouvoir les extraire de suspensions d'algues encore humides, par exemple à 20 % de matières sèches. Une autre solution consisterait peut-être en un traitement thermique de cette suspension afin d'obtenir une huile brute.

Les huiles d'algues contiennent une teneur élevée en acides gras polyinsaturés, ayant quatre doubles liaisons ou plus [12], qui les rendent sensibles aux phénomènes d'oxydation. Ces huiles devront être hydrogénées et craquées, avant d'être incorporées au gazole, et hydroisomérisées (voir Chapitre 3) en cas d'utilisation dans le kérosène comme carburant-aviation. Ces traitements les stabiliseront lors de leur stockage.

7.2.2.5 Les aspects économiques

Ce ne sont que des estimations de coût qui sont publiées à l'heure actuelle. Elles sont très variables. Elles reposent sur des données venant de petites installations et elles ne peuvent être validées qu'à partir du moment où toutes les étapes du procédé sont définies et le devenir ainsi que les valorisations des co-produits (pour rappel, les huiles ne représentent que 20 à 30 % de la biomasse algale fabriquée) et des effluents sont fixés.

Les coûts estimés [13] seraient de 0,5 à 0,6 \$/kg d'algues pour une production de 10 000 t/an de biomasse et de 0,34 \$/kg pour une installation en bassins ouverts de 10 ha (données de la société Seambiotic). Ramenés à la production d'huiles, à raison d'une teneur de 25 % de lipides dans les algues, l'estimation du coût de fabrication serait compris entre 2,4 et 1,4 \$/l d'huile. À ces estimations, il faut encore ajouter les dépenses liées à l'obtention de l'huile et sa transformation, celles du traitement des co-produits et des effluents, et tenir compte des revenus potentiels de valorisation de ces derniers (protéines, polysaccharides...). Il est toutefois clair que les dépenses liées à la fourniture de CO_2, de l'eau douce ou marine ainsi que des nutriments doivent être les plus faibles possibles. Être près d'une centrale thermique afin de disposer gratuitement des émissions gazeuses riches en gaz carbonique et près de la mer pour la culture d'algues en milieu salé constituent des conditions favorables au développement de la fabrication d'algues pour usages énergétiques.

7.2.2.6 Les opérations pilotes

Plusieurs projets ont été opérés dans le cadre de l'ASP :

- le projet HRP (High Rate Pond) en Californie. C'est un procédé de production en continu d'algues, en bassins ouverts de 100 à 200 m^2, dont la profondeur est comprise

entre 15 et 30 cm. Parmi les principaux résultats obtenus, la productivité moyenne varie entre 15 et 25 $g/m^2/j$, la température ambiante influence fortement la sélection de l'espèce d'algues et la présence d'ions bicarbonates est nécessaire pour maintenir le pH inférieur à 8. De plus, il est apparu un fort taux de contamination,
- le projet ARPS (Algal Raceway Production System) en bassins de 50 m^2. Il ressort de ce projet que l'homogénéisation du milieu de culture est un facteur important et que la profondeur du bassin doit rester limitée.

D'autres projets sont en cours, comme celui de la société Seambiotic, en Israël, près de la centrale thermique d'Ashkelon, dont une petite partie des émissions gazeuses est désulfurée avant d'être envoyée vers les bassins. La productivité moyenne est de 20 $g/m^2/j$, avec différentes espèces d'algues, dont une *Nannochloropsis*, cultivées en eau de mer. Dans le but de produire des algues riches en lipides, celles-ci sont principalement cultivées de novembre à début mai, lorsque les conditions environnantes ne favorisent pas le développement de souches contaminantes, moins riches en lipides, dont les vitesses de croissance sont plus élevées que celles des espèces recherchées. En effet, l'augmentation de la teneur intracellulaire en lipides demande beaucoup d'énergie de la part des algues afin de constituer leurs réserves énergétiques, et cela au détriment de leur développement et de leur croissance, dont la vitesse est nettement plus faible que celle des algues peu riches en lipides. Ces dernières, contenant plus de glucides, pourraient être cultivées pendant les autres périodes de l'année, plus chaudes et plus lumineuses, en visant d'autres voies de valorisation énergétique, telles que la fabrication de biogaz ou d'éthanol, ou encore d'autres usages en alimentaire par exemple.

7.2.2.7 Les principales sociétés impliquées dans la production de microalgues à usages énergétiques

Les principales sociétés impliquées dans la production de microalgues à des fins énergétiques sont les suivantes [11]. Cette liste n'est pas exhaustive :

- Solazyme,
- General Atomics,
- Solix Biofuels,
- Seambiotic,
- Petroalgae,
- Valcent-Vertigro,
- Cellana,
- BioFuel Systems,
- Kent Bioenergy,
- Aquaflow Bionomic.

Un point important concerne l'intéressement de plus en plus visible des sociétés pétrolières au développement de la production d'huiles algales. C'est le cas d'Exxon associé à Synthetic Genomics, Chevron avec le NREL, Shell avec Cellana sur un projet à Hawaï, ConocoPhillips avec C2 B2 (Colorado Center for Biorefining and Biofuels). ENI en Italie est depuis longtemps intéressée par cette production d'algues.

Des sociétés d'aéronautique sont aussi impliquées dans l'évaluation de certains des carburants issus des algues, employés en mélange avec le kérosène.

7.2.2.8 Les programmes de R&D

Plusieurs projets de R&D ont été financés en France par l'Agence Nationale de Recherche, à l'intérieur du programme national de recherche sur les bioénergies, tels que par exemple le projet Shamash.

Aux États-Unis, les biocarburants, issus de microalgues, sont considérés comme des « biocarburants avancés » au niveau du RFS (Renewable Fuels Standard). Divers programmes sont financés par le DOE et l'USDA, pour un montant global de 200 M$. Par ailleurs, le DARPA, Agence de recherche de la Défense américaine (Defense Advanced Research Projects Agency) est un partenaire actif dans les programmes de R&D visant à produire des biocarburants d'origine algale. Ces derniers viendraient en remplacement partiel des carburants d'origine fossile. L'objectif du DARPA est d'obtenir un biocarburant à un prix inférieur à 2 $/gallon. Le DARPA a engagé 35 M$ dans deux projets, l'un avec la société General Atomics, l'autre avec la compagnie californienne SAIC et il doit lancer un appel d'offres pour la construction d'une unité capable de produire de l'ordre de 20 000 m^3 de carburant aviation.

7.2.2.9 Conclusions

Preuves de l'intérêt présenté actuellement par cette nouvelle filière, de nombreux travaux sont effectués sur la production d'énergie et de biocarburants pour l'automobile et l'aviation, à partir de microalgues, et plusieurs sociétés pétrolière, aéronautique, et automobile, sont impliquées dans ce domaine.

Cette valorisation peut être développée via plusieurs voies, dont la principale concerne la production d'algues riches en lipides transformables en biodiesel ou biokérosène. D'autres voies existent ; elles sont peut-être plus facilement extrapolables au stade industriel. C'est le cas de la transformation des composés organiques des algues peu riches en lipides, en méthane, ou bien de celle des sucres intracellulaires en éthanol.

Toutefois, la fabrication de Diesel ou de kérosène d'origine algale demeure un objectif qui suscite beaucoup d'intérêt.

Cependant, il existe encore de nombreux points à résoudre ou à améliorer, dont les principaux sont les suivants :

- la réduction des coûts de production,
- le choix du mode de culture en bassins ouverts, photobioréacteurs ou fermenteurs. Il est aussi envisagé de mettre en œuvre un système double, avec des bassins ouverts pour la croissance des algues et ensuite, des photobioréacteurs pour l'augmentation de la teneur intracellulaire en lipides,
- l'amélioration de la stabilité de la production, au stade de la croissance des microorganismes, de la concentration en lipides à un niveau moyen (20 à 30 %), sur des durées importantes, de plusieurs mois dans l'année, et avec une bonne protection contre la contamination par d'autres souches,

- l'amélioration des technologies de récupération et de concentration des algues,
- l'extraction des lipides en essayant d'éviter une étape préalable de séchage, très coûteuse en dépenses énergétiques,
- la transformation de ces lipides en huiles brutes ou en hydrocarbures hydrogénés, craqués et/ou isomérisés.

Il ne faut surtout pas oublier de trouver des valorisations économiquement intéressantes pour les 70 % restants de la biomasse ainsi que pour les effluents. Les études d'analyse de cycle de vie ne seront effectuées qu'à partir du moment où toutes les étapes du procédé seront complètement définies.

Enfin, la culture de souches hétérotrophes en fermenteur, ou en lagunes pour la dépollution d'effluents pollués, constitue un autre centre d'intérêt, avec des possibilités de stabilité du processus accrues, des concentrations cellulaires et des productivités plus fortes que celles mesurées lors du développement photosynthétique des algues.

7.3 LA PRODUCTION D'HYDROGÈNE

L'hydrogène est considéré comme une future source d'énergie renouvelable. Il peut être produit par reformage du gaz naturel, par gazéification du charbon, du gaz et de la biomasse et par électrolyse de l'eau. La synthèse par voie biologique est une voie de recherche sur laquelle beaucoup de travaux de R&D sont en cours.

L'hydrogène peut être produit par voie biologique selon plusieurs processus :

- par la fermentation anaérobie de composés organiques utilisés par les micro-organismes comme source de carbone et d'énergie. C'est la production hétérotrophique d'hydrogène,
- par les procédés photobiologiques, soit photoautotrophiques par photolyse de l'eau en présence d'énergie lumineuse, soit photohétérotrophiques par transformation de la matière organique avec la lumière comme source d'énergie,
- par la combinaison de ces différentes voies.

7.3.1 La production par fermentation [14]

Dans un environnement anaérobie, d'autres composés que l'oxygène agissent comme accepteurs des électrons libérés lors de la dégradation des substrats carbonés organiques. C'est le cas des protons qui sont réduits en hydrogène moléculaire, en présence de systèmes enzymatiques spécifiques tels que les hydrogénases que possèdent les micro-organismes producteurs d'hydrogène.

La genèse d'hydrogène dans les environnements anoxiques naturels est un phénomène ubiquiste mais peu détectable. En effet, l'hydrogène intervient dans beaucoup de réactions syntrophiques : à peine produit lors de la fermentation anaérobie d'un substrat organique, il est aussitôt consommé au cours d'autres processus biologiques tels que la réduction des sulfates et surtout la méthanogenèse. L'hydrogène est un donneur d'électrons acceptable, particulièrement pour les bactéries méthanogènes, selon la réaction :

$$4\,H_2 + CO_2 \longrightarrow C\,H_4 + 2\,H_2O$$

L'équation de la réaction de production d'hydrogène à partir de glucose comme source de carbone et d'énergie s'écrit :

$$C_6\,H_{12}\,O_6 + 4\,H_2O \longrightarrow 2\,CH_3\,COO^- + 2\,H\,CO_3^- + 4H^+ + 4H_2$$

La production d'hydrogène par fermentation participe d'un processus d'oxydation incomplet de la matière organique jusqu'au CO_2. Le reste du glucose est en effet converti en acétate. Dans les cas moins favorables, par exemple lorsque la pression partielle en hydrogène dans l'atmosphère gazeuse dépasse 10 kPa, le métabolisme s'oriente plutôt vers la synthèse de produits plus réduits tels que l'éthanol et le lactate. Il est, par ailleurs, impératif de contrecarrer l'action des bactéries méthanogènes qui sont susceptibles d'utiliser l'hydrogène fabriqué, en adoptant des conditions de fermentation qui réduisent l'activité méthanogénique.

Le rendement théorique de conversion du glucose en hydrogène est de 4 moles H_2/mode de glucose consommé, soit un rendement massique de seulement 4,4 %.

Les micro-organismes producteurs d'hydrogène par fermentation sont très divers [15]. Ils appartiennent à différentes catégories :

- les bactéries anaérobies strictes (*Clostridia*),
- les bactéries thermophiles,
- les méthanogènes,
- les bactéries anaérobies facultatives, telles que celles appartenant au genre *Enterobacter,*
- les cultures mixtes *Clostridium – Enterobacter.*

Les substrats de fermentation sont, pour la plupart, des sucres sous forme de monomères purs (hexoses et pentoses) ou en mélange, ou d'oligomères (xylanes). C'est un moyen de fabriquer de l'hydrogène à partir de ressources renouvelables en utilisant les produits de l'hydrolyse enzymatique de la biomasse lignocellulosique. Ce peut être encore le monoxyde de carbone.

Les meilleurs rendements de conversion, proches du théorique, ont été obtenus à partir du glucose, avec une souche de bactérie anaérobie thermophile *Thermotoga maritima*, dont la croissance est optimale autour de 80 °C [16].

D'autres résultats de production d'hydrogène ont été obtenus, avec une culture mixte de bactéries, par fermentation anaérobie en continu d'un effluent liquide de sucrerie. [17].

Il ressort de cette étude que les rendements de conversion des sucres en H_2 ainsi que les productivités de synthèse de l'hydrogène augmentent lorsque les temps de séjour sont réduits, pour se situer respectivement à 2,9 % (exprimé en rendement massique, rapporté aux sucres consommés) et à 0,4 g. l^{-1}. j^{-1} (tableau 7.3).

En revanche, le taux d'épuisement des sucres présents dans les effluents traités n'atteint que 70 % dans ces conditions de fonctionnement, pour avoisiner 100 % lorsque les temps de séjour sont sensiblement augmentés à 3 jours.

Tableau 7.3 Fermentation anaérobie en continu d'un effluent de sucrerie.

Temps de séjour (j)	Alimentation en sucres ($g.l^{-1}.j^{-1}$)	Sucres consommés (%)	Produits de fermentation ($g.\ l^{-1}.\ j^{-1}$)					
			H_2	CO_2	CH_4	Acétate	Butyrate	Biomasse cellulaire
0,5	19,7	70,0	0,40	4,98	Traces	2,26	4,20	0,79
1	9,8	79,7	0,22	2,50	Traces	1,30	2,38	0,46
2	4,9	93,0	0,10	1,24	Traces	0,87	1,36	0,24
3	3,3	97,4	0,07	0,87	Traces	0,78	1,06	0,17

Certains types de bactéries sont encore capables de produire de l'hydrogène en utilisant le CO comme source de carbone et d'énergie. C'est la réaction dite de « *gas shift* » qui permet une production supplémentaire d'hydrogène.

$$CO + H_2O \longrightarrow H_2 + CO_2$$

C'est ainsi le cas d'une bactérie chimio-hétérotrophe de l'espèce *Citrobacter*, qui se développe en anaérobie (temps de génération d'une heure) et qui produit de l'hydrogène par la réaction « gas shift », par fermentation anaérobie, en absence de lumière, sous atmosphère de CO. Sa productivité en H_2 est de 66 mg/g cellule/heure et le rendement de conversion du CO en H_2 est voisin de 100 % [18].

7.3.2 La production photobiologique

Plusieurs types de production existent : photoautotrophique, photohétérotrophique ou encore la combinaison de ces deux modes.

7.3.2.1 La production photoautotrophique

Le mécanisme de biophotolyse de l'eau utilise la capacité des micro-organismes, dits phototrophes, de convertir une partie de l'énergie lumineuse sous forme d'hydrogène, selon la réaction :

$$2\ H_2O + \text{Énergie lumineuse} \longrightarrow O_2 + 2\ H_2$$

Les micro-organismes phototrophes se regroupent principalement dans les familles des microalgues, des bactéries « pourpres » et des cyanobactéries. Les cyanobactéries sont des oxyphototrophes tolérant la présence d'oxygène à la différence des anoxyphototrophes tels que les bactéries « pourpres ». Il est fortement probable que les cyanobactéries sont, parmi les organismes vivants, les principaux responsables de la conversion de l'atmosphère terrestre d'anoxique en oxique. Ces micro-organismes utilisent la fraction visible du spectre de la lumière.

Les enzymes qui catalysent la réaction de photolyse de l'eau sont des hydrogénases dont l'action est malheureusement inhibée par la présence d'oxygène à de faibles teneurs [19].

Le taux de conversion de l'énergie lumineuse en H_2 ne dépasse pas 1,5 %, en présence d'oxygène alors qu'il pourrait se situer entre 3 et 10 %, avec l'élimination de l'oxygène au fur et à mesure de sa production. Aussi longtemps que des solutions n'auront pas été apportées au problème d'inhibition par l'oxygène, il n'est pas imaginable d'envisager l'extrapolation de ce processus de production photobiologique d'hydrogène.

7.3.2.2 La production photohétérotrophique

La production d'hydrogène par cette voie est réalisée par des micro-organismes photohétérotrophes, tels que les bactéries « pourpres », qui présentent la propriété d'utiliser la lumière comme source d'énergie et des composés organiques comme les acides organiques et les alcools, comme source de carbone [20].

Un exemple de réaction est décrit ci-dessous :

$$2\ CH_3COOH + 4\ H_2O \xrightarrow{\text{Énergie lumineuse}} 4\ CO_2 + 8H_2$$

Ce sont les nitrogénases qui sont les enzymes qui catalysent ce type de réaction, spécialement en l'absence de N_2, puisqu'elles sont avant tout les catalyseurs activant la fixation d'azote moléculaire chez les mêmes bactéries photohétérotrophes. Les nitrogénases sont sensibles à l'oxygène, mais ce problème ne se pose pas dans le cas présent puisque la réaction s'effectue en anaérobiose.

Ce type de fermentation pose un problème lié à l'efficacité de l'utilisation de l'énergie lumineuse. Des expériences sont en cours avec des réacteurs tubulaires ou en forme de panneaux verticaux, à l'intérieur desquels il est primordial de distribuer le mieux possible la lumière, afin que toutes les cellules de micro-organismes soient exposées à celle-ci.

Des efficacités de conversion de l'énergie lumineuse en H_2 (équivalent énergétique) peuvent atteindre 7 %.

Le rendement de conversion des acides en hydrogène est de l'ordre de 70 % de la valeur théorique et la productivité de synthèse de l'hydrogène atteint 0,15 g. l^{-1}. j^{-1}.

Des bactéries photohétérotrophes, comme *Rhodopseudomonas palustris P4* se développent en présence d'énergie lumineuse (temps de génération de l'ordre de 2 h) pour produire de l'hydrogène à partir de monoxyde de carbone, selon la réaction dite de « gas shift ». Des pressions de CO allant jusqu'à un bar ne sont pas inhibitrices des processus métaboliques de cette espèce microbienne [21].

7.3.3 Les productions combinées par voie fermentaire et photobiologique

Les processus de production photohétérotrophique d'hydrogène sont surtout envisagés en deuxième étape après la transformation de la matière organique par fermentation [22].

C'est un bon moyen d'augmenter la conversion de la matière organique en H_2, en complétant le processus d'oxydation des acides volatils (acétate, butyrate) jusqu'au CO_2. Le bilan hydrogène s'en trouve multiplié théoriquement par un facteur 3, comme l'indiquent les équations réactionnelles suivantes :

$$C_6H_{12}O_6 + 2\,H_2O \longrightarrow 2\,CH_3COOH + 2\,CO_2 + 4H_2 \qquad (1)$$

$$2\,CH_3COOH + 4\,H_2O \xrightarrow{\text{Énergie lumineuse}} 4\,CO_2 + 8H_2 \qquad (2)$$

$$C_6H_{12}O_6 + 6H_2O \longrightarrow 6\,CO_2 + 12\,H_2 \qquad (1)+(2)$$

La réaction (1) est un processus fermentaire, tandis que la réaction (2) est effectuée par des micro-organismes photohétérotrophes qui utilisent la lumière comme source d'énergie et les composés organiques comme source de carbone.

Une estimation des coûts de production de l'hydrogène, à partir de biomasse lignocellulosique, aboutit à une valeur de 0,21 €/m^3H_2, en se basant sur une combinaison des 2 voies. Ce résultat ne prend pas en compte le coût de la matière première et son traitement ainsi que les frais de personnel [23].

C'est encore un moyen de s'affranchir des problèmes d'inhibition par l'oxygène de la production d'hydrogène au cours de la photolyse de l'eau, en séparant spatialement et temporellement les synthèses d'H_2 et O_2. Une première réaction de photosynthèse pouvant être effectuée en milieu ouvert par des algues microscopiques conduit à la production de carbohydrates. Ces derniers produits sont ensuite décomposés en H_2 et CO_2, en réacteur clos, par deux processus microbiologiques anaérobies, fermentaire d'abord, photobiologique ensuite. Une limitation en S élémentaire, imposée lors des 2 premières réactions, favorise la production d'hydrogène.

$$6H_2O + 6\,CO_2 \xrightarrow{\text{Énergie lumineuse}} C_6H_{12}O_6 + 6\,O_2 \qquad (1)$$

$$C_6H_{12}O_6 + 2\,H_2O \longrightarrow 2\,CH_3COOH + 2CO_2 + 4H_2 \qquad (2)$$

$$2\,CH_3COOH + 4H_2O \xrightarrow{\text{Énergie lumineuse}} 4\,CO_2 + 8H_2 \qquad (3)$$

$$12\,H_2O \xrightarrow{\text{Énergie lumineuse}} 12\,H_2 + 6O_2 \qquad (1)+(2)+(3)$$

7.3.4 Conclusions et perspectives

De nombreuses équipes de chercheurs travaillent, dans le monde, à l'amélioration de ces voies potentiellement intéressantes de production d'hydrogène par voie biologique [24], [25], [26]. Ces études sont menées à l'échelle du laboratoire. Avant de pouvoir envisager le passage au stade pilote puis industriel, de nombreux points doivent être optimisés et plusieurs problèmes résolus, parmi lesquels :

– concernant la voie fermentaire, l'amélioration de la productivité (augmentation de la densité cellulaire, emploi de réacteurs avec cellules immobilisées) et de la résistance des micro-organismes à la pression partielle en hydrogène, la levée de l'inhibition des processus métaboliques par H_2 en éliminant celui-ci au fur et à mesure de sa synthèse (utilisation des membranes sélectives),

- concernant la voie photobiologique directe, la levée de l'inhibition des hydrogénases par l'oxygène (études de génie génétique) et, du point de vue technologique, l'optimisation du transfert de l'énergie lumineuse dans les réacteurs,
- l'optimisation de la combinaison des mécanismes fermentaires et photobiologiques.

RÉFÉRENCES

[1] Wolfe RS (1993) An Historical Overwiew of Methanogenesis in Methanogenesis, Edited by James G. Ferry, Chapman et Hall Inc., New York, pp 1-32.

[2] Weiland P, Verstraete W, Van Haandel A (2009) Biomass Digestion to Methane in Agriculture : a Successul Pathway for the Energy Production and Waste Treatment Worldwide. *In:* Soetaert W, Vandamme EJ (eds) Biofuels. Wiley, Chichester UK, pp 171-195.

[3] Kubiak C, Dubuis T (1998) Valorisation des déchets et des effluents agricoles, industriels et domestiques – in Biotechnologies. R. Scriban coordonnateur. Ed. Technique et Documentation – Lavoisier – Paris, pp 731-771.

[4] De Mes TZD, Stams AJM, Reith JH, Zeeman G (2003) Methane Production by Anaerobic Digestion of Wastewater and Solid Wastes, in Bio-methane and Bio-hydrogen. Status and Perspectives of Biological Methane and Hydrogen Production. Edited by J.H. Reith, R.H. Wijfells and H. Barten, c/o Energy Research Centre of the Netherlands ECN, Unit Biomass, 1755 ZG Petten, The Netherlands, pp 58-102.

[5] Étude Ademe, AFGNV, ATEE Club Biogaz, GDF Suez, IFP Energies nouvelles, MEEDAT (2008) Synthèse : État des lieux et potentiel du méthane carburant, novembre 2008.

[6] De Baere L (2000) Anaerobic Digestion of Solid Waste : State-of-the-art. Water Science and Technology, 41, 3, pp 283-290.

[7] Kelly M, Dworjanyn S (2008) The Potential of Marine Biomass for Anaerobic Biogas Production : A Feasibility Study with Recommendations for Further Research. The Crown Estate 2008.

[8] Hagerman G, McKay LB (2007) Marine Biogas from Offshore-culture Seaweds. Virginia Industry Energy Symposium.

[9] Sheehan J, Dunahay T, Benemann J, Roessler P (1998) A Look Back at the US Department of Energy's Aquatic Species Program-Biodiesel from Algae, Prepared by NREL for USDOE (Office of Fuels Development), NREL/TP-580-24190.

[10] Clément G, Rebeller M, Trambouze P (1968) Utilisation massive de gaz carbonique dans la culture d'une nouvelle algue alimentaire. Revue de l'Institut Français du Pétrole, 23, pp 702-711.

[11] Whitwham M (2009) Production de biocarburants à partir de micro-algues. Étude de la société Philgea pour le fonds dédié Enerbio, dans le cadre de la Fondation Tuck, enerbio@fondation–tuck.fr

[12] Belarbi EH, Molina E, Chisti Y (2000) A Process for High Yield and Scaleable Recovery of High Purity Eicosapentaenoic Acid Esters from Microalgae and Fish. Enzyme Microbiology Biotechnology, 26, pp 516-529.

[13] Chisti Y (2007) Biodiesel from Microalgae. Biotechnology Advances, 25, pp 294-306.

[14] De Vrije T, Claassen PAM (2003) Dark Hydrogen Fermentations. *In:* Bio-methane and Bio-hydrogen – Status and Perpectives of Biological Methane and Hydrogen Production. Edited by J.H. Reith, R.H. Wijffels and H. Barten, c/o Energy Research Centre of the Netherlands ECN, Unit Biomass, 1755 ZG Petten, The Netherlands, pp 103-123.

[15] Kengen SWM, Goorissen HP, Verhaart M, Stams AJM, Claassen PAM (2009) Biological Hydrogen Production by Anaerobic Microorganisms. *In:* Soetaert W, Vandamme EJ (eds) Biofuels. John Wiley & Sons Ltd, Chichester UK, pp 197-221.

[16] Schröder C, Selig M, Schönheit P (1994) Glucose Fermentation to Acetate, CO_2 and H_2 in the Anaerobic Hyperthermophilic Eubacterium *Thermotoga maritima* : Involvement of the Embden – Meyerhof Pathway. Arch. Microbiol., 161, pp 460-470.

[17] Ueno Y, Otsuka S, Morimoto M (1996) Hydrogen Production from Industrial Wastewater by Anaerobic Microflora in Chemostat Culture. Journal of Fermentation and Bioengineering, 82, 2, pp 194-197.

[18] Jung GY, Kim JR, Jung HO, Park J-Y, Park S (1999) A New Chemoheterotrophic Bacterium Catalyzing Water-gas Shift Reaction. Biotechnol Lett., 21, pp 869-873.

[19] Seibert M, King PW, Posewitz MC, Melis A, Ghirardi ML (2008) Photosynthetic Water Splitting for Hydrogen Production. *In:* Wall JD, Harwood CS, Demain A (eds) Bioenergy. ASM Press, Washington DC, pp 273-291.

[20] Harwood CS (2008) Nitrogenase-catalyzed Hydrogen Production by Purple Nonsulfur Photosynthetic Bacteria. *In:* Wall JD, Harwood CS, Demain A (eds) Bioenergy. ASM Press, Washington, DC, pp 259-271.

[21] Jung GY, Jung HO, Kim JR, Ahn Y, Park S (1999) Isolation and Characterization of *Rhodopseudomonas palustris* P4 which Utilizes CO with the Production of H_2. Biotechnol. Lett., 21, pp 525-529.

[22] Manish S, Banerjee R (2008) Comparison of Biohydrogen Production Processes. International Journal of Hydrogen Energy 33, pp 279-286.

[23] Claassen PAM, van Groenestijn JW, Janssen AJH, van Niel EWJ, Wijffels RH (2000) Feasibility of Biological Hydrogen Production from Biomass for Utilization in Fuels Cells. *In:* Proceedings of the 1st World Conference on Biomass for Energy and Industry, Sevilla, Spain 5-9 June 2000, ed : James and James (Science Publishers) Ltd, London, UK, pp 1665-1667.

[24] Hallenbeck PC, Ghosh D (2009) Advances in Fermentative Biohydrogen Production : the Way Forward? Trends in Biotechnology 27, pp 287-297.

[25] Rupprecht J, Hankamer B, Mussgnug JH, Ananyev G, Dismukes C, Kruse O (2006) Perspectives and Advances of Biological H2 Production in Microorganisms. Applied Microbiology and Biotechnology 72, pp 442-449.

[26] Liu XM, Ren NQ, Song FN, Yang CP, Wang AJ (2008) Recent Advances in Fermentative Biohydrogen Production. Progress in Natural Science 18, pp 253-258.

Annexe 1

Le bilan environnemental des biocarburants

Afin d'établir un bilan environnemental des biocarburants le plus détaillé et le plus réaliste possible, il est apparu nécessaire de développer des outils/méthodes qui permettent la mesure de ces performances environnementales. Ce concept basé sur l'analyse d'un produit ou procédé sur l'ensemble de son cycle de vie, « du berceau à la tombe », est connu par l'acronyme ACV pour Analyse de Cycle de Vie (ou LCA pour « Life Cycle Assessment »).

1 MÉTHODOLOGIE

L'ACV est une méthode d'analyse qui a été lancée dans les années 1960. Aux origines, elle a surtout été utilisée pour la sélection de matériaux dans le domaine de l'emballage (verre, acier, aluminium…). L'usage de la méthode a été par la suite étendu à d'autres produits et notamment dans le domaine de l'énergie, la production d'électricité et de carburants.

Cette méthode se base sur l'analyse de l'ensemble des étapes élémentaires qui conduisent à l'élaboration d'un produit, de l'obtention des matières premières jusqu'à sa fin de vie (recyclage, valorisation thermique, décharge). Chaque filière qui conduit au même produit final est ainsi décomposée en étapes élémentaires. Toutes ces étapes sont reliées de manière cohérente entre elles. L'analyse globale permet ainsi d'éviter des transferts de pollution. Par exemple, dans le cas du véhicule électrique, aucune pollution ne sera comptabilisée pendant la phase d'utilisation du véhicule ; l'essentiel des rejets de polluants dans l'atmosphère sera en effet pris en compte pendant la phase de production de l'électricité. L'intérêt environnemental du véhicule électrique dépendra ainsi du mode de génération de l'électricité.

Les ACV conduisent donc pour un produit ou un procédé donné :

- à estimer les consommations d'énergies, de matières premières ainsi que les émissions dans l'eau, dans les sols et dans l'air qui y sont associées,
- à quantifier l'impact environnemental lié à ces consommations d'énergie, de matières premières et des différents rejets dans l'environnement,
- à interpréter ces résultats pour faciliter le choix entre différentes options.

Dans la pratique, l'ACV est une méthode qui, selon la norme ISO 14040, comporte 4 étapes :

- la définition des objectifs et du champ de l'étude,
- l'analyse de l'inventaire,
- l'évaluation de l'impact,
- l'interprétation et, le cas échéant, la recherche d'améliorations.

A. Définition des objectifs et du champ de l'étude

Dans cette étape, il s'agit de définir précisément l'application finale de l'étude, les raisons qui ont conduit à la réalisation de l'ACV et l'audience finale de l'étude. Le champ de l'étude doit également être clairement défini et les points suivants explicités :

- quelle est l'unité fonctionnelle ? L'unité fonctionnelle est le système de référence sur lequel sera basée la comparaison entre les différentes options possibles. Par exemple, dans le cas des carburants, il s'agira d'établir les bilans des rejets dans l'air de polluants et de CO_2 ramenés au km parcouru, lorsqu'un véhicule parcourt le cycle européen NEDC.
- quelles sont les frontières du système étudié ?
- quelles sont les règles d'affectation en cas de genèse de co-produits ? (ce point sera abordé ultérieurement).
- quels sont les types d'impacts et méthodologies d'évaluation de ces impacts qui seront utilisés?
- quelles sont les exigences sur la qualité des données qui seront utilisées ?

Le champ devra être suffisamment bien défini de façon à ce que l'ampleur, la profondeur et le niveau de détail de l'étude soient compatibles avec l'objectif de l'étude.

B. Analyse de l'inventaire

L'analyse de l'inventaire est le processus au cours duquel l'ensemble des intrants et des sortants du système sur lequel porte l'étude est quantifié (figure 1). En particulier, ce processus prend en compte :

- l'énergie consommée,
- les matières premières consommées,
- les rejets dans l'air,
- les rejets dans l'eau et dans les sols,
- les déchets solides générés.

Cet inventaire est souvent présenté suivant les principales étapes du cycle de vie du produit étudié. Il peut être réalisé de nombreuses manières. À titre illustratif, la méthode préconisée par l'EPA aux États-Unis est succinctement décrite ici. Elle comprend les étapes suivantes :

- élaborer un diagramme des principaux flux du procédé étudié,
- développer un plan de collecte de données,
- rassembler et collecter les données,
- évaluer et rédiger le rapport final de l'ACV.

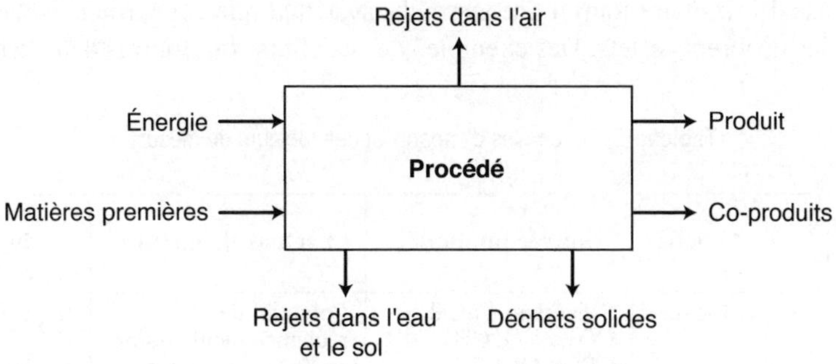

Figure 1

Diagramme des flux.

Source : World Energy Council, 2004, « Comparison of energy systems using life cycle assessment »

Ainsi, le cycle de vie d'un produit/procédé donné et analysé est décomposé en étapes élémentaires. Chaque étape est caractérisée par des flux entrants (matières premières, énergie) et des flux sortants (produit, co-produits, rejets dans l'air, dans l'eau, déchets).

Correctement agencé, l'ensemble de ces étapes élémentaires permet d'établir un diagramme complet du cycle de vie d'un produit. Suivant la complexité des chaînes des produits analysés, l'ACV peut rapidement devenir « gourmande » en données. C'est pourquoi il est souvent utile en avance de phase du projet de bien déterminer le niveau d'incertitude acceptable. En particulier, on cherchera au maximum à éviter l'emploi de données spécifiques à des sites de production qui pourraient entraîner des temps longs de collecte et d'agrégation. On cherchera plutôt à utiliser des données issues de base de données internationales souvent contenues dans des logiciels et qui renseignent un grand nombre de processus industriels standards. Néanmoins, il convient toujours de bien décrire la méthodologie utilisée, les limites du système étudié, l'origine des données utilisées et les hypothèses faites sur les différents procédés lors de la présentation des résultats finaux d'une ACV.

C. Évaluation de l'impact

Cette partie de l'étude consiste à transcrire en impacts les rejets préalablement quantifiés. Les grandes familles d'impacts usuellement quantifiés sont :

- l'impact sur la santé humaine,
- l'impact sur l'environnement,
- l'impact sur la déplétion des ressources naturelles finies.

À titre d'exemple, les approches utilisées permettent d'obtenir des éléments de réponse aux questions suivantes :

- quels sont les impacts liés à l'émission, par exemple, de 9 000 tonnes de dioxyde de carbone ou de 500 tonnes de méthane ?
- quels sont leurs impacts potentiels en terme de pluie acide ou d'effet de serre ?

Cette phase d'inventaire fournit une approche systématique qui permet de classifier et de caractériser les différents effets. Des exemples de ces effets sont fournis dans le tableau 1.

Tableau 1 Exemples d'impacts et des facteurs de mesure.

Catégories d'impacts	Échelle	Donnée impliquée	Facteur de mesure	Description du facteur de mesure
Effet de serre	Global	Rejet dans l'air de CO_2, N_2O, CH_4, CFCs, HCFCs, CH_3Br	Potentiel de réchauffement mesuré en CO_2 équivalent	Impact mesuré en CO_2 équivalent à 50, 100 ou 500 ans
Déplétion de l'ozone stratosphérique	Global	Rejet dans l'air de CFCs, HCFCs, CH_3Br, Halons	Potentiel de déplétion de l'ozone	Impact mesuré en CFC-11 équivalent
Acidification	Régional	Rejet dans l'air de SO_x, NO_x, HCL, HF, NH_3	Potentiel d'acidification	Impact mesuré en H+ équivalent
Eutrophisation	Local	Rejet dans l'air de PO_4, NO, NO_2, Nitrates, NH_3	Potentiel d'eutrophisation	Impact mesuré en P04 équivalent
Smog photochimique	Local	Rejet dans l'air de composé organique non méthanique	Potentiel de création photochimique d'oxydant	Impact mesuré en éthane équivalent
Déplétion des ressources naturelles	Global	Quantité de matières premières utilisées	Potentiel de déplétion des ressources	

D. Interprétation

La phase d'interprétation de l'ACV est la partie finale où l'ensemble des résultats sont regroupés, analysés, vérifiés et interprétés. C'est également dans cette partie que se trouveront les recommandations d'amélioration de l'impact environnemental du produit/procédé.

E. Principales limitations des ACV

Les principales limitations à l'usage des ACV sont les suivantes :

- ce type d'étude peut être long et très « gourmand » en données. Il convient donc de bien appréhender en amont de l'étude le niveau d'incertitude nécessaire à la prise de décision.
- l'approche ACV se limite classiquement à la seule évaluation des aspects environnementaux. Au niveau industriel, ce critère ne sera jamais l'unique critère de décision. Il est donc souvent nécessaire de coupler l'étude ACV avec d'autres études de type économique, technique.
- enfin, dans le cas où un procédé génère des co-produits, se pose alors la question de l'affectation des différents rejets ou consommation de matières premières aux produits. Cette question est particulièrement sensible dans le cas des biocarburants où les

quantités de co-produits générés sont plus importantes que celles de biocarburants obtenus au final (pour une tonne de biocarburant, environ 2 tonnes de co-produits sont générées). Conscients de cette difficulté qui n'a pas trouvé, à ce jour, d'issue pleinement satisfaisante, les rédacteurs de la norme ISO 14040 ne préconisent pas de solution mais proposent simplement trois options : soit étendre les frontières du système de manière à ce qu'il n'y ait pas de co-produits, soit allouer les rejets et consommation de matières premières au prorata massique, énergétique, monétaire, etc., soit allouer l'ensemble des rejets au seul biocarburant. C'est généralement la seconde option qui est choisie sur la base d'un prorata massique. Mais, aucune démonstration théorique ne vient justifier ce choix qui reste pour l'instant purement subjectif. Les résultats, ainsi obtenus, même s'ils sont représentatifs d'une certaine situation d'un point de vue qualitatif, seront toujours critiquables d'un point de vue quantitatif.

2 LES ACV PRATIQUÉES SUR LES BIOCARBURANTS

De nombreuses études visant à mesurer l'impact sur l'environnement de la production et de l'utilisation des biocarburants ont été réalisées. Ces études baptisées « du puits à la roue » (« Well to wheel ») comparent les émissions de gaz à effet de serre et la consommation d'énergie sur l'ensemble du cycle de vie du carburant entre les solutions biocarburants et celles utilisant les carburants pétroliers. Les autres impacts mentionnés ci-dessus sont beaucoup plus rarement étudiés car les incertitudes sont plus grandes et ces impacts très dépendants des conditions locales où le/les polluants sont rejetés.

Deux études sont souvent prises en compte :

- l'étude réalisée en France, sous la coordination technique de l'ADEME [Analyses de cycle de vie appliquées aux biocarburants de première génération consommés en France – Synthèse – Février 2010] qui donne une actualisation aussi complète que possible des bilans énergétiques et des émissions de gaz à effet de serre liés aux biocarburants, ainsi qu'une évaluation de trois indicateurs d'impacts (potentiel d'eutrophisation, photooxydation et la toxicité humaine). Elle ne tient pas compte des effets de changement d'affectation des sols. Cependant, ces travaux soulignent cet impact, qui peut être discriminant, lorsque le développement des cultures énergétiques aboutit, directement ou indirectement, à la disparition de forêts primaires (cas de la forêt amazonienne pouvant être remplacée par des plantations de soja, et des forêts primaires d'Indonésie et de Malaisie par des plantations de palmiers…), ou à la disparition de prairies et de zones humides. Des études sont en cours pour approfondir la prise en compte de ces changements d'usage des sols qui, jusqu'à présent, ne sont pas encore précisément évalués,
- l'étude européenne réalisée en collaboration par le Centre Commun de Recherche de la Commission Européenne (JRC), le CONCAWE qui est l'association européenne des compagnies pétrolières traitant des questions liées à l'environnement et EUCAR qui coordonne les actions R&D de l'Association Européenne des Constructeurs d'Automobiles.

Par ailleurs, des travaux sont en cours pour évaluer plus précisément les émissions de protoxyde d'azote. Ce gaz a un pouvoir de réchauffement équivalent à 300 fois celui du gaz carbonique. À l'heure actuelle, il n'existe pas de méthodologie validée pour quantifier les émissions de ce gaz. Toutefois, le GIEC recommande l'emploi des facteurs empiriques suivants :

- pour les émissions directes : 1 % de l'azote apporté par les engrais et de celui contenu dans les résidus de la culture mise en œuvre est émis sous la forme de N_2O,
- pour les émissions indirectes : 0,75 % de l'azote lessivé est réémis sous forme de N_2O, ainsi que 1 % de l'azote évaporé sous forme d'ammoniac.

Les résultats de ces deux études, concernant les émissions de gaz à effet de serre, sont présentés dans les chapitres 2-6.

RÉFÉRENCES

World Energy Council, Comparison of Energy Systems Using Life Cycle Assessment (2004). London, UK, July 2004.

Normes ISO 14040, 14041, 14042, 14043.

Écobilan de l'ester méthylique de colza. Écobilan, ONIDOL 1993, 1996 et 1999.

Écobilan de l'ETBE de betterave en comparaison avec le MTBE, pour la CGB et le SNPAA, Écobilan 1996.

Wang MQ, Huang HS (1999) A Full-Fuel-Cycle Analysis of Energy and Emissions Impacts of Transportation Fuels Produced from Natural Gas.

Wang MQ, Saricks C and Santini D (1999) Effects of Fuel Ethanol Use on Fuel-Cycle Energy and Greenhouse Gas Emissions.

Wang MQ, Sarcks C and Wu M (1997) Fuel-Cycle Fossil Energy Use and Greenhouse Gas Emissions of Fuel-Ethanol Produced from US Midwest Corn.

Well-to-Wheel energy Use and Greenhouse Gas emissions of Advanced Fuel/Vehicle Systems. North American Analysis. General Motors Corporation, BP, ExxonMobil, Shell, June 30, 2001.

Well-to-Wheel Analysis of Energy Use and Greenhouse Gas Emissions of Advanced Fuel/Vehicle Systems. A European Study. GM, LBST, BP, ExxonMobil, Shell, TotalFinaElf, September 22, 2002.

Ahlvik P, Brandberg A (2001) Well-to-Wheel Efficiency for Alternative Fuels from Natural Gas and Biomass. Ecotraffic R&D AB.

JRC, EUCAR, CONCAWE (2007) Well-to-Wheel Analysis of Future Automotive Fuels and Powertrains in the European Context.

Annexe 2

Le raffinage du pétrole brut

Le pétrole brut est séparé en différentes fractions par une distillation à pression atmosphérique et une distillation sous pression réduite, dite sous vide.

Outre les produits utilisés comme carburants et combustibles, les autres fractions sont employées à divers usages industriels : les naphtas comme charge en pétrochimie, les paraffines pour la fabrication de lubrifiants, les bitumes…

Associés aux opérations de séparation, plusieurs procédés de conversion permettent d'améliorer la qualité des produits tout en ajustant les quantités obtenues aux besoins du marché :

- le reformage catalytique débouche sur la production d'essences à haut indice d'octane et d'hydrogène à partir d'une charge essentiellement constituée d'essences à bas indice d'octane,
- le craquage catalytique (FCC) fournit, à partir d'un distillat sous vide, les essences FCC et des oléfines légères, converties par un procédé d'alkylation en des coupes d'indice d'octane élevé, ou utilisées en pétrochimie,
- le gazole *straight run*, directement issu de la distillation à pression atmosphérique, est hydrotraité pour réduire sa teneur en soufre,
- le FCC produit du LCO *(Light Cycle Oil)* qui, après hydrodésulfuration, est incorporé dans le gazole, tandis que le craquage thermique par viscoréduction permet d'obtenir une autre fraction gazole,
- des traitements d'hydrocraquage sous pression élevée d'hydrogène complètent la production de gazole, de kérosène ou d'essences.

A2.1 ESSENCES (SUPERCARBURANT SANS PLOMB 95)

A2.1.1 Composition moyenne (% en masse)

n-paraffines : 5
iso-paraffines : 32
naphtènes : 4
aromatiques : 43
oléfines : 16

La coupe C_5-C_{10} représente en moyenne 97 % en masse d'une essence.

A2.1.2 Quelques spécifications

Pression de vapeur : 45-90 kPa, selon la saison

Distillation :
- 46-71 % (v/v) évaporés à 100 °C
- 75 % (v/v) évaporés à 150 °C
- Point final de distillation : 210 °C

A2.2 GAZOLE

A2.2.1 Composition moyenne (% en masse)

n-paraffines C_7-C_{16} : 20
iso-paraffines C_8-C_{16} : 17
naphtènes C_7-C_{15} : 13
aromatiques C_7-C_{14} : 15
coupe C_{15+} : 35

La coupe C_{10}-C_{18} représente en moyenne 75 % du gazole.

A2.2.2 Quelques spécifications

Distillation :
- moins de 65 % (v/v) récupérés à 250 °C,
- 85 % (v/v) minimum récupérés à 350 °C,
- 95 % (v/v) récupérés à 360 °C maximum.

HAP : 11 % en masse maximum

Point d'éclair : supérieur à 55 °C

Indice de cétane mesuré : minimum 51,0

Indice de cétane calculé : minimum 46,0

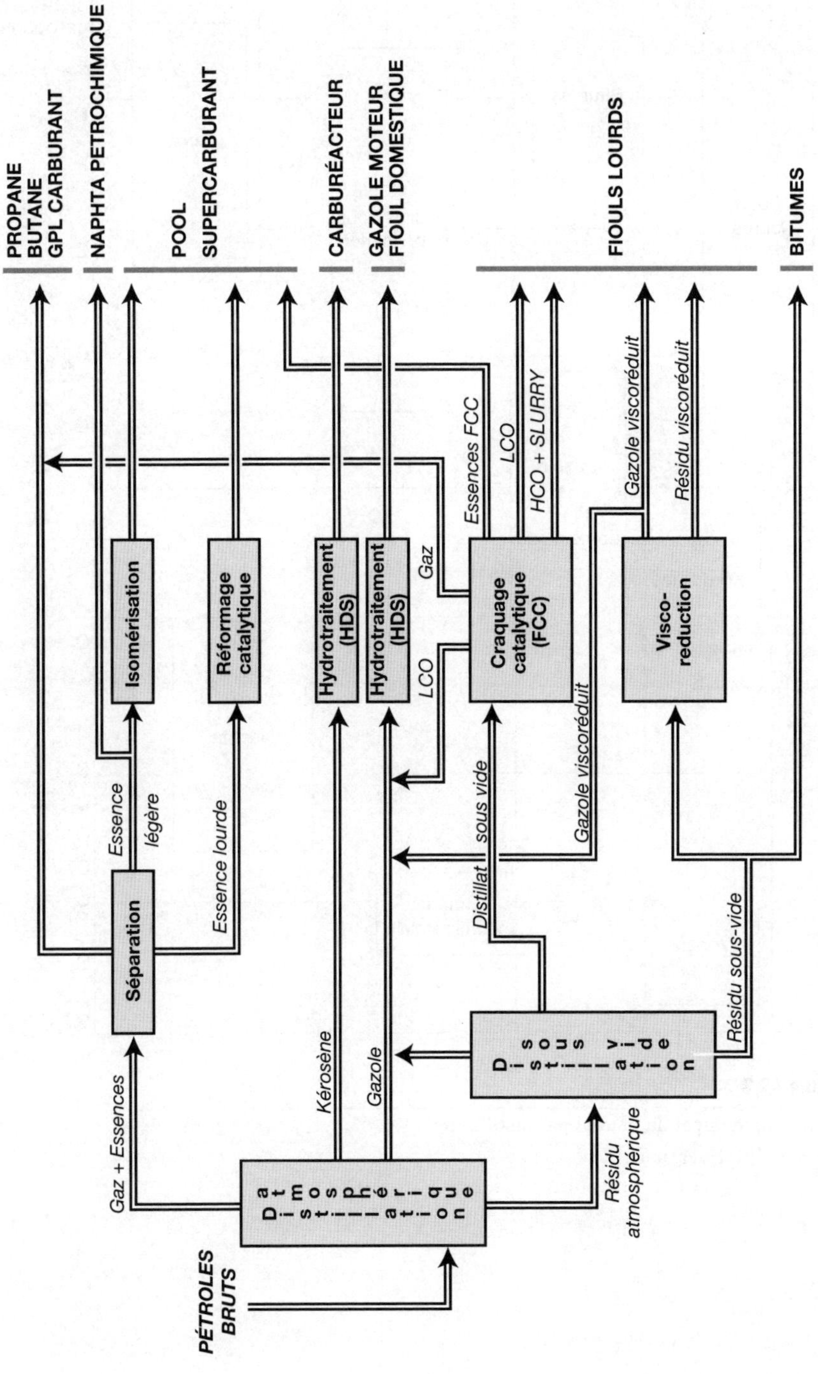

Figure A2.1
Schéma simplifié de raffinage.
Source : IFP Energies nouvelles.

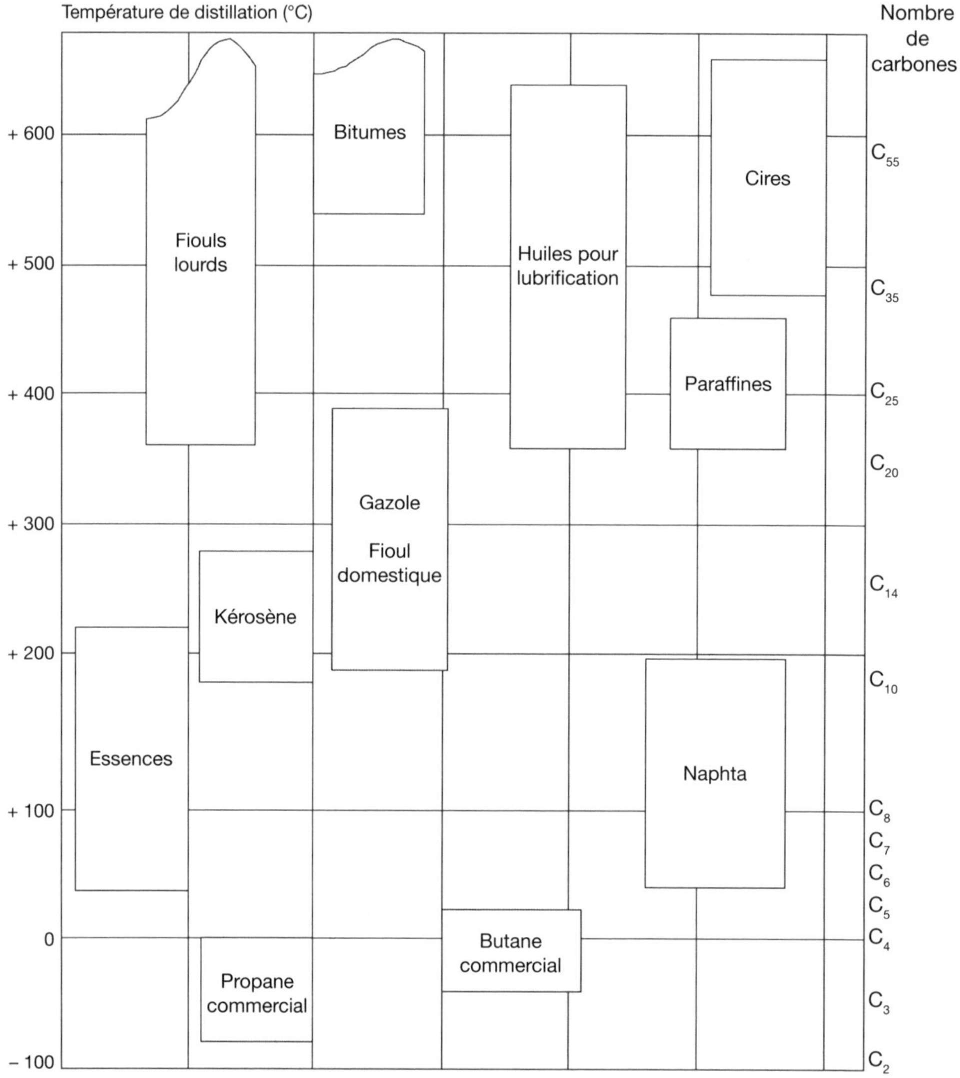

Figure A2.2

Le fractionnement du pétrole par distillation.
Source : IFP Energie nouvelles.

Index

Imprimé en France en juillet 2011 par EMD S.A.S.
53110 Lassay-les-Châteaux
N° d'imprimeur : 25271 - Dépôt légal : août 2011